无人机专业岗课赛证素养赋能活页式创新教材

U0154974

无人机组装调试

主编 马明芳　应世杰

参编 王　涛　秦英杰

李茂辉　何凯旋

机械工业出版社

《无人机组装调试》从无人机组装、无人机调试、无人机试飞、无人机数据采集等典型工作岗位，提炼整理了无人机机架组装、动力系统组装、飞控系统组装、通信导航系统组装、任务载荷系统组装及无人机调试试飞等主要工作任务，充分结合无人机组装调试的职业技能标准、"1＋X"技能鉴定要求及无人机组装调试技能大赛内容，以此构建6个工作任务的学习情境，并将本课程学习目标所要求的知识点、技能点遵循组装流程，按照由简到繁、由易到难循序渐进的逻辑原则拆分融合分配到各个学习情境中。通过在这些情境中的学习，学生不仅能够掌握无人机组装调试技能，更能培养自己的职业素养、职业精神、工匠精神，从而使自己具备综合职业能力。

本书可作为中等职业院校、高职高专院校、应用技术型本科院校、技工技师院校的无人机应用专业的教育教学教材与培训考证教材，也可作为企业的岗位培训教程。

图书在版编目（CIP）数据

无人机组装调试／马明芳，应世杰主编. —北京：
机械工业出版社，2022.6（2024.2重印）
无人机专业岗课赛证素养赋能活页式创新教材
ISBN 978－7－111－70918－3

Ⅰ.①无… Ⅱ.①马… ②应… Ⅲ.①无人驾驶飞机-组装-教材 ②无人驾驶飞机-调整试验-教材 Ⅳ.①V279

中国版本图书馆 CIP 数据核字（2022）第 095942 号

机械工业出版社（北京市百万庄大街22号 邮政编码100037）
策划编辑：李 军 责任编辑：李 军
责任校对：张 薇 刘雅娜 责任印制：单爱军
北京虎彩文化传播有限公司印刷

2024 年 2 月第 1 版第 3 次印刷
184mm×260mm・22.5 印张・631 千字
标准书号：ISBN 978－7－111－70918－3
定价：79.90 元

电话服务 网络服务
客服电话：010－88361066 机 工 官 网：www.cmpbook.com
　　　　　010－88379833 机 工 官 博：weibo.com/cmp1952
　　　　　010－68326294 金 书 网：www.golden-book.com
封底无防伪标均为盗版 机工教育服务网：www.cmpedu.com

编 委 会

丛 书 序

2019 年 1 月，国务院颁发《国家职业教育改革实施方案》，全面推进职业教育领域"三全育人""三教改革""岗课赛证融通"综合育人改革试点工作，把思想政治理论课程与专业课程并重、同向、同行，努力实现课程教学与岗位能力要求、培训考证、技能竞赛高度融会贯通。2019 年 5 月，教育部发布了《教育部办公厅关于全面推进现代学徒制工作的通知》，在国家层面提出培养模式的创新与改革，强调要着力培养学生的专业精神、职业精神和工匠精神，提升学生的职业道德、职业技能和就业创业能力。

国家大力支持"岗课赛证融通"教学模式改革与"三教改革"，对课程思政与立德树人有新的要求，目前市面上急需与国家及教育部要求相匹配的教材。本套教材就是在这样的背景下，依托"素养赋能教育教学改革培养项目"将职业素养、职业精神与职业技能高度融合，把教育部的"立德树人"落地实施，调整改进教育教学内容实现课证融通，在培养学生专业能力的同时，着重培养学生的非专业能力和职业素养、职业精神、工匠精神、创新精神与就业创业能力。

在信息化、智能化、新业态、新模式的背景下，随着无人机技术的快速发展，无人机行业应用的相关专业建设在全国职业院校呈井喷式发展。而市场上无人机应用的相关资料甚少，各院校都处于一个从无到有的建设阶段。本套教材的规划是通过职教专家牵头，带领职业院校的骨干教师，前期对无人机应用行业的职业岗位群、培训考证、技能竞赛要求进行了大量专业的调研，通过典型职业活动的工作领域分析、整合、转化，形成既适合院校教育教学又适合企业职前职后培训的学习领域，再通过综合职业能力分析主要工作任务，整合转化为学习情境（学习任务），以"如何工作"为核心，按照工作流程优化打造学习过程，实施每一步任务的工作环节，配备能用、够用、好用的理实一体化的学习资源，从真正意义上实现了企业岗位生产实际、培训考证、技能大赛与院校教育教学的无缝衔接。

本套教材主要特色如下：

1. 编写内容完全实现"岗课赛证"融通

本套教材遵循岗课赛证、课证融通原则，充分调研了职业岗位能力需求，把企业真实的工作内容和"1 + X"职业技能等级证书培训内容、教师教学能力大赛内容、学生技能竞赛内容充分融合进教材编写内容，实现教学内容和考证内容、竞赛内容的一体化、系统化设计开发。

2. "活页式"编写体例灵活适用

本套教材采用活页式教材编写体例，从整体上看是一个完整的工作任务实施过程，但每一个任务流程环节又都是相对独立的，都可以随时依据专业技术的发展情况、学校实际教学情况及教学需要、合作企业的企业需求情况、教育部的教育教学改革要求不同，甚至是教师本身的个性化需要，进行教学设计和教学资源的调整改变，包括对教学流程及教学环节的微调、对信息页和工作页内容的调整增减、教师使用和学生使用资源的分类等。

3. 视频资源辅助教学突破难点

本套教材在适当的、必要的环节配备有够用、好用的、带字幕的视频资料，突出重点、突破难点，学生可以通过无限次扫描二维码进行重复学习。在任务接受环节配套有任务接受剧本的中英文视频，帮助学生提高英语运用能力和沟通表达能力；在任务分析和理论学习环节依据需要配备相应的视频资料，帮助学生有效学习；特别是在任务实施环节，全部配备有标准的、规范的实际操作视频，可以代替教师的示范操作，既可以解决教师示范操作时学生视线受局限的问题，也可以帮助学生观看视频进行无限次模拟操作。

4. 教学设计指导师生使用顺手

本套教材依据教师教学能力大赛的要求，在每一个环节都配备有教学设计指导，依据教学内容提供了丰富的教学方法和学习方法指导，既有实际使用说明，也有教师与学生的实施步骤，将教师的备课内容融入教材中，师生根据教材中的指引实施就能很好地利用"餐垫法""学习站法""小组拼图法""旋转木马法""概念地图法""速度二重奏法"等几十种教学方法培养学生的自主学习能力和综合职业能力。同时将教师的课前准备内容融入教材中，每一步教学都有详细说明，教师使用比较简单。

5. "行动导向理实一体化"教学模式

本套教材以"典型职业活动+主要工作任务"转化为"学习领域+学习情境"的理实一体化教学模式为编写模式，学习领域来自典型的职业活动的工作领域，学习情境来自相应工作领域主要的、重要的工作任务，能够覆盖未来重要的行业应用知识点、技能点与素养点。

6. 任务驱动教学流程

本套教材的呈现形式是以完成一个任务的完整工作过程转化而来的"十步教学"的教学流程设计，是从工作过程优化而来的学习过程。从教学准备开始，包括教学硬件设施准备和教学软件资源准备，经历了任务接受、任务分析、理实一体化学习、任务计划、任务决策、任务实施、任务检查和任务交付的完整行动过程，最后还有反思评价和巩固拓展的学习复盘过程。每一个环节的每一步设计都非常详细具体，与工作流程匹配，具有非常强的可操作性和可实施性，有利于培养训练学生的工作方法、工作思维及工作能力。

7. 配套资源充足符合学习思维层次

本套教材的内容架构以信息页和工作页一一对应的形式呈现，完全打破了传统的学科体系教材结构，以典型工作任务和工作情境为载体，突出专业能力和非专业能力培养并重，内容编排符合学生的学习思维和学习层次，实现了由简单到复杂、由容易到困难的螺旋上升，教师与学生使用非常得心应手。

8. 课程思政点睛融入专业教学

本套教材以专业任务的专业教学为载体，以职业素养、职业精神和职业技能高度融合培养为目标进行开发，在教学设计和教学内容中融合课程思政内容，每一个环节都设计有课程思政点睛，匹配合适的教学方法与教学资源，每个环节培养的素养点比较具体，教材整体编写比较符合国家全面培养复合型人才和立德树人、课程思政的要求，推广意义较大。

9. 教学实践运行后整理编写

本套教材自 2020 年 7 月开始已经在北京交通运输职业学院无人机测绘专业以校本教材的形式进行了两届学生的实践运行，从学生及教师的使用情况、学生的课堂实际表现情况及培养目标的实现情况来看，充分验证了本套教材好用、适用，具有可操作性、可实施性与普遍推广性，同时也充分论证了使用本套教材能够真正培养学生的综合职业能力，真正实现"素养赋能"，培养学生的未来可持续发展能力。

10. 信息化平台助力线上线下混合教学

本套教材适合线上线下混合教学模式，充分的教学资源如信息页、工作页、视频资料等助力教师的主导性"教"与学生的自主性"学"，真正实现了线上与线下教学的信息化融合。

本套教材可作为中等职业院校、高职高专院校、应用技术型本科院校、技工技师院校的无人机应用专业的教材与培训考证教材，也可作为企业的岗位培训教程。

随着无人机技术发展及无人机应用行业的日趋广泛，本套教材能够满足读者对于无人机操控、无人机组装调试、无人机相关应用的技术标准与应用规范的迫切需求。

无人机自身特点决定了其消费者、应用者和创业者群体在不断增长，作为普适性阅读资料，这部分人员对本套教材也有一定程度的需求，可以作为无人机驾驶员、无人机集群表演、无人机测绘、无人机航拍、无人机巡检、无人机物流、无人机植保、无人机组装调试等应用行业的工程技术人员及技术管理人员的培训教材。

本套教材在编写过程中得到了以北京教育科学研究院职业教育研究所吉利所长为首的职教专家的大力支持，在职教专家团队的引领和指导下，借鉴了德国、澳大利亚、美国、新西兰等多国职业教育理念与方法。本套教材得到了中国民航飞行员协会的大力帮助，并与北京京东乾石科技有限公司、北方天途航空技术发展（北京）有限公司、广州南方测绘科技股份有限公司、广州中海达卫星导航技术股份有限公司、北京韦加科创技术有限公司、北京中科浩电科技有限公司、北京鲲鹏堂科技有限公司、鹰眼电子科技有限公司等企业进行深度产教融合。

欢迎无人机应用专业师生、无人机爱好者、无人机行业应用相关人员等选用本套教材，并多提宝贵意见，在此表示衷心感谢。

编委会

前　言

本书是依托行业企业调研结果、职业资格证书及"1＋X"证书的培训考证要求、教师教学能力大赛标准及要求、学生技能大赛标准及要求，在总结课程改革经验并结合作者多年教学实践的基础上，本着够用、适用、好用的原则，为满足无人机专业需要而编写的，贯彻"素养赋能、岗课赛证"理念的理实一体化活页式教材。编写形式与企业的全生产流程相匹配，主要内容与企业的生产实际相结合，依据无人机组装调试的相关国家职业标准要求，以工作任务为载体，以培养学生综合职业能力为主线，将无人机组装技能、职业素养、创新创业等高度融合。教材致力于在完成完整的工作任务过程中，对学生进行现代综合职业能力的培养。

无人机组装调试是"素养赋能岗课赛证教育教学改革项目"的教学模式本土化学习领域之一，是职业院校无人机相关专业学生学习无人机结构原理、进行组装调试实践训练、培养综合职业能力与职业素养的重要的理实一体化的专业核心主干课程。本课程内容紧随行业发展现状，融合了职业技能"1＋X"考核鉴定要求以及无人机组装调试技能大赛的要求，学生通过本课程学习能很好地胜任无人机企业组装及调试岗位的工作。本书还可供无人机相关行业的消费者、创业者、工程技术人员及研究人员学习参考。

本书的创编体例打破传统学科体系理论＋实训的模式，采用活页式教材编写体例。编写内容体现教育部课程思政和立德树人的培养要求，以工作任务的模块化为编写内容，以工作流程为编写流程，完全实现理实一体化，并在教学设计中融入课程思政与职业素养，有课程思政点睛、有教学实施指导，教师与学生使用顺手。

本书由北京交通运输职业学院马明芳教授、应世杰副教授主编，北方天途航空技术发展（北京）有限公司的王涛、秦英杰，北京中科浩电科技有限公司的李茂辉、何凯旋参与编写。本书虽是校企深度合作并经过教学实践运行之后精心整理编写，但因时间和精力不足、能力水平有限，难免有不当之处，欢迎使用者多提宝贵意见，随时沟通交流。

编　者

二维码清单

名称	二维码	页码	名称	二维码	页码
1.1.2.1　无人机机架组装任务接受（中文）		003	1.8.2.1　无人机机架组装任务交付（中文）		074
1.1.2.2　无人机机架组装任务接受（英文）		003	1.8.2.2　无人机机架组装任务交付（英文）		074
1.2　大疆 F450 无人机机架组装视频		004	2.1.2.1　无人机动力系统组装任务接受（中文）		083
1.6.1　大疆 F450 无人机机架组装（1. 配件工具）		071	2.1.2.2　无人机动力系统组装任务接受（英文）		083
1.6.1　大疆 F450 无人机机架组装（2. 电源线香蕉头焊接）		071	2.2　大疆 F450 无人机动力系统组装		084
1.6.1　大疆 F450 无人机机架组装（3. 焊接电源线）		071	2.6.1　大疆 F450 无人机动力系统组装（1. 配件工具）		137
1.6.1　大疆 F450 无人机机架组装（4. 焊接下中心板）		071	2.6.1　大疆 F450 无人机动力系统组装（2. 电机接头焊接）		137
1.6.1　大疆 F450 无人机机架组装（5. 安装机架）		071	2.6.1　大疆 F450 无人机动力系统组装（3. 安装电机）		137
1.6.1　大疆 F450 无人机机架组装（6. 检测焊接电路）		071	2.6.1　大疆 F450 无人机动力系统组装（4. 电调电机连接）		137

名称	二维码	页码	名称	二维码	页码
2.6.1　大疆 F450 无人机动力系统组装（5. 安装电池）		137	3.6.1　大疆 F450 无人机飞控系统组装（4. 安装 LED 灯）		190
2.6.1　大疆 F450 无人机动力系统组装（6. 安装螺旋桨）		137	3.6.1　大疆 F450 无人机飞控系统组装（5. 接线）		190
2.8.2.1　无人机动力系统组装任务交付（中文）		140	3.8.2.1　无人机飞控系统组装任务交付（中文）		193
2.8.2.2　无人机动力系统组装任务交付（英文）		140	3.8.2.2　无人机飞控系统组装任务交付（英文）		193
3.1.2.1　无人机飞控系统组装任务接受（中文）		149	4.1.2.1　无人机通信导航系统组装任务接受（中文）		201
3.1.2.2　无人机飞控系统组装任务接受（英文）		149	4.1.2.2　无人机通信导航系统组装任务接受（英文）		201
3.2　大疆 F450 无人机飞控系统组装		150	4.2　大疆 F450 无人机通信导航系统组装		202
3.6.1　大疆 F450 无人机飞控系统组装（1. 安装飞控模块）		190	4.6.1　大疆 F450 无人机通信导航系统组装（1. 对码）		244
3.6.1　大疆 F450 无人机飞控系统组装（2. 安装 GPS 模块）		190	4.6.1　大疆 F450 无人机通信导航系统组装（2. 遥控器设置）		244
3.6.1　大疆 F450 无人机飞控系统组装（3. 安装电源管理模块）		190	4.6.1　大疆 F450 无人机通信导航系统组装（3. 测试电机）		244

名称	二维码	页码	名称	二维码	页码
4.8.2.1　无人机通信导航系统组装任务交付（中文）		247	5.8.2.1　无人机任务载荷系统组装任务交付（中文）		290
4.8.2.2　无人机通信导航系统组装任务交付（英文）		247	5.8.2.2　无人机任务载荷系统组装任务交付（英文）		290
5.1.2.1　无人机任务载荷系统组装任务接受（中文）		255	6.1.2.1　无人机调试试飞任务接受（中文）		297
5.1.2.2　无人机任务载荷系统组装任务接受（英文）		255	6.1.2.1　无人机调试试飞任务接受（英文）		297
5.2　大疆 F450 无人机任务载荷系统组装		256	6.2　大疆 F450 无人机调试试飞		298
5.6.1　大疆 F450 无人机任务载荷系统组装（1. 拆上板安螺钉）		287	6.6.1　大疆 F450 无人机调试试飞（1. 打驱动）		340
5.6.1　大疆 F450 无人机任务载荷系统组装（2. 安装云台）		287	6.6.1　大疆 F450 无人机调试试飞（2. 具体调参过程）		340
5.6.1　大疆 F450 无人机任务载荷系统组装（3. 照相机安装在云台上）		287	6.8.2.1　无人机调试试飞任务交付（中文）		343
5.6.1　大疆 F450 无人机任务载荷系统组装（4. 组装配置照相机）		287	6.8.2.2　无人机调试试飞任务交付（英文）		343

目　录

Studying Situation

01

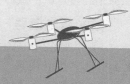

学习情境 1
无人机机架组装

1.0　教学准备

知识目标
- 无人机的发展概况、现状及发展。
- 无人机的概念、特点、分类。
- 无人机结构组成。
- 无人机机架、旋翼、组装流程与方法。
- 常见机架结构、布局与材质。
- 根据不同机型定制组装方案。
- 组装前准备工作。
- 无人机机架组装的规范标准。

技能目标
- 电调电源线焊接。
- 动力电源线焊接。
- 检查电路联通性。
- 机臂的安装。
- 云台脚架的安装。

素养目标
- 能够提炼总结简单的事实文本。
- 能够在两人对话中有效沟通并交换信息。
- 能够把自己的观点表达清楚。
- 能够在团队中承担自己的角色功能。
- 能够在团队中有积极合作意识。
- 能够在制订计划时尽可能考虑全面。
- 能够控制自己情绪，跟伙伴友好合作。
- 能够认真倾听并及时记录。
- 能够进行简单的图文展示。
- 能够以 ERP 沙盘演练的形式创建测绘企业。
- 能够把企业经营理念与人文情怀贯穿专业知识学习之中。
- 能够具有创新、创业精神和意识。

1.1　任务接受

课程思政点睛

　　任务接受环节特别适合对学生进行社会主义核心价值观中的友善、和谐价值的训练。如何做到和伙伴友善合作，如何做到站在公司立场为公司的利益和效率着想，如何做到站在客户角度为客户着想等，在指导学生进行机架组装任务接受的话术训练时，教师要及时、适时地对学生进行引导训练，全面体现友善、和谐的价值。

任务接受环节涉及第 2 个演练月的企业经营，在布置演练月 2 财务核算任务时，严格要求学生具备诚信经营意识，做到严谨、规范、一丝不苟，同时还要有独特的创新意识和不屈不挠的创业精神。

教学实施指导

1）教师指导学生依据 1.1.1 无人机机架组装任务接受剧本（中英文），学习过程参考 1.1.2 任务接受视频（中英文），采取角色扮演的方法完成任务接受。

2）角色扮演之后明确了工作任务，完成 1.1.3 无人机机架组装任务工单。

1.1.1 无人机机架组装任务接受剧本（中英文）

学习情境描述

测绘设计研究院因工作需要购置了 30 架 F450 无人机的组件，现委托学院测绘无人机应用专业的项目团队完成组装、调试、试飞与数据采集。为了本项目的高效顺利实施，学院项目团队制订了实施计划，把项目拆分成若干个工作任务（学习情境），会伴随着项目进程陆续给出。

本次工作任务（学习情境）是希望通过各项目组的精诚合作，能够按照 F450 型号无人机组装的规范与标准组装 30 个机架，并要求在 3 天内组装完成。组装过程注意工作效率、经济效益与安全注意事项。

组　　长：领导，您好！这次是什么新任务？

Hi, Director! What's the new mission?

项目负责人：您好！是这样的：我们学院接到了测绘设计研究院委托的一个项目，组装 30 架 F450 无人机，组装后要调试、试飞，进行基本数据采集。为了本项目的高效顺利实施，学院项目团队制订了实施计划，把项目拆分成若干个工作任务，后续会陆续安排。你们项目组这次的任务是组装 30 个机架。

Hello! It goes like this: We are going to do a project commissioned by Beijing Institute of Surveying and Mapping. It is to assemble 30 F450 UAVs. After the assembly, we need to debug, test-fly and conduct basic data collection. In order to carry out this project efficiently and smoothly, our project team has made an implementation plan to divide the project into several tasks, which will be arranged successively. The task for your group is to assemble 30 frames.

组　　长：好的！知道了。不过，组装这 30 个机架有什么特殊的具体要求吗？

All right! I see. But are there any specific requirements for assembling the 30 frames?

项目负责人：没有什么特殊要求。你们按照 F450 无人机组装流程与标准、规范组装，保证质量就行了。

Nothing special. All you need to do is follow the F450 UAV assembly process and standard, and ensure no compromise on quality.

组　　长：好，没问题！规范和标准我们一定严格要求。

No problem! We will strictly follow the specifications and standards.

项目负责人：另外，在组装过程中要嘱咐组员，注意谨慎安全操作，千万别磕磕碰碰或掉落、损坏零部件。谁损坏，谁赔偿。尽量节约成本。

In addition, in the assembly process, please remind your fellow group members that they must be careful to avoid bumping, losing or damaging any part or component. Whoever causes damage must compensate. We should try to save costs.

组　　长：好的！您放心，我会嘱咐团队成员小心安全操作。这 30 架机架给我们多长时间完成？

All right! Don't worry. I will tell the group members to be careful. How much time we are allowed to finish the job?

项目负责人：3 天内必须保质保量完成。完成后，上交质检组检验。

It must be perfectly accomplished within 3 days. Then the frames shall be submitted to the quality inspection team for inspection.

组　　　长：明白了。您放心！还有要嘱咐的吗？

I see. Don't worry about it. Anything more?

项目负责人：没有了。那就拜托了。有问题随时联系。

No more. Just go ahead. Please feel free to contact me if you have any questions.

组　　　长：好的！您慢走！再联系。

OK. See you! Keep in touch.

1.1.2　无人机机架组装任务接受视频（中英文）

无人机机架组装任务接受（中文）

无人机机架组装任务接受（英文）

1.1.3　无人机机架组装任务工单

项目名称	无人机组装调试		
项目单位			
项目负责人		联系电话	
项目地址			
项目时间			
任务名称	无人机机架组装		
工作任务描述： 　　测绘设计研究院因工作需要购置了 30 架 F450 无人机的组件，现委托学院测绘无人机应用专业的项目团队完成组装、调试、试飞与数据采集。为了本项目的高效顺利实施，学院项目团队制订了实施计划，把项目拆分成若干个工作任务，会伴随着项目进程陆续给出。 　　本次工作任务是希望通过各项目组的精诚合作，能够按照 F450 型号无人机组装的规范与标准组装 30 个机架，并要求在 3 天内组装完成。组装过程注意工作效率、经济效益与安全注意事项。			
检查零部件及工具耗材等情况记录：			
组装结论：			
组装人：		组长：	
质检员签字：		项目负责人签字：	
成本核算：		完成时间：	

1.2　任务分析

课程思政点睛

　　任务分析环节以 F450 无人机机架组装视频为切入点，在此教师要简介大疆无人机的发展情况以及在全球的占有率布局，激发学生的爱国热情，提升学生的民族自豪感。

学习情境 01
学习情境 02
学习情境 03
学习情境 04
学习情境 05
学习情境 06

同时，以一个操作视频对学生启发引导分析任务本身，有助于学生深入思考自己完成任务需要的知识点、技能点与素养点。教师要抓住机会及时训练学生在视频中提取专注、严谨、规范、标准、安全、精益求精的工匠精神。

教学实施指导

教师指导学生利用卡片法完成任务分析。

1）学生首先个人独立观看无人机机架组装视频，在笔记本上独立认真书写：要完成客户委托任务都需要哪些关键信息。

2）学生小组合作讨论出本组的关于完成客户委托任务关键点，并写在彩色卡片上，贴在白板上展示。

3）教师指定小组，逐条讲解展示，其他小组学生领会理解，补充改进。

无人机机架组装视频

大疆F450无人机
机架组装视频

1.3 理实一体化学习

课程思政点睛

1）无人机的发展，重点以大疆无人机为例，以大疆无人机在美国的市场占有率为例进行讨论，激发学生的爱国热情和民族自豪感，引导学生树立政治立场坚定的世界观。

2）借助军用无人机的发展，及时对学生进行科技强军和身为中华儿女报效祖国的教育。

3）以无人机机架材料的应用为切入点，给学生普及新材料科学在我国及世界上的发展趋势，让学生在网络上搜寻新材料、新工艺在无人机机身及机架上的应用，开阔学生视野，也让学生不要沉迷在网络世界里，而是要通过网络上的信息获取，了解中国新材料、新工艺技术的发展现状及趋势。

4）通过学习站法的学习指导，培养学生独立、民主、公平、友善、诚信、合作、和谐、敬业等价值观。

教学实施指导

教师提供给学生为完成本任务（无人机机架组装）必要的学习资料（9个模块），要求并指导学生利用学习站法完成理实一体化学习。学生按照教师的要求，认真完成9个模块的企业内部培训，力争自己解决问题。为后续完成客户任务（无人机机架组装），进行企业运营，积累专业知识、技能与素养。

学习站法学习

1）学生分为4组，每组学生按照教师的要求进入自己的学习站，个人独立学习相应1.3.1～1.3.4信息页，并完成各自对应1.3.1～1.3.4工作页。同一个学习站的学生小组合作讨论，对学习结果即工作页的结果进行更正、改进、完善，达成共识。学生按照教师指定的轮站顺序轮换学习站学习，直至完成1.3.1～1.3.4所有信息页与工作页的学习。

2）学生以竞争方式获得展示学习结果的机会，使用实物投影仪进行展示讲解，本小组的同学补充完善，力求不给其他小组机会。而其他小组的同学倾听、补充、改进、完善，都会获得相应的奖励。

3）个人独立完成理论测试（一）：无人机概述（发展、应用、概念、特点、性能、分类）。

4）以学习站法学习1.3.5～1.3.8信息页，完成1.3.5～1.3.8工作页。

5）个人独立完成理论测试（二）：无人机系统组成（固定翼、无人直升机、多旋翼）。

6）学生安静、独立地阅读1.3.9信息页，划出关键词，完成1.3.9工作页。在小组内合作讨论，对1.3.9工作页内容达成共识，形成小组内统一答案。教师指定小组用实物投影仪展示结果，其他小组质疑、补充、改进完善。

1.3.1 无人机的发展

1. 信息页

学习领域	学习领域：无人机组装调试		
学习情境	学习情境1：无人机机架组装	学习时间	30min
工作任务	A：无人机的发展	学习地点	理实一体化教室

学习情境 01

学习情境 02

学习情境 03

学习情境 04

学习情境 05

学习情境 06

无人机的发展

1. 无人机飞行器的发展简史

（1）军用无人机的发展

1）起步阶段（1910—1963）。1910年，来自美国俄亥俄州的年轻军事工程师查尔斯·科特林建议使用没有人驾驶的飞行器：用钟表机械装置控制飞机，使其在预定地点抛掉机翼并像炸弹一样落向敌人。在美国陆军的支持和资助下，他制成并试验了几个模型，取名为"科特林空中鱼雷"和"科特林虫子"等。

1914年，当时第一次世界大战正进行得如火如荼，英国的卡德尔和皮切尔两位将军提出可以用无线电操纵的小型飞机投炸弹。

1917年3月，世界上第一架无人驾驶飞机在英国进行了第一次飞行试验，连续两次试验均失败。

随着无人机技术的逐步成熟，到了20世纪30年代，英国政府决定研制一种无人靶机，用于校验战列舰上的火炮对目标的攻击效果。1933年1月，由"费雷尔"水上飞机改装成的"费雷尔·昆士"无人机，在船上对其进行无线电遥控，其中两架失事，但第三架试飞成功，使英国成为第一个研制并试飞成功无线电遥控靶机的国家。此后不久，英国又研制出一种全木结构的双翼无人靶机，命名为"德·哈维兰灯蛾"。

在1934—1943年，英国一共生产了420架这种无人机，并重新将其命名为"蜂王"。

第二次世界大战期间，美国海军首先将无人机作为空间武器使用。1944年，美国海军为了对德国潜艇基地进行打击，使用了由B–17轰炸机改装的遥控舰载机。

美国特里达因·瑞安公司生产的"火蜂"系列无人机是当时设计独一无二、产量最大的无人机。1948—1995年，该系列无人机产生多种变型：无人靶机（亚音速和超音速）、无人侦察机、无人电子对抗机、无人攻击机、多用途无人机等。美国空军、陆军和海军多年来一直在使用以BQM–34A"火蜂"靶机（图1）为原型研制的多型无人机。

图1　美国"火蜂"无人机

2）实用阶段（1964—1990）。无人机第一次大规模应用于战争开始于20世纪60—70年代的越南战争。20世纪60年代"冷战"期间，美国U–2有人驾驶侦察飞机前往苏联侦察导弹基地，飞机被击落且飞行员被俘，使得美国的国际处境艰难。美国军方在改用间谍卫星从事相关活动后仍无法达到有人侦察机的侦察效果，由此引发了采用无人机进行侦察的想法。早期的AQM–34"火蜂"洛克希德D–21无人机，主要功能是照相侦察，越南战争期间进一步发展了AQM–34轻型无人机，增加了实时影像、电子情报、电子对抗、实时通信、散发传单、战场毁伤评估等功能。1982年6月，在有名的贝卡谷地战役中，以色列研制的"侦察兵""猛犬"等无人机，在收集叙利亚的火力配置和战场情况方面取得了突出的战果，引起各国震惊。

20 世纪 70—90 年代及其以后，以色列军事专家、科学家和设计师对无人驾驶技术装备的发展做出了突出贡献，并使以色列"侦察兵"无人机（图2）在世界无人驾驶系统的研制和作战使用领域占有重要地位。

图2　以色列"侦察兵"无人机

20 世纪 80—90 年代，除了美国和以色列外，其他国家的许多飞机制造公司也在从事无人机的研制与生产。西方国家中在无人机研制与生产领域占据领先位置的是美国，美军有用于各指挥层次，从高级司令部到营、连级的全系列无人侦察机。许多无人机可以携带制导武器（炸弹、导弹）、目标指示和火力校射装置。如图3 所示，最著名的是"捕食者"可复用无人机，世界上最大的"全球鹰"无人机、"影子200"低空无人机、"扫描鹰"小型无人机、"火力侦察兵"无人直升机。

美国"捕食者"可　　　美国"全球鹰"无人机　　　美国"影子-200"
复用无人机　　　　　　　　　　　　　　　　　低空无人机

美国"扫描鹰"小型无人机　　　美国"火力侦察兵"无人直升机

图3　美国军用无人机

3）崛起阶段（1991—2009）。1991—2009 年，军用无人机发展经历了三次浪潮。第一次浪潮是发展师级战术无人机系统，第二次浪潮是发展中高空长航时无人机系统，第三次浪潮是发展旅级/团级战术无人机系统。

4）广泛应用阶段（2010 年至今）。随着航空技术的飞速发展，无人机也进入了一个崭新的时代，品类众多、功能各异的无人机，必将成为广阔天空中无处不在的"百变幽灵"。时至今日，世界上研制生产的各类无人机已达数千种。各种性能不同、技术先进、用途广泛的新型无人机，如长航时无人机、无人攻击机、垂直起降无人机和微型无人机不断涌现。而随着计算机技术、自动驾驶技术、遥控遥测技术的发展及在无人机中的应用，以及对无人机战术研究的深入，未来无人机不仅能用于战术和战略等信息侦察，而且可用于防空系统压制、夺取制空权等多种任务中并最终参与空中格斗。

可见，随着航空工艺、材料和技术的不断进步，无人驾驶飞机在未来的 20 年间将会真正崛起，成为高技术舞台上一颗耀眼的"明星"。

（2）民用无人机的发展

1983 年，日本雅马哈公司就采用摩托车发动机，开发了一种用于喷洒农药的无人直升机。

2003年，美国航空航天局（NASA）成立了世界级的无人机应用中心。

2006年，欧洲制定并即刻实施了"民用无人机发展路线图"。

2008年，以色列给予"苍鹭"无人机非军事任务执行证书，并与有关部门合作开展了多种民用任务的试验。

2011年，墨西哥湾钻井平台爆炸后，艾伦实验室公司用无人机协助进行了溢油监测和溢油处理。

早在20世纪80年代，中国就尝试将自行开发的无人机用于地图测绘和地质勘探。

2. 多旋翼无人机的发展简史

多旋翼无人机作为无线电遥控的一种类型，历史尚浅，大致经历了以下三个发展阶段。

（1）理论开创阶段

多旋翼无人机理论开创于20世纪10年代，直升机研发之前。几家主要飞机生产商开发出在多个螺旋桨中搭乘飞行员的机型，这开创了多旋翼无人机的设计理论。

（2）加速发展阶段

2007年以后，装配高性能压电陶瓷陀螺仪和角速度传感器（六轴陀螺仪）的多旋翼无人机开始出现加速发展。

（3）未来发展阶段

伴随着飞行器技术的进步，多旋翼无人机（图4）使用者会急剧增加。这样一来，事故和故障也会相应增加，甚至会发展成社会问题。今后，由制造商、商店、协会和主管部门组织的，面向多旋翼无人机的飞行会和培训班也会增加。

图4　多旋翼无人机

3. 无人机发展趋势

（1）军用无人机发展趋势

1）微型化无人机。微型无人机在军事领域的使用越加广泛，由于其体积小、成本低，未来的战场需要更多的这种无人机。

2）高空、高速无人机。对于无人机的发展，需要新型的高空、长航动力装置，实现无人机在高危险、高强度的条件下工作，能完成高空作业和高速作业。

3）隐形无人机。高隐蔽材料和防噪声控制是提高无人机的作战效能和战场生存能力的必要条件。

4）攻击无人机。随着无人机在军事领域的广泛应用，攻击无人机的发展极为迅速。

（2）民用无人机发展趋势

1）智能化。通过提高民用无人机的智能化，可以更好地满足市场需求，降低无人机驾驶员的使用数量。此外，近些年人工智能技术的发展，为无人机的智能化奠定技术基础。

2）产业化。随着民用无人机市场的发展，消费者需求更加多样化，产业化已经是民用无人机的一个发展趋势。

3）品牌化。品牌化是一个企业的无形资产，民用无人机行业中的企业应该注重自己的品牌建设。从行业发展的生命周期来看，民用无人机行业正处于发展期。随着无人机技术的成熟，在行业成熟期会出现产品同质化的现象。这时产品的功能基本相似，企业要想占据较大的市场份额、实现高回报，品牌建设是其途径之一。

2. 工作页

学校名称		任课教师	
班级		学生姓名	
学习领域	学习领域：无人机组装调试		
学习情境	学习情境1：无人机机架组装	学习时间	30min
工作任务	A：无人机的发展	学习地点	理实一体化教室

无人机的发展

1. 请提炼关键词，用时间轴制作军用无人机的发展简史。

2. 请提炼关键词，用时间轴制作民用无人机的发展简史。

3. 请提炼关键词，用时间轴制作多旋翼无人机的发展简史。

4. 请提炼关键词，制作无人机发展趋势的思维导图。

5. 请完成下列单选题：

（1）军用无人机的发展经历了起步阶段、实用阶段、崛起阶段与（　　）。
    A. 理论开创阶段　　　B. 加速发展阶段　　　C. 广泛应用阶段　　　D. 未来发展阶段

（2）以下（　　）不是军用无人机实用发展阶段的无人机机型。
    A. "火蜂"无人机　　　　　　　　　B. "侦察兵"无人机
    C. "扫描鹰"小型无人机　　　　　　D. "影子200"低空无人机

（3）多旋翼无人机经历了理论开创阶段、加速发展阶段与（　　）。
    A. 起步阶段　　　　B. 实用阶段　　　　C. 广泛应用阶段　　　D. 未来发展阶段

（4）（　　）在军事领域的使用愈加广泛，由于其体积小、成本低，未来的战场需要更多的这种无人机。
    A. 微型化无人机　　B. 高空、高速无人机　C. 隐形无人机　　　D. 攻击无人机

（5）（　　）是提高无人机的作战效能和战场生存能力的必要条件。
    A. 微型化无人机　　B. 高空、高速无人机　C. 隐形无人机　　　D. 攻击无人机

（6）（　　）实现无人机在高危险高强度的条件下工作，能完成高空作业、高速作业。
    A. 微型化无人机　　B. 高空、高速无人机　C. 隐形无人机　　　D. 攻击无人机

（7）随着无人机在军事领域的广泛应用，（　　）的发展极为迅速。
    A. 微型化无人机　　B. 高空、高速无人机　C. 隐形无人机　　　D. 攻击无人机

（8）通过提高民用无人机的（　　），可以更好地满足市场需求，降低无人机驾驶员的使用数量。
    A. 产业化　　　　　B. 智能化　　　　　C. 品牌化　　　　　D. 集成化

（9）随着民用无人机市场的发展，消费者需求更加多样化，（　　）已经是民用无人机的一个发展趋势。
    A. 产业化　　　　　B. 智能化　　　　　C. 品牌化　　　　　D. 集成化

（10）（　　）是一个企业的无形资产，民用无人机行业中的企业应该注重自己的品牌建设。
    A. 产业化　　　　　B. 智能化　　　　　C. 品牌化　　　　　D. 集成化

1.3.2 无人机的应用

1. 信息页

学习领域	学习领域：无人机组装调试		
学习情境	学习情境1：无人机机架组装	学习时间	30min
工作任务	B：无人机的应用	学习地点	理实一体化教室

无人机的应用

　　无人机的应用非常广泛，可以用于军事，也可以用于民用和科学研究。在军用领域，主要应用于情报侦察、军事打击、信息对抗、通信中继与后勤保障。在民用领域，无人机已经和即将使用的领域多达40多个，例如影视航拍、农业植保、海上监视与救援、环境保护、电力巡线、渔业监管、消防、城市规划与管理、气象探测、交通监管、地图测绘、国土监察等。

1. 军用无人机的应用

（1）情报侦察

　　侦察无人机通过安装光电、雷达等各种传感器，实现全天候的综合侦察能力，侦察方式高效多样，可以在战场上空进行高速信息扫描，也可低速飞行或者悬停凝视，为部队提供实时情报支持。

（2）军事打击

　　无人机可携带多种精确攻击武器，对地面、海上目标实施攻击，或携带空空导弹进行空战，还可以进行反导拦截。

（3）信息对抗

　　在战场上无人机可以在恶劣环境下随时起飞，针对激光制导、微波通信、指挥网络、复杂电磁环境等光电信息实施对抗，有效阻断敌方装备的攻击、指挥和侦察能力，提高己方信息作战效率。

（4）通信中继

　　无人机通信网络可以建立强大的冗余备份通信链路，提高生存能力，遭到攻击后，替补通信网络能够快速恢复，在网络中心战中发挥着不可替代的作用。高空长航时无人机扩展了通信距离，利用卫星提供备选链路，直接与陆基终端链接，降低实体攻击和噪声干扰的威胁。作战通信无人机采用多种数传系统，各作战单元之间采用视距内模拟数传系统与卫星之间采用超视距通信中继系统，可高速实时传输图像、数据等信息。

（5）后勤保障

　　近年来美国军方开始探讨使用无人机担负物资运输、燃油补给甚至伤病员后送等后勤保障任务。无人机在承担这类任务时，除具备不受复杂地形环境影响、速度快、可规避地面敌人伏击等优势外，还拥有成本费用低、操作使用简便等特点。

2. 民用无人机的应用

（1）在植保领域的应用

　　1）植保无人机组成。植保无人机由飞行平台（固定翼、直升机、多轴飞行器）、导航飞行控制系统、喷洒机构三部分组成，通常在植保机下部安装有任务载荷（包括储药箱、农药喷杆、喷头、药管、药管快拆连接头、水泵以及置于中心板上的水泵电源降压模块等）。通过

学习情境 01
学习情境 02
学习情境 03
学习情境 04
学习情境 05
学习情境 06

地面遥控或导航飞行控制系统，来实现喷洒作业，可以喷洒药剂、种子、粉剂等（图1）。

2）植保无人机的应用：

① 无人机在玉米中的应用。使用无人机可以对玉米的病虫害及自然灾害进行有效的监测，此外无人机施药还解决了玉米田施药难的问题，具有较广阔的发展前景。目前利用无人直升机或多旋翼无人机施药防治玉米螟已经取得了非常好的效果。航空

图1　植保无人机

植保施药很好地解决了玉米田施药问题，玉米受病虫害影响显著降低，成为保证玉米优质、高产、稳产最直接有效的方法之一。

② 无人机在水稻中的应用。由于水稻生长过程中陆地机械难以下田作业，常规喷雾劳动强度大，且难以到达水稻中下部，作业效率低，对施药人员和环境也易造成伤害。鉴于此，植保无人机凭借用药量少、精准作业、劳动强度低等优点受到欢迎，可达到对水稻病虫害机械化、专业化、一体化防治。

③ 无人机在小麦中的应用。无人机能够根据小麦生长状况判断小麦氮素的供求状况，对氮素缺乏的区域可进行精准施肥，以降低资源的浪费和对环境的污染。

使用旋翼无人机施药相对于常规地面施药具有较好的田间防治效果，具有推广价值。在冬小麦田应用植保无人机开展化学除草，试验结果表明无人机施药具有较好的除草效果，有效控制了麦田杂草危害且对小麦生长安全。

④ 无人机在棉花中的应用。我国棉花病虫害防治效果差，植保技术落后。而无人机施药效率高，低空灵活作业，精准喷防，大大减小劳动强度，为棉花生产机械化开辟了新的道路。在棉花中使用无人机施药主要集中在蚜虫防治和喷洒生长调节剂。使用多旋翼植保无人机低空喷洒农药防治棉蚜已经取得了较好的防治效果，继续添加喷雾助剂可以进一步降低用药量。

（2）无人机在森林领域的应用

1）森林资源调查和荒漠化监测。无人机可携带高清摄像机和相关遥感设备，实施高空实时拍摄作业，进行森林资源调查、荒漠化监测。

2）森林病害虫监测及其防治。通过无人机喷洒药物、监测能有效地提升林业有害生物监测预警、检疫御灾、防治减灾水平，有效预防和控制了林业有害生物灾害的严重发生。

3）森林火灾监测和动态管理。无人机在森林火灾的监测、预防、扑救、灾后评估等方面得到了国际林业的认可。无人机是监测为主，将GPS技术、数字图像传输技术等高新技术综合应用于森林资源管理中的高科技产品，可解决目前林区森林防火瞭望和地面巡护无法顾及的偏远林火的早期发现问题。

4）森林火灾救援。无人机通过搭载摄像设备和影像传输设备，可随时执行火警侦察和火场探测任务。地面人员通过接收来自无人机的微波信号，随时掌握火场动态信息。无人机可以全天候地在空中对林区进行勘查，及时发现火情、报告火场位置、采取行动将火灾消灭在初期；实现对重大森林火灾现场的各种动态信息可进行准确把握和及时了解，解决飞机巡护无法夜航、烟雾造成能见度降低无法飞行等问题。

5）人工增雨。无人机系统可用于人工增雨，其以使用简便、机动性好、便于投放、没有人员安全的风险等特点而见长，因此特别适合森林防火作业中的人工增雨。

（3）在航拍领域的应用

1）航拍无人机组成。航拍无人机由飞行平台、导航飞行控制系统、任务载荷三部分组成，其中任务载荷主要有云台、照相机和图像传输系统等（图2）。

图2　航拍无人机

2）航拍无人机应用：

① 街景拍摄。利用携带摄像机装置的无人机，开展大规模航拍，实现空中俯瞰的效果。

② 交通监视。无人机参与城市交通管理不仅可以从宏观上确保城市交通发展规划贯彻落实，而且可以从微观上进行实况监视、交通流的调控，构建水陆空立体交管，实现区域管控，确保交通畅通，应对突发交通事件，实施紧急救援。

③ 影视航拍。无人机航拍跟传统飞行航拍方式相比较，其更为经济、安全，便于操控。近年来，专题片、影视剧、广告宣传片、音乐电视等都采用了无人机完成航拍作业，并且取得了令人瞩目的社会与经济效益。

（4）在航测领域的应用

1）航测无人机组成。无人机低空航测系统一般由地面系统、飞行平台、影像获取系统、数据处理系统等四部分组成。地面系统包括用于作业指挥、后勤保障的车辆等；飞行平台包括无人机、维护系统、通信系统等；影像获取系统包括电源、GPS 程控导航与航摄管理系统、数字航空摄影仪、云台、控制与记录系统等；数据处理系统包括空三测量、正影纠正、立体绘图等。

2）航测无人机应用：

① 国土测绘。通过快速获取测绘无人机航摄数据，能够快速掌握测区的详细情况，应用于国土资源动态监测与调查、土地利用和覆盖图更新、土地利用动态变化监测、特征信息分析等，高分辨率的航空影像还可应用于区域规划等。

② 应急救灾。无论是在汶川地震、玉树地震，还是舟曲泥石流、安康水灾，测绘无人机都在第一时间到达了现场，并充分发挥机动灵活的特点，获取灾区的影像数据，对于救灾部署和灾后重建工作的开展，都起到了重要作用。

③ 选线设计。遥感无人机可应用于电力选线、公路选线、铁路选线，能够根据项目需求，快速获取线状无人机航空影像，为选线快速提供设计数据。此外，遥感无人机还可以针对石油、天然气管道进行选线设计和全方位的监测，厘米级别的航空影像和高清视频能够协助进行安全监测与管理，同时利用管道压力数据结合影像发现管道渗漏、偷盗等现象。

④ 环境监测。高效快速获取高分辨率航空影像能够及时地对环境污染进行监测，尤其是排放污染方面。此外，海洋监测、溢油监测、水质监测、湿地监测、固体污染物监测、海岸带监测、植被生态监测等方面都可以借助遥感无人机拍摄的航空影像或视频数据进行实施。其中，水质调查监测、污染物监测、大气环境监测、固态废物检测、秸秆焚烧监测是主要的应用方向。

（5）在电力巡线领域的应用

1）电力巡线无人机组成。电力巡线无人机由飞行平台、导航飞行控制系统、任务载荷三部分组成，其中巡线无人机任务载荷主要有高清数码摄像机和照相机、雷达以及 GPS 定位

学习情境 01
学习情境 02
学习情境 03
学习情境 04
学习情境 05
学习情境 06

系统等（图3）。

2）电力巡线无人机应用。装配有高清数码摄像机和照相机以及GPS定位系统的无人机，可沿电网进行定位自主巡航，实时传送拍摄影像，监控人员可在计算机上同步收看与操控。

无人机实现了电子化、信息化、智能化巡检，提高了电力线路巡检的工作效率、应急抢险水平和供电可靠率。而在山洪暴发、地震灾害等紧急情况下，无人机可对线路的潜在危险进行勘测与紧急排

图3　电力巡线无人机

查，丝毫不受路面状况影响，既免去攀爬杆塔之苦，又能勘测到人眼的视觉死角，对于迅速恢复供电很有帮助。

（6）在警用消防领域的应用

1）警用无人机组成和特点。警用无人机系统一般是由无人机、高清摄像机、无线喊话器等模块组成（图4）。

警用无人机具有隐蔽能力好、安全可靠性高、现场展开能力快速以及多样化、多手段、通用性强等特点。

图4　警用无人机

2）警用消防无人机应用：

① 应急处理突发事件。通过无人机空中监控，能够迅速开展大范围的现场观察，具有实时监控人员聚集、流向等方面的明显优势。同时，无人机通过挂载高空喊话器、催泪瓦斯发射器等装置，可对现场聚集人员进行有效处置，应急处理突发事件。

② 活动安保。利用警用无人机的高空视野广、监控范围大、视角灵活多变的特点，可对大型活动现场人员聚集区域进行监管。同时，通过人脸识别、自动跟踪等技术，可实现对现场的有效管控。

③ 侦查搜捕。利用无人机可以事先明确地形，再对各关键部位部署警力，便于更好地抓捕违法犯罪分子。对于逃窜藏匿的不法人员，无人机也可以很快发现车辆和人员行踪，实现有效监控覆盖。即便在夜间，无人机也可以通过热成像、照明等手段进行有效追捕。无人机可以搭载高清摄像机、警用高音喇叭等设备，通过远程对现场进行监控、喊话等方式，维持现场秩序。

④ 交通管理。无人机携带高清照相机，可对城市道路的整体态势进行及时了解，同时在节假日期间，无人机可用于高速道路上对占用应急车道等违法行为进行抓拍。在发生重大事故时，无人机能够快速勘察交通事故现场，快速拍照和记录。民警通过回传信息能够在处理事故时进行准确判断，并对现场情况进行调度，快速解决道路拥堵，恢复道路通畅。

⑤ 紧急救援。当发生自然灾害或安全生产事故时，往往伴随交通阻断，人员及车辆难以第一时间到达现场。针对群众求助、山林火情、湖面救助等警情时，通过无人机高空作业实时传输图像，对需要救助人员第一时间报警定位，并投递相关救生设备。

⑥ 消防救援。消防救援是一项专业化极高的工作，及时了解火场周边情况，包括地形、地貌建筑物之间的关系，特别是火场中心位置等，对科学、高效地实施灭火工作至关重要。

3. 无人机未来的广泛应用

（1）无人机影像拍摄

用无人机来拍摄将一直是比较常见的应用。

（2）无人机快递

利用无线电遥控设备和自备的程序控制装置操纵的低空无人机运载包裹，自动送达目的地（图5）。

图5 无人机快递

（3）无人机施肥与洒农药

无人机施肥与洒农药能够适应深水田、丘陵、高山、灌木等复杂任何作业环境，效果好，环保又安全，可以有效提升农业生产效率。

（4）无人机防盗追踪

用无人机取代警卫犬，当存在可疑行为时，无人机会开展侦查，在飞行过程中将现场视频发送给安保团队。

（5）无人机检测气体污染源

无人机有助于我们更好地了解特定地点的污染气体排放量，得出更准确的分析结果。

（6）无人机巡检

应用无人机进行水利水文情况巡检、电力杆塔巡检、基站铁塔巡检、石油管线巡检、燃气管路巡检等，完成各类现场勘查工作，提升工作效率。

（7）水下无人机

无人机用于水下摄影测绘，让使用者不需要进入水中也能拍摄到水下画面，可以使用它来探索神秘的水下空间，同时监测水底的变化。

（8）无人机旅行拍摄

无人机能够通过运动预测软件和传感器确定自己的行进路线，同时具备360°全景和跟踪模式，从而可以在空中跟随着用户进行拍摄，让用户轻松地完成全方位的自拍。

（9）警用无人机

无人机为现场执法力量提供侦查画面、司法取证或投撒传单、空中喊话、投掷催泪弹、求生物资，将现场情况和方位信息第一时间传输到远程指挥大厅。

（10）抢险救灾无人机

无人机执行地震或疫情时的震情勘察、协助救援、物资运送等任务。

（11）无人机网络服务

无人机能在一定时间内实现不间断地飞行，可以扩大互联网的覆盖范围，向没有蜂窝基站或有线电话连接的地区提供网络服务。

（12）无人机控制天气

与传统通过飞机和直升机来控制天气的方法不同，无人机通常会更小、更轻，同时也不会消耗太多的燃料，而且使用无人机就不需要担心驾驶员的生命安全问题。

2. 工作页

学校名称		任课教师	
班级		学生姓名	
学习领域	学习领域：无人机组装调试		
学习情境	学习情境 1：无人机机架组装	学习时间	30min
工作任务	B：无人机的应用	学习地点	理实一体化教室

无人机的应用

1. 请提炼关键词，制作军用无人机应用的思维导图。

2. 请提炼关键词，制作民用无人机在植保与森林领域应用的思维导图。

3. 请提炼关键词，制作无人机在航拍与航测领域应用的思维导图。

4. 请提炼关键词，制作无人机在电力巡线及警用消防领域应用的思维导图。

5. 请完成下列单选题：

(1)（　　）不是无人机在军用领域的应用。
　　A. 情报侦察　　　　　　　　　　B. 海上监视与救援
　　C. 信息对抗　　　　　　　　　　D. 通信中继

(2)（　　）不是无人机在民用领域的应用。
　　A. 影视航拍　　　　　　　　　　B. 农业植保
　　C. 地图测绘　　　　　　　　　　D. 后勤保障

(3)（　　）是指利用无线电遥控设备和自备的程序控制装置操纵的低空无人机运载包裹，自动送达目的地。
　　A. 无人机影像拍摄　　　　　　　B. 无人机快递
　　C. 无人机防盗追踪　　　　　　　D. 无人机检测气体污染源

(4)（　　）是指用无人机取代警卫犬，当存在可疑行为时，无人机会开展侦查，在飞行过程中将现场视频发送给安保团队。
　　A. 无人机影像拍摄　　　　　　　B. 无人机快递
　　C. 无人机防盗追踪　　　　　　　D. 无人机检测气体污染源

(5)（　　）有助于我们更好地了解特定地点的污染气体排放量，得出更准确的分析结果。
　　A. 无人机影像拍摄　　　　　　　B. 无人机快递
　　C. 无人机防盗追踪　　　　　　　D. 无人机检测气体污染源

(6)（　　）是应用无人机进行水利水文情况巡检、电力杆塔巡检、基站铁塔巡检、石油管线巡检、燃气管路巡检等，完成各类现场勘查工作，提升工作效率。
　　A. 无人机巡检　　　　　　　　　B. 水下无人机
　　C. 抢险救灾无人机　　　　　　　D. 无人机旅行拍摄

(7)（　　）用于水下摄影测绘，让使用者不需要进入水中也能拍摄到水下画面，可以使用它来探索神秘的水下空间，同时监测水底的变化。
　　A. 无人机巡检　　　　　　　　　B. 水下无人机
　　C. 抢险救灾无人机　　　　　　　D. 无人机旅行拍摄

(8)（　　）能够通过运动预测软件和传感器确定自己的行进路线，同时具备360°全景和跟踪模式，从而可以在空中跟随着用户进行拍摄，让用户轻松地完成全方位的自拍。
　　A. 无人机巡检　　　　　　　　　B. 水下无人机
　　C. 抢险救灾无人机　　　　　　　D. 无人机旅行拍摄

(9)（　　）为现场执法力量提供侦查画面、司法取证或投撒传单、空中喊话、投掷催泪弹、求生物资，将现场情况和方位信息第一时间传输到远程指挥大厅。
　　A. 警用无人机　　　　　　　　　B. 水下无人机
　　C. 巡检无人机　　　　　　　　　D. 抢险救灾无人机

(10)（　　）执行地震或疫情时的震情勘察、协助救援、物资运送等任务。
　　A. 警用无人机　　　　　　　　　B. 水下无人机
　　C. 巡检无人机　　　　　　　　　D. 抢险救灾无人机

学习情境 01
学习情境 02
学习情境 03
学习情境 04
学习情境 05
学习情境 06

1.3.3 无人机的概念、特点与性能

1. 信息页

学习领域	学习领域：无人机组装调试		
学习情境	学习情境1：无人机机架组装	学习时间	30min
工作任务	C：无人机的概念、特点与性能	学习地点	理实一体化教室

无人机的概念、特点与性能

1. 无人机相关概念

（1）航空器

飞行器（Flight Vehicle）是由人类制造、能飞离地面，在大气层内或大气层外空间（太空）飞行的机械飞行物，大气层内飞行的称为航空器，在太空飞行的称为航天器。

航空器依据获得升力的方式不同分为两大类：一类是密度小于空气的航空器，依靠空气的浮力飘浮于空中，如气球、飞艇等；另一类是密度大于空气的航空器，包括非动力驱动和动力驱动两种类型。无人机系统飞行器平台主要使用的是密度大于空气的动力驱动航空器。

（2）无人机

无人机（Unmanned Aerial Vehicle，UAV）即无人驾驶航空器，是利用无线电遥控设备和自备的程序控制装置操纵的不载人航空飞行器（图1）。

图1 无人机

（3）无人机系统

无人机系统（图2）由车载计算机完全地或间歇地自主操作，又称飞行器远程操控系统，是指无人机及与其配套的通信站、发射／回收装置，以及无人机的运输、储存和检测装置等的统称。

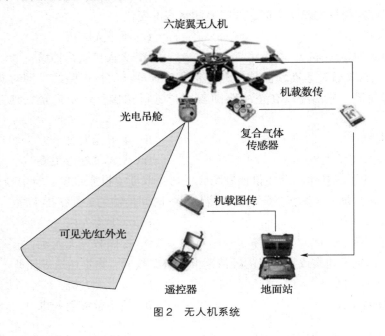

图2 无人机系统

无人机系统的驾驶员是指由运营人指派对无人机的运行负有必不可少的职责，并在飞行期间适时操纵飞行的人。

无人机系统的机长是指在系统运行时间内负责整个无人机系统运行和安全的驾驶员。

（4）航空模型

航空模型俗称航模，是一种以某种航空器的实际尺寸按一定比例制作，并能在空中飞行的模型。国际航空联合会（FAI）明确规定，航空模型是一种重于空气的，有尺寸限制的，带有或不带有动力装置的，可遥控不能载人的航空器。

2. 无人机的特点

（1）无人机优点

1）避免牺牲空勤人员，因为飞机上不需要飞行人员，所以最大可能地保障了人的生命安全。

2）尺寸相对较小，设计时不受驾驶员生理条件限制，可以有很大的工作强度，不需要人员生存保障系统和应急救生系统等，大大减轻了飞机重量。

3）制造成本与寿命周期费用低，没有昂贵的训练费用和维护费用，机体使用寿命长，检修和维护简单。

4）无人机的技术优势是能够定点起飞、降落，对起降场地的条件要求不高，可以通过无线电遥控或通过机载计算机实现远程遥控。

（2）无人机缺点

1）主要表现在生存力低，在与有较强防空能力的敌人作战时，无优势可言。

2）速度慢，抗风和气流能力差，在大风和乱流的飞行中，飞机易偏离飞行线路，难以保持平稳的飞行姿态。

3）受天气影响较大，结冰的飞行高度比过去预计的要低，在海拔 3000～4500m 的高度上，连续飞行 10～15min 后会使无人机受损。

4）应变能力不强，不能应付意外事件，当有强信号干扰时，易造成接收机与地面工作站失去联系。

5）机械部分也有出现故障的可能，一旦出现电子设备失灵现象，对无人机以及机载设备将是致命的。

（3）无人机与载人飞机

无人机与载人飞机相比，具有体积小、造价低、使用方便、无人员伤亡、对环境要求低、生存能力强、用途广泛等优点。因此，无人机在现代及未来战争中起到极其重要的作用，同时，在民用领域也有广阔的前景。

（4）无人机与航空模型

无人机与航空模型在定义上已经不同，航空模型在视距内，视距距离不超过 500m。其本质区别在于无人机有飞行控制系统（类似大脑），可人工遥控控制亦可自主控制；而航空模型没有飞行控制系统，只能进行人工遥控控制。

1）飞行控制系统。无人机具备智能化的飞行控制系统，而航模没有智能化的飞行控制系统，必须由人来通过遥控器控制。

2）人机界面。无人机有地面站，可以进行人机界面的互动操纵，而航空模型没有地面站，仅有操纵手柄。

学习情境 01

学习情境 02

学习情境 03

学习情境 04

学习情境 05

学习情境 06

3）任务载荷。无人机搭载一定的任务载荷系统，主要执行军用或民用的各种比较复杂的任务。航模一般没有任务载荷系统，侧重于航空模型运动、竞赛、爱好者研究交流以及个人娱乐。

4）飞行平台。无人机飞行平台的外形和形式多样，设计和制造水平比较先进。而航模则比较单一，技术水平较低。

5）人员资质。无人机相关人员包括观测员、视距内驾驶员、超视距驾驶员和教员，大多数需要执照。而航模没有任何资质要求。

6）主管单位。无人机由民航局和航空器拥有者及驾驶员协会（AOPA）管理，适用航空类法规。航模由航空运动管理中心管理，适用体育类法规。

（5）固定翼无人机、无人直升机和多旋翼无人机的对比分析

固定翼无人机在三类无人机中续航时间最长、飞行效率最高、载荷最大、飞行稳定性高，但在起飞时必须助跑或者借助器械弹射，降落的时候必须要滑行或是利用降落伞降落。

无人直升机可垂直起降，不需要跑道，地形适应能力强，但机械结构复杂、维护成本高、续航及速度都低于固定翼无人机。

多旋翼无人机能够实现垂直起降，并且自身机械结构简单，无机械磨损；但其续航及载重在三种飞行器当中是最低的。

1）在续航和载重方面。固定翼无人机可以以较低功率进行巡航，而无人直升机螺旋桨产生的升力必须一直大于或等于机身的重量，所以固定翼无人机的飞行效率是最高的；而无人直升机与多旋翼无人机相比，其螺旋桨直径更大，气动效率更高。

2）在起降便利性方面。固定翼无人机的起降必须借助跑道或者专用器械，所以其起降的便利性是最低的；多旋翼无人机和无人直升机都可以垂直起降，两者起降便利性差别不大。

3）在操作难易度方面。拥有飞行控制系统的多旋翼无人机起降简单、操作易上手，其操纵难度是最低的；固定翼无人机起降较复杂、空中操作较简单；无人直升机操作复杂，并且其在飞行时会产生较大的气浪声，容易对操纵造成心理压力。

4）在工作可靠性方面。多旋翼无人机没有传动部件，唯一旋转的部件就是螺旋桨，所以其工作可靠性是较高的；固定翼无人机工作可靠性也较高，但是其内部有进行传动控制的结构，降低了可靠性；无人直升机拥有复杂的传动结构、减速结构、控制结构，工作可靠性相对较低。

（6）多旋翼无人机特点

1）多旋翼无人机结构简单，大部分以电机为动力，无齿轮、连杆、传动带等传动部件，活动部件少，故障率低，可靠性高。

2）多旋翼无人机各部件独立性较强，更换、维护方便，采用通用、标准化零部件多，互换性好，具有高度的耦合特性。

3）多旋翼无人机受气动性能限制，难以做成大飞机，限制了其载荷。

4）多旋翼无人机结构稳定，易于操控，飞行控制方式非常简单，飞行效率高，操控更加简单灵活。

5）多旋翼无人机由于旋翼多，冗余度更高，因而其安全性更好。

3. 无人机的性能指标

（1）续航时间

续航时间是指无人机在不进行能源补充的情况下，耗尽动力能源所能持续飞行的时间，

它是检验无人机持续完成任务能力、任务持续性的重要指标。不同类型的无人机系统，对续航时间的要求是不同的。飞机耗尽其可用燃料所能持续飞行的时间称为最大续航时间。

（2）航程

航程是衡量无人机作战距离的重要指标，决定无人机航程的因素有机体结构、翼型、发动机、携带能量等，当然无人机的控制系统对航程也有着不可忽视的影响。另外，美军已经在研究无人机空中加油技术，以增加无人机的航程。

（3）升限

升限是指飞机能维持平飞的最大飞行高度，分为理论升限和实用升限，在此高度以上，无人机无法获得满意的性能。飞行高度对于军用航空器来说，是保证作战任务完成的重要指标。

（4）飞行速度

飞行速度是衡量无人机飞行能力，甚至是突防、攻击性能的重要数据，包括巡航速度和最大平飞速度。

1）最大平飞速度对于无人机来说是一项重要的指标，是指无人机在一定飞行高度所能达到的最大定常水平飞行速度。

2）巡航速度是指飞机在巡航状态下的平飞速度，无人机飞行过程中单位距离消耗能源最少的速度称为巡航速度，一般是最大速度的 70% ~80% 。

（5）本体尺寸

无人机机体的尺寸能够影响其使用性能和抵抗恶劣环境的能力。

（6）有效载荷质量

有效载荷质量是衡量无人机能够携带任务载荷多少的重要指标。

（7）爬升率

爬升率是指在一定飞行重量和发动机工作状态下，无人机在单位时间内上升的高度，也可用爬升到某高度耗用多少时间来表示。

（8）经济性

无人机的设计、制造和维护成本是一项重要的指标。

（9）可靠性

可靠性是指在执行预期任务期间，无故障运行的可能性。

（10）发射及回收方式

常用的发射方式有轨道发射、火箭发射、滑跑发射、空中发射和垂直起飞等。常用的回收方式有降落伞回收、空中回收、拦截网回收、起落架滑轮着陆、气垫着陆和垂直着陆等。

（11）最大起飞重量

依据无人机的设计或运行限制，无人机起飞时所能容许的最大重量被称为最大起飞重量。

（12）起飞重量

起飞重量是指无人机在起飞前的重量，这时发动机尚未起动，起飞重量应不大于最大起飞重量。

学习情境 01

学习情境 02

学习情境 03

学习情境 04

学习情境 05

学习情境 06

2. 工作页

学校名称		任课教师	
班级		学生姓名	
学习领域	学习领域：无人机组装调试		
学习情境	学习情境1：无人机机架组装	学习时间	30min
工作任务	C：无人机的概念、特点与性能	学习地点	理实一体化教室

无人机的概念、特点与性能

1. 请提炼关键词，书写航空器与航天器的概念、区别，书写航空模型的概念。

2. 请提炼关键词，书写无人机、无人机系统、驾驶员、机长的概念。

3. 请提炼关键词，书写无人机的优缺点。

4. 请提炼关键词，制作表格书写无人机与航空模型的区别。

	无人机	航空模型
定 义		
飞行控制系统		
人机界面		
任务载荷		
飞行平台		
人员资质		
主管单位		

5. 请提炼关键词，制作表格对比分析固定翼无人机、无人直升机和多旋翼无人机。

	固定翼无人机	无人直升机	多旋翼无人机
续航和载重			
起降便利性			
操作难易度			
工作可靠性			

6. 请提炼关键词书写多旋翼无人机特点。

7. 请完成下列单选题：

（1）（　　）是指无人机在不进行能源补充的情况下，耗尽动力能源所能持续飞行的时间。

  A. 续航时间　　　　　B. 航程　　　　　C. 升限　　　　　D. 爬升率

（2）（　　）是衡量无人机作战距离的重要指标，决定无人机航程的因素有机体结构、翼型、发动机、携带能量等。

  A. 续航时间　　　　　B. 航程　　　　　C. 升限　　　　　D. 爬升率

（3）（　　）是指飞机能维持平飞的最大飞行高度。

  A. 续航时间　　　　　B. 航程　　　　　C. 升限　　　　　D. 爬升率

（4）（　　）是指在一定的飞行重量和一定的发动机工作状态下，无人机在单位时间内上升的高度。

  A. 续航时间　　　　　B. 航程　　　　　C. 升限　　　　　D. 爬升率

（5）（　　）对于无人机来说是一项重要的指标，是指无人机在一定飞行高度所能达到的最大定常水平飞行速度。

  A. 飞行速度　　　　　B. 最大平飞速度　　C. 巡航速度　　　D. 续航时间

（6）（　　）是指飞机在巡航状态下的平飞速度，一般是最大速度的 70% ~ 80%。

  A. 飞行速度　　　　　B. 最大平飞速度　　C. 巡航速度　　　D. 续航时间

（7）（　　）能够影响其使用性能和抵抗恶劣环境的能力。

  A. 有效载荷质量　　　B. 最大起飞重量　C. 起飞重量　　　D. 本体尺寸

（8）（　　）是衡量无人机能够携带任务载荷多少的重要指标。

  A. 有效载荷质量　　　B. 最大起飞重量　C. 起飞重量　　　D. 本体尺寸

（9）（　　）是依据无人机的设计或运行限制，无人机起飞时所能容许的最大重量。

  A. 有效载荷质量　　　B. 最大起飞重量　C. 起飞重量　　　D. 本体尺寸

（10）（　　）是指无人机在起飞前的重量。

  A. 有效载荷质量　　　B. 最大起飞重量　C. 起飞重量　　　D. 本体尺寸

1.3.4　无人机的分类

1.　信息页

学习领域	学习领域：无人机组装调试		
学习情境	学习情境1：无人机机架组装	学习时间	30min
工作任务	D：无人机的分类	学习地点	理实一体化教室

无人机的分类

近年来，无人机技术发展迅速，无人机系统种类繁多、用途广泛、特点鲜明。无人机在尺寸、质量、航程、航时、飞行高度、飞行速度以及任务等多方面都有较大差异。由于无人机的多样性，使其衍生出不同的分类方法，且不同的分类方法又相互交叉，导致边界模糊。

无人机通常可按照用途、飞行平台构型、重量、活动半径、任务高度、控制模式、动力装置、使用次数等进行分类。

1.　按用途分类

（1）军用无人机

军用无人机对于灵敏度、飞行高度与速度智能化等要求最高，也是技术水平最高的无人机。根据航程、活动半径、续航时间和飞行高度可把军用无人机分为战术和战略两大类；按作战任务可把军用无人机分为侦察无人机、诱饵无人机、电子对抗无人机、通信中继无人机、无人战斗机以及靶机等。

（2）民用无人机

民用无人机可分为巡查/监视无人机、农用无人机、气象无人机、勘探无人机以及测绘无人机等。民用无人机一般对于速度、升限和航程等要求都较低，但对人员操作培训、综合成本有较高的要求，因此需要配套低廉的零部件和售后服务。民用无人机主要用于地质勘探、地形测绘、农作物病虫害防治、农作物产量评估、森林防火、汛情监视、交通管制、气象监测等方面。目前，民用无人机最大的市场还在于为政府提供公共服务，约占总需求的70%。未来无人机发展潜力最大的市场应在民用领域，诸如农业植保、空中无线网络以及数据获取等。

（3）工业级无人机

工业级无人机一般会根据行业需求不同搭载各种专业探测设备，比如红外热像仪、激光雷达、高光谱照相机、大气探测器等，主要用于各行各业的日常工作中。一般要求无人机具有一定的防护措施来降低意外带来的自身损害和连带伤害，要拥有尽量长的航时、尽量远的通信距离，还要求有足够的可靠性来满足长年累月的重复使用。工业级无人机主要面向行业用户定制生产，产量一般不大，售价较高。

（4）消费级无人机

消费级无人机一般搭载照相机、摄像头等一类拍摄设备，根据需要再配云台和图传电台等，满足消费者的娱乐需求。消费级无人机大多针对普通消费者或者航拍爱好者，一般要求无人机便携和易操作，且价格便宜。

2. 按平台构型分类

（1）固定翼无人机

固定翼无人机（图1）就是指飞机的机翼固定不动，依靠机翼的空气动力特性而产生升力的一种机型。

图1　固定翼无人机

固定翼平台即固定翼航空器平台，即日常生活中提到的"飞机"，依靠螺旋桨或者涡轮发动机产生的推力作为飞机向前飞行的动力，主要的升力来自机翼与空气的相对运动，是在大气层内飞行的重于空气的航空器。固定翼飞机必须要有一定的与空气的相对速度才会有升力来飞行，因为这个原理，固定翼无人机具有飞行速度快、大航程、高空飞行、比较经济、运载能力大的特点。

固定翼无人机其结构通常包括机翼、机身、尾翼和起落架等，其中机翼和尾翼上有副翼、升降舵、方向舵、襟翼等控制舵面。操纵时，通过伺服机构改变各舵向位置及动力装置输出量，产生相应的控制力和力矩，使飞行器改变高度和速度，并进行转弯、爬升、俯冲、横滚等运动。在有大航程、高高度的需求时，一般选择固定翼无人机，比如电力巡线、公路的监控等。

1）机翼。机翼是固定翼飞机产生升力的部件，机翼后缘有可操纵的活动面，靠外侧的叫副翼，用于控制飞机的滚转运动；靠内侧的则是襟翼，用于增加起飞着陆阶段的升力。大型飞机机翼内部通常安装有油箱，军用机机翼下面有可供挂载副油箱和武器等的附加设备。有些飞机的发动机和起落架也安装在机翼下方。

2）机身。机身的主要功能是装载人员、货物、燃料和任务设备等，同时它是其他结构部件的安装基础，用以将尾翼、机翼、起落架等连接成一个整体。

3）尾翼。尾翼是用来配平、稳定和操纵固定翼飞机飞行的部件，通常包括垂直尾翼（垂尾）和水平尾翼（平尾）两部分。垂直尾翼由固定的垂直安定面和安装在其后部的升降舵组成，水平尾翼由固定的水平安定面和安装在其后部的升降舵组成，一些型号的飞机升降舵由全动式水平尾翼代替。方向舵用于控制飞机的横向运动，升降舵用于控制飞机的纵向运动。

4）起落架。起落架是用来支撑飞行器停放、滑行、起飞和着陆滑跑的部件，一般由支柱、缓冲杆、制动装置、机轮和收放机构组成。陆上飞机的起落架装置一般由减振支柱和机轮组成，此外还有专供水上飞机起降的带有浮筒装置的起落架和飞机在雪地起降用的滑橇起落架。

（2）旋翼无人机

旋翼无人机是指通过飞机机翼（桨叶）旋转而产生升力的一种机型，主要包含无人直升机、多轴飞行器和旋翼机（自转旋翼机）三种类型。

1）无人直升机。无人直升机（图2）是一种由一个或多个水平旋转的旋翼提供升力和推进力而进行飞行的航空器。无人直升机具有大多数固定翼无人机所不具备的垂直升降、悬停、小速度向前或向后飞行的特点。这些特点使得无人直升机在很多场合大显身手。无人直升

学习情境 01

学习情境 02

学习情境 03

学习情境 04

学习情境 05

学习情境 06

机与固定翼无人机相比，其缺点是速度低、耗油大、航程较短。无人直升机的升力产生原理与固定翼无人机相似，只不过这个升力来自于绕固定轴旋转的"旋翼"。

图2　无人直升机

旋翼无人机不像固定翼无人机那样依靠整个机体向前飞行来使机翼与空气产生相对运动，而是依靠自身旋转产生与空气的相对运动。但是，在旋翼提供升力的同时，无人直升机机身也会因反转矩（与驱动旋翼旋转等量但方向相反的转矩，即反作用转矩）的作用而具有向反方向旋转的趋势。为了克服"旋翼"旋转产生的反作用转矩，常见的做法是用另一个小型旋翼，即尾桨，在机身尾部产生抵消反向运动的力矩。人们将这种直升机称为单旋翼直升机。另外一种做法是采用旋翼之间反向旋转的方法来抵消反转矩的作用，即多旋翼直升机。多旋翼是依靠多个旋翼产生的升力来平衡飞行器的重力，让飞行器可以飞起来，通过改变每个旋翼的转速来控制飞行器的平稳和姿态。所以多旋翼飞行器可以悬停，在一定速度范围内以任意的速度飞行，基本上就是一个空中飞行的平台，可以在平台上加装自己的传感器、照相机、机械手之类的仪器等，操作简单，经过简单的培训即可操作。

2）多轴飞行器。多轴飞行器（图3）是一种具有3个及以上旋翼轴的特殊直升机。其通过每个轴上的电机转动带动旋翼转动从而产生升推力。旋翼的总轴距固定，而不像一般直升机那样可变。通过改变不同旋翼之间的相对转速，可以改变单轴推进力的大小，从而控制飞行器的运行轨迹。

由于其结构简单，便于量产，近年来微型飞行器领域常见的有四轴、六轴、八轴等。其体积小、重量轻，因此携带方便，能轻易进入人不易进入的各种恶劣环境。和无人直升机相比，它有许多优点：旋翼角度固定，结构简单，每个旋翼的叶片比较短，叶片末端的线速度慢，发生碰撞时冲击力小，不容易损坏，也对人更安全。有些小型四轴飞行器的旋翼有外框，避免磕碰。发展到如今，多轴飞行器已经可以执行航拍电影、取景、实时监控、地形勘探等飞行任务。

a）四轴无人机　　　　　　　　　b）六轴无人机

图3　多轴飞行器

3）自转旋翼机。自转旋翼机简称旋翼机，是旋翼航空器的一种。它的旋翼没有动力装置驱动，仅依靠前进时的相对气流吹动旋翼自转以产生升力。旋翼机必须像固定翼无人机那样滑跑加速才能起飞，少数安装有跳飞装置的旋翼机能够原地跳跃起飞，但旋翼机不能够像直升机那样进行稳定的垂直起降和悬停。与直升机相比，旋翼机的结构非常简单、造价低廉、安全性较好，一般用于通用航空或运动类飞行。

学习情境 01

学习情境 02

学习情境 03

学习情境 04

学习情境 05

学习情境 06

　　自转旋翼机的设计各种各样，但是大多数设计的基本构成要素是相同的。一架具备基本功能的自转旋翼机通常包括机身、动力系统、旋翼系统、尾翼和起落架五个部分。

机　　身：是其他部件的安装结构。

动力系统：提供旋翼机向前飞行的推力，在飞行时和旋翼系统无关。

旋翼系统：提供旋翼机飞行所必需的升力和控制能力。常见的是带桨毂倾斜控制的跷跷板式旋翼，也可以采用全铰式旋翼。

尾　　翼：提供稳定性和俯冲、偏航控制，同固定翼飞机的尾翼功能类似。

起 落 架：提供在地面上的移动能力，类似于固定翼飞机的起落架。最常见的为前二点式起落架。

（3）垂直起降固定翼无人机

　　垂直起降固定翼无人机（图4）也叫倾转旋翼机，是近几年新研发出来的一款无人机机型。单纯从结构上看，它可以看作是多旋翼和固定翼的结合体，它既有多旋翼无人机起降简单、没有场地要求的优点，又有固定翼无人机长航时、大载重的优点，很适合做行业的测绘、监测、管路巡查等工作。

图4　垂直起降固定翼无人机

　　倾转旋翼机是一种典型的变模态旋翼机平台，也叫可倾斜旋翼机，是一种同时具有旋翼和固定翼功能，并在机翼两侧各安装有一套可在水平和垂直位置之间转动的可倾转旋翼系统的航空器。倾转旋翼机在动力装置旋转到垂直位置时相当于横列式直升机，可进行垂直起降、悬停、低速空中盘旋等直升机的飞行动作；而在动力装置旋转至水平位置时相当于固定翼螺旋桨式飞机，可实现比直升机更快的巡航航速。以上特点使得倾转旋翼机兼具直升机和固定翼飞机的优点，应用前景十分广阔。

（4）扑翼无人机

　　扑翼无人机（图5）是通过像一种类似鸟类和昆虫那样上下扑动自身翅膀而升空飞行的航空器，又称振翼机。作为一种仿生学的机械，扑翼无人机与它模仿的对象一样，以机翼同时产生升力和推进力。扑翼无人机有诸多优点：扑翼无人机不需要跑道垂直起落；动力系统和控制系统合为一体；机械效率高于固定翼无人机。但也由于升力和推进力由同一部件产生，涉及的工程力学和空气动力学问题非常复杂，其规律尚未被人类完全掌握，导致其局限为：结构复杂，难于高速化、大型化；对材料有特殊要求（材料要求质量轻，强度大）。有实用价值的扑翼无人机至今尚未脱离研制阶段，微型航空器领域是扑翼无人机最有可能实用化的领域。

图5　扑翼无人机

（5）无人飞艇

在庞大的飞行器家族中，无人飞艇（图6）的存在感并不像飞机那么强，但是研究飞艇的科研人员依然渴望将新能源应用其中。对于主要在平流层"活动"的飞艇来说，太阳能无疑是最好的选择。动力完全来自其背部安装的太阳能板转化的电能，是飞艇中的"新能源"成员。不过，与飞机不同，飞艇表面少有平面，外形更接近庞大的气球，飘浮的动力来自气囊内轻于空气的氦气。正是这样的外形特点，在飞艇身上安装太阳能电池是个极大的挑战。

图6　无人飞艇

（6）伞翼无人机

伞翼无人机（图7）是指以伞翼为升力面的重于空气的固定翼航空器。伞翼无人机体积小、速度慢、飞行高度低，适合于低空飞行。伞翼无人机的机翼采用铝合金构架、尼龙蒙布结构。由于机翼结构的原因，在同样高度与速度下，伞翼能提供的升力仅能达到通常机翼的三分之一左右，因而不能飞到较高的高度。但是由于采用三角形伞翼，其飞机翼展较小，这样在低空复杂气流作用下，相对容易保证平稳飞行，因而十分适合于对地观察摄影。其缺点是不能在较高高度飞行，动力较小，受强风影响较大，在顶风飞行时飞行困难；机体过轻，受侧风影响较强烈。

图7　伞翼无人机

3．按重量分类

（1）微型无人机

微型无人机是指空机重量小于等于 7 kg 的无人机。

（2）轻型无人机

轻型无人机是指空机重量大于 7 kg，且小于等于 116 kg 的无人机，且全功率平飞中，校正空速小于 100 km/h，升限小于 3000 m。

（3）小型无人机

小型无人机是指空机重量小于等于 5700kg，且微型和轻型无人机除外的无人机。

（4）大型无人机

大型无人机是指空机重量大于 5700 kg 的无人机。

4．按活动半径分类

航程是无人机的重要性能，它是指起飞后中途不加油能够飞越的距离。而活动半径是指 25%～40% 的航程。按活动半径把无人机分为超近程、近程、短程、中程和远程无人机五种。

1）超近程无人机：活动半径在 15km 以内。

2）近程无人机：活动半径在 15～50km。

3）短程无人机：活动半径在 50～200km。

4）中程无人机：活动半径在 200～800km。

5）远程无人机：活动半径大于 800km。

5. 按任务高度分类

1）超低空无人机：任务高度一般在 0 ~ 100m。

2）低空无人机：任务高度一般在 100 ~ 1000m。

3）中空无人机：任务高度一般在 1000 ~ 7000m。

4）高空无人机：任务高度一般在 7000 ~ 18000m。

5）超高空无人机：任务高度一般高于 18000m。

6. 按控制模式分类

（1）遥控式无人机

遥控式无人机是由地面人员通过无线电发送指令并有效控制飞行的无人机。操控员实时操纵控制遥控器面板上的操纵杆和按钮，由遥控器发射机发出对应的无线电指令信号传输到无人机的遥控接收机上，用指令控制无人机飞行的高度、速度、航向等参数，并实施预定的飞行和工作计划。

（2）自主式无人机

自主式无人机是按预先输入的程序指令，自动飞行并执行预定任务的无人机，也称为时间程序控制型无人机。

（3）半自主式无人机

半自主式无人机是在有地面控制指令时按控制指令飞行，当无地面控制指令时按预编程序指令飞行的无人机。操控员通过飞行管理系统界面去执行任务或改变任务，在没有输入控制指令情况下，无人机将实施预编程序的自动飞行。

（4）三者兼备式无人机

三者兼备式无人机是具有遥控式、半自主式和自主式功能的无人机。

7. 按动力装置分类

（1）电动式无人机

电动式无人机大多采用无刷电机作为动力装置，由聚合物锂电池或燃料电池提供能量。电机是一种旋转式电动机器，它将电能转变为机械能，无人机在飞行中为了实现前进、后退、侧飞和转弯等，采用电调控制无刷电机的转速。它具有结构简单、重量轻、维护方便等优点；其缺点是载重小、续航时间短、电池消耗大等。

（2）油动式无人机

油动式无人机通常采用活塞式发动机或涡轮轴发动机作为动力装置。它具有抗风能力强、续航时间长、载重大等优点；具有稳定性差、操作复杂、场地适应性差、危险性大等缺点。

（3）油电混合式无人机

油电混合式无人机通常采用燃油发动机和电机作为动力装置，燃油发动机发电，再驱动电机。其具有结构简单、载重大、续航时间长、适用范围广等优点。它继承了电动式无人机和油动式无人机的优点，并克服了它们的缺点。

油动式无人机在续航能力、操控性、旋翼尺寸、安全性、价格与成本、载重能力、载客能力、抗风能力等多方面的表现都优于电动式无人机。

8. 按使用次数分类

1）单次使用无人机：发射后不回收，不需要安装回收系统。

2）多次使用无人机：需要重复使用，要求回收。

2. 工作页

学校名称		任课教师	
班级		学生姓名	
学习领域	学习领域：无人机组装调试		
学习情境	学习情境1：无人机机架组装	学习时间	30min
工作任务	D：无人机的分类	学习地点	理实一体化教室

无人机的分类

1. 请提炼关键词，制作无人机按照用途分类的思维导图。

2. 请提炼关键词，制作无人机按照平台构型分类的思维导图。

3. 请提炼关键词，制作无人机按照重量、活动半径、任务高度、控制模式、动力装置、使用次数分类的思维导图。

4. 请完成下列单选题：

(1) （　　） 就是指飞机的机翼固定不动，依靠机翼的空气动力特性而产生升力的一种机型。
A. 固定翼无人机　　　B. 旋翼无人机　　　C. 扑翼无人机　　　D. 伞翼无人机

(2) （　　） 具有飞行速度快、大航程、高空飞行、比较经济、运载能力大的特点。
A. 固定翼无人机　　　B. 旋翼无人机　　　C. 扑翼无人机　　　D. 伞翼无人机

(3) （　　） 一般由机身、机翼、尾翼、起落架组成。
A. 固定翼无人机　　　B. 旋翼无人机　　　C. 扑翼无人机　　　D. 伞翼无人机

(4) （　　） 是指通过飞机机翼（桨叶）旋转而产生升力的一种机型。
A. 固定翼无人机　　　B. 旋翼无人机　　　C. 倾转旋翼机　　　D. 伞翼无人机

(5) （　　） 是一种由一个或多个水平旋转的旋翼提供升力和推进力而进行飞行的航空器。
A. 固定翼无人机　　　　　　　　　　B. 无人直升机
C. 自转旋翼机　　　　　　　　　　　D. 垂直起降固定翼无人机

(6) （　　） 是一种具有三个及以上旋翼轴的特殊直升机。
A. 固定翼无人机　　　B. 无人直升机　　　C. 自转旋翼机　　　D. 多轴飞行器

(7) （　　） 通常包括机身、动力系统、旋翼系统、尾翼和起落架5个部分。
A. 固定翼无人机　　　　　　　　　　B. 无人直升机
C. 自转旋翼机　　　　　　　　　　　D. 垂直起降固定翼无人机

(8) （　　） 是近几年新研发出来的一款无人机机型，单纯从结构上看可以看作是多旋翼和固定翼的结合体，它既有多旋翼起降简单、没有场地要求的优点，又有固定翼长航时、大载重的优点。
A. 固定翼无人机　　　　　　　　　　B. 无人直升机
C. 自转旋翼机　　　　　　　　　　　D. 垂直起降固定翼无人机

理论测试（一）：无人机概述

学校名称		任课教师	
班级		学生姓名	
学习领域	学习领域：无人机组装调试		
学习情境	学习情境1：无人机机架组装	学习时间	120min
测试任务	无人机概述（发展、应用、概念、特点、性能、分类）	测试时间	20min

单选题：（每题1分，共40分）

（1）军用无人机的发展经历了起步阶段、实用阶段、崛起阶段与（　　）。
　　A. 理论开创阶段　　　　　　　　B. 加速发展阶段
　　C. 广泛应用阶段　　　　　　　　D. 未来发展阶段

（2）以下（　　）不是军用无人机实用发展阶段的无人机机型。
　　A. "火蜂"无人机　　　　　　　　B. "侦察兵"无人机
　　C. "扫描鹰"小型无人机　　　　　D. "影子200"低空无人机

（3）多旋翼无人机经历了理论开创阶段、加速发展阶段与（　　）。
　　A. 起步阶段　　　　　　　　　　B. 实用阶段
　　C. 广泛应用阶段　　　　　　　　D. 未来发展阶段

（4）（　　）在军事领域的使用愈加广泛，由于其体积小、成本低，未来的战场需要更多的这种无人机。
　　A. 微型化无人机　　　　　　　　B. 高空、高速无人机
　　C. 隐形无人机　　　　　　　　　D. 攻击无人机

（5）（　　）是提高无人机的作战效能和战场生存能力的必要条件。
　　A. 微型化无人机　　　　　　　　B. 高空、高速无人机
　　C. 隐形无人机　　　　　　　　　D. 攻击无人机

（6）（　　）实现无人机在高危险高强度的条件下工作，能完成高空作业，高速作业。
　　A. 微型化无人机　　　　　　　　B. 高空、高速无人机
　　C. 隐形无人机　　　　　　　　　D. 攻击无人机

（7）随着无人机在军事领域的广泛应用，（　　）的发展极为迅速。
　　A. 微型化无人机　　　　　　　　B. 高空、高速无人机
　　C. 隐形无人机　　　　　　　　　D. 攻击无人机

（8）通过提高民用无人机的（　　），可以更好地满足市场需求，降低无人机驾驶员的使用数量。
　　A. 产业化　　　　B. 智能化　　　　C. 品牌化　　　　D. 集成化

（9）随着民用无人机市场的发展，消费者需求更加多样化，（　　）已经是民用无人机的一个发展趋势。
　　A. 产业化　　　　B. 智能化　　　　C. 品牌化　　　　D. 集成化

（10）（　　）是一个企业的无形资产，民用无人机行业中的企业应该注重自己的品牌建设。
　　A. 产业化　　　　B. 智能化　　　　C. 品牌化　　　　D. 集成化

（11）（　　）不是无人机在军用领域的应用。
　　A. 情报侦察　　　　　　　　　　B. 海上监视与救援
　　C. 信息对抗　　　　　　　　　　D. 通信中继

(12) (　　) 不是无人机在民用领域的应用。

A. 影视航拍　　　B. 农业植保　　　C. 地图测绘　　　D. 后勤保障

(13) (　　) 是指利用无线电遥控设备和自备的程序控制装置操纵的低空无人机运载包裹，自动送达目的地。

A. 无人机影像拍摄　　　　　　　　B. 无人机快递

C. 无人机防盗追踪　　　　　　　　D. 无人机检测气体污染源

(14) (　　) 是指用无人机取代警卫犬。当存在可疑行为时，无人机会开展侦查，在飞行过程中将现场视频发送给安保团队。

A. 无人机影像拍摄　　　　　　　　B. 无人机快递

C. 无人机防盗追踪　　　　　　　　D. 无人机检测气体污染源

(15) (　　) 有助于我们更好地了解特定地点的污染气体排放量，得出更准确的分析结果。

A. 无人机影像拍摄　　　　　　　　B. 无人机快递

C. 无人机防盗追踪　　　　　　　　D. 无人机检测气体污染源

(16) (　　) 是应用无人机进行水利水文情况巡检、电力杆塔巡检、基站铁塔巡检、石油管线巡检、燃气管路巡检等，完成各类现场勘查工作，提升工作效率。

A. 无人机巡检　　　　　　　　　　B. 水下无人机

C. 抢险救灾无人机　　　　　　　　D. 无人机旅行拍摄

(17) (　　) 用于水下摄影测绘，让使用者不需要进入水中也能拍摄到水下画面，可以使用它来探索神秘的水下空间，同时监测水底的变化。

A. 无人机巡检　　　　　　　　　　B. 水下无人机

C. 抢险救灾无人机　　　　　　　　D. 无人机旅行拍摄

(18) (　　) 能够通过运动预测软件和传感器确定自己的行进路线，同时具备360度全景和跟踪模式，从而可以在空中跟随着用户进行拍摄，让用户轻松地完成全方位的自拍。

A. 无人机巡检　　　　　　　　　　B. 水下无人机

C. 抢险救灾无人机　　　　　　　　D. 无人机旅行拍摄

(19) (　　) 为现场执法力量提供侦查画面、司法取证或投撒传单、空中喊话、投掷催泪弹、求生物资，将现场情况和方位信息第一时间传输到远程指挥大厅。

A. 警用无人机　　　　　　　　　　B. 水下无人机

C. 巡检无人机　　　　　　　　　　D. 抢险救灾无人机

(20) (　　) 执行地震或疫情时的震情勘察、协助救援、物资运送等任务。

A. 警用无人机　　　　　　　　　　B. 水下无人机

C. 巡检无人机　　　　　　　　　　D. 抢险救灾无人机

(21) (　　) 是指无人机在不进行能源补充的情况下，耗尽动力能源所能持续飞行的时间。

A. 续航时间　　　B. 航程　　　C. 升限　　　D. 爬升率

(22) (　　) 是衡量无人机作战距离的重要指标，决定无人机航程的因素有机体结构、翼型、发动机、携带能量等。

A. 续航时间　　　　B. 航程　　　C. 升限　　　D. 爬升率

(23) (　　) 是指飞机能维持平飞的最大飞行高度。

A. 续航时间　　　B. 航程　　　C. 升限　　　D. 爬升率

(24) (　　) 是指在一定的飞行重量和一定的发动机工作状态下，无人机在单位时间内上升的高度。

A. 续航时间　　　B. 航程　　　C. 升限　　　D. 爬升率

（25）（　　　）对于无人机来说也是一项重要的指标，是指无人机在一定飞行高度所能达到的最大定常水平飞行速度。
　　　A. 飞行速度　　　　B. 最大平飞速度　　C. 巡航速度　　　　D. 续航时间
（26）（　　　）是指飞机在巡航状态下的平飞速度，一般是最大速度的70%～80%。
　　　A. 飞行速度　　　　B. 最大平飞速度　　C. 巡航速度　　　　D. 续航时间
（27）（　　　）能够影响其使用性能和抵抗恶劣环境的能力。
　　　A. 有效载荷质量　　B. 最大起飞重量　　C. 起飞重量　　　　D. 本体尺寸
（28）（　　　）是衡量无人机能够携带任务载荷多少的重要指标。
　　　A. 有效载荷质量　　B. 最大起飞重量　　C. 起飞重量　　　　D. 本体尺寸
（29）（　　　）是依据无人机的设计或运行限制，无人机起飞时所能容许的最大重量。
　　　A. 有效载荷质量　　B. 最大起飞重量　　C. 起飞重量　　　　D. 本体尺寸
（30）（　　　）是指无人机在起飞前的重量。
　　　A. 有效载荷质量　　B. 最大起飞重量　　C. 起飞重量　　　　D. 本体尺寸
（31）（　　　）就是指飞机的机翼固定不动，依靠机翼的空气动力特性而产生升力的一种机型。
　　　A. 固定翼无人机　　B. 旋翼无人机　　　C. 扑翼无人机　　　D. 伞翼无人机
（32）（　　　）具有飞行速度快、大航程、高空飞行、比较经济、运载能力大的特点。
　　　A. 固定翼无人机　　B. 旋翼无人机　　　C. 扑翼无人机　　　D. 伞翼无人机
（33）（　　　）一般由机身、机翼、尾翼、起落架组成。
　　　A. 固定翼无人机　　B. 旋翼无人机　　　C. 扑翼无人机　　　D. 伞翼无人机
（34）（　　　）是指通过飞机机翼（桨叶）旋转而产生升力的一种机型。
　　　A. 固定翼无人机　　B. 旋翼无人机　　　C. 倾转旋翼机　　　D. 伞翼无人机
（35）（　　　）是一种由一个或多个水平旋转的旋翼提供升力和推进力而进行飞行的航空器。
　　　A. 固定翼无人机　　　　　　　　　　　B. 无人直升机
　　　C. 自转旋翼机　　　　　　　　　　　　D. 垂直起降固定翼无人机
（36）（　　　）是一种具有三个及以上旋翼轴的特殊直升机。
　　　A. 固定翼无人机　　　　　　　　　　　B. 无人直升机
　　　C. 自转旋翼机　　　　　　　　　　　　D. 多轴飞行器
（37）（　　　）通常包括机身、动力系统、旋翼系统、尾翼和起落架五个部分。
　　　A. 固定翼无人机　　　　　　　　　　　B. 无人直升机
　　　C. 自转旋翼机　　　　　　　　　　　　D. 垂直起降固定翼无人机
（38）（　　　）是近几年新研发出来的一款无人机机型，单纯从结构上看可以看作是多旋翼和固定翼的结合体，它既有多旋翼起降简单、没有场地要求的优点，又有固定翼长航时、大载重的优点。
　　　A. 固定翼无人机　　　　　　　　　　　B. 无人直升机
　　　C. 自转旋翼机　　　　　　　　　　　　D. 垂直起降固定翼无人机
（39）（　　　）是一种典型的变模态旋翼机平台，也叫可倾斜旋翼机，是一种同时具有旋翼和固定翼功能，并在机翼两侧各安装有一套可在水平和垂直位置之间转动的可倾转旋翼系统的航空器。
　　　A. 固定翼无人机　　B. 无人直升机　　　C. 倾转旋翼机　　　D. 扑翼无人机
（40）（　　　）是通过像一种类似鸟类和昆虫那样上下扑动自身翅膀而升空飞行的航空器，又称振翅机。
　　　A. 固定翼无人机　　B. 旋翼无人机　　　C. 扑翼无人机　　　D. 伞翼无人机

1.3.5　无人机系统组成

1. 信息页

学习领域	学习领域：无人机组装调试		
学习情境	学习情境1：无人机机架组装	学习时间	30min
工作任务	E：无人机系统组成	学习地点	理实一体化教室

无人机系统组成

事实上，无人机要完成任务，除需要飞机及其携带的任务设备外，还需要有地面控制设备、数据通信设备、维护设备，以及指挥控制和必要的操作、维护人员等，较大型的无人机还需要专门的发射和回收装置。所以说，完整意义上的无人机应称为无人机系统。

无人机系统（Unmanned Aerial System，UAS）是指由无人机、相关的遥控站、所需的指令与控制数据链路以及任务设备组成的系统。随着无人机性能的不断发展和完善，能够执行复杂任务的无人机系统主要由无人机机体平台分系统、航电分系统、地面站分系统、任务设备分系统及地面保障设备分系统5部分组成。

（1）机体平台分系统

该系统主要由结构系统及动力系统两部分组成。以多旋翼无人机为例，简单介绍一下这两部分：结构系统是其他所有机载设备、模块的载体，主要包括机架和起落架；动力系统主要包括螺旋桨、电机、电调及电池。

（2）航电分系统

该系统主要由飞行控制系统和导航系统两部分组成，承担着无人机飞行控制、导航、数据通信管理、执行相关任务等工作，是无人机系统中核心组成部分。

（3）地面站分系统

该系统是整个无人机系统的指挥控制中心，通过地面站系统可以对无人机的各种飞行数据和任务设备状况等进行实时监控，以便当应急情况发生时能够及时地采取相应处理措施来保证无人机的安全，同时方便事前规划和事后分析处理。地面站分系统主要由通信链路、地面控制站和地面站软件组成。

（4）任务设备分系统

该系统主要由任务载荷及其相配套的系列机载和地面设备共同组成。任务设备分系统的具体组成和无人机所执行的任务相关，根据任务的不同，同一型号的无人机也可装载不同的任务设备，通常将军用无人机任务设备分系统分为侦察设备、电子战设备、攻击设备、通信中继设备等；民用无人机任务设备主要有数字航空照相机、可见光电视摄像机、红外热像仪和合成孔径雷达（Synthetic Aperture Radar，SAR），其中数字（航空）照相机、可见光电视摄像机主要执行昼间侦察任务，红外热像仪主要执行夜间侦察任务，合成孔径雷达（SAR）主要执行全天候侦察任务。此外，为了完成侦察目标定位、指示等任务，还可安装激光测距或目标指示设备等。

（5）地面保障设备分系统

该系统主要由无人机运输与发射或起飞保障设备和降落或回收保障设备组成，用于保证无人机顺利飞行和完成指定的任务。

2. 工作页

学校名称		任课教师	
班级		学生姓名	
学习领域	学习领域：无人机组装调试		
学习情境	学习情境1：无人机机架组装	学习时间	30min
工作任务	E：无人机系统组成	学习地点	理实一体化教室

无人机系统组成

1. 请完成下列填空题：
   (1) 无人机系统主要由_____、_____、_____、_____及_____5部分组成。
   (2) 机体平台分系统主要由_____及_____两部分组成。
   (3) 结构系统是其他所有机载设备、模块的载体，主要包括_____和_____。
   (4) 动力系统主要包括螺旋桨、_____、_____及_____。
   (5) 航电分系统主要由_____和_____两部分组成，承担着无人机飞行控制、导航、数据通信管理、执行相关任务等工作，是无人机系统中核心组成部分。
   (6) 地面站分系统主要由_____、_____和地面站软件组成。
   (7) 任务设备分系统主要由_____及其相配套的系列_____共同组成。
   (8) 地面保障设备分系统主要由无人机_____或_____设备和降落或_____设备组成。

2. 请提炼关键词，制作无人机系统组成的思维导图。

3. 请提炼关键词，用箭头流程图、结构框图等任何形式的逻辑图书写无人机系统的工作原理。

4. 请完成下列单选题：
   (1) 无人机系统主要由机体平台分系统、（   ）、地面站分系统、任务设备分系统及地面保障设备分系统五部分组成。
      A. 结构系统　　　　B. 航电分系统　　　C. 动力系统　　　　　D. 飞行控制系统
   (2) （   ）主要由结构系统及动力系统两部分组成。
      A. 机体平台分系统　B. 航电分系统　　　C. 地面站分系统　　　D. 任务设备分系统
   (3) （   ）是其他所有机载设备、模块的载体，主要包括机架和起落架。
      A. 结构系统　　　　B. 航电分系统　　　C. 动力系统　　　　　D. 飞行控制系统
   (4) （   ）主要包括螺旋桨、电机、电调及电池。
      A. 结构系统　　　　B. 航电分系统　　　C. 动力系统　　　　　D. 飞行控制系统
   (5) （   ）主要由飞行控制系统和导航系统两部分组成，承担着无人机飞行控制、导航、数据通信管理、执行相关任务等工作，是无人机系统中核心组成部分。
      A. 机体平台分系统　B. 航电分系统　　　C. 地面站分系统　　　D. 任务设备分系统
   (6) （   ）主要由通信链路、地面控制站和地面站软件组成。
      A. 机体平台分系统　B. 航电分系统　　　C. 地面站分系统　　　D. 任务设备分系统
   (7) （   ）主要由任务载荷及其相配套的系列机载和地面设备共同组成。
      A. 机体平台分系统　B. 地面站分系统　　C. 地面保障设备分系统　D. 任务设备分系统

1.3.6 固定翼无人机结构组成

1. 信息页

学习领域	学习领域：无人机组装调试		
学习情境	学习情境1：无人机机架组装	学习时间	30min
工作任务	F：固定翼无人机结构组成	学习地点	理实一体化教室

固定翼无人机结构组成

固定翼无人机，包括机翼外端后掠角可随速度自动或手动调整的机翼固定的一类无人机，因其续航时间长、高空飞行的优良功能、模块化集成，现已广泛应用在测绘、地质、石油、农林等行业，具有广阔的市场应用前景。

固定翼无人机系统由5个主要部分组成：机体结构、航电系统、动力系统、起降系统和地面控制站。机体结构由可拆卸的模块化机体组成，既方便携带，又可以在短时间内完成组装、起飞。航电系统由飞行控制系统计算机、感应器、无线通信、空电电池组成，完成飞机控制系统的需要。动力系统由动力电池、螺旋桨、无刷电机组成，提供飞机飞行所需的动力。起降系统由弹射绳、弹射架、降落伞组成，帮助无人机完成弹射起飞和伞降着陆。地面控制站包括地面站计算机、手柄、电台等通信设备，用以辅助完成路线规划任务和飞行过程的监控。

固定翼无人机大部分由机翼、机身、尾翼、起落架和发动机组成，如图1所示。

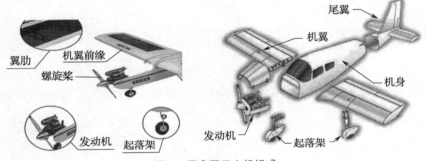

图1 固定翼无人机组成

1. 机翼

机翼的主要功用是产生升力，以支持飞机在空中飞行，同时也起到一定的稳定和操纵作用。固定翼无人机的机翼结构组成如图2所示，一般由纵向骨架（翼梁、纵墙、桁条）、横向骨架（普通翼肋、加强翼肋）和蒙皮组成。在机翼上一般安装有副翼和襟翼，操纵副翼可以使飞机滚转，放下襟翼可以使升力增大。机翼上还可以安装发动机、起落架和油箱等。

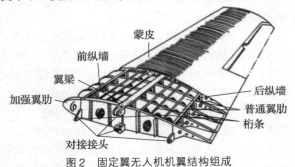

图2 固定翼无人机机翼结构组成

学习情境 01

学习情境 02

学习情境 03

学习情境 04

学习情境 05

学习情境 06

（1）纵向骨架

1）翼梁。翼梁是最主要的纵向构件，是机翼的主要受力部件。

2）纵墙。纵墙与翼梁十分相像，二者的区别在于纵墙的缘条很弱并且不与机身相连，其长度有时仅为翼展的一部分。

3）桁条。桁条铆接在蒙皮内表面，支持蒙皮以提高其承载能力，并共同将气动力分布载荷传给翼肋。通常用铝合金挤压或板材弯制而成。

（2）横向骨架

1）普通翼肋。普通翼肋（图 3a）的作用是将纵向骨架和蒙皮连成一体，把由蒙皮和桁条传来的空气动力载荷传递给翼梁，并保持翼剖面的形状。

2）加强翼肋。加强翼肋（图 3b、图 3c）除了具有普通翼肋功能外，还能承受集中载荷，因此，它的腹板较厚或用支柱加强。

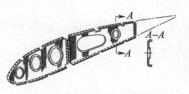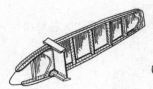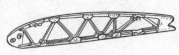

a）腹板式普通翼肋　　b）腹板式加强翼肋　　c）桁架式加强翼肋

图 3　固定翼无人机翼肋

（3）蒙皮

蒙皮是指包围在骨架结构外，用黏接剂或铆钉固定于骨架上，并覆盖在骨架外的受力构件，形成飞机气动力外形的维形构件。蒙皮的直接功用是形成流线型的机翼外表面，使机翼的阻力尽量小，蒙皮应力求光滑，减小它在飞行中的凹凸变形。从受力看，气动载荷直接作用在蒙皮上，因此蒙皮受有垂直于其表面的局部气动载荷。此外蒙皮还参与机翼的总体受力，它和翼梁或翼墙组合在一起，形成封闭的盒式薄壁结构承受机翼的扭矩；当蒙皮较厚时，它与长桁、翼梁缘条在一起组成壁板，承受机翼弯矩引起的剪切力。蒙皮和桁条组合构成机翼壁板。机翼壁板分组合式壁板和整体式壁板（图 4）两种。

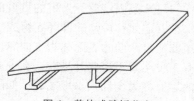

图 4　整体式壁板蒙皮

蒙皮与骨架所构成的蒙皮结构具有较大承载力及刚度，而自重却很轻，起到承受和传递气动载荷的作用。蒙皮承受空气动力作用后将作用力传递到相连的机身、机翼骨架上，受力复杂，加之蒙皮直接与外界接触，所以不仅要求蒙皮材料强度高、塑性好，还要求表面光滑，有较高的耐蚀能力。常规无人机的蒙皮材料主要采用高强铝、镁合金，某些高性能无人机采用钛合金或复合材料。

2. 机身

机身主要有构架式、硬壳式和半硬壳式等形式。

（1）构架式

构架式机身如图 5 所示，这种机身虽然强度和冲击性较好，但刚度不好，特别是抗扭特性较差和有效容积率较小。

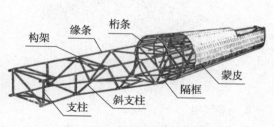

图 5　固定翼无人机构架式机身

（2）硬壳式

硬壳式机身如图6所示，这种机身具有结构简单、气动外形光滑及内部空间可全部利用的优点。但其机身的相对载荷较小，而且机身不可避免要大开口，会使蒙皮材料利用率不高，因开口补强增重较大，所以这种形式的机身实际上用得很少。

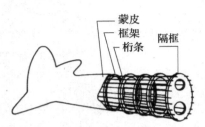

图6　固定翼无人机硬壳式机身

（3）半硬壳式

1）桁梁式机身。桁梁式机身如图7所示，从桁梁式机身的受力特点可以看出，在桁梁之间布置大开口不会显著降低机身的抗弯强度和刚度。虽然因大开口会减小结构的抗剪强度和刚度而必须补强，但相对桁条式和硬壳式结构的机身来说，同样的开口，桁梁式的机身补强引起的重量增加较少。因此，这种形式的机身便于开较大的舱口。

2）桁条式机身。桁条式机身如图8所示，主要由桁条、隔框和蒙皮组成。桁条和蒙皮较强，是承受机身力的主要部件。

图7　固定翼无人机桁梁式机身

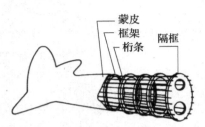

图8　固定翼无人机桁条式机身

3. 尾翼

尾翼的作用是操纵飞机俯仰和偏转，保证飞机能平稳飞行。

尾翼是固定翼无人机的重要部件之一，由水平尾翼和垂直尾翼组成。水平尾翼由固定的水平安定面和可动的升降舵组成。垂直尾翼包括固定的垂直安定面和可动的方向舵。在垂直尾翼上可活动的表面称为方向舵，在水平尾翼上可活动的表面称为升降舵，如图9所示。还有一种尾翼不需要升降舵，在中央的铰链点安装一片水平尾翼，铰链轴是水平的，这种类型的尾翼称为全动式水平尾翼，如图10所示。

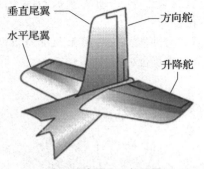

图9　固定翼无人机尾翼

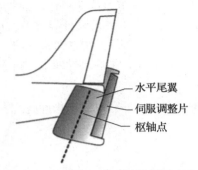

图10　固定翼无人机全动式水平尾翼

4. 起落架

起落架是固定翼无人机停放、滑行、起飞或者着陆时的主要支撑部分。起落架大都由减振支柱和机轮组成，作用是起飞滑跑、着陆滑跑、地面滑行和停放时支撑机体，既支承无人机重量，又可吸收飞机着陆时和滑跑中的冲击能量。前轮可偏转，用于地面滑行时控制方向。主轮上装有各自独立的制动装置，主要由承力支柱、缓冲器（减振器）、机轮（或浮筒、滑橇，含制动装置）、收放机构等构成。承力支柱，将地面载荷传递给飞机机体。缓冲器和机轮的充气轮胎吸收冲击能量，减弱飞机滑行时的颠簸，机轮上还装有制动装置，用以缩短着陆滑跑距离。收放机构可按驾驶员的操纵适时将起落装置收起，藏入机体，以减小飞行阻力；适时放下，以发挥其功能。

大多数普通类型固定翼无人机使用轮式起落架，但是也可以安装浮筒式起落架以便在水上运作，或者安装用于雪上着陆的滑橇式。最常用的轮式起落架由三个轮子组成，按照轮子分布方式分为前三点式和后三点式两种。前三点式起落架是两个主轮保持一定间距左右对称地安装在固定翼无人机质心稍后处，前轮安装在固定翼无人机头部的下方。后三点式起落架是两个主轮（主起落架）布置在固定翼无人机的质心之前并靠近质心，尾轮（尾支撑）远离质心安装在固定翼无人机的尾部。由于固定翼无人机重量轻且对于起降距离没有严格要求，所以前三点式起落架采用较多。

5. 动力装置

动力装置主要用来产生拉力和推力，使飞机前进。无人机的动力系统，通常有电机和内燃机两种，其中以电机为主。动力系统各个部分之间是否匹配、动力系统与整机是否匹配，直接影响到整机效率、稳定性，所以说动力系统是至关重要的。

6. 固定翼无人机布局

（1）主要布局类型

按机翼和机身连接的上下位置来分，可分为上单翼、中单翼和下单翼三种类型（图11a）。

如果按机翼弦平面有无上反角来分，可分为上反翼、无上反翼与下反翼三种类型（图11b）。

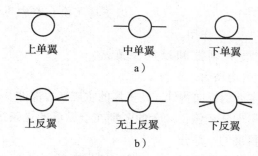

图 11 固定翼无人机主要布局类型

如果按立尾的数量来分，可分为单立尾、双立尾和无立尾三种类型。

（2）尾翼的布局

1）单立尾布局。这种布局具有使平尾避开机翼尾流的影响、操纵效率高的优点。

2）双立尾布局。常规双立尾布局是指在机身上装有两个立尾的布局形式，以增加航向安定性。

3）V形尾翼布局。V形尾翼具有较好的隐身性能和较小的干扰阻力，在隐身飞机和无人机中广泛采用。

学习情境 01
学习情境 02
学习情境 03
学习情境 04
学习情境 05
学习情境 06

2. 工作页

学校名称		任课教师	
班级		学生姓名	
学习领域	学习领域：无人机组装调试		
学习情境	学习情境1：无人机机架组装	学习时间	30min
工作任务	F：固定翼无人机结构组成	学习地点	理实一体化教室

固定翼无人机结构组成

1. 请完成下列填空题：

(1) 固定翼无人机系统由五个主要部分组成：_____、_____、_____、_____和_____。

(2) _____由可拆卸的模块化机体组成，既方便携带，又可以在短时间内完成组装、起飞。

(3) 航电系统由_____、_____、_____、_____组成，完成飞机控制系统的需要。

(4) 动力系统由_____、_____、_____组成，提供飞机飞行所需的动力。

(5) _____由弹射绳、弹射架、降落伞组成，帮助飞机完成弹射起飞和伞降着陆。

(6) _____包括地面站计算机、手柄、电台等通信设备，用以辅助完成路线规划任务和飞行过程的监控。

(7) 固定翼无人机大部分由_____、_____、_____和发动机组成。

(8) 机翼的主要功用是产生_____，以支持飞机在空中飞行，同时也起到一定的_____和_____作用。

(9) 在机翼上一般安装有副翼和襟翼，操纵_____可以使飞机滚转，放下_____可以使升力增大。

(10) _____是最主要的纵向构件，是机翼的主要受力部件。

(11) _____与翼梁十分相像，二者的区别在于纵墙的缘条很弱并且不与机身相连，其长度有时仅为翼展的一部分。

(12) _____铆接在蒙皮内表面，支持蒙皮以提高其承载能力，并共同将气动力分布载荷传给翼肋。

(13) 固定翼无人机的机翼一般由_____、_____和_____组成。

(14) 尾翼的作用是操纵飞机_____和_____，保证飞机能平稳飞行。

(15) _____大都由减振支柱和机轮组成，作用是起飞、着陆滑跑，地面滑行和停放时支撑机体，既支承飞机重量，又可吸收飞机着陆时和滑跑中的冲击能量。

(16) _____主要用来产生拉力和推力，使飞机前进。

2. 请书写固定翼无人机结构图中代号名称。

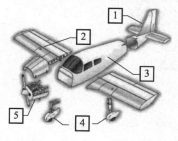

3. 请书写固定翼无人机机翼结构图中数字代号的名称。

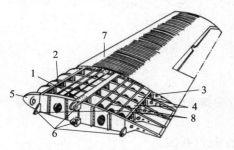

4. 请在图下写出机身的结构形式。

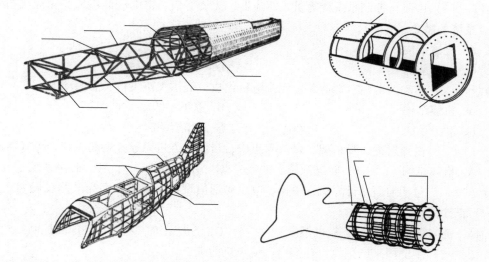

5. 请书写固定翼无人机尾翼结构图中的数字代号名称。

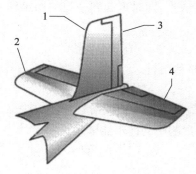

学习情境 01
学习情境 02
学习情境 03
学习情境 04
学习情境 05
学习情境 06

6. 请在图下标注固定翼无人机布局形式：

   如果按机翼和机身连接的上下位置来分，可分为上单翼、中单翼和下单翼三种类型。

   _____

   如果按机翼弦平面有无上反角来分，可分为上反翼、无上反翼与下反翼三种类型。

   _____

7. 请完成下列单选题：

   (1)（ ）由可拆卸的模块化机体组成，既方便携带，又可以在短时间内完成组装、
      起飞。
      A. 机体结构　　　　　　　　　　B. 航电系统
      C. 动力系统　　　　　　　　　　D. 起降系统

   (2)（ ）由飞行控制系统计算机、感应器、无线通信、空电电池组成，完成飞机控制
      系统的需要。
      A. 机体结构　　　　　　　　　　B. 航电系统
      C. 动力系统　　　　　　　　　　D. 地面控制站

   (3)（ ）由动力电池、螺旋桨、无刷电机组成，提供飞机飞行所需的动力。
      A. 机体结构　　　　　　　　　　B. 航电系统
      C. 动力系统　　　　　　　　　　D. 起降系统

   (4)（ ）由弹射绳、弹射架、降落伞组成，帮助无人机完成弹射起飞和伞降着陆。
      A. 机体结构　　B. 航电系统　　C. 动力系统　　D. 起降系统

   (5)（ ）包括地面站计算机、手柄、电台等通信设备，用以辅助完成路线规划任务和
      飞行过程的监控。
      A. 机体结构　　B. 航电系统　　　C. 动力系统　　D. 地面控制站

   (6)（ ）主要用来产生拉力和推力，使飞机前进。
      A. 机身　　　B. 机翼　　　　C. 动力装置　　D. 起落架

   (7)（ ）的主要功用是产生升力，以支持飞机在空中飞行，同时也起到一定的稳定和
      操作作用。
      A. 机身　　　　B. 机翼　　　　C. 尾翼　　　　D. 起落架

   (8)（ ）的作用是操纵飞机俯仰和偏转，保证飞机能平稳飞行。
      A. 机身　　　　B. 机翼　　　　C. 尾翼　　　　D. 起落架

   (9)（ ）大都由减振支柱和机轮组成，作用是起飞、着陆滑跑，地面滑行和停放时支
      撑机体，既支承无人机重量，又可吸收飞机着陆时和滑跑中的冲击能量。
      A. 机身　　　　B. 机翼　　　　C. 尾翼　　　　D. 起落架

1.3.7　无人直升机结构组成

1. 信息页

学习领域	学习领域：无人机组装调试		
学习情境	学习情境1：无人机机架组装	学习时间	30min
工作任务	G：无人直升机结构组成	学习地点	理实一体化教室

无人直升机结构组成

无人直升机是具有一副或两副主旋翼，通过旋翼的倾斜、转速的调整来产生各个运动方向力的无人驾驶航空器。无人直升机系统主要由直升机本体、控制与导航系统、综合无线电系统和任务载荷设备等组成。

控制与导航系统包括地面控制站、机载姿态传感器、飞行控制系统计算机、定位与导航设备、飞行监控及显示系统等。这一部分是无人直升机系统的关键部分，也是较难实现的部分。

综合无线电系统包括无线电传输与通信设备等，由机载数据终端、地面数据终端、天线、天线控制设备等组成。

任务载荷设备包括光电、红外和雷达侦察设备以及电子对抗设备、通信中继设备等。

直升机本体主要由机身、动力系统、传动系统、旋翼系统、航电系统、尾翼和起落架等构成，如图1所示。

1. 机身

无人直升机机身结构有桁架式结构、薄壁式结构和复合材料夹层结构。

2. 旋翼系统

旋翼结构有全铰接式、半刚体式、刚体式和无轴承式4种结构。

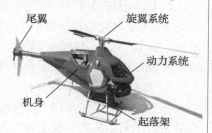

图1　无人直升机结构组成

旋翼系统是直升机最重要的操纵面，使用操纵机构控制旋翼拉力的大小和方向，实现对直升机的主要飞行操纵。

直升机上可以有一个或两个旋翼。通常用双旋翼系统（图2）。

旋翼系统由自动倾斜器、桨叶和桨毂组成。自动倾斜器又称斜盘（俗称十字盘），用来改变旋翼桨叶的桨距。自动倾斜器主要由变距拉杆、旋转环、不旋转环组成，如图3所示。

图2　无人直升机双旋翼系统

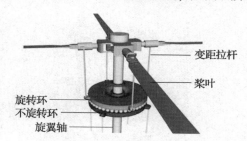

图3　无人直升机自动倾斜器结构

（1）全铰接旋翼系统

通常全铰接旋翼系统如图4所示，包含3个或者更多个旋翼桨叶。旋翼桨叶可以独立地做挥舞、周期变距、摆振3种运动。典型的全铰接桨毂铰的布置顺序（从里向外）是由挥舞铰、摆振铰到变距铰，20世纪40年代中期，全铰接旋翼系统得到广泛应用。

（2）半刚体旋翼系统

半刚体旋翼系统如图5所示，与全铰接式相比，其优点是桨毂构造简单，去掉了摆振铰和减摆器，两片桨叶共同的挥舞铰不负担离心力而只传递拉力及旋翼力矩，万向接头的负荷比较小，没有"地面共振"问题。但是这种旋翼操纵功效和角速度阻尼比较小，稳定性较差。

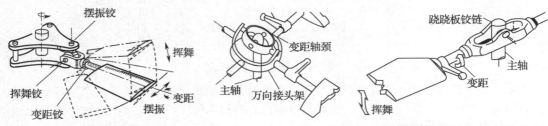

图4　无人直升机全铰接旋翼系统　　　　图5　无人直升机半刚体旋翼系统

（3）刚体旋翼系统

经过长期的理论与试验研究，20世纪60年代末到70年代初，刚体（无铰式）旋翼系统进入了实用阶段。这类系统中桨叶不可以做挥舞和摆振动作，但是可以变距。

（4）无轴承旋翼系统

无轴承旋翼系统就是取消了挥舞铰、摆振铰和变距铰的旋翼系统，桨叶的挥舞、摆振和变距运动都以桨叶根部的柔性元件来完成，例如美国RAH-66科曼奇直升机无轴承旋翼系统（图6）。

图6　美国RAH-66科曼奇直升机无轴承旋翼系统

3. 尾翼

无人直升机尾翼（图7）包括垂直安定面和水平安定面。大多数单主旋翼直升机需要一个单独的尾桨系统来克服主旋翼旋转产生的转矩。

尾桨的结构形式有跷跷板式、万向接头式、铰接式、无轴承式、涵道尾桨、无尾桨等，目前应用较为广泛的是涵道尾桨和无尾桨。

（1）涵道尾桨

涵道尾桨将尾桨缩小，"隐藏"在尾撑端部的巨大开孔里（图8），相当于给尾桨安上一个罩子，这样大大改善了安全性，不易打到周围的物体，噪声小。涵道尾桨的缺点是重量较大，这个问题随涵道尾桨直径增加而急剧恶化，所以涵道尾桨难以用到大型直升机上。

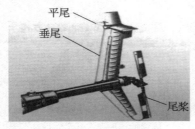

图7　无人直升机尾翼　　　　　　图8　涵道尾桨

（2）无尾桨

无尾桨（图9）用喷气引射和主旋翼下洗气流的有利交互作用形成反扭力，尾撑顶端的直接喷气控制提供更精细的方向控制，但不提供主要的反扭力。无尾桨的噪声比涵道尾桨更低，安全性更好。但无尾桨同样没有用到大型直升机上的例子。在直升机悬停的时候，保持方向控制所必需的转矩中康达（Coanda）效应提供大约2/3。

4. 起落架

无人直升机起落架（图10）的主要作用是吸收在着陆时由于有垂直速度而带来的能量，减少着陆时撞击引起的过载，以及保证在整个使用过程中不发生"地面共振"。此外，起落架往往还用来使直升机具有在地面运动的能力，减少滑行时由于地面不平而产生的撞击与颠簸。

最常见的起落架是滑橇式的，适合在不同类型的表面上起降。一些滑橇式起落架安装了减振器以减少着陆冲击和振动传递到主旋翼。直升机也可以安装浮筒式起落架进行水上作业，或者安装滑雪板式起落架以降落在雪地或者柔软的地面上。

机轮是另外一种形式的起落架，可以是三点式（前三点式和后三点式）或者是四点式配置。通常为了方便直升机在地面上滑行，机头或者机尾的起落架设计成可以自由旋转的。

图9　无人直升机无尾桨

图10　无人直升机起落架

5. 动力和传动系统

典型的无人直升机动力系统主要使用安装在机身上的往复式发动机。发动机可以采用垂直安装或者水平安装方式，通过传动系统将动力传递到垂直的旋翼系统和尾翼的传动轴上，如图11所示。典型情况下，发动机通过一个传动机构和传动带或者一个离心式离合器来驱动旋翼系统。无人直升机可以采用的另外一种发动机是无刷电机。这种动力装置结构简单、维护方便，适用于大多数的小型无人直升机。

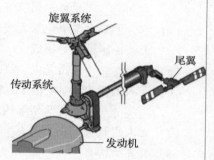
图11　无人直升机动力和传动系统

6. 飞行控制系统

飞行控制系统主要由陀螺仪（飞行姿态感知）、加速计、地磁感应、气压传感器（悬停高度粗略控制）、超声波传感器（低空高度精确控制或避障）、光流传感器（悬停水平位置精确确定）、GPS模块（水平位置高度粗略定位）以及控制电路组成，主要的功能就是自动保持飞机的正常飞行姿态。

7. 无人直升机布局

无人直升机的布局形式（图12）按旋翼数量和布局方式的不同，可分为单旋翼直升机、共轴式双旋翼直升机、纵列式双旋翼直升机、横列式双旋翼直升机和带翼式直升机等几种类型。

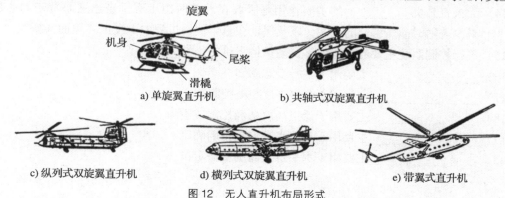
图12　无人直升机布局形式

学习情境 01
学习情境 02
学习情境 03
学习情境 04
学习情境 05
学习情境 06

2. 工作页

学校名称		任课教师	
班级		学生姓名	
学习领域	学习领域：无人机组装调试		
学习情境	学习情境1：无人机机架组装	学习时间	30min
工作任务	G：无人直升机结构组成	学习地点	理实一体化教室

无人直升机结构组成

1. 请完成下列填空题：

(1) 无人直升机是具有一副或两副_____，通过旋翼的_____、_____的调整来产生各个_____的力的无人驾驶航空器。

(2) 无人直升机系统大体上由_____、_____、_____和_____等组成。

(3) 控制与导航系统包括_____、_____、飞行控制系统计算机、_____、_____及显示系统等。

(4) 综合无线电系统包括无线电传输与通信设备等，由_____、_____、天线、天线控制设备等组成。

(5) _____包括光电、红外和雷达侦察设备以及电子对抗设备、通信中继设备等。

(6) 无人直升机本体主要由机身、_____、_____、_____、航电系统、_____和起落架等构成。

(7) 无人直升机机身结构有_____结构、_____结构和_____结构。

(8) 旋翼结构有_____、半刚体式、刚体式和_____4种结构。

(9) _____是直升机最重要的操纵面，使用操纵机构控制旋翼拉力的_____和_____，实现对直升机的主要飞行操纵。

(10) 旋翼系统由_____、_____和_____组成。

(11) 自动倾斜器又称斜盘（俗称十字盘），用来改变旋翼桨叶的_____。

(12) 尾桨的结构形式有跷跷板式、万向接头式、铰接式、无轴承式、_____式、_____等。

(13) 无人直升机尾翼包括_____和_____，用来克服_____旋转产生的_____。

(14) 无人直升机_____的主要作用是吸收在着陆时由于有垂直速度而带来的能量，减少着陆时撞击引起的过载，以及保证在整个使用过程中不发生"地面共振"。

(15) 飞行控制系统主要的功能就是自动保持飞机的正常_____。

(16) _____主要用于飞行姿态感知。

(17) _____主要用于悬停高度粗略控制。

(18) _____主要用于低空高度精确控制或避障。

(19) _____主要用于悬停水平位置精确确定。

(20) _____主要用于水平位置高度粗略定位。

2. 请书写无人直升机结构图中的数字代号名称。

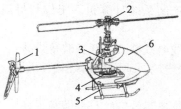

3. 请提炼关键词，用表格展示无人直升机四种旋翼系统的异同。

	结构	优点	应用
全铰接旋翼系统			
半刚体旋翼系统			
刚体旋翼系统			
无轴承旋翼系统			

4. 机轮是另外一种形式的起落架，可以是三点式（前三点式和后三点式），请在图中标注。

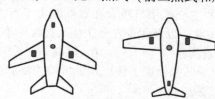

5. 请写出无人直升机动力和传动系统图中标注数字代号名称，并用箭头流程图写出动力传递路线。

答：1—　　　　　　　2—　　　　　　　3—　　　　　　　4—

动力路线 1：

动力路线 2：

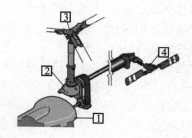

6. 无人直升机的布局形式按旋翼数量和布局方式的不同可分为单旋翼直升机、共轴式双旋翼直升机、纵列式双旋翼直升机、横列式双旋翼直升机和带翼式直升机等几种类型，请在图中标注。

_____　　_____　　_____

_____　　_____

学习情境 01
学习情境 02
学习情境 03
学习情境 04
学习情境 05
学习情境 06

7. 请完成下列单选题:

(1) (　　) 包括地面控制站、机载姿态传感器、飞行控制系统计算机、定位与导航设备、飞行监控及显示系统等。

A. 直升机本体　　B. 控制与导航系统　　C. 综合无线电系统　D. 任务载荷设备

(2) (　　) 包括无线电传输与通信设备等,由机载数据终端、地面数据终端、天线、天线控制设备等组成。

A. 直升机本体　　B. 控制与导航系统　　C. 综合无线电系统　D. 任务载荷设备

(3) (　　) 包括光电、红外和雷达侦察设备以及电子对抗设备、通信中继设备等。

A. 直升机本体　　B. 控制与导航系统　　C. 综合无线电系统　D. 任务载荷设备

(4) (　　) 主要由机身、动力系统、传动系统、旋翼系统、航电系统、尾翼和起落架等构成。

A. 直升机本体　　　　　　　　　　B. 控制与导航系统

C. 综合无线电系统　　　　　　　　D. 任务载荷设备

(5) 无人直升机 (　　) 结构有桁架式结构、薄壁式结构和复合材料夹层结构。

A. 机身　　B. 旋翼系统　　C. 动力系统　　D. 传动系统

(6) 无人直升机 (　　) 的主要作用是吸收在着陆时由于有垂直速度而带来的能量,减少着陆时撞击引起的过载,以及保证在整个使用过程中不发生"地面共振"。

A. 机身　　B. 旋翼系统　　C. 尾翼　　D. 起落架

(7) (　　) 是直升机最重要的操纵面,使用操纵机构控制旋翼拉力的大小和方向,实现对直升机的主要飞行操纵。

A. 机身　　B. 旋翼系统　　C. 尾翼　　D. 起落架

(8) 无人直升机 (　　) 主要使用安装在机身上的往复式发动机。

A. 机身　　B. 旋翼系统　　C. 动力系统　　D. 传动系统

(9) (　　) 旋翼系统旋翼桨叶可以独立的做挥舞、周期变距、摆振三种运动。

A. 全铰接式　　B. 半刚体式　　C. 刚体式　　D. 无轴承式

(10) 飞行控制系统主要有陀螺仪、加速计、地磁感应、气压传感器、超声波传感器、光流传感器、GPS 模块以及控制电路组成。其中 (　　) 主要的功能是飞行姿态感知。

A. 陀螺仪　　B. 气压传感器　　C. 超声波传感器　　D. 光流传感器

(11) 飞行控制系统主要有陀螺仪、加速计、地磁感应、气压传感器、超声波传感器、光流传感器、GPS 模块以及控制电路组成。其中 (　　) 主要的功能是悬停高度粗略控制。

A. 陀螺仪　　B. 气压传感器　　C. 超声波传感器　　D. 光流传感器

(12) 飞行控制系统主要有陀螺仪、加速计、地磁感应、气压传感器、超声波传感器、光流传感器、GPS 模块以及控制电路组成。其中 (　　) 主要的功能是低空高度精确控制或避障。

A. 陀螺仪　　B. 气压传感器　　C. 超声波传感器　　D. 光流传感器

(13) 飞行控制系统主要有陀螺仪、加速计、地磁感应、气压传感器、超声波传感器、光流传感器、GPS 模块以及控制电路组成。其中 (　　) 主要的功能是悬停水平位置精确确定。

A. 陀螺仪　　B. 气压传感器　　C. 超声波传感器　　D. 光流传感器

(14) 飞行控制系统主要有陀螺仪、加速计、地磁感应、气压传感器、超声波传感器、光流传感器、GPS 模块以及控制电路组成。其中 (　　) 主要的功能是水平位置高度粗略定位。

A. GPS 模块　　B. 气压传感器　　C. 超声波传感器　　D. 光流传感器

1.3.8 多旋翼无人机结构组成

1. 信息页

学习领域	学习领域：无人机组装调试		
学习情境	学习情境1：无人机机架组装	学习时间	30min
工作任务	H：多旋翼无人机结构组成	学习地点	理实一体化教室

多旋翼无人机结构组成

多旋翼无人机也称为多轴飞行器，是直升机的一种，它通常有3个以上的旋翼。飞行器的机动性通过改变不同旋翼的扭力和转速来实现。相比传统的单水平旋翼直升机，它构造精简，易于维护，操作简便，稳定性高且携带方便。常见的多旋翼无人机如图1所示，包括三旋翼、四旋翼、六旋翼和八旋翼无人机，被广泛用于影视航拍、安全监控、农业植保、电力巡线等领域。

图1 多旋翼无人机

多旋翼无人机一般由机架、动力系统、飞行控制系统、遥控装置和任务载荷等模块组成。图2所示为多旋翼无人机组成结构框图。为了满足实际飞行需要，一般还需要配备电池、遥控器及飞行辅助控制系统。图3所示为多旋翼无人机硬件组成。

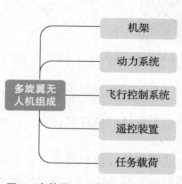

图2 多旋翼无人机组成结构框图

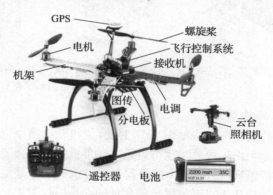

图3 多旋翼无人机硬件组成

1. 机架

机架是指多旋翼无人机的机身，它是多旋翼无人机其他结构的安装基础，起承载作用。根据旋翼轴数的不同，机架可分为三轴、四轴、六轴、八轴甚至十八轴等。而根据发动机个数分，机架有三旋翼、四旋翼、六旋翼、八旋翼甚至十八旋翼等。轴数和旋翼数一般情况下是相等的，但也有特殊情况，比如三轴六旋翼，是在三轴每个轴上下各安装一个电机构成六旋翼。

机架也是整个飞行系统的飞行载体，一般使用强度高、重量轻的材料，例如碳纤维（图4）、PA66+30GF（图5）等材料。

图4 筋斗云 S1000（碳纤维）　　　图5 风火轮 F550（PA66 +30GF）

2. 动力系统

动力系统是指为无人机飞行提供动力的系统。目前多旋翼无人机采用的动力系统一般分为电动系统和油动系统，在民用和商用领域，多旋翼无人机常用的是电动系统。电动系统一般由电池、电机、电调和螺旋桨组成。

3. 飞行控制系统

飞行控制系统简称飞控系统，是控制无人机飞行姿态和运动的设备，由传感器、机载计算机和执行机构三大部分组成。飞行控制系统中一般集成了高精度的感应器元件，包括陀螺仪（飞行姿态感知）、加速度计、角速度计、气压计、GPS、指南针（可选配）以及控制电路等部件。

飞行控制系统通过高效的控制算法内核，能够精准地感应并计算出飞行器的飞行姿态等数据，再通过主控制单元实现精准定位悬停和自主平稳飞行。根据机型的不一样，可以有不同类型的飞行辅助控制系统，有支持固定翼、多旋翼及直升机的飞行控制系统。

多旋翼无人机常用的飞行控制系统（图6）主要有 ACE ONE 多旋翼飞行控制系统、A2 多旋翼飞行控制系统、NAZA 多旋翼飞行控制系统、NAZA – H 多旋翼飞行控制系统。

ACE ONE 多旋翼飞行控制系统　　A2 多旋翼飞行控制系统　　NAZA 多旋翼飞行控制系统　　NAZA – H 多旋翼飞行控制系统

图6 飞行控制系统

4. 遥控装置

遥控装置一般指地面上可以对无人机发出指令以及接受无人机传回信息的设备，它的硬件可以是一个遥控器，也可以是一部手机，或一台笔记本计算机。

遥控系统（图7）由遥控器和接收机组成，是整个飞行系统的无线控制终端。在多旋翼无人机的应用中，遥控器是最常见的一种遥控装置。遥控器集成了数传电台，通过控制摇杆的舵量向无人机发出控制信号，以此实现对无人机的控制。遥控器分美国手和日本手，区别在于一个是左手油门一个是右手油门。通常遥控器可以控制无人机飞行姿态，如俯仰运动、滚转运动、偏航运动，以及控制油门来增减无人机飞行动力。

a）遥控器（信号发生器）　　　　　b）接收器

图7 遥控系统

5. 任务载荷

装备到无人机上用以实现无人机飞行所要完成的特定任务的设备、仪器和分系统，统称为无人机的任务载荷。无人机系统升空执行任务，通常需要搭载任务载荷。任务载荷一般与侦察、武器投射、通信、遥感或货物有关。无人机的设计通常围绕所应用的任务载荷进行。常用的任务载荷有图传及云台。

1）图传是指无线图像传输，提供机载设备的无线图像系统的数据链路通道，负责记载图像采集数据实时无损/有损地传输到地面接收设备上，供实时观察、存储及图像分析等后续工作。

2）云台是指安装、固定摄像机的支撑设备，主要的作用是防止拍摄画面抖动以及通过控制云台转动角度改变拍摄角度。

6. 多旋翼无人机布局

多旋翼按形状分为十字形、X形、H形、Y形、上下布局等；按旋翼布局分为I形、X形、V形、Y形、IY形等，如图8所示。由于X形结构的任务载荷前方的视野比I形的更加开阔，且控制灵活，所以在实际应用中，多旋翼无人机大多采用X形结构。但对于初学者，建议采用I形较安全。

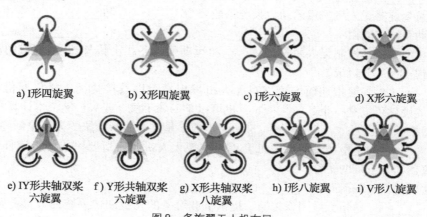

a) I形四旋翼　　b) X形四旋翼　　c) I形六旋翼　　d) X形六旋翼

e) IY形共轴双桨　f) Y形共轴双桨　g) X形共轴双桨　h) I形八旋翼　i) V形八旋翼
　六旋翼　　　　　六旋翼　　　　　八旋翼

图8　多旋翼无人机布局

（1）十字形布局

特点：十字形多旋翼是最早出现的一种气动布局，只需改变少量电机转速就可实现。

（2）X形布局

特点：X形多旋翼是目前最常见的，相比于十字形多旋翼，前后左右动作时加减速的电机较多，控制比较迅速和有力。

（3）H形布局

特点：其特点在于比较易于设计成水平折叠结构，看起来比X形厚重，又拥有与X形相当的特点，结构简单，方便控制。

（4）上下布局

特点：上下布局多用于体积受到限制，但是对载重量又有较大需求的场合。

（5）其他布局

其他布局形式还有八轴十六旋翼、六轴十八旋翼（图9）、四轴十六旋翼等。

图9　六轴十八旋翼

学习情境 01

学习情境 02

学习情境 03

学习情境 04

学习情境 05

学习情境 06

2．工作页

学校名称		任课教师	
班级		学生姓名	
学习领域	学习领域：无人机组装调试		
学习情境	学习情境1：无人机机架组装	学习时间	30min
工作任务	H：多旋翼无人机结构组成	学习地点	理实一体化教室

1. 请完成下列填空题：

(1) 多旋翼无人机也称为_____，是_____的一种，它通常有3个以上的_____。

(2) 飞行器的机动性通过改变不同旋翼的_____和_____来实现。

(3) 多旋翼无人机一般由_____、_____、_____和_____等模块组成。

(4) 机架是指多旋翼无人机的_____，它是多旋翼无人机其他结构的_____基础，起_____作用。

(5) _____是指为无人机飞行提供动力的系统。

(6) 目前多旋翼无人机采用的动力系统一般分为_____和_____。

(7) 电动系统一般由_____、_____、_____和_____组成。

(8) _____是控制无人机_____和运动的设备，由传感器、机载计算机和执行机构三大部分组成。

(9) _____一般指地面上可以对无人机发出指令以及接受无人机传回信息的设备，它的硬件可以是一个_____，也可以是一部手机，或一台笔记本计算机。

(10) 遥控系统由_____和_____组成，是整个飞行系统的无线控制终端。

(11) _____是指装备到无人机上用以实现无人机飞行所要完成的特定任务的设备、仪器和分系统的统称。

(12) 常用的任务载荷有_____及_____。

(13) _____是指无线图像传输，提供机载设备的无线图像系统的数据链路通道，负责记载图像采集数据实时无损/有损地传输到地面接收设备上，供实时观察、存储以及图像分析等后续工作。

2. 请书写多旋翼无人机硬件组成图中的数字代号名称。

1—_____ 2—_____ 3—_____
4—_____ 5—_____ 6—_____
7—_____ 8—_____ 9—_____
10—_____ 11—_____ 12—_____

3. 多旋翼无人机常用的飞行控制系统主要有 ACE ONE 飞控、A2 飞控、NAZA 飞控、NAZA－H 飞控。请在图中标注飞行控制系统名称。

4. 多旋翼无人机布局较多，主要有 I 形四旋翼、X 形四旋翼、I 形六旋翼、X 形六旋翼、IY 形共轴双桨六旋翼、Y 形共轴双桨六旋翼、X 形共轴双桨八旋翼、I 形八旋翼、V 形八旋翼等。请在图中标注。

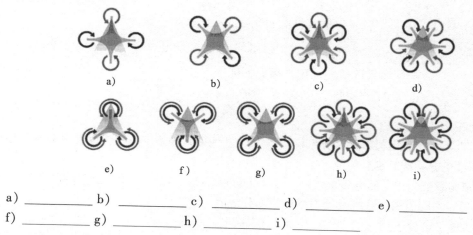

a)   b)   c)   d)

e)   f)   g)   h)   i)

a) _____ b) _____ c) _____ d) _____ e) _____
f) _____ g) _____ h) _____ i) _____

5. 请完成下列单选题：
（1）多旋翼无人机也称为多轴飞行器，是（　　）的一种，它通常有 3 个以上的旋翼。
　　　A. 航空器　　　　　B. 直升机　　　　　C. 航天器　　　　　D. 航空模型
（2）飞行器的机动性通过改变不同（　　）的扭力和转速来实现。
　　　A. 旋翼　　　　　B. 机架　　　　　C. 尾翼　　　　　D. 起落架
（3）（　　）指多旋翼无人机的机身，它是多旋翼无人机其他结构的安装基础，起承载作用。
　　　A. 机架　　　　　B. 动力系统　　　　　C. 飞行控制系统　　　D. 遥控装置
（4）根据（　　）的不同，机架可分为三轴、四轴、六轴、八轴甚至十八轴等。
　　　A. 旋翼轴数　　　B. 发动机个数　　　C. 旋翼形式　　　　D. 发动机形式
（5）根据（　　），机架分有三旋翼、四旋翼、六旋翼、八旋翼甚至十八旋翼等。
　　　A. 旋翼轴数　　　B. 发动机个数　　　C. 旋翼形式　　　　D. 发动机形式
（6）（　　）是指为无人机飞行提供动力的系统。
　　　A. 机架　　　　　B. 动力系统　　　　　C. 飞行控制系统　　D. 任务载荷
（7）（　　）是控制无人机飞行姿态和运动的设备，由传感器、机载计算机和执行机构三大部分组成。
　　　A. 机架　　　　　B. 动力系统　　　　　C. 飞行控制系统　　D. 遥控装置
（8）（　　）一般指地面上可以对无人机发出指令以及接受无人机传回信息的设备，它的硬件可以是一个遥控器，也可以是一部手机，或一台笔记本计算机。
　　　A. 机架　　　　　B. 动力系统　　　　　C. 飞行控制系统　　D. 遥控装置
（9）装备到无人机上用以实现无人机飞行所要完成的特定任务的设备、仪器和分系统，统称为无人机的（　　）。
　　　A. 机架　　　　　B. 动力系统　　　　　C. 飞行控制系统　　D. 任务载荷
（10）（　　）是指安装、固定摄像机的支撑设备，主要的作用是防止拍摄画面抖动以及控制云台转动角度改变拍摄角度。
　　　A. 图传　　　　　B. 云台　　　　　C. 照相机　　　　　D. 扫描仪

学习情境 01
学习情境 02
学习情境 03
学习情境 04
学习情境 05
学习情境 06

理论测试（二）：无人机系统组成

学校名称		任课教师	
班级		学生姓名	
学习领域	学习领域：无人机组装调试		
学习情境	学习情境1：无人机机架组装	学习时间	120min
测试任务	无人机系统组成（固定翼无人机、无人直升机，多旋翼无人机）	测试时间	20min

单选题：（每题1分，共43分）

(1) 无人机系统主要由机体平台分系统、（　　）、地面站分系统、任务设备分系统及地面保障设备分系统五部分组成。

  A. 结构系统 B. 航电分系统 C. 动力系统   D. 飞行控制系统

(2) （　　）主要由结构系统及动力系统两部分组成。

  A. 机体平台分系统   B. 航电分系统

  C. 地面站分系统   D. 任务设备分系统

(3) （　　）是其他所有机载设备、模块的载体，主要包括机架和起落架。

  A. 结构系统 B. 航电分系统 C. 动力系统   D. 飞行控制系统

(4) （　　）主要包括螺旋桨、电机、电调及电池。

  A. 结构系统 B. 航电分系统   C. 动力系统   D. 飞行控制系统

(5) （　　）主要由飞行控制系统和导航系统两部分组成，承担着无人机飞行控制、导航、数据通信管理、执行相关任务等工作，是无人机系统中核心组成部分。

  A. 机体平台分系统   B. 航电分系统

  C. 地面站分系统   D. 任务设备分系统

(6) （　　）主要由通信链路、地面控制站和地面站软件组成。

  A. 机体平台分系统   B. 航电分系统

  C. 地面站分系统   D. 任务设备分系统

(7) （　　）主要由任务载荷及其相配套的系列机载和地面设备共同组成。

  A. 机体平台分系统   B. 航电分系统

  C. 地面站分系统   D. 任务设备分系统

(8) （　　）主要由无人机运输与发射或起飞保障设备和降落或回收保障设备组成，是为了保证无人机顺利飞行和完成指定的任务。

  A. 机体平台分系统   B. 地面站分系统

  C. 地面保障设备分系统   D. 任务设备分系统

(9) （　　）由可拆卸的模块化机体组成，既方便携带，又可以在短时间内完成组装、起飞。

  A. 机体结构 B. 航电系统 C. 动力系统   D. 起降系统

(10) （　　）由飞行控制系统计算机、感应器、无线通信、空电电池组成，完成飞机控制系统的需要。

  A. 机体结构 B. 航电系统   C. 动力系统   D. 起降系统

(11) （　　）由动力电池、螺旋桨、无刷电机组成，提供飞机飞行所需的动力。

  A. 机体结构 B. 航电系统   C. 动力系统   D. 起降系统

（12）（　　）由弹射绳、弹射架、降落伞组成，帮助无人机完成弹射起飞和伞降着陆。

    A. 机体结构　　　B. 航电系统　　　　　C. 动力系统　　　　　D. 起降系统

（13）（　　）包括地面站计算机、手柄、电台等通信设备，用以辅助完成路线规划任务和飞行过程的监控。

    A. 机体结构　　　B. 航电系统　　　　　C. 动力系统　　　　　D. 地面控制站

（14）（　　）主要用来产生拉力和推力，使飞机前进。

    A. 机身　　　　　B. 机翼　　　　　　　C. 动力装置　　　　　D. 起落架

（15）（　　）的主要功用是产生升力，以支持飞机在空中飞行，同时也起到一定的稳定和操作作用。

    A. 机身　　　　　B. 机翼　　　　　　　C. 尾翼　　　　　　　D. 起落架

（16）（　　）主要有构架式、硬壳式和半硬壳式等形式。

    A. 机身　　　　　B. 机翼　　　　　　　C. 尾翼　　　　　　　D. 起落架

（17）（　　）的作用是操纵飞机俯仰和偏转，保证飞机能平稳飞行。

    A. 机身　　　　　B. 机翼　　　　　　　C. 尾翼　　　　　　　D. 起落架

（18）（　　）大都由减振支柱和机轮组成，作用是起飞滑跑、着陆滑跑、地面滑行和停放时支撑机体，既支承飞机重量，又可吸收飞机着陆时和滑跑中的冲击能量。

    A. 机身　　　　　B. 机翼　　　　　　　C. 尾翼　　　　　　　D. 起落架

（19）（　　）包括地面控制站、机载姿态传感器、飞控计算机、定位与导航设备、飞行监控及显示系统等。

    A. 直升机本体　　B. 控制与导航系统　　C. 综合无线电系统　　D. 任务载荷设备

（20）（　　）包括无线电传输与通信设备等，由机载数据终端、地面数据终端、天线、天线控制设备等组成。

    A. 直升机本体　　B. 控制与导航系统　　C. 综合无线电系统　　D. 任务载荷设备

（21）（　　）包括光电、红外和雷达侦察设备以及电子对抗设备、通信中继设备等。

    A. 直升机本体　　B. 控制与导航系统　　C. 综合无线电系统　　D. 任务载荷设备

（22）（　　）主要由机身、动力系统、传动系统、旋翼系统、航电系统、尾翼和起落架等构成。

    A. 直升机本体　　B. 控制与导航系统　　C. 综合无线电系统　　D. 任务载荷设备

（23）无人直升机（　　）结构有桁架式结构、薄壁式结构和复合材料夹层结构。

    A. 机身　　　　　B. 旋翼系统　　　　　C. 动力系统　　　　　D. 传动系统

（24）直升机（　　）的主要作用是吸收在着陆时由于有垂直速度而带来的能量，减少着陆时撞击引起的过载，以及保证在整个使用过程中不发生"地面共振"。

    A. 机身　　　　　B. 旋翼系统　　　　　C. 尾翼　　　　　　　D. 起落架

（25）（　　）是直升机最重要的操纵面，使用操纵机构控制旋翼拉力的大小和方向，实现对直升机的主要飞行操纵。

    A. 机身　　　　　B. 旋翼系统　　　　　C. 尾翼　　　　　　　D. 起落架

（26）无人直升机（　　）主要使用安装在机身上的往复式发动机。

    A. 机身　　　　　B. 旋翼系统　　　　　C. 动力系统　　　　　D. 传动系统

（27）（　　）旋翼系统旋翼桨叶可以独立地做挥舞、周期变距、摆振三种运动。

    A. 全铰接式　　　B. 半刚体式　　　　　C. 刚体式　　　　　　D. 无轴承式

（28）飞行控制系统主要由陀螺仪、加速计、地磁感应、气压传感器、超声波传感器、光流传感器、GPS模块以及控制电路组成。其中（　　）主要的功能是飞行姿态感知。

    A. 陀螺仪　　　　B. 气压传感器　　　　C. 超声波传感器　　　D. 光流传感器

(29) 飞行控制系统主要有陀螺仪、加速计、地磁感应、气压传感器、超声波传感器、光流传感器、GPS 模块以及控制电路组成。其中（　　）主要的功能是悬停高度粗略控制。

A. 陀螺仪　　　　B. 气压传感器　　　　C. 超声波传感器　　　　D. 光流传感器

(30) 飞行控制系统主要有陀螺仪、加速计、地磁感应、气压传感器、超声波传感器、光流传感器、GPS 模块以及控制电路组成。其中（　　）主要的功能是低空高度精确控制或避障。

A. 陀螺仪　　　　B. 气压传感器　　　　C. 超声波传感器　　　　D. 光流传感器

(31) 飞行控制系统主要有陀螺仪、加速计、地磁感应、气压传感器、超声波传感器、光流传感器、GPS 模块以及控制电路组成。其中（　　）主要的功能是悬停水平位置精确确定。

A. 陀螺仪　　　　B. 气压传感器　　　　C. 超声波传感器　　　　D. 光流传感器

(32) 飞行控制系统主要有陀螺仪、加速计、地磁感应、气压传感器、超声波传感器、光流传感器、GPS 模块以及控制电路组成。其中（　　）主要的功能是水平位置高度粗略定位。

A. GPS 模块　　　　B. 气压传感器　　　　C. 超声波传感器　　　　D. 光流传感器

(33) 多旋翼无人机也称为多轴飞行器，是（　　）的一种，它通常有 3 个以上的旋翼。

A. 航空器　　　　B. 直升机　　　　C. 航天器　　　　D. 航空模型

(34) 飞行器的机动性通过改变不同（　　）的扭力和转速来实现。

A. 旋翼　　　　B. 机架　　　　C. 尾翼　　　　D. 起落架

(35)（　　）指多旋翼无人机的机身，它是多旋翼无人机其他结构的安装基础，起承载作用。

A. 机架　　　　B. 动力系统　　　　C. 飞行控制系统　　　　D. 遥控装置

(36) 根据（　　）的不同，机架可分为三轴、四轴、六轴、八轴甚至十八轴等。

A. 旋翼轴数　　　　B. 发动机个数　　　　C. 旋翼形式　　　　D. 发动机形式

(37) 根据（　　），机架分有三旋翼、四旋翼、六旋翼、八旋翼甚至十八旋翼等。

A. 旋翼轴数　　　　B. 发动机个数　　　　C. 旋翼形式　　　　D. 发动机形式

(38)（　　）是指为无人机飞行提供动力的系统。

A. 机架　　　　B. 动力系统　　　　C. 飞行控制系统　　　　D. 任务载荷

(39)（　　）是控制无人机飞行姿态和运动的设备，由传感器、机载计算机和执行机构三大部分组成。

A. 机架　　　　B. 动力系统　　　　C. 飞行控制系统　　　　D. 遥控装置

(40)（　　）一般指地面上可以对无人机发出指令以及接受无人机传回信息的设备，它的硬件可以是一个遥控器，也可以是一部手机，或一台笔记本计算机。

A. 机架　　　　B. 动力系统　　　　C. 飞行控制系统　　　　D. 遥控装置

(41)（　　）是指装备到无人机上用以实现无人机飞行所要完成的特定任务的设备、仪器和分系统的统称。

A. 机架　　　　B. 动力系统　　　　C. 飞行控制系统　　　　D. 任务载荷

(42)（　　）是指无线图像传输，提供机载设备的无线图像系统的数据链路通道，负责记载图像采集数据实时无损/有损地传输到地面接收设备上，供实时观察和存储，以及图像分析等后续工作。

A. 图传　　　　B. 云台　　　　C. 照相机　　　　D. 扫描仪

(43)（　　）是指安装、固定摄像机的支撑设备，主要的作用是防止拍摄画面抖动以及通过控制云台转动角度改变拍摄角度。

A. 图传　　　　B. 云台　　　　C. 照相机　　　　D. 扫描仪

学习情境 01

学习情境 02

学习情境 03

学习情境 04

学习情境 05

学习情境 06

1.3.9 多旋翼无人机机架

1. 信息页

学习领域	学习领域：无人机组装调试		
学习情境	学习情境1：无人机机架组装	学习时间	30min
工作任务	L：多旋翼无人机机架	学习地点	理实一体化教室

多旋翼无人机机架

1. 机架作用

机架的主要作用如下：

1）提供安装接口。

2）提供整体的稳定和坚固的平台。

3）安装起落架等缓冲设备。

4）保证足够低的重量。

5）提供相应的保护装置。

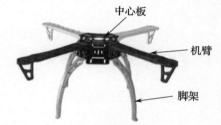

图1 机架组成

2. 机架组成

机架（图1）由机臂、中心板和脚架等组成。

3. 机架类型

机架通常按照旋翼轴数、轴距和布局形状进行分类。

（1）旋翼轴数

按旋翼轴数分类（图2）一般分为四旋翼无人机、六旋翼无人机和八旋翼无人机等。

四旋翼无人机　　　　六旋翼无人机　　　　八旋翼无人机

图2 按旋翼轴数分类

（2）机架轴距

轴距是多旋翼无人机的重要尺寸参数，是指多旋翼无人机两个驱动轴轴心的距离，即机架对角线两个电机或者桨叶中心的距离，轴距的大小限定了螺旋桨的桨距尺寸上限。机架按轴距分类（图3），一般分为180无人机、250无人机和450无人机等。

180无人机　　　　　250无人机　　　　　450无人机

图3 按机架尺寸分类

（3）机架布局形状

常见的机架布局（图4）有X形、I形、V形、Y形和IY形等。

a) I形四旋翼　　b) X形四旋翼　　c) I形八旋翼　　d) I形六旋翼　　e) V形六旋翼

图4 按机架布局形状分类

 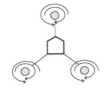

f) V形八旋翼　　g) IY形共轴3轴六旋翼　　h) Y形共轴双桨3轴六旋翼　　i) V形共轴双桨4轴八旋翼

图4　按机架布局形状分类（续）

4. 机架材质

理想的无人机机架应该是坚固且轻质的、结构硬而又有韧性的。要想让电机的振动幅度最小，机架的刚度至关重要。机架的第二个要点是电机支撑臂的长度。如果设计者想用较大的螺旋桨，则必须确保螺旋桨叶片与其他部件之间留有一定空隙，以免由于振动导致某些部件触碰到螺旋桨。碳材料制成的螺旋桨能够轻易切断电线和所有较软的材料，在制造无人机时要切记这一点。机架按材质一般可以分为以下几种类型。

（1）塑胶机架

塑胶机架主要特点是具有一定的刚度、强度和可弯曲度，易加工且价格便宜，适合初学者。

（2）玻璃纤维机架

相比塑胶机架，玻璃纤维机架（图5）强度高、重量轻、价格贵，中心板多用玻璃纤维，机臂多用管型。在中小型无人机中，广泛使用了玻璃纤维增强机架。玻璃纤维能增强被嵌入材料的抗拉强度。这种合成材料比同等尺寸的碳材料更重，而且刚度更差。然而玻璃纤维合成材料能够以更剧烈的方式着陆而且不怕摔。同时它还可以被加工成任何形状；反之，碳纤维机架只能以板状或管状进行组装。这些机架是初学者的理想材料，因为在第一次摔机时它能保持完好无损。

图5　玻璃纤维机架

（3）碳纤维机架

碳是很轻而且刚度很大的材料。碳纤维具有许多优良性能：碳纤维的轴向强度和模量高，密度低、比性能高，无蠕变，非氧化环境下耐超高温，耐疲劳性好，比热及导电性介于非金属和金属之间，热膨胀系数小且具有各向异性，耐腐蚀性好，X射线透过性好；还有良好的导电导热性能、电磁屏蔽性好、外观靓丽立体感强等。碳材料在大型无人机中应用广泛，因为它能让电机支撑臂尺寸超过400mm的无人机保持较低的重量。碳纤维机架（图6）刚度和强度高，加工困难，价格较高，但密度小，可以减轻整体机架的重量。出于结构强度和重量考虑，机架一般采用碳纤维材质。

（4）铝合金/钢机架

铝基材料是制作无人机机架的另一个选择。铝合金机架（图7）质量相对较轻，但最大的问题是铝制（铝合金制品）组件在发生事故或受力较大时容易发生弯曲。

图6　碳纤维机架　　　　　　　图7　铝合金机架

2. 工作页

学习情境 01

学习情境 02

学习情境 03

学习情境 04

学习情境 05

学习情境 06

学校名称		任课教师	
班级		学生姓名	
学习领域	学习领域：无人机组装调试		
学习情境	学习情境1：无人机机架组装	学习时间	30min
工作任务	L：多旋翼无人机机架	学习地点	理实一体化教室

多旋翼无人机机架

1. 请提炼关键词，简述机架的作用。

2. 请书写机架组成图中的数字代号名称。
   1—＿＿＿＿＿＿＿   2—＿＿＿＿＿＿＿
   3—＿＿＿＿＿＿＿

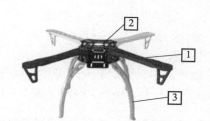

3. 机架按＿＿＿＿＿＿分类一般分为四旋翼无
   人机、六旋翼无人机和八旋翼无人机等。
   请在图中标注。

   ＿＿＿＿＿＿＿＿＿＿＿＿＿＿

4. 轴距是多旋翼无人机的重要尺寸参数，是指多旋翼无人机两个
   ＿＿＿＿＿＿＿的距离，即机架对角线两个电机或者桨叶中心的距离。
   轴距的大小限定了＿＿＿＿＿＿的桨距尺寸上限。机架按轴距分类
   一般分为180无人机、250无人机和450无人机等。请在450无人
   机图上用彩笔标注轴距。

   450无人机

5. 常见的机架布局有 X 形、I 形、V 形、Y 形和 IY 形等。请在图中标注。

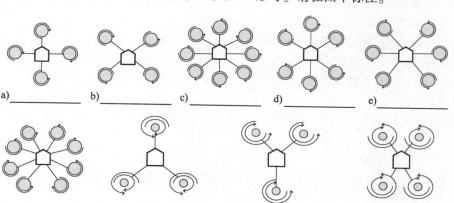

   a) ＿＿＿＿＿   b) ＿＿＿＿＿   c) ＿＿＿＿＿   d) ＿＿＿＿＿   e) ＿＿＿＿＿

   f) ＿＿＿＿＿   g) ＿＿＿＿＿   h) ＿＿＿＿＿   i) ＿＿＿＿＿

1.4 任务计划

课程思政点睛

1）任务计划环节是在理实一体化学习之后，为培养学生先谋后动的思维意识和习惯而进行的训练，学生小组合作完成工作计划的制订。

2）利用规范性、标准性非常高的计划表格引导学生养成严谨、认真、负责任的职业态度和工匠精神。

3）通过对规范、环保、安全方面的强调和要求，培养学生的环境保护意识、安全意识及大局观。

教学实施指导

1）教师指导学生独立学习 1.4.1 多旋翼无人机机架组装流程（信息页）与 1.4.2 焊接技术（信息页），要求学生划出关键信息。

2）学生分组讨论，合作完成 1.4.3 无人机机架组装工作计划，完成配件清单、设备工具清单与工作计划。

3）教师选出一个组来介绍讲解海报内容，教师进行评价。教师强调修改工作计划时要注意标准、规范、安全、环保、时间及成本控制意识的训练。

1.4.1 多旋翼无人机机架组装流程（信息页）

多旋翼无人机（F450）机架组装流程

1. 多旋翼无人机组装流程

多旋翼无人机的内部结构相对简单，组装的过程有很多相似性，建议一般的组装步骤为（图1）：机架的组装、动力系统的组装、飞行控制系统的组装、遥控系统的组装和任务载荷的组装等。在不影响飞行性能的前提下，部分组装顺序可适当调整，不同的多旋翼无人机产品，其组装步骤可能会要求两个或两个以上的系统并行组装。

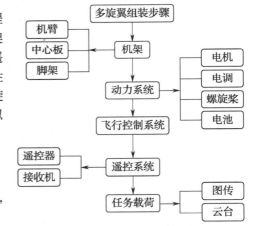

图 1 多旋翼无人机组装流程

2. 整体组装前准备

整体电路接线要求（图2）：

1）4 个电调的正负极需要并联（红色线连一起，黑色线连一起），并接到电池的相应正负极上。

2）电调 3 根电机控制线要连接电机。

3）电调有个 BEC（电池电路）输出，用于输出 5V 的电压，给飞行控制板供电，并接收飞行控制的信号。

4）遥控接收器连接在自动驾驶仪上，输出遥控信号，并同时从飞行控制板上得到 5V 电压。

3. 机架组装前准备

F450 机架目前在市面上较为流行，以 F450 多旋翼无人机为例，介绍其组装步骤。

（1）机架技术参数

F450 机架的组成如图 3 所示，机架参数如下：

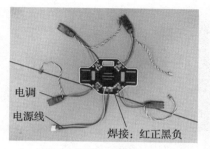

图2 整体电路接线要求

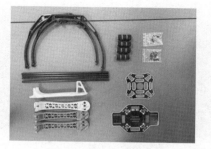

图3 F450 机架组成

1）机身重量：上机架 290g，云台脚架 232g，简易脚架 76g。

2）电机轴距：450mm。

3）起飞重量：800 ~ 1500g。

4）机架中心板：上板 + 下板。

5）机臂：4 个。

6）螺钉：M2.5×6 机架螺钉 25 个、M3×8 电机螺钉 16 个。

（2）机架组装说明书

进行组装之前，先要仔细阅读该产品说明书。由于 F450 机架结构简单，说明书上只展示了组装结构图（图4），根据其内容，就能够掌握 F450 机架的组装方法。

若要使用原厂电调，还需要将 4 只电调焊接在机身下板上，如图5 所示。

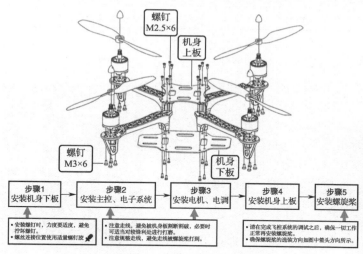

图4 F450 机架组装结构图

图5 电调焊接图

4. 组装工具

F450 无人机组装工作使用的工具及材料主要有电烙铁、热风枪、万用表、六角螺钉旋具、剥线钳、剪刀、热缩管、焊锡丝、尼龙扎带、电源导线、焊锡膏等，如图6 所示。

（1）电烙铁的使用

电烙铁有 20W、40W、50W、75W、100W、200W 不同规格。组装无人机时，根据焊点的大小来选择不同功率的电烙铁，焊接小的连接线一般使用 20 ~ 50W 的电烙铁，焊接电池或稍大的金属件至少要用 50W 以上的电烙铁，如图7 所示。另外，还需配备焊锡丝、松香和专用助焊剂。有锈的焊接物必须用砂纸、钢锉打磨去锈，并事先镀好锡，然后再焊接，这样容易焊接，而且焊点成形良好。焊接导线要用松香或专门焊接电路的焊剂，用普通焊油会腐蚀电线和电子元件，长时间使用将存在安全隐患。好的焊点光亮无毛刺、无虚焊，焊接后应用酒精清洗焊剂。

无人机组装调试

图6 无人机组装常用的组装工具

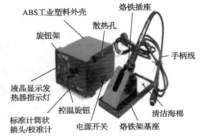

图7 电烙铁及烙铁架

（2）电烙铁及焊锡

需要用40W以上大功率的电烙铁焊接电调、电源线等，功率太小的电烙铁很难焊接好。特别注意，买电烙铁需要有防静电功能的，否则焊接电调时候有可能会损坏电调芯片。焊锡建议选择中心带松香的焊锡丝。助焊剂选择松香，不要用有腐蚀性的助焊膏，可选用无酸焊锡膏（图8）。可用电烙铁及焊锡清单见表1。

图8 焊锡膏

表1 电烙铁及焊锡清单

电烙铁	40W以上带防静电，约30元
焊台（可选）	带调温和风枪功能，约200元
焊锡丝	1卷
助焊剂	适量松香

（3）万用表

万用表又叫多用表、三用表、复用表，是一种多功能、多量程的测量仪表，一般万用表可测量直流电流、直流电压、交流电压、电阻和音频电平等，有的还可以测交流电流、电容量、电感量及半导体的一些参数。如今最主流的常用万用表都是数字万用表，指针万用表很少用。数字万用表如图9所示，作为一种多用途电子测量仪器，一般包含安培计、电压表、欧姆计等功能，有时也称为万用计、多用计、多用电表或三用电表。

1）万用表的使用注意事项：

①在使用万用表之前，应先进行"机械调零"，即在没有被测电量时，使万用表指针指在零电压或零电流的位置上。

②在使用万用表过程中，不能用手去接触表笔的金属部分，这样一方面可以保证测量的准确，另一方面也可以保证人身安全。

图9 数字万用表

③在测量某一电量时，不能在测量的同时换档，尤其是在测量高电压或大电流时，更应注意。否则，会使万用表毁坏。如需换档，应先断开表笔，换档后再去测量。

④万用表在使用时，必须水平放置，以免造成误差。同时，还要注意到避免外界磁场对万用表的影响。

⑤万用表使用完毕，应将转换开关置于交流电压的最大档。如果长期不使用，还应将万用表内部的电池取出来，以免电池腐蚀表内其他器件。

⑥在使用模拟万用表时分别将两只测量表笔的一端按红接正（＋）、黑接负（－）的要求插到测量端，然后确认指针是否在"0"位。指针应与刻度盘左侧的端线对齐，如果不一致，

学习情境 01

学习情境 02

学习情境 03

学习情境 04

学习情境 05

学习情境 06

则要进行零位调整。在进行电流和电压测量之前，要先估计一下待测电流和电压的范围，先设在较大的档位，然后再调到合适的档位，以避免过大的电流将万用表烧坏。

⑦在进行测量时，要考虑到万用表内阻的影响。例如，为了测量电压，要将表笔接到被测电路上，这时万用表内的电阻上也有电流流过，这对测量值有一定的影响。测量同一点的电压时，若使用不同的档位，万用表的内阻不同，影响程度也不同。

2）短路与断路测量

短路是指电路或电路中的一部分被短接。如负载与电源两端被导线连接在一起，就称为短路，短路时电源提供的电流将比通路时提供的电流大得多，一般情况下不允许短路，如果短路，严重时会烧坏电源或设备。

断路（开路）是指处于电路没有闭合开关，或者导线没有连接好，或用电器烧坏或没安装好（如把电压表串联在电路中），即整个电路在某处断开的状态。

在断电的情况下，使用欧姆档，红、黑表笔测检测线路两端，电表成低阻，即是短路；电阻无穷大，即为断路。

在通电的情况下，使用电压档，红、黑表笔分别测火线、地线，电表成零压，即是断路；电表有电压，即是接地短路。

在断电的情况下，使用蜂鸣档，红、黑表笔测检测线路两端，通路：有一定电阻，有蜂鸣声；短路：电阻为零，有蜂鸣声；断路：电阻无穷大，无蜂鸣声。

（4）热缩管

焊接完香蕉头后需要再套上一小段热缩管，需要的热缩管（图10）直径约5mm，长度1~2m。热缩管清单见表2。

图 10　热缩管

表 2　热缩管清单

直径约5mm 热缩管	1~2m
直径20~30mm 热缩管	0.5m
直径30~40mm 热缩管	0.3m

（5）尼龙扎带

尼龙扎带（图11）用于固定电调、接收机等使用。为减轻重量，用宽3mm、长度80~100mm的扎带，大约需要20条。尼龙扎带清单见表3。

图 11　尼龙扎带

表 3　尼龙扎带清单

尼龙扎带	宽3mm、长度80~100mm的尼龙扎带约20条
总价格	3元

（6）六角螺钉旋具

固定电机桨夹的螺钉与固定机臂的螺钉规格不同，需要不同的螺钉旋具。

（7）其他工具

其他工具如图12所示，其他工具清单见表4。

图 12　其他工具

表4　其他工具清单

热熔胶枪	1支
记号笔	1支
老虎钳	1个
剪刀	1把
美工刀	1个
直尺	1把
电吹风	加热热缩膜用，也可以临时用打火机代替
计算机	用于调试APM飞行控制系统，台式计算机或者笔记本计算机都可以，性能不限
海绵双面胶	用于器材的减振或者固定使用
双面胶	用于粘住电池的魔术带
透明胶带	固定双绞线等
封箱胶	宽40mm，也可以用透明胶带代替
锡纸	烧烤用的或者烟盒里面的都可以
橡皮筋/电工胶布	制作简易台钳用

5. 组装注意事项

1）检查机架零部件是否缺少。
2）零部件是否有破损、变形。
3）螺钉数量是否足够、螺钉长度是否合适，所有螺钉上螺钉胶，保证绝对的稳固。
4）正常使用符合螺钉规格的螺钉，防止螺钉滑丝。
5）焊接时注意不能有虚焊，防止在飞行过程中因为抖动而导致接口松动。
6）上螺钉时按照对角线原则拧螺钉，待所有螺钉上完再拧紧。
7）同颜色机臂装在同一侧，方便飞行时辨认机头方向。
8）安装的设备尽量对称，保证飞行器的重心居中。
9）为了避免干扰，线材不能跨越飞控板表面，要从飞控板旁边走线。

6. 机架组装步骤

（1）处理电调电源线接头

电调自带输入线和输出线太长，需要先截断并重新焊接香蕉母头。

1）处理电源输入线：

①在红色和黑色两条电源输入线上（图13），用直尺从热缩管的那头开始量6cm左右的长度，用剪刀剪断。

②在电源线头部用剪刀或者剥线钳环切5mm长度的外皮，剥开外皮露出裸线，用手把露出的裸线拧紧（图14）。

③在裸线上绕一小段焊锡丝，用电烙铁加热焊锡丝，让整个裸线头被焊锡包住。用焊锡处理过的裸线头能避免受力时候而让电线内铜丝散开（图15）。

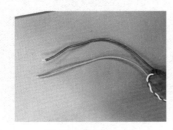

图13　电调电源线

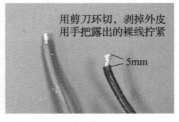

用剪刀环切，剥掉外皮
用手把露出的裸线拧紧
5mm

图14　处理好的电源线

图15　电调电源线焊接到线路板

2）处理电源输出线：

①在电源输出线上，用直尺从热缩膜的那头开始量 3cm 的长度，用剪刀剪断。

②这时候看下母头线的那头（焊接电源线的那端，一般这端会有个小孔），估计有 2mm 的深度。在电源线头部用美工刀环切 2mm 长度的外皮，剥开外皮露出裸线，用手把露出的裸线拧紧。在裸线上绕一小段焊锡丝，用电烙铁加热焊锡丝，让整个裸线头被焊锡包住。

③取直径是 5mm 的热缩管，剪 2cm 长的一段，套在电源线上。

④拿出老虎钳，用钳嘴夹住一个香蕉母头，浅头向上。在老虎钳把手处，用橡皮筋（也可以用透明胶或者电工胶布）扎牢，这时候就把老虎钳变成简易的台钳（图16）。

⑤用电烙铁头插入香蕉母头的小孔里面加热，往母头端放焊锡丝直到焊锡融化，融化的焊锡不要太满，到 2/3 处即可。在焊锡全部融化后，立即插入电源线裸线头，拔走电烙铁，直到焊锡冷却（图17）。按同样的方法装上剩余两个香蕉头。把之前预先套上的热缩管推到与香蕉头平头，热缩管要把整个香蕉头包住，这样才能避免香蕉头间触碰时候产生短路。用电吹风加热热缩套，直到热缩套紧实牢固套住香蕉头。

3）处理数据线。电调接飞控板输出端的数据线（图18）有两条电线，为了抗干扰，这两条线互相绞合一起做成双绞线。由于这条线太长，双绞线在实际使用中很容易散开，起不到抗干扰作用，所以需要加固一下。先拧紧两股线，每 5cm 处用透明胶带捆上。

图16　简易"台钳"

图17　处理好的电源输出线

图18　电调接飞控板输出端的数据线

（2）标记下中心板中心位置

1）电池是放在下中心板上方，为了让电池尽量居于整个机架的中心位置，需要先在下中心板上标记下中心位置，以方便以后放电池之用（图19）。

2）下中心板长边处有个长方形开口，用直尺量开口的长度，在长度一半地方用记号笔做个标记。在另外一头也按同样方式做标记，用直尺在两个标记处用记号笔画一条直线。

3）在下中心板短边处，用直尺量度长度，在长度一半处用记号笔做标记，用同样的方法标记好另外一端，用直尺在两个标记处用记号笔画一条直线。两条直线相交处就是中心板中心位置。

（3）焊接电调在中心板上

1）先准备好 4 块 XYT 系列动力系统 30A 电调，把电调焊接到中心板上，如图20所示，注意接线口红正黑负，以及电调背面朝上，确保焊点牢固并且不会出现短路。

图19　中心板中心位置

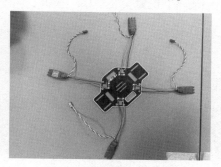

图20　电调焊接到中心板

2）放好下中心板，有标记＋号和－号的向上。用纸先擦干净标记＋号和－号上的触点，在触点上放适量松香，一只手用电烙铁加热触点，另外一只手不断地送焊锡丝到触点上，直到整个触点都盖一层较厚的焊锡（图21）。焊锡区千万不要超出触点的范围。

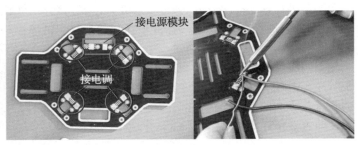

图21　电烙铁焊接位置

3）焊接电调电源线接头，用 XT60 公头，焊接时，注意接头上的＋号、－号接口分别对应着红线与黑线，剥线长度 4mm 为刚好插入 XT60 接口。

4）拿出一个电调，电调平整面向上，电调红黑两线端对着下中心板的一组＋号和－号的触点处，加少量的焊锡丝在触点上，用电烙铁把红色线焊接在＋号的触点上，把黑色先焊接在－号的触点上。正负两极千万不要弄错，否则一接电源就烧掉电调。用同样的方式焊接上剩余的电调。

5）电调电源线（用 14AWG 软硅胶线），注意红线接正，黑线接负，剥线时注意不要破坏红色电源线的硅胶层，以免造成短路，并且长度刚好够焊接到板上即可，如图22所示。

（4）焊接电源主线

1）拿出电源主线，用直尺从接口处量 9cm，用剪刀剪断。剥开 5mm 长的电线皮，用以上的方法把裸线头上焊锡，分别焊接在下中心板的电源输入＋号和－号上（图23）。注意电源主线的 T 形口要向外。

图22　焊接电调电源线

图23　电源线焊接方式

2）将电源管理模块（PMU）电源线焊接至底板电源焊盘上，如图24所示。PMU 的红线黑线焊接至电源焊盘的红线黑线接口处，一一对应。

3）焊接完成后，检查焊点是否漏焊虚焊，再用万用表测试各个焊点是否短路。

4）按照顺序把四个机臂安装在中心板上，同色机臂在同一侧，如图25所示。

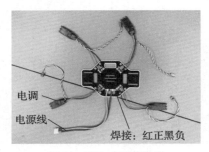
图24　动力电源线焊接

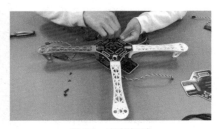
图25　安装机臂

（5）安装机架

焊接好电调和电源主线，就可以安装机架。因为如果装好机架后再焊接电调主线与电源主线空间有限，不好操作，并且容易让塑料的机臂和脚架在焊接时候受热变形，因此在安装机架之前要先处理好。

1）安装机臂。注意安装机臂时的四个螺钉孔需要用手先后对角拧上，每个机臂上的螺钉都拧紧之后用螺丝刀紧固。

2）安装电调。

①电调一面是平整的，盖了散热片或者屏蔽壳。而另外一面有个电容突出来（图26）。为了安装电调时候更加牢固，把平整的那面装在机臂上。为了防止安装电调后会松动，通常采用海绵双面胶粘在机臂上，或者用轧带绷紧。

图26　电调正反面

②拿一条红色的机臂出来，把电调上海绵双面胶的另一面薄膜撕掉，粘在机臂上。为了让4个电调安装的位置一致，粘电调的时候，要粘在从机臂上螺钉那头开始数的第一节位置。然后用扎带放在电调中间，紧紧地扎紧在机臂上。

3）安装脚架。操作方法如图27所示。

图27　安装脚架操作方法

1.4.2　焊接技术（信息页）

1. 锡焊基本知识

锡焊是利用低熔点的金属焊料加热熔化后，渗入并充填金属件连接处间隙的焊接方法。锡焊常用烙铁作加热工具，并广泛用于电子工业的产品焊接中。

2. 焊接材料

锡铅合金焊料称为焊锡，是由锡和铅两种金属按一定比例融合而成的，其中锡所占的比例稍高。

焊锡是连接元器件与线路板之间的介质，在电子线路的安装和维修中经常用到。纯锡为银白色，有光泽，富有延展性，在空气中不易氧化，熔点为232℃。锡能与大多数金属熔合而形成合金。但纯锡的材料呈脆性，为了增加材料的柔韧性和降低焊料的熔点，必须用另一种金属与锡熔合，以缓和锡的性能。

3. 助焊剂

在浸焊和波峰焊中，要求焊料只在规定的焊点上进行焊接，其他不需要焊接的地方就要隔离，因此，这就需要通过助焊剂来实现。助焊剂是一种耐高温的涂料。助焊剂一般是覆盖印制电路板的板面，起到保护作用，防止印制电路板受到热冲击或机械损伤；同时防止了短路、虚焊的情况，可以有效提高焊接效率和质量。

助焊剂在焊接工艺中能帮助和促进焊接过程。助焊剂的主要作用如下：

1）破坏金属氧化膜使焊锡表面清洁，有利于焊锡的浸润和焊点合金的生成。

2）能覆盖在焊料表面，防止焊料或金属继续氧化。

3）增强焊料和被焊金属表面的活性，降低焊料的表面张力。

4）焊料和焊剂是相熔的，可增加焊料的流动性，进一步提高浸润能力。

5）能加快热量从烙铁头向焊料和被焊物表面传递。

6）合适的助焊剂还能使焊点美观。

4．手工电焊技术

（1）电烙铁的握法

电烙铁要拿稳对准，一般有三种握法，如图1所示，具体选择哪种握法根据实际的焊接情况确定。

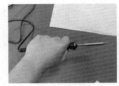

a）反握法　　　　　b）正握法　　　　　c）握笔法

图1　电烙铁握法

（2）焊锡丝的拿法

焊锡丝一般有两种拿法，如图2所示，即连续锡丝拿法和断续锡丝拿法。

a）连续锡丝拿法　　b）断续锡丝拿法

图2　焊锡丝拿法

5．焊接五步法

手工焊接一般采用五步法，如图3所示。

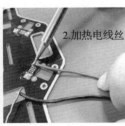

图3　焊接五步法

6．焊接质量

（1）焊点质量要求

对焊点的质量要求主要从电气连接、机械强度和外观等方面考虑。接触面积大、足够的厚度，使之具有可靠的电气连接性能，应避免出现虚焊、桥接及脱焊等（图4）。

1）电气连接可靠。

2）机械强度足够。

3）外观平整光洁。

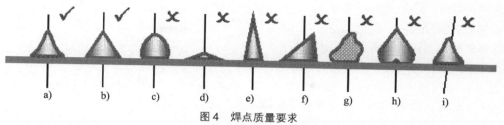

图 4 焊点质量要求

学习情境 01
学习情境 02
学习情境 03
学习情境 04
学习情境 05
学习情境 06

（2）焊接质量检验

1）目视检查，直观目视焊点状态。

2）手触检查，拉动或晃动焊点。

3）通电检查断路与短路状态，以此判断虚焊或焊点短路状态。

（3）常见焊点的缺陷及分析

焊接缺陷是指焊接接头部位在焊接过程中形成的缺陷。造成焊接缺陷的原因很多，在材料、工具一定的情况下，采用什么样的方式、方法是较大的影响因素。在接线端子上焊接导线时常见的焊接缺陷有裂纹、未焊满、咬边、气孔、夹渣等。

1）裂纹：在焊接应力及其他致脆因素共同作用下，焊接接头中部分的金属原子结合力遭到破坏而形成的新界面产生缝隙。

防止冷裂纹的措施：

①采用低氢型碱性焊条，严格烘干，在100～150℃下保存，随取随用。

②提高预热温度，采用后热措施，并保证层间温度不小于预热温度，选择合理的焊接规范，避免焊缝中出现淬硬组织。

③选用合理的焊接顺序，减少焊接变形和焊接应力。

④焊后及时进行消氢热处理。

2）未焊满：是指焊缝表面上连续的或断续的沟槽。填充金属不足是产生未焊满的主要原因。规范太弱，焊条过细，运条不当等会导致未焊满。

防止未焊满的措施：加大焊接电流，加焊盖面焊缝。

3）咬边：是指沿着焊趾，在母材部分形成的凹陷或沟槽，它是由于电弧将焊缝边缘的母材熔化后没有得到熔敷金属的充分补充所留下的缺口。

矫正操作姿势，选用合理的规范，采用良好的运条方式都会有利于消除咬边。焊角焊缝时，用交流焊代替直流焊也能有效地防止咬边。

4）气孔：焊接时，熔池中的气泡在凝固时未能逸出而残留下所形成的空穴。这是由于在凝固界面上排出的氮、氢、氧、一氧化碳和水蒸气等所造成的。

防止气孔的措施：

①清除焊丝、工作坡口及其附近表面的油污、铁锈、水分和杂物。

②采用碱性焊条、焊剂，并彻底烘干。

③采用直流反接并用短电弧施焊。

④焊前预热，减缓冷却速度。

⑤用偏强的规范施焊。

5）夹渣：焊后残留在焊缝中的溶渣，有点状和条状之分。主要是熔池中熔化金属的凝固速度大于熔渣的流动速度，当熔化金属凝固时，熔渣未能及时浮出熔池而形成。它主要存于焊道之间和焊道与母材之间。

夹渣产生的原因：

①坡口尺寸不合理。

②坡口有污物。

③多层焊时，层间清渣不彻底。

④焊接线能量小。

⑤焊缝散热太快，液态金属凝固过快。

⑥焊条药皮，焊剂化学成分不合理，熔点过高。

⑦钨极惰性气体保护焊时，电源极性不当，电流密度大，钨极熔化脱落于熔池中。

⑧手工焊时，焊条摆动不良，不利于熔渣上浮。

可根据以上原因分别采取对应措施，以防止夹渣的产生。

6）焊瘤：焊瘤焊缝中的液态金属流到加热不足未熔化的母材上或从焊缝根部溢出，冷却后形成的未与母材熔合的金属瘤即为焊瘤。焊接规范过强、焊条熔化过快、焊条质量欠佳（如偏芯）、焊接电源特性不稳定及操作姿势不当等都容易带来焊瘤。在横、立、仰位置更易形成焊瘤。

防止焊瘤的措施：使焊缝处于平焊位置，正确选用规范，选用无偏芯焊条，合理操作。

7）凹坑：凹坑指焊缝表面或背面局部的低于母材的部分。凹坑多是由于收弧时焊条（焊丝）未作短时间停留造成的（此时的凹坑称为弧坑），仰立、横焊时，常在焊缝背面根部产生内凹。

防止凹坑的措施：选用有电流衰减系统的焊机，尽量选用平焊位置，选用合适的焊接规范，收弧时让焊条在熔池内短时间停留或环形摆动，填满弧坑。

8）烧穿：烧穿是指焊接过程中，熔深超过工件厚度，熔化金属自焊缝背面流出，形成穿孔性缺陷。焊接电流过大，速度太慢，电弧在焊缝处停留过久，都会产生烧穿缺陷。工件间隙太大，钝边太小也容易出现烧穿现象。

选用较小电流并配合合适的焊接速度，减小装配间隙，在焊缝背面加设垫板或药垫，使用脉冲焊，能有效地防止烧穿。

9）未焊透：未焊透指母材金属未熔化，焊缝金属没有进入接头根部的现象。

防止未焊透的措施：使用较大电流来焊接是防止未焊透的基本方法；另外，焊角焊缝时，用交流代替直流以防止磁偏吹，合理设计坡口并加强清理，用短弧焊等措施也可有效防止未焊透现象的产生。

10）未熔合：未熔合是指焊缝金属与母材金属，或焊缝金属之间未熔化结合在一起的缺陷。

防止未熔合的措施：采用较大的焊接电流，正确地进行施焊操作，注意坡口部位的清洁。

11）其他缺陷。具体如下：

①成形不良：指焊缝的外观几何尺寸不符合要求。有焊缝超高、表面不光滑，以及焊缝过宽、焊缝向母材过渡不圆滑等现象。

②错边：指两个工件在厚度方向上错开一定位置，它既可视作焊缝表面缺陷，又可视作装配成形缺陷。

③塌陷：单面焊时由于输入热量过大，熔化金属过多而使液态金属向焊缝背面塌落，成形后焊缝背面突起，正面下塌。

④表面气孔及弧坑缩孔。

⑤各种焊接变形，如角变形、扭曲、波浪变形等。

⑥焊缝化学成分或组织成分不符合要求。

⑦过热和过烧：若焊接规范使用不当，热影响区长时间在高温下停留，会使晶粒变得粗大，即出现过热组织。若温度进一步升高，停留时间加长，可能使晶界发生氧化或局部熔化，出现过烧组织。过热可通过热处理来消除，而过烧是不可逆转的缺陷。

⑧白点：在焊缝金属的拉断面上出现的如鱼目状的白色斑，即为白点。白点是由于氢聚集而造成的，危害极大。

学习情境 01
学习情境 02
学习情境 03
学习情境 04
学习情境 05
学习情境 06

7. 焊接注意事项

焊丝成分中含铅，而铅是对人体有害的重金属，因此操作时应戴手套或操作后洗手，避免食入；同时，人的鼻子应距离电烙铁不小于30cm或配置抽风吸烟罩。

另外，使用电烙铁要配置烙铁架，一般放置在工作台右前方；电烙铁用后一定要稳妥放于烙铁架上，并注意导线等物不要触碰烙铁头。

一般焊接的顺序是：是先小后大、先轻后重、先里后外、先低后高、先普通后特殊的次序焊装，即先焊接分立元件，后焊接集成块。对外连线要最后焊接。

1.4.3 无人机机架组装工作计划

1. 完成符合组装要求的配件清单：不限于此列表

名称	品牌	型号	规格要求	数量	备注

注意：零部件要尽量找信誉好、有实力的知名公司购买，以确保售后服务有保障。

2. 完成准备组装工具和辅助设备清单：不限于此列表

名称	品牌	型号	规格要求	数量	备注
电烙铁及烙铁架					
焊锡					
助焊剂					
热缩管					
尖嘴钳					
剥线钳					
热风枪					
螺钉旋具					
数字万用表					
……					

3. 制订机架组装工作计划：提炼关键词编制

序号	组装步骤及内容	设备工具	技术标准规范	安全环保等注意事项	组装质量保证或检测	组装结论
预估时间				成本预算		

1.5 任务决策

课程思政点睛

任务决策环节是在任务计划的基础上，跟师傅或领导对任务计划进行修改确认，或者是对多种计划方案进行优中选优。指导学生吸收采纳教师或其他人的建议，能够对自己的学习知识体系进行重新梳理，不断地接受他人的合理化意见或建议，是虚心、进取心的表现，同时也是尊重他人、客观公正对待自己的人生态度。在任务实施之前对自己的计划进行确认与调整，是严谨、认真、负责态度的体现，也有助于精益求精的工匠精神养成。

教学实施指导

1）教师指导学生个人独立按照任务决策的关键要素完成任务决策表。

2）教师选出一个学生代表和自己进行任务决策，其他学生观察，并进行口头评价、补充、改进。

3）学生修改并提交自己的任务决策方案表格，教师对每个学生制定的任务决策方案进行确认。学生获得教师对自己所做决策方案的确认信息后才有资格进行任务实施。

无人机机架组装任务决策

请依据无人机机架组装任务决策表，站在企业的角度，和师傅沟通工作任务计划方案实施的可能性。决策内容包括：选择的配件清单，使用的工具和辅助设备清单，组装工作步骤的正确性、规范性和合理性，组装过程的安全性、环保性等注意事项，组装质量的把控或检测内容，工作任务的时间控制和成本控制等，并记录决策结果与师傅的建议。

无人机机架组装任务决策表

决策类型	决策方案
与师傅决策	请站在企业的角度，和师傅沟通工作任务计划方案实施的可能性（包括：选择的配件清单，使用的工具和辅助设备清单，组装工作步骤的正确性、规范性和合理性，组装过程的安全性、环保性等注意事项，组装质量的把控或检测内容，工作任务的时间控制和成本控制等，并记录决策结果与师傅的建议）

学习情境 01
学习情境 02
学习情境 03
学习情境 04
学习情境 05
学习情境 06

（续）

决策类型	决策方案
意见或建议	

1.6 任务实施

课程思政点睛

1）任务实施是学生最喜欢的操作环节，在此抓住时机对学生进行严谨、规范、标准操作训练。

2）要求学生必须按照前期经过决策的任务计划执行，养成先谋后动的工作意识，深入思考后才可以操作，严禁冒失和鲁莽行事。

3）在操作过程中要求学生在一个团队内必须通力合作，分工明确，提高工作效率，以此训练学生未来步入社会工作的团队合作能力和时间把控能力。

4）若在操作中万一有违规操作或者是失误、错误出现，要求学生必须如实告知，不但不会被批评，反而会因诚信而得分。

教学实施指导

1）学生观察教师的示范动作，或观看 1.6.1 无人机机架组装操作视频（1. 配件工具；2. 电源线香蕉头焊接；3. 焊接电源线；4. 焊接下中心板；5. 安装机架；6. 检测焊接电路）中的示范动作（操作内容：从准备配件、物料、工具、设备开始，进行无人机机架组装操作）。

2）学生分为 4 组，分工操作。每组每次安排 2 名学生操作，所有学生轮流，每个学生都要完成一次操作。当 2 名学生进行操作时，另外安排 2 名学生分别对其进行评价，填写 1.6.2 无人机机架组装任务实施操作评价表，1 名学生拍视频，1~2 名学生监督质量并记录，1~2 名学生查阅组装手册改进计划。

1.6.1 无人机机架组装操作视频

1. 配件工具　　　　2. 电源线香蕉头焊接　　　　3. 焊接电源线

4. 焊接下中心板　　　　5. 安装机架　　　　6. 检测焊接电路

1.6.2 无人机机架组装任务实施评价

学生小组合作完成无人机机架组装任务实施评价表。任务实施阶段的评价由演练经理与企业成员讨论进行，最好达成一致意见。若不能达成一致意见，由演练经理执行。若企业成员不同意演练经理的评价，则由总投资人仲裁。

无人机机架组装任务实施评价表

被评人：

一级指标	二级指标	配分	评价	评价指标
1. 按照工艺流程组装调试无人机	正确选择工具设备	5		专业能力
	规范使用工具设备	5		规范性
	查阅组装工艺流程	5		信息获取
	正确顺序组装	5		专业能力
	规范标准调试无人机	5		专业能力
	正确操作调试无人机	5		专业能力
	操作中遵守技术规范和标准	5		规范性
	操作中遵守设备及人身安全防护	5		安全性
	操作中遵守环保要求	5		环保性
	操作过程保证组装质量	5		责任心
	检测焊点虚焊或短路正确	5		专业能力
	检测记录完整准确	5		记录
	走路轻快稳，手脚利落，注重工作效率	5		工作规范
2. 任务实施中的自我管理	完成任务的时间控制把握	5		时间管理
	对任务计划及时调整与改进	5		自我改进
	面对突发问题处理时自信与抗挫折	5		情绪管理

评价人：

1.7 任务检查

课程思政点睛

任务检查环节包含三个层次的内容：

首先是复盘检查，对无人机机架组装的任务实施过程和任务实施结果进行检查，确保实施质量。教师严格要求学生对照标准和规范进行检查，养成学生严谨规范、认真负责的职业态度和职业精神，高标准、严要求、精益求精的工匠精神。

其次是对场地、工位、设备、环境等进行整理、整顿、清扫、清洁和素养（5S）管理，养成规范、卫生、环保意识。

最后是对无人机机架组装的任务计划的调整改进，依据实施过程和结果，对前期做的工作计划进行优化，目的是训练学生自我改进、自我优化的自我管理能力，以此实现学生不断地进步提高。

教学实施指导

1）教师提供无人机机架组装任务检查单。要求学生分组，小组合作完成任务检查及5S，在无人机机架组装任务检查单上标注。教师要求学生小组成员对工作过程和工作计划进行监督和评估，记录优缺点及改进建议，并口头表达。教师要重点引导学生对队友的支持性意见的表达，并训练学生接纳他人建议。

2）学生小组合作修改完善工作计划，修改方式是在原有工作计划上用另一种颜色的笔进行真实、全面的复盘改进、标注。

无人机机架组装任务检查及5S

请依据任务检查单，小组合作进行必要的最终任务检查和5S，并根据任务实施过程和任务实施结果的实际情况，优化、调整、完善、改进工作计划。

1）请进行必要的最终任务检查：

无人机机架组装任务检查单

检查项目	检查内容	问题记录	处理意见
检查任务实施过程			
检查质量标准			
检查任务结果			

2）请进行必要的5S：

5S 场地（　　　）

5S 设备工具（　　　）

5S 工位（　　　）

3）请根据任务实施过程和任务实施结果的实际情况，优化、调整、完善、改进工作计划（以另一种颜色的笔在任务计划上标注作答）。

1.8 任务交付

课程思政点睛

1）任务交付与任务接受呼应，特别适合对学生进行社会主义核心价值观中友善、和谐价值的训练。

2）如何做到和伙伴友善合作，如何做到站在公司立场为公司的利益和效率着想，如何站在客户角度为客户着想等。

3）在指导学生进行机架组装任务交付话术训练时全面体现友善、和谐的价值。

教学实施指导

教师指导学生依据1.8.1无人机机架组装任务交付剧本，参考1.8.2无人机机架组装任务交付视频（中英文），以角色扮演方式进行任务交付。

1.8.1 无人机机架组装任务交付剧本（中英文）

学习情境描述

测绘设计研究院因工作需要购置了30架F450无人机的组件，现委托学院测绘无人机应用专业的项目团队完成组装、调试、试飞与数据采集。为了本项目的高效顺利实施，学院项目团队制订了实施计划，把项目拆分成若干个工作任务（学习情境），会伴随着项目进程陆续给出。

本次工作任务（学习情境）是希望通过各项目组的精诚合作，能够按照F450型号无人机组装的规范与标准组装30个机架，并要求在3天内组装完成。组装过程注意工作效率、经济效益与安全注意事项。

1. 任务完成，正常交付

组　　长：领导，您好！经过我们团队3天的努力，30架无人机机架，我们已经按照F450无人机机架组装的流程与标准规范，全部保质保量地完成了。

Hello, Director! After three days' efforts, our group has completed 30 UAV frames in strict accordance with the F450 UAV frame assembly process and standard specifications.

项目负责人：好的，你们辛苦了。已经送到质检组进行检测了吧？

All right. Thank you! Have they been sent to the quality inspection team?

组　　长：是的，已经送检了。质检全部通过！

Yes. All passed the quality inspection!

项目负责人：完美。你们先休息一下，一会儿再布置新的任务给你们。

Perfect. Have a rest. I will assign you a new task later.

组　　长：好嘞，等您。

OK.

2. 任务未完成，异常交付

组　　长：领导，您好！不好意思跟您说，我们团队虽然已经很努力了，但是没有在规定时间内完成 30 架无人机机架的组装任务。

Hi, Director! I'm sorry to tell you that although our group has tried very hard, we have yet to complete the assembly task on time.

项目负责人：啊?！为什么？到底哪里出了问题？

Ah? ! Why so? What went wrong?

组　　长：真的非常抱歉，主要是我们专业技术水平还不够娴熟，再加上团队合作不够顺畅，导致了工作结果出现问题。

I'm really sorry. Since there is still much to be desired in our professional proficiency and group cooperation, we fail to finish the work on time.

项目负责人：算了。意识到问题的原因就好，下次多注意。那你们自己能解决吗？需不需要其他团队的帮助？

Come on. Just draw the lesson next time. Can you handle it by yourselves? Do you need help from other groups?

组　　长：我们自己能解决，不需要帮助。不过，还需要点时间。

We can handle it by ourselves. We don't need help. But it will take some time.

项目负责人：多久？

How long will it take?

组　　长：两个小时吧。

About two hours.

项目负责人：好吧。再给你们团队两个小时，必须保质保量完成。

All right. Two more hours for you. You must fulfill it.

组　　长：谢谢您了！我们这就继续开工。您走好！

Thank you very much! We will continue with our work. See you!

1.8.2　无人机机架组装任务交付视频（中英文）

无人机机架组装任务交付（中文）

无人机机架组装任务交付（英文）

1.9 反思评价

学习情境 01
学习情境 02
学习情境 03
学习情境 04
学习情境 05
学习情境 06

课程思政点睛

1）反思评价作为学习思维的最高阶段，包含两个层次：复盘反思与评价。

2）复盘反思可以解决完成任务过程中知识碎片化的问题，有利于学生建构知识体系的逻辑思维能力训练，培养学生自主学习和终身学习能力。

3）当学生具备不断地复盘反思习惯的时候，对学生正确看待世界、看待问题、看待自己的正确三观形成会有很大的帮助，有利于学生形成科学的、正确的、正能量的世界观、人生观和价值观。

4）评价过程包括自评、他评和集体评价。自评可以培养学生自我评价、自我改进的自我管理能力。他评可以训练学生客观、公正、公平、诚信与公理心。

教学实施指导

1）学生安静、独立地参考所有的信息页和工作页，重点借鉴学习1.9.1无人机机架组装任务总结，在笔记本上制作"无人机机架组装"的理论知识点、技能操作点的思维导图。

2）小组合作制作思维导图海报，讲解展示。

3）完成1.9.2无人机机架组装任务综合职业能力评价表的自评、他评与经理评价。

1.9.1 无人机机架组装任务总结

知识点总结

1. 无人机发展

1）军用无人机的发展经历了起步阶段（1910—1963）、实用阶段（1964—1990）、崛起阶段（1991—2009）、广泛应用阶段（2010年至今）。

2）20世纪80年代，中国就尝试将自行开发的无人机用于地图测绘和地质勘探领域。

3）多旋翼无人机经历了三个阶段：理论开创阶段、加速发展阶段、未来发展阶段。

4）军用无人机发展趋势：微型化无人机、高空高速无人机、隐形无人机、攻击无人机。

5）民用无人机发展趋势：智能化、产业化、品牌化。

2. 无人机应用

1）军用无人机的应用，包括情报侦察、军事打击、信息对抗、通信中继、后勤保障。

2）民用无人机的应用，包括植保无人机、森林无人机（森林资源调查、荒漠化监测、森林病害虫监测及其防治、森林火灾监测和动态管理、森林火灾救援、人工降雨），以及航拍（街景拍摄、交通监视、影视航拍、婚纱摄影）、航测（国土测绘、应急救灾、选线设计、环境监测）、电力巡线、警用无人机（应急处理突发事件、活动安保、侦查搜捕、交通管理、紧急救援、消防救援）。

3）无人机未来应用，包括无人机影像拍摄、无人机快递、无人机施肥与洒农药、无人机防盗追踪、无人机检测气体污染源、无人机巡检、水下无人机、无人机旅行拍摄、警用无人机、抢险救灾无人机、无人机网络服务、无人机控制天气。

3. 无人机概念、特点与性能

1）大气层内飞行的称为航空器，在太空飞行的称为航天器。

2）无人机（Unmanned Aerial Vehicle，UAV）即无人驾驶航空器，是利用无线电遥控设备和自备的程序控制装置操纵的不载人通用航空飞行器。

3）无人机系统由车载计算机完全地或间歇地自主操作，又称飞行器远程操控系统，是指无人机及与其配套的通信站、发射/回收装置，以及无人机的运输、储存和检测装置等的统称。

4）续航时间是指无人机在不进行能源补充的情况下，耗尽动力能源所能持续飞行的时间。它是检验无人机持续完成任务能力的重要标准。

5）航程是衡量无人机作战距离的重要指标，决定无人机航程的因素有机体结构、翼型、发动机、携带能量等，当然无人机的控制系统对航程也有着不可忽视的影响。

6）升限是飞机能维持平飞的最大飞行高度，分为理论升限和实用升限，在此高度以上，无人机无法获得满意性能的高度。

7）飞行速度是衡量无人机飞行能力，甚至是突防、攻击性能的重要数据，包括巡航速度和最大速度。

8）最大平飞速度对于无人机来说是一项重要的指标，是指无人机在一定飞行高度所能达到的最大定常水平飞行速度。

9）巡航速度是指飞机在巡航状态下的平飞速度，无人机飞行过程中单位距离消耗能源最少的速度称为巡航速度，一般是最大速度的70%～80%。

10）无人机机体的尺寸能够影响其使用性能和抵抗恶劣环境的能力。

11）有效载荷质量是衡量无人机能够携带任务载荷多少的重要指标。

12）爬升率是指在一定飞行质量和一定的发动机工作状态下，无人机在单位时间内上升的高度。

13）经济性是指无人机的设计、制造和维护成本。

14）可靠性是指在执行预期任务期间，无故障运行的可能性。

15）常用的发射方式有轨道发射、火箭发射、滑跑发射、空中发射和垂直起飞等。常用的回收方式有降落伞回收、空中回收、拦截网回收、起落架滑轮着陆、气垫着陆和垂直着陆等。

16）最大起飞重量是依据无人机的设计或运行限制，无人机起飞时所能容许的最大重量。

4. 无人机分类

1）无人机通常可按照用途、飞行平台构型、重量、活动半径、任务高度、控制模式、动力装置、使用次数等进行分类。

2）按用途分为军用、民用、工业级、消费级无人机。

3）按平台构型分为固定翼、旋翼、垂直起降固定翼、扑翼、无人飞艇、伞翼无人机。

4）旋翼无人机又分为无人直升机、多轴飞行器、自旋翼无人机。

5）按质量分为微型无人机（小于等于7kg）、轻型无人机（大于7kg，且小于等于116 kg）、小型无人机（小于等于5700kg，微型、轻型除外）、大型无人机（大于5700kg）。

6）按按活动半径把无人机分为超近程（15km 以内）、近程（15～50km）、短程（50～200km）、中程（200～800km）和远程无人机（大于800km）五种。

7）按任务高度分为超低空无人机（0～100m）、低空无人机（100～1000m）、中空无人机（1000～7000m）、高空无人机（7000～18000m）、超高空无人机（高于18000m）。

8）按控制模式分为遥控式无人机、自主式无人机、半自主式无人机、三者兼备式无人机。

9）按动力装置分为电动式、油动式、油电混合式无人机。

10）按使用次数分为单次使用无人机、多次使用无人机。

5. 无人机系统组成

1）无人机系统主要由无人机机体平台分系统、航电分系统、地面站分系统、任务设备分系统及地面保障设备分系统五部分组成。

2）机体平台分系统主要由结构系统及动力系统两部分组成。结构系统是其他所有机载设备、模块的载体，主要包括机架和起落架。动力系统主要包括螺旋桨、电机、电调及电池。

3）航电分系统主要由飞行控制系统和导航系统两部分组成，承担着无人机飞行控制、导航、数据通信管理、执行相关任务等工作，是无人机系统中核心组成部分。

4）地面站分系统是整个无人机系统的指挥控制中心，通过地面站系统可以对无人机的各种飞行数据和任务设备状况等进行实时监控，以便当应急情况发生时能够及时地采取相应处理措施来保证无人机的安全，同时方便事前规划和事后分析处理。地面站分系统主要由通信链路、地面控制站和地面站软件组成。

5）任务设备分系统主要由任务载荷及其相配套的系列机载和地面设备共同组成。

6）地面保障设备分系统主要由无人机运输与发射或起飞保障设备和降落或回收保障设备组成，是为了保证无人机顺利飞行和完成指定的任务。

6. 固定翼无人机结构组成

1）固定翼无人机系统由五个主要部分组成：机体结构、航电系统、动力系统、起降系统和地面控制站。

2）机体结构由可拆卸的模块化机体组成，既方便携带，又可以在短时间内完成组装、起飞。

3）航电系统由飞行控制系统计算机、感应器、无线通信、空电电池组成，完成飞机控制系统的需要。

4）动力系统由动力电池、螺旋桨、无刷电机组成，提供飞机飞行所需的动力。

5）起降系统由弹射绳、弹射架、降落伞组成，帮助无人机完成弹射起飞和伞降着陆。

6）地面控制站包括地面站计算机、手柄、电台等通信设备，用以辅助完成路线规划任务和飞行过程的监控。

7）固定翼无人机大部分由机翼、机身、尾翼、起落架和发动机组成。

8）机翼的主要功用是产生升力，以支持飞机在空中飞行，同时也起到一定的稳定和操作作用。机翼一般由纵向骨架（翼梁、纵墙、桁条）、横向骨架（加强翼肋）和蒙皮组成。

9）尾翼的作用是操纵飞机俯仰和偏转，保证飞机能平稳飞行，由水平尾翼和垂直尾翼组成。

10）起落架大都由减振支柱和机轮组成，作用是起飞滑跑、着陆滑跑、地面滑行和停放时支撑机体，既支承无人机重量，又可吸收飞机着陆时和滑跑中的冲击能量。

7. 无人直升机结构组成

1）无人直升机是具有一副或两副主旋翼，通过旋翼的倾斜、转速的调整来产生各个运动方向力的无人驾驶航空器。

2）无人直升机系统大体上由直升机本体、控制与导航系统、综合无线电系统和任务载荷设备等组成。

3）控制与导航系统包括地面控制站、机载姿态传感器、飞行控制系统计算机、定位与导航设备、飞行监控及显示系统等。

4）综合无线电系统包括无线电传输与通信设备等，由机载数据终端、地面数据终端、天线、天线控制设备等组成。

5）任务载荷设备包括光电、红外和雷达侦察设备以及电子对抗设备、通信中继设备等。

6）直升机本体主要由机身、动力系统、传动系统、旋翼系统、航电系统、尾翼，起落架等构成。

7）无人直升机机身结构有桁架式结构、薄壁式结构和复合材料夹层结构。

8）旋翼结构有全铰接式、半刚体式、刚体式和无轴承式四种结构。

9）直升机尾翼包括垂直安定面和水平安定面。尾桨的结构形式有跷跷板式、万向接头式、铰接式、无轴承式、涵道尾桨、无尾桨等，目前应用较为广泛的是涵道尾桨和无尾桨。

学习情境 01
学习情境 02
学习情境 03
学习情境 04
学习情境 05
学习情境 06

10）直升机起落架主要作用是吸收在着陆时由于有垂直速度而带来的能量，减少着陆时撞击引起的过载，以及保证在整个使用过程中不发生"地面共振"，减少滑行时由于地面不平而产生的撞击与颠簸。

11）直升机的布局形式按旋翼数量和布局方式的不同可分为单旋翼直升机、共轴式双旋翼直升机、纵列式双旋翼直升机、横列式双旋翼直升机和带翼式直升机等几种类型。

8. 多旋翼无人机结构组成

1）常见的多旋翼无人机有四旋翼、六旋翼和八旋翼无人机，被广泛用于影视航拍、安全监控、农业植保、电力巡线等领域。

2）多旋翼无人机一般由机架、动力系统、飞行控制系统、遥控装置和任务载荷等模块组成。

3）机架指多旋翼无人机的机身，它是多旋翼无人机其他结构的安装基础，起承载作用。根据旋翼轴数的不同，机架分为三轴、四轴、六轴、八轴甚至十八轴等。而根据发动机个数分，机架有三旋翼、四旋翼、六旋翼、八旋翼甚至十八旋翼等。轴数和旋翼数一般情况下是相等的，但也有特殊情况，比如三轴六旋翼。是在三轴每个轴上下各安装一个电机构成六旋翼。

4）动力系统是指为无人机飞行提供动力的系统，一般分为电动系统和油动系统，常用的是电动系统。电动系统一般由电池、电机、电调和螺旋桨组成。

5）飞行控制系统简称飞控系统，是控制无人机飞行姿态和运动的设备，由传感器、机载计算机和执行机构三大部分组成。

6）飞行控制系统中一般集成了高精度的感应器元件，包括陀螺仪（飞行姿态感知）、加速度计、角速度计、气压计、GPS、指南针（可选配）以及控制电路等部件。

7）遥控装置一般指地面上可以对无人机发出指令以及接受无人机传回信息的设备，它的硬件可以是一个遥控器，也可以是一部手机，或一台笔记本计算机。

8）遥控系统由遥控器和接收机组成，是整个飞行系统的无线控制终端。

9）装备到无人机上用以实现无人机飞行所要完成的特定任务的设备、仪器和分系统，统称为无人机的任务载荷，常用的有图传及云台。

10）图传是指无线图像传输，提供机载设备的无线图像系统的数据链路通道，负责记载图像采集数据实时无损/有损地传输到地面接收设备上，供实时观察、存储以及图像分析等后续工作。

11）云台是指安装、固定摄像机的支撑设备，主要的作用是防止拍摄画面抖动以及控制云台转动角度改变拍摄角度。

12）多旋翼按形状布局分为十字形，X 形，H 形，Y 形，上下布局等。按旋翼布局分为 I 形、X 形、V 形、Y 形、IY 形等。由于 X 形结构的任务载荷前方的视野比 I 形的更加开阔，且控制灵活，所以在实际应用中大多采用 X 形外形结构。

9. 多旋翼无人机机架

1）机架的主要作用包括：提供安装接口；提供整体的稳定和坚固的平台；安装起落架等缓冲设备；保证足够低的重量；提供相应的保护装置。

2）机架由机臂、中心板和脚架等组成。

3）机架通常按照旋翼轴数、轴距和布局形状进行分类。

4）根据旋翼轴数的不同，可分为三轴、四轴、六轴、八轴甚至十八轴等。

5）轴距是多旋翼无人机的重要尺寸参数，是指多旋翼无人机两个驱动轴轴心的距离，即为机架对角线两个电机或者桨叶中心的距离，轴距的大小限定了螺旋桨的桨距尺寸上限。

6）常见的机架布局有 X 形、I 形、V 形、Y 形和 IY 形等。

7）塑胶机架主要特点是具有一定的刚度、强度和可弯曲度，易加工且价格便宜，适合初学者。

8）玻璃纤维机架强度高、重量轻、价格贵，中心板多用玻璃纤维，机臂多用管型。

9）碳纤维机架刚度和强度高，加工困难，价格较高，但密度小，可以减轻整体机架的重量。出于结构强度和重量考虑，一般采用碳纤维材质。

10）铝合金机架质量相对较轻，但最大的问题是铝制（铝合金制品）组件在发生事故或受力较大时容易发生弯曲。

技能点总结

1）电调电源线束焊接。

2）动力电源线束焊接。

3）使用万用表检测短路或断路等联通性。

4）机臂的安装。

5）云台脚架的安装。

6）螺栓拆装。

1.9.2 无人机机架组装任务综合职业能力评价

请依据无人机机架组装任务综合职业能力评价表，客观真实完成自评、他评与经理评价。

无人机机架组装任务综合职业能力评价表

学习情境	学习情境1：无人机机架组装调试			
班　级	姓　名		成　绩	
评价项目	评价内容	自评	他评	经理评价
知识点	无人机的发展			
	无人机的应用			
	无人机的概念			
	无人机的特点			
	无人机的性能			
	无人机的分类			
	无人机系统的组成			
	无人机系统的工作原理			
	固定翼无人机结构组成与布局			
	无人直升机结构组成与布局			
	多旋翼无人机结构组成与布局			
	多旋翼无人机机架作用、组成、类型、材质			
技能点	焊接电调电源线			
	焊接动力电源线			
	万用表检测焊点联通性			
	安装云台脚架			
	安装机臂			

学习情境 01
学习情境 02
学习情境 03
学习情境 04
学习情境 05
学习情境 06

(续)

评价项目	评价内容	自评	他评	经理评价
能力点	阅读标注关键词并归纳的能力			
	能够带领一个小组工作的能力			
	利用工作页索引完成理论知识学习的能力			
	做事能够坚持到底（耐力）的能力			
	反思评价自己/他人工作的能力			
	举一反三学习迁移的能力			
	能够个人独立面对问题或解决问题的能力			
	集中精力倾听的能力			
	安静下来独立阅读的能力			
	与他人讨论能协商能合作的能力			
	正确表达自己想法的能力			
	安全意识和安全操作的能力			
	环保意识和环保处理的能力			
	5S 意识和规范性			
	对自己的工作认真负责的能力			
	委婉友善提出意见或建议能力			
	在负责任的前提下支持队友的能力			

1.10 巩固拓展

课程思政点睛

巩固拓展环节是充分利用学生的课余时间布置高质量的作业，对课上所学及完成的任务进行温故知新，同时训练学生举一反三、迁移新任务的解决问题能力。任务选择注意课程内容的延续性及拓展性，稍微增加难度，在小组主持作业的情况下，既要对学生克服困难独立完成任务的职业素养进行训练，也要对学生团队合作、高效率高质量完成任务的能力和素养进行训练。

教学实施指导

1）完成信息化系统中的所有理论测试题，全部满分通过。

2）完成信息化系统中关于十步教学的每一步测评表后进行提交。

3）请小组合作完善"无人机机架组装工作计划"，制作展示 PPT 提交到系统准备下次课展示。

4）以小组为单位完成演练月 2 财务结算表和成绩统计。

5）以小组为单位熟练无人机机架组装的操作。

新任务迁移：其他型号或材质的无人机机架组装

教师布置新的客户任务：其他型号或材质的无人机机架组装。要求学生小组合作制订工作计划。学生明确拓展任务：其他型号或材质的无人机机架组装。利用信息化手段查阅检索信息，做好完成拓展任务的计划（分工与时间安排），小组合作制订工作计划，下次课前用 PPT 展示和评价。

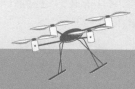

Studying Situation
02

学习情境 2
无人机动力系统组装

2.0 教学准备

知识目标
- 动力系统分类、特点及应用。
- 直流电机、航空活塞式发动机、涡轮轴发动机介绍与对比。
- 动力电池工作原理。
- 电子调速器作用、种类和选择。
- 无刷电机的工作原理、参数对比与选用原则。
- 螺旋桨的分类、对比与选用原则。
- 动力系统组装流程。
- 动力系统组装规范与标准。

技能目标
- 电机与电调的连接。
- 电机的安装。
- 螺旋桨的安装。
- 用电安全与电焊的安装使用。
- 万用表测量焊接路线质量。

素养目标
- 能够提炼总结简单的事实文本。
- 能够在两人对话中有效沟通并交换信息。
- 能够把自己的观点表达清楚。
- 能够在团队中承担自己的角色功能。
- 能够在团队中有积极合作意识。
- 能够在制订计划时尽可能考虑全面。
- 能够控制自己情绪，跟伙伴友好合作。
- 能够认真倾听并及时记录。
- 能够进行简单的图文展示。
- 能够以 ERP 沙盘演练的形式创建测绘企业。
- 能够把企业经营理念与人文情怀贯穿专业知识学习之中。
- 能够具有创新、创业精神和意识。

2.1 任务接受

课程思政点睛

任务接受环节特别适合对学生进行社会主义核心价值观中的友善、和谐价值的训练。如何做到和伙伴友善合作，如何做到站在公司立场为公司的利益和效率着想，如何做到站在客户角度为客户着想等，在指导学生进行动力系统组装任务接受的话术训练时，教师要及时、适时地对学生进行引导训练，全面体现友善、和谐的价值。

任务接受环节涉及第 3 个演练月的企业经营，在布置演练月 3 财务核算任务时，严格要求学生具备诚信经营意识，做到严谨、规范、一丝不苟，同时还要有独特的创新意识和不屈不挠的创业精神。

教学实施指导

1）教师指导学生依据 2.1.1 无人机动力系统组装任务接受剧本（中英文），学习过程参考 2.1.2 任务接受中英文视频（中英文），采取角色扮演的方法完成任务接受。

2）角色扮演之后明确了工作任务，完成 2.1.3 无人机动力系统组装任务工单。

2.1.1 无人机动力系统组装任务接受剧本（中英文）

学习情境描述

测绘设计研究院因工作需要购置了 30 架 F450 无人机的组件，现委托学院测绘无人机应用专业的项目团队完成组装、调试、试飞与数据采集。为了本项目的高效顺利实施，学院项目团队制订了实施计划，把项目拆分成若干个工作任务（学习情境），会伴随着项目进程陆续给出。

本次工作任务（学习情境）是希望通过各项目组的精诚合作，能够按照 F450 型号无人机组装的规范与标准组装 30 套动力系统，并要求在 3 天内组装完成。组装过程注意工作效率、经济效益与安全注意事项。

项目负责人：组长，你好！你们团队上次的机架组装任务完成得非常好。这次任务是组装 30 套动力系统，还希望你们继续保持。

Hello, group leader! Your group has done an excellent job in assembling the UAV frames. Next, it is to assemble 30 powertrains. Keep going like before.

组　　长：领导，您好！明白了，这次任务是组装 30 套 F450 无人机的动力系统。不过，组装这 30 套动力系统有什么特殊的具体要求吗？

I see. The mission is to assemble the powertrains for 30 F450 UAVs. But are there any specific requirements for assembling the 30 powertrains?

项目负责人：没有什么特殊要求，你们还是按照 F450 无人机组装流程与标准，规范组装保证质量就行了。

Nothing special. All you need to do is follow the F450 UAV assembly process and standard, and ensure no compromise on quality.

组　　长：好，没问题！规范和标准我们一定严格要求。

No problem! We will strictly follow the specifications and standards.

项目负责人：另外，在组装过程中依然要嘱咐组员，尤其是动力系统有电机、电调、螺旋桨，注意谨慎安全操作，千万别磕磕碰碰或掉落、损坏零部件。谁损坏，谁赔偿。尽量节约成本。

In addition, in the assembly process, please remind your fellow group members that they must be careful to avoid bumping, losing or damaging any part or component as the power system includes the motor, electronic speed control and propeller. Whoever causes damage must compensate. We should try to save costs.

组　　长：好的！您放心，我会嘱咐团队成员小心安全操作。这 30 套动力系统给我们多长时间完成？

All right! Don't worry. I will tell the group members to be careful. How much time we are allowed to finish the job?

学习情境 01

学习情境 02

学习情境 03

学习情境 04

学习情境 05

学习情境 06

项目负责人：3 天内必须保质保量完成。完成后，上交质检组检验。

It must be perfectly accomplished within 3 days. Then the powertrains shall be submitted to the quality inspection team for inspection.

组　　长：明白了。您放心！还有要嘱咐的吗？

I see. Don't worry about it. Anything more?

项目负责人：没有了。那就拜托了。有问题随时联系。

No more. Just go ahead. Please feel free to contact me if you have any questions.

组　　长：好的！您慢走！再联系。

OK. See you! Keep in touch.

2.1.2　无人机动力系统组装任务接受视频（中英文）

无人机动力系统组装任务接受（中文）　　　无人机动力系统组装任务接受（英文）

2.1.3　无人机动力系统组装任务工单

项目名称	无人机组装调试		
项目单位			
项目负责人		联系电话	
项目地址			
项目时间			
任务名称	无人机动力系统组装		

工作任务描述：

　　测绘设计研究院因工作需要购置了 30 架 F450 无人机的组件，现委托学院测绘无人机应用专业的项目团队完成组装、调试、试飞与数据采集。为了本项目的高效顺利实施，学院项目团队制订了实施计划，把项目拆分成若干个工作任务，会伴随着项目进程陆续给出。

　　本次工作任务是希望通过各项目组的精诚合作，能够按照 F450 型号无人机组装的规范与标准组装 30 套动力系统，并要求在 3 天内组装完成。组装过程注意工作效率、经济效益与安全注意事项。

检查零部件及工具耗材等情况记录：

组装结论：

组装人：	组长：
质检员签字：	项目负责人签字：
成本核算：	完成时间：

2.2　任务分析

课程思政点睛

　　任务分析环节以大疆 F450 无人机动力系统组装视频为切入点，在此教师要以能源动力系统的发展，引入绿色、环保概念，深刻诠释"绿水青山就是金山银山"。

　　同时，以一个操作视频对学生启发引导分析任务本身，有助于学生深入思考自己完成任务需要的知识点、技能点与素养点。教师要抓住机会及时训练学生在视频中提取专注、严谨、规范、标准、安全、精益求精的工匠精神。

教学实施指导

教师指导学生利用卡片法完成任务分析。

1）学生首先个人独立观看无人机动力系统组装视频，在笔记本上独立认真书写：要完成客户委托任务都需要哪些关键信息。

2）学生小组合作讨论出本组的关于完成客户委托任务关键点，并写在彩色卡片上，贴在白板上展示。

3）教师指定小组，逐条讲解展示，其他小组学生领会理解，补充改进。

无人机动力系统组装视频

大疆F450无人机
动力系统组装

2.3 理实一体化学习

课程思政点睛

1）借助无人机动力系统的分类与发展，以燃油动力系统为契机，对学生进行环境保护教育，由燃油污染引发"绿水青山就是金山银山"理念的学习。

2）借助无人机电机动力系统的学习，对生态、绿色、可持续能源发展进行学习讨论。

3）以电机材料的应用为切入点，给学生普及新材料科学在我国及世界上的发展趋势，让学生在网络上搜寻新材料、新工艺在无人机动力系统上的应用，开阔学生视野，也让学生不要仅仅沉迷在网络世界里，而是要通过网络上的信息获取，学生了解中国新材料、新工艺技术的发展现状及趋势。

4）通过旋转木马法及学习站法的学习指导，培养了学生独立、民主、公平、友善、诚信、合作、和谐、敬业等价值观。

教学实施指导

教师提供给学生为完成本任务（无人机动力系统组装）必要的学习资料（10个模块），要求并指导学生利用旋转木马法及学习站法完成理实一体化学习。学生按照教师的要求，认真完成10个模块的企业内部培训，力争自己解决问题。为后续完成客户任务（无人机动力系统组装）进行企业运营，积累专业知识、技能与素养。

旋转木马法学习

1）教师指导学生独立阅读2.3.1信息页（动力系统概述），划出关键词，完成2.3.1工作页。

2）学生按照教师的指导，以旋转木马法进行2.3.1工作页的讲解展示。

学习站法学习

1）学生分为4组，每组学生按照教师的要求进入自己的学习站，个人独立学习相应的2.3.2～2.3.5信息页，并完成各自对应的2.3.2～2.3.5工作页。同一个学习站的学生小组合作讨论，对学习结果（即工作页的结果）进行更正、改进、完善，达成共识。学生按照教师指定的轮站顺序轮换学习站学习，直至完成2.3.2～2.3.5所有信息页与工作页的学习。

2）学生以竞争方式获得展示学习结果的机会，使用实物投影仪进行展示讲解，本小组的同学补充完善，力求不给其他小组机会。而其他小组的同学进行倾听、补充、改进、完善，都会获得相应的奖励。

3）个人独立完成理论测试（一）：电机动力系统与燃油动力系统。

4）以学习站法个人独立学习相应的2.3.6～2.3.10信息页，借助相应的无人机动力系统（电机、电子调速器、电池、螺旋桨）实物，并完成各自对应的2.3.6～2.3.10工作页。

5）个人独立完成理论测试（二）：电机动力系统结构组成。

2.3.1 动力系统概述

1. 信息页

学习领域	学习领域：无人机组装调试		
学习情境	学习情境2：无人机动力系统组装	学习时间	30min
工作任务	A：动力系统概述	学习地点	理实一体化教室

动力系统概述

1. 功用

无人机动力系统的基本功用是为无人机提供动力，以确保重于空气的无人机能够稳定、可控、可持续地在空中飞行。评定动力系统品质的主要指标有性能参数、可靠性、耐久性等。其基本要求为：功率重量比大，耗能小，体积小，工作安全可靠、寿命长，维修方便。

2. 分类

（1）按能量来源分类

无人机常用的动力系统主要有电机和燃油发动机两类。电机中主要使用无刷电机和有刷电机，适用于微型或小型无人机；而燃油发动机中活塞发动机和涡轮发动机在无人机中被广泛采用，适用于中型或大型无人机。

（2）按产生推进动力原理分类

按产生推进动力的原理不同，燃油发动机又可分为直接反作用力发动机和间接反作用力发动机两类。

1）直接反作用力发动机。直接反作用力发动机又叫喷气发动机，这类发动机包括涡轮喷气发动机，是利用向后喷射高速气流而产生向前的反作用力来推进无人机。

2）间接反作用力发动机。间接反作用力发动机由发动机带动飞机的螺旋桨旋转对空气做功，使空气加速向后（向下）流动时，空气对螺旋桨产生反作用力来推进无人机。这类发动机有活塞式发动机、涡轮螺旋桨发动机、涡轮轴发动机和涡轮风扇发动机等。

2. 工作页

学校名称		任课教师	
班级		学生姓名	
学习领域	学习领域：无人机组装调试		
学习情境	学习情境2：无人机动力系统组装	学习时间	30min
工作任务	A：动力系统概述	学习地点	理实一体化教室

动力系统概述

1. 请提炼关键词，书写无人机动力系统的功用与基本要求。

2. 请提炼关键词，用思维导图制作动力系统的分类。

2.3.2 电机动力系统

1. 信息页

学习领域	学习领域：无人机组装调试		
学习情境	学习情境2：无人机动力系统组装	学习时间	30min
工作任务	B：电机动力系统	学习地点	理实一体化教室

电机动力系统

电机动力系统是将化学能转化为电能再转化为机械能，为无人机飞行提供动力的系统，主要由电池、电机、电子调速器（简称电调）和螺旋桨四个部分组成。

1. 组成

1）电池。电池是能量装置，将化学能转化为电能，为无人机的电机和机载电子设备提供电能。常见的电池种类（图1）有铅酸、镍镉、铁镍、锌镍、镍氢、镍铬、锂聚合物电池等。镍氢电池与镍铬电池等因为重量重、能量密度低，已经逐渐被淘汰。目前无人机最常用的动力电池为锂聚合物电池，主要优点为重量轻、能量密度大、放电能力强，主要缺点为温度适应区间窄、有燃爆风险。专用电池必须采用平衡充电器进行充电。

镍氢电池　　　　镍铬电池　　　　锂聚合物电池

图1　电池种类

2）电机。电机（图2）是多旋翼无人机的主要动力机构，也是能量转换装置，将电能转化为机械能，主要提供升力和调整飞行姿态。电机焊接在旋翼上，根据结构组成与工作原理不同，常用无刷电机与有刷电机。

3）电子调速器。动力电机的调速系统称为电子调速器，英文为 Electronic Speed Controller，简称为电调（ESC）。其主要作用是将飞控板的控制信号转变为电流的大小，控制电机的转速。电调焊接在动力系统中心板，通过线束与电机连接。针对动力电机不同，分为有刷电调和无刷电调。

图2　电机

4）螺旋桨。螺旋桨是多旋翼无人机直接的升力来源，通常被直接安装在动力设备延伸轴上，也有通过传动装置间接驱动的。螺旋桨安装在无刷电机上，通过电机旋转带动螺旋桨旋转。轻、微型多旋翼无人机常用定距螺旋桨，通过螺纹或紧固件安装在电机上，定距螺旋桨主要的性能指标有效率、尺寸、螺距、材质和桨叶数量等。

5）传动系统。对于微型机载重小，旋翼叶片直接安装在电机的转轴上，不另外加装传动齿轮。但对于载重大的无人机，旋翼轴与电机轴中间还需要安装齿轮传动系统。

2. 特点

电动无人机的优点包括：系统稳定性强，可靠性高；日常维护简单，易掌握，对操控员的操作水平要求低；场地适应能力强，展开迅速，轻便灵活；高原性能优越，电机输出功率不受含氧量影响；电池可充电重复使用，使用成本低，同时环保低碳；振动小，成像质量好等。但是同时也具有以下缺点：抗风力弱，最高可抗5级风；基于现有电池的能量密度，电动无人机的续航能力较弱等。

2. 工作页

学校名称		任课教师	
班级		学生姓名	
学习领域	学习领域：无人机组装调试		
学习情境	学习情境2：无人机动力系统组装	学习时间	30min
工作任务	B：电机动力系统	学习地点	理实一体化教室

电机动力系统

1. 请完成下列判断题：
 (1) 电机动力系统是将化学能转化为电能再转化为机械能，为无人机飞行提供动力的系统。
 (2) 目前无人机最常用的动力电池为锂聚合物电池。　　　　　　　　　　　（　　）
 (3) 电池是多旋翼无人机的主要动力机构，也是能量转换装置，将电能转化为机械能，主要提供升力和调整飞行姿态。　　　　　　　　　　　　　　　　（　　）
 (4) 电机焊接在旋翼上，根据结构组成与工作原理不同，常用无刷电机与有刷电机。
　　　　　　　　　　　　　　　　　　　　　　　　　　　　　　　　（　　）
 (5) 电机主要作用是将飞控板的控制信号转变为电流的大小，控制电机的转速。（　　）
 (6) 电池焊接在机架中心板，通过线束与电机连接。　　　　　　　　　　　（　　）
 (7) 螺旋桨是多旋翼无人机直接的升力来源，通常被直接安装在动力设备延伸轴上，也有通过传动装置间接驱动的。　　　　　　　　　　　　　　　　　　（　　）
 (8) 螺旋桨安装在无刷电机上，通过电机旋转带动螺旋桨旋转。　　　　　　（　　）
 (9) 轻微型多旋翼无人机常用变距螺旋桨，通过螺纹或紧固件安装在电机上。（　　）
 (10) 对于轻、微型无人机，旋翼轴与电机轴中间需要安装齿轮传动系统。　（　　）

2. 请完成下列单选题：
 (1) (　　) 是能量装置，将化学能转化为电能，为无人机的电机和机载电子设备提供电能。
 　A. 电池　　　　　　　B. 电机　　　　　　　C. 电子调速器　　　　　D. 螺旋桨
 (2) 目前无人机最常用的动力电池为 (　　)，主要优点为重量轻、能量密度大、放电能力强。
 　A. 铅酸电池　　　B. 锌镍电池　　　　C. 镍氢电池　　　　　D. 锂聚合物电池
 (3) (　　) 焊接在旋翼上，根据结构组成与工作原理不同，常用无刷电机与有刷电机。
 　A. 电池　　　　　　　B. 电机　　　　　　　C. 电子调速器　　　　　D. 螺旋桨
 (4) (　　) 主要作用是将飞控板的控制信号转变为电流的大小，控制电机的转速。
 　A. 电池　　　　　　　B. 电机　　　　　　　C. 电子调速器　　　　　D. 螺旋桨
 (5) (　　) 焊接在机架中心板，通过线束与电机连接。
 　A. 电池　　　　　　　B. 电机　　　　　　　C. 电子调速器　　　　　D. 螺旋桨
 (6) (　　) 安装在无刷电机上，通过电机旋转带动螺旋桨旋转。
 　A. 电池　　　　　　　B. 电机　　　　　　　C. 电子调速器　　　　　D. 螺旋桨
 (7) 轻微型多旋翼无人机常用 (　　)，通过螺纹或紧固件安装在电机上。
 　A. 无刷电机　　　B. 定距螺旋桨　　　C. 有刷电机　　　　　D. 变距螺旋桨
 (8) 对于载重大的无人机，旋翼轴与电机轴中间还需要安装 (　　)。
 　A. 电池　　　　　　　B. 传动系统　　　　C. 电子调速器　　　　　D. 螺旋桨

2.3.3 燃油发动机动力系统

1. 信息页

学习领域	学习领域：无人机组装调试		
学习情境	学习情境2：无人机动力系统组装	学习时间	30min
工作任务	C：燃油发动机动力系统	学习地点	理实一体化教室

燃油发动机动力系统

燃油类发动机动力系统复杂，完成一次完整的能量输入输出任务，需要很多子系统共同协作。子系统主要包括燃油发动机系统、燃油系统、润滑系统、传动系统等。

1. 组成

（1）燃油发动机系统

燃油发动机系统主要装置是将燃料的化学能转化为机械能的发动机，主要有航空活塞发动机和涡轮轴发动机两大类。

（2）燃油系统

燃油系统（图1）主要由燃油箱、输油管路、燃油增压泵、防火开关、放油开关、燃油控制系统组成，其主要功用是根据无人机的用途和续航里程等选择足够容量的燃油箱，储存燃油；将燃油箱的燃油通过油泵、输油管路，安全可靠、定时定量地供给发动机；调整无人机整体机身重心位置，保证无人机平衡和机体结构受力均衡；为发动机润滑油、液压油提供冷却装置。

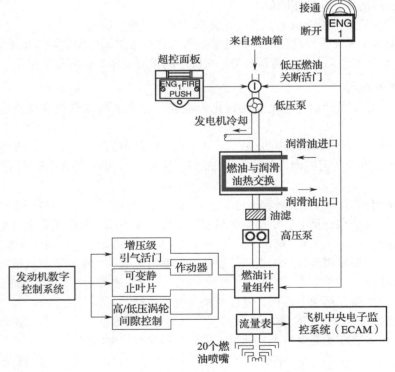

图1　燃油系统组成

1）燃油箱：根据无人机的用途和续航里程等需求，燃油箱可分为软油箱、硬油箱、整体油箱。燃油箱要有足够的容量，保证发动机正常工作时的油耗。为提高燃油清洁性，可加装油滤，过滤燃油中的杂质，储存燃油。

2）输油管路：分为串联和并联。输油管路连接于燃油箱与发动机之间、燃油箱与燃油箱之间，确保供油通畅。

3）燃油增压泵：为了保持燃油箱内的油面压力大于燃油的饱和蒸气压，确保燃油顺利地进入发动机内部，完成能量转化任务。

4）防火开关：设置在燃油泵之前，当发动机发生故障着火时，通过电气控制自动关闭开关，停止供油，防止火势蔓延。

5）放油开关：在更换油箱或油泵时，通过放油开关放尽油泵里残余的燃油。

6）燃油控制系统：包含计算系统和计量系统，根据不同的飞行参数准确控制供油量。

（3）润滑系统

发动机内部各活动部件高速运转，相对运动产生摩擦阻力，这样不仅增加了燃油的消耗，而且缩短了各零件的寿命。为了减少摩擦，需要提供一定压力、一定温度且清洁的润滑油。润滑系统的主要作用是润滑，通过在各活动部件金属表面形成一层薄薄的油膜，实现减小摩擦的目的。润滑油流过各个部件，带走各部件摩擦产生的一定热量，实现冷却部件的功能。润滑油流过各活动部件，带走磨损产生的金属微粒，通过润滑油滤将固液分开，实现清洁的效果。油膜将各活动部件与空气隔开，从而防止金属表面氧化和腐蚀。

润滑系统主要组成如图 2 所示。

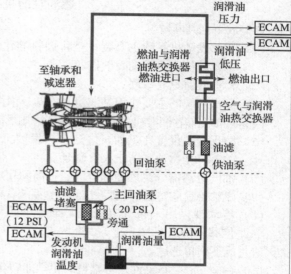

图 2　润滑系统组成

1）润滑油箱：储存润滑油，其大小需要考虑润滑油量、润滑油膨胀及混合空气总体积。

2）油泵：分为供油泵和回油泵，目的是使润滑油能够在油路及各部件中循环流动。

3）油滤：清洁润滑油，过滤润滑油中的金属屑及杂质。

4）磁屑探测器：安装在回油路中，用来收集油中带有磁性的杂质。

5）润滑油散热器：冷却润滑油，确保润滑油在合适的温度下工作。

6）油气分离器：分离润滑油和空气，提高润滑油利用率。

（4）传动系统

传动系统将发动机的动力输出按一定的功率和转速传递到旋翼，驱动旋翼正常旋转。传动系统主要组成如下：

1）主减速器：多个齿轮组合构成轮系，实现多级减速增加转矩，将发动机的高速输出降低到旋翼所需的低转速。

2）中间减速器：采用锥齿轮，改变速度和功率的输出方向。

3）传动轴与联轴器：传动轴只用来传递转矩，联轴器使传动轴实现补偿水平位移、垂直位移和角度位移。

4）离合器：用来接通或切断发动机的动力输出。

5）旋翼制动：发动机停车后，可以使旋翼较快地停止转动，避免出现安全事故。

2. 特点

电动系统和油动系统的多旋翼无人机各具特点，应用场合和性能特性也有区别，油动无人机具有较好的抗风能力、续航能力强等优点。但是，油动无人机有以下缺点：使用复杂，不易掌握，对飞行员的操作水平要求高；稳定性差（现有民用无人机大多采用航模发动机，发动机稳定性差，工艺复杂；环境场地适应能力差，高原性能不足；发动机振动较大，影响成像质量，容易对传感器造成损伤；油动无人机系统较重，危险性较大。

2. 工作页

学校名称		任课教师	
班级		学生姓名	
学习领域	学习领域：无人机组装调试		
学习情境	学习情境2：无人机动力系统组装	学习时间	30min
工作任务	C：燃油发动机动力系统	学习地点	理实一体化教室

燃油发动机动力系统

1. 请完成下列判断题：
   (1) 燃油发动机系统主要装置是将燃料的化学能转化为机械能的发动机，主要有航空活塞发动机和涡轮轴发动机两大类。　　　　　　　　　　　　（　　）
   (2) 输油管路只有串联。　　　　　　　　　　　　　　　　　　　　（　　）
   (3) 润滑系统的主要作用是润滑、冷却、清洁、防止金属表面氧化和腐蚀。（　　）
   (4) 燃油箱储存润滑油，其大小需要考虑润滑油量、润滑油膨胀及混合空气总体积。（　　）
   (5) 防火开关设置在燃油泵之后，当发动机发生故障着火时，通过电气控制自动关闭开关，停止供油，防止火势蔓延。　　　　　　　　　　　　　　　（　　）
   (6) 油气分离器分离燃油和空气，提高利用率。　　　　　　　　　　　（　　）
   (7) 燃油控制系统包含计算系统和计量系统，根据不同的飞行参数准确控制供油量。（　　）
   (8) 传动轴只用来传递转矩，联轴器使传动轴实现补偿水平位移、垂直位移和角度位移。　　　　　　　　　　　　　　　　　　　　　　　　　　（　　）

2. 请完成下列单选题：
   (1) （　　）主要装置是将燃料的化学能转化为机械能的发动机，主要有航空活塞发动机和涡轮轴发动机两大类。
      A. 燃油系统　　　　B. 润滑系统　　　　C. 传动系统　　　　D. 发动机系统
   (2) （　　）根据无人机的用途和续航里程等选择足够容量。
      A. 燃油箱　　　　B. 燃油增压泵　　　　C. 防火开关　　　　D. 燃油控制系统
   (3) （　　）用来保持燃油箱内的油面压力大于燃油的饱和蒸气压，确保燃油顺利地进入发动机内部，完成能量转化任务。
      A. 燃油箱　　　　B. 燃油增压泵　　　　C. 防火开关　　　　D. 燃油控制系统
   (4) （　　）设置在燃油泵之前，当发动机发生故障着火时，通过电气控制自动关闭开关，停止供油，防止火势蔓延。
      A. 燃油箱　　　　B. 燃油增压泵　　　　C. 防火开关　　　　D. 燃油控制系统
   (5) （　　）在更换油箱或油泵时，通过它放尽油泵里残余的燃油。
      A. 燃油箱　　　　B. 放油开关　　　　C. 防火开关　　　　D. 燃油控制系统
   (6) （　　）包含计算系统和计量系统，根据不同的飞行参数准确控制供油量。
      A. 燃油箱　　　　B. 燃油增压泵　　　　C. 防火开关　　　　D. 燃油控制系统
   (7) （　　）的主要作用是润滑、冷却、清洁、防止金属表面氧化和腐蚀。
      A. 燃油系统　　　　B. 润滑系统　　　　C. 传动系统　　　　D. 发动机系统
   (8) （　　）将发动机的动力输出按一定的功率和转速传递到旋翼，驱动旋翼正常旋转。
      A. 燃油系统　　　　B. 润滑系统　　　　C. 传动系统　　　　D. 发动机系统

3. 请提炼关键词，制作表格展示油动无人机优缺点。

无人机组装调试

2.3.4 活塞式发动机

1. 信息页

学习领域	学习领域：无人机组装调试		
学习情境	学习情境2：无人机动力系统组装	学习时间	30min
工作任务	D：活塞式发动机	学习地点	理实一体化教室

活塞式发动机

活塞式发动机是把燃料在发动机气缸内部进行燃烧，将燃料的化学能转变成热能，然后又利用热能推动气缸内的活塞做功，转变成机械能的机器。

1. 类型

1）按活塞运动方式划分：分为往复活塞式发动机与旋转活塞式（转子）发动机。

2）按混合气形成方式划分：分为缸外混合汽化式与缸内直接喷射式。

3）按发动机冷却方式划分：分为水冷式与空气冷却式。

4）按空气进入气缸前是否增压划分：分为自然吸气式与增压式。

5）按气缸排列方式划分：分为直列式与星形排列式。

6）按点火方式划分：分为点燃式发动机和压燃式发动机。

7）按工作过程划分：分为四冲程发动机和二冲程发动机。

用电火花点燃油料进行燃烧的发动机称为点燃式发动机；利用压缩空气产生的高温点燃油料进行燃烧的发动机称为压燃式发动机。大部分的汽油发动机都是点燃式发动机，而大部分的柴油发动机都是压燃式发动机。常见的压燃式发动机还包括甲醇二冲程发动机。航空发动机多用往复活塞式汽油四冲程发动机。

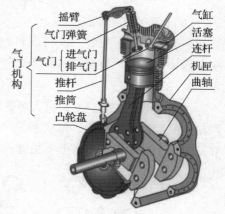

2. 结构组成

航空活塞式发动机与汽车发动机有很多相同点，但不尽相同。它是一种通过燃料燃烧做功推动曲轴运动，将热能转换机械能的、电点火的汽油四冲程发动机。其主要由气缸、活塞、连杆、曲轴、气门机构、螺旋桨减速器、机匣等组成，如图1所示。

图1　活塞式发动机组成

3. 关键术语

活塞在气缸中做往复运动完成混合气体的热循环过程中，涉及几个特殊位置和相关术语。

（1）上止点

上止点（Top Dead Center，TDC）指活塞在气缸里做往复直线运动时，当活塞向上运动到最高位置，即活塞顶部距离曲轴旋转中心最远的极限位置。

（2）下止点

下止点（Bottom Dead Center，BDC）指活塞在气缸里做往复直线运动时，当活塞向下运动到最低位置，即活塞顶部距离曲轴旋转中心最近的极限位置。

（3）活塞行程（S）

活塞行程指活塞从一个止点到另一个止点移动的距离，即上、下止点之间的距离。一般用 S 表示，对应一个活塞行程，曲轴旋转180°。

（4）曲柄半径（R）

曲轴与连杆下端的连接中心至曲轴中心的距离（即曲轴的回转半径）称为曲柄半径。活塞每完成一个行程相应于曲轴旋转180°。对于气缸中心线与曲轴中心线相交的发动机，活塞行程（S）等于曲柄半径（R）的两倍，即 $S=2R$。

（5）气缸工作容积（V_h）

活塞从一个止点运动到另一个止点所扫过的容积称为气缸工作容积或气缸排量，单位为L。即

$$V_h = \pi D^2 S/4 \times 10^{-6}$$

式中　D——气缸直径（mm）；

　　　S——活塞行程（mm）。

（6）燃烧室容积（V_c）

活塞在上止点时，活塞顶与气缸盖之间的容积称为燃烧室容积，单位为L。

（7）气缸总容积（V_a）

活塞在下止点时，活塞顶上方的容积称为气缸总容积。显然，气缸总容积是气缸工作容积与燃烧室容积之和，单位为L。即

$$V_a = V_c + V_h$$

式中　V_c——燃烧室容积（L）；

　　　V_h——气缸工作容积（L）。

（8）工作循环

在气缸内进行的每一次将燃料燃烧的热能转变成机械能的一系列连续过程（进气、压缩、做功、排气）称为发动机的一个工作循环。

4. 工作原理

往复式活塞式航空发动机大多是四冲程发动机，即一个气缸完成一个工作循环，活塞在气缸内要经过四个行程，依次是进气行程、压缩行程、做功行程和排气行程，如图2所示。在这个四个行程中，活塞上下往返运动两次，曲轴旋转两周。

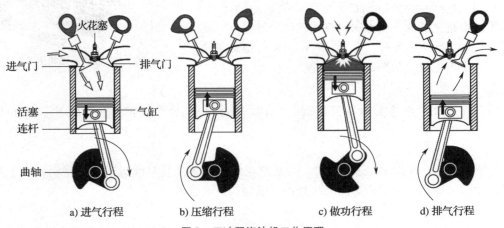

a) 进气行程　　b) 压缩行程　　c) 做功行程　　d) 排气行程

图2　四冲程汽油机工作原理

（1）进气行程

在进气行程中，活塞在曲轴和连杆的带动下由上止点向下止点运行，这时进气门开启，排气门关闭。在活塞由上止点向下止点运动过程中，由于活塞上方气缸容积逐渐增大，形成

一定的真空度。这样，可燃混合气通过进气门被吸入气缸。当活塞到达下止点时，进气门关闭，停止进气，进气行程结束。混合气体中汽油和空气的比例一般是 1:14.7，即燃烧 1kg 的汽油需要 14.7kg 的空气。

（2）压缩行程

活塞在曲轴和连杆的带动下由下止点向上止点运动，此时进排气门处于关闭状态。由于活塞上方气缸容积逐渐减小，进入气缸内的可燃混合气被压缩，温度和压力不断升高，直到活塞到达上止点为止，此时，可燃混合气被压缩到活塞上方的很小空间，即燃烧室中。压缩终了时，可燃混合气压力为 0.6 ~ 1.5MPa，可燃混合气的温度为 330 ~ 430℃。

压缩是为了更好地利用汽油燃烧时产生的热量，使限制在燃烧室这个小小空间里的混合气体的压强大大提高，以便增加它燃烧后的做功能力。当活塞处于下止点时，气缸内的容积最大，在上止点时容积最小（后者也是燃烧室的容积）。混合气体被压缩的程度，可以用这两个容积的比值来衡量。这个比值叫"压缩比"。活塞航空发动机的压缩比大约是 5 ~ 8，压缩比越大，气体被压缩得越厉害，发动机产生的功率也就越大。

（3）做功行程

当活塞运动到接近压缩行程上止点附近时，气缸盖上的火花塞通过高压电产生了电火花，将混合气体点燃。这时由于进气门和排气门均处于关闭状态，使缸内气体温度和压力同时升高，高温高压的气体膨胀，推动活塞由上止点向下止点运动，并通过连杆带动曲轴旋转输出机械能，直到活塞到达下止点时，做功行程结束。做功行程中，燃烧时间很短，大约 0.015s；但是速度很快，大约达到 30m/s。气体猛烈膨胀，压强急剧增高，瞬时最高压力可达 3 ~ 5MPa，瞬时最高温度可达 1930 ~ 2530℃。做功行程终了时，由于活塞下移，气缸内容积增加，气体压力和温度都在降低，压力降低到 0.3 ~ 0.5MPa，温度则降到 1030 ~ 1330℃。

（4）排气行程

在做功行程结束后，气缸内的可燃混合气通过燃烧转变为废气。此时排气门开启，进气门处于关闭状态，活塞在曲轴和连杆的带动下由下止点向上止点运动，废气在自身残余压力和活塞的推力作用下从气缸内经排气门排出，直到活塞到达上止点时，排气行程结束。由于排气系统存在排气阻力，所以在排气终了时，气缸内压力稍高于大气压力，废气温度为 630 ~ 930℃。

因燃烧室占有一定容积，故排气终了时，不可能将废气全部排尽，留下的这一部分废气称为残余废气。排气行程结束后，进气门再次开启，又开始下一个工作循环。如此周而复始，发动机就连续运转。发动机工作时，需要连续不断地进行循环，在每个循环中都是依次完成进气、压缩、做功、排气四个活塞行程。

5. 配气相位

配气机构的功用是根据发动机的工作需要，适时地打开进气门或排气门，使可燃混合气及时地充入气缸，或使废气及时地从气缸内排出；而在发动机不需要进气或排气时，则利用气门将进气通道或排气通道关闭，以保持气缸密封。配气机构主要由气门、气门弹簧、液压挺柱、凸轮轴、正时齿形带轮等组成。

在往复活塞式发动机的四个行程工作过程中，进气门和排气门以及点火系统与活塞往复运动相配合，实现可燃混合气体最大效率的能量转换。配气相位（图3）直接影响了气体的燃烧效率。

学习情境 01

学习情境 02

学习情境 03

学习情境 04

学习情境 05

学习情境 06

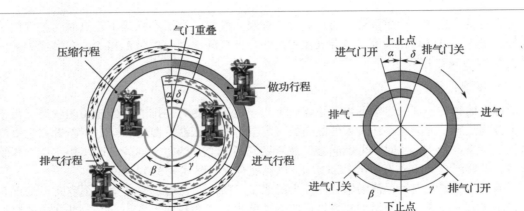

图3　配气相位

（1）进气提前角

发动机在排气冲程接近终了，活塞到达上止点之前，进气门便开始开启。从进气门开始开启到上止点所对应的曲轴转角称为进气提前角（或早开角）。进气提前角用 α 表示，α 一般为 $10° \sim 30°$。进气门提前开启的目的是使得活塞到达上止点开始向下运动时，因进气门已有一定开度，所以可较快地获得较大的进气通道截面，减少进气阻力，保证新鲜气体或可燃混合气能顺利、充分地进入气缸。

（2）进气延迟角

在进气冲程下止点过后，活塞又重新上行一段，进气门才关闭。从下止点到进气门关闭所对应的曲轴转角称为进气迟后角（或晚关角），又称进气迟闭角或进气滞后角，用 β 表示，β 一般为 $40° \sim 80°$。进气门晚关的目的是在压缩行程开始时，利用气缸内的压力暂低于大气或环境压力，依靠进气气流的惯性使新鲜气体或可燃混合气仍可能继续进入气缸。下止点过后，随着活塞的上行，气缸内压力逐渐增大，进气气流速度也逐渐减小，至流速等于零时，进气门便关闭的 β 角最适宜。若 β 过大便会将进入气缸内的气体重新又压回进气管。

（3）进气持续角

整个进气行程，进气门开启持续时间相当于曲轴转角 $180° + \alpha + \beta$，即为进气持续角。

（4）排气提前角

在做功行程接近终了，活塞到达下止点前，排气门便开始开启，从排气门开启到下止点曲轴转过的角度称作排气提前角，记作 γ。γ 一般为 $40° \sim 80°$。排气门早开的目的是当活塞做功行程接近下止点时，可燃混合气的燃烧膨胀已基本结束，但气缸内的气体压力仍然较高，利用此压力可使气缸内的废气迅速地排出。

（5）排气延迟角

活塞到达上止点排气门并不关闭，而是越过上止点后排气门才关闭，从上止点到排气门关闭曲轴转过的角度称作排气迟后角，记作 δ，一般为 $10° \sim 30°$。排气门迟关的目的是在活塞到达上止点时，气缸内的压力仍高于大气压，利用排气流的惯性可使废气继续排出。

（6）排气持续角

整个排气行程，排气门开启持续时间相当于曲轴转角 $180° + \gamma + \delta$，即为排气持续角。

（7）气门重叠角

由于进气门早开和排气门晚关，就会出现有一段时间进、排气门同时开启的现象。进气门和排气门同时开启的那一段时间的曲轴转角，称之为气门重叠时间或气门重叠角，气门重叠角的大小等于进气门早开角与排气门晚关角之和，即同开角 $(\alpha + \delta)$，约为 $40° \sim 80°$。气门同开可以增加进入气缸新鲜混合气的充填量，提高发动机的容积效率，增大发动机的输出功率，也有利于气缸的冷却。

（8）点火提前角

为了保证燃气最大压力值出现在曲轴转过上止点后 10°~15°，以获得尽可能大的发动机功率，就必须使发动机点火提前。所以，在压缩行程的末期，活塞尚未到达上止点时，火花塞就跳火点燃混合气，这称为发动机提前点火。点火提前角是火花塞刚跳火时，曲柄与气缸中心线之间的夹角，一般为 20°~35°。

点火角提前过大时，气缸内气体的压力和温度升高的过早，活塞压缩气体所消耗的功将增大；同时燃气向外放出的热量增多，致使气体膨胀过程所做的功减小，这些都会减小发动机的输出功率；还容易发生爆燃，严重时由于在压缩过程的后期，作用于活塞上的压力太大还会使曲轴发生倒转。

点火角提前过小时，气缸内燃气的最高压力出现的晚，数值也将减小，这也会使发动机输出的功率减小。

6．旋转活塞式（转子）发动机

旋转活塞式发动机又称为转子发动机，主要由转子、转子室、密封环、火花塞、偏心轴、缸体组成。

旋转活塞式发动机与往复活塞式发动机一样，整个工作过程分为四个行程：进气行程、压缩行程、做功行程、排气行程，如图 4 所示。旋转活塞式采用三角转子旋转运动来控制压缩和排放，与传统的往复活塞式发动机的直线运动迥然不同，具有构造简单、小型轻量、转矩输出平顺、振动噪声低、可靠性和耐用性高的优点，但易漏气，油耗高，维修复杂。

图 4　旋转活塞式（转子）发动机

7．二冲程发动机

（1）压缩、进气

活塞由下止点向上止点移动，关闭扫气口和排气口，压缩已经进入气缸的混合气。由于活塞上移，使活塞下部密闭的曲轴箱内容积不断加大，压力降低，形成真空度，当活塞下边缘将进气口打开时，在大气压力的作用下，可燃混合气被吸入曲轴箱内。

（2）做功、换气

当上一行程活塞接近上止点时，火花塞点火，点燃已压缩的混合气体。由于混合气体燃烧并急剧膨胀，推动活塞向下移动做功，同时压缩了曲轴箱内的可燃气体。活塞向下移动将排气口打开，具有一定压力的废气很快经过排气口排出气缸外。活塞继续向下移动，随即扫气口也被打开，曲轴箱内被压缩的可燃混合气体经过进气口进入气缸体内，同时驱逐气缸内的废气继续排出。

2．工作页

学校名称		任课教师	
班级		学生姓名	
学习领域	学习领域：无人机组装调试		
学习情境	学习情境2：无人机动力系统组装	学习时间	30min
工作任务	D：活塞式发动机	学习地点	理实一体化教室

活塞式发动机

1．请提炼关键词，制作活塞式发动机分类的思维导图。

2．请解释活塞式发动机的关键术语。

　　1）上止点：

　　2）下止点：

　　3）活塞行程（S）：

　　4）曲柄半径（R）：

　　5）气缸工作容积（V_h）：

　　6）燃烧室容积（V_c）：

　　7）气缸总容积（V_a）：

　　8）工作循环：

3．请制作表格展示汽油四冲程发动机的工作原理：活塞运行方向、介质状态、进排气门状态等。

行程	活塞运动	进排气门状态	气体状态	结束状态
进气				
压缩				
做功				
排气				

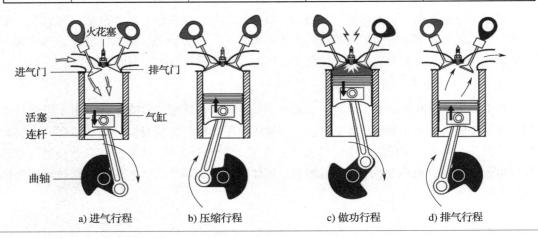

a) 进气行程　　　　b) 压缩行程　　　　c) 做功行程　　　　d) 排气行程

学习情境 01
学习情境 02
学习情境 03
学习情境 04
学习情境 05
学习情境 06

4. 请在配气相位图中用不同颜色的笔标注：进气提前角、进气延迟角、进气持续角、排气提前角、排气延迟角、排气持续角、气门重叠角，并写出相应的度数范围或计算公式。

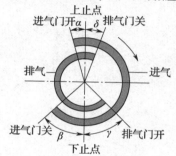

5. 请完成下列判断题：
（1）活塞式发动机是将燃料的化学能转变成热能再转变成机械能的机器。 （　　）
（2）用电火花点燃油料进行燃烧的发动机称为点燃式发动机，大部分的柴油发动机都是点燃式发动机。 （　　）
（3）利用压缩空气产生的高温点燃油料进行燃烧的发动机称为压燃式发动机，大部分的汽油发动机都是压燃式发动机。 （　　）
（4）航空发动机多用往复活塞式汽油四冲程发动机。 （　　）
（5）对应一个活塞行程，曲轴旋转180°。 （　　）
（6）活塞行程 S 等于曲柄半径 R 的两倍，即 $S=2R$。 （　　）
（7）气缸总容积是气缸工作容积与燃烧室容积之和。 （　　）
（8）上止点是活塞顶部距离曲轴旋转中心最近的极限位置。 （　　）
（9）气缸完成一个工作循环，依次经历进气行程、做功行程、压缩行程和排气行程。 （　　）
（10）配气机构的功用是根据发动机的工作需要，适时地打开进、排气门，使可燃混合气及时地充入气缸，或使废气及时地从气缸内排出。 （　　）

6. 请完成下列单选题：
（1）（　　）活塞向上运动到最高位置，即活塞顶部距离曲轴旋转中心最远的极限位置。
A. 上止点　　　　　　B. 下止点　　　　　　C. 活塞行程　　　　　　D. 曲柄半径
（2）（　　）活塞向下运动到最低位置，即活塞顶部距离曲轴旋转中心最近的极限位置。
A. 上止点　　　　　　B. 下止点　　　　　　C. 活塞行程　　　　　　D. 曲柄半径
（3）（　　）活塞从一个止点到另一个止点移动的距离，即上、下止点之间的距离。
A. 上止点　　　　　　B. 下止点　　　　　　C. 活塞行程　　　　　　D. 曲柄半径
（4）（　　）曲轴与连杆下端的连接中心至曲轴中心的距离（即曲轴的回转半径）。
A. 上止点　　　　　　B. 下止点　　　　　　C. 活塞行程　　　　　　D. 曲柄半径
（5）（　　）活塞从一个止点运动到另一个止点所扫过的容积。
A. 气缸工作容积　　　B. 燃烧室容积　　　　C. 气缸总容积　　　　　D. 发动机排量
（6）（　　）活塞在下止点时，活塞顶上方的容积称为气缸总容积。
A. 气缸工作容积　　　B. 燃烧室容积　　　　C. 气缸总容积　　　　　D. 发动机排量
（7）（　　）活塞在上止点时，活塞顶与气缸盖之间的容积。
A. 气缸工作容积　　　B. 燃烧室容积　　　　C. 气缸总容积　　　　　D. 发动机排量
（8）进气、压缩、做功、排气称为发动机的一个（　　）。
A. 活塞冲程　　　　　B. 活塞行程　　　　　C. 工作循环　　　　　　D. 曲轴半径
（9）气缸完成一个工作循环，活塞上下往返运动两次，曲轴旋转（　　）周。
A. 一　　　　　　　　B. 二　　　　　　　　C. 三　　　　　　　　　D. 四
（10）进气门和排气门同时开启的那一段时间的曲轴转角，称之为（　　）。
A. 进气门早开角　　　B. 排气持续角　　　　C. 进气持续角　　　　　D. 气门重叠角

2.3.5 涡轮发动机

1. 信息页

学习领域	学习领域：无人机组装调试		
学习情境	学习情境2：无人机动力系统组装	学习时间	30min
工作任务	E：涡轮发动机	学习地点	理实一体化教室

涡轮发动机

1. 涡轮喷气发动机

涡轮喷气发动机主要由进气道、压气机、燃烧室、涡轮、尾喷管和其他辅助系统组成，如图1所示。

涡轮喷气发动机是利用核心机出口燃气的可用能量，在发动机尾喷管中转变成燃气的动能，以很高速度从喷口排出而产生推动力的一种涡轮发动机。涡轮喷气发动机转速高、推力大、直径小，主要适用于超音速飞行，缺点是耗油率大，特别是低转速时更大，故经济性差。此外，由于排气速度大，噪声也大。

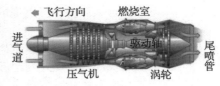

图1 涡轮喷气发动机

（1）结构组成

1）进气道。进气道是发动机的进气通道，其功用是整理进入发动机的气流，消除旋涡，并利用飞行时冲入的气流提高压力。进气道相当于人体的呼吸系统，主要作用是在各种工作状态下，能够将足够量的高品质空气，以最小的流动损失，引入压气机。

2）压气机。压气机主要作用是通过高速旋转的叶片对空气做功，压缩空气，提高空气压力，为后续混合可燃气体燃烧创造有利条件，提高发动机的经济性，增加其推力。压气机按其结构可分为离心式压气机（图2）和轴流式压气机（图3）两种。

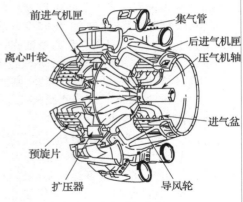

图2 离心式压气机

3）燃烧室。燃烧室（图4）位于压气机和涡轮之间，其主要作用是高压空气和燃油充分混合后燃烧，将可燃混合气体的化学能转化为热能，产生高温高压的燃气。由燃烧室的高温、高压燃气具有很高的能量，用于在燃烧室后的涡轮和为尾喷管中膨胀做功。燃烧室的效果很大程度上决定了发动机的可靠性、经济性和寿命长短。

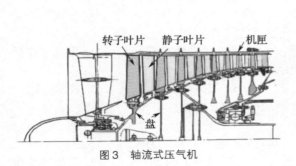

图3 轴流式压气机

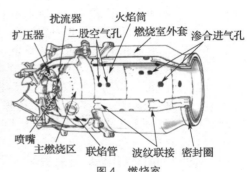

图4 燃烧室

4) 涡轮。涡轮（图5）安装在燃烧室之后，主要作用是将燃烧室流出的高温、高压燃气的热能转化为机械能，并对外输出做功，带动压气机（风扇）、螺旋桨、旋翼（尾桨）等工作。高温、高压、高速、高能的气体流入涡轮，涡轮承载高达1600～1950K的高温热负荷、高速转动的离心负荷和轴负荷以及高气动负荷。

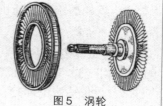

图5 涡轮

5) 尾喷管。尾喷管（图6）是发动机的排气系统，它一般由中介管和喷口组成。如果发动机装在飞机中部或较长的发动机短舱内，为了将燃气引出机外，在中介管和喷口之间，需要有一个延伸管。尾喷管属于涡轮喷气系统的排气系统的一部分，其主要作用是将从涡轮流出的燃气膨胀加速，将燃气部分的焓变成动能，提高燃气的速度，使燃气高速排出，产生较大的推力；通过调节喷管临界截面积改变气流在涡轮和尾喷管中膨胀比的分配，进而改变发动机的状态并推力换向；消声装置有助于减少噪声和红外辐射。

收敛型　　收敛—扩张型

图6 尾喷管

（2）工作原理

涡轮喷气发动机工作同样经过进气、压缩、做功、排气4个行程，与活塞式发动机不同的是涡轮喷气式发动机的4个行程是连续的。

1) 进气。通过进气道流入大量新鲜高质的空气。

2) 压缩。通过压气机提高吸入的空气的压力。叶片转动对气流做功，使气流的压力、温度升高，为下一步燃烧奠定能量基础。

3) 做功。大量高压空气流进入燃烧室，随后喷油嘴喷射雾化良好的燃油，与空气充分混合后点火，燃烧释放高温高压燃气，向后排出。

4) 排气。从高温涡轮中流出的高温高压燃气，在尾喷管中继续膨胀，以高速从尾部喷口向后排出。这一速度比气流进入发动机的速度高得多，从而产生了对发动机的反作用推力，推动飞机向前飞行。

2. 涡轮风扇发动机

（1）结构组成

涡轮风扇发动机由风扇、低压压气机、高压压气机、燃烧室、驱动压气机的高压涡轮、驱动风扇的低压涡轮和排气系统组成，如图7所示。其中高压压气机、燃烧

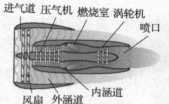

图7 涡轮风扇发动机组成

室和高压涡轮三部分统称为核心机，由核心机排出的燃气中的可用能量，一部分传给低压涡轮用以驱动风扇，余下的部分在喷管中用于加速排出的燃气。

风扇是涡轮螺旋桨发动机的螺旋桨的改进与提升，即增加了桨叶的数目同时缩短螺旋桨直径，将所有的桨叶的叶片都包含在机匣内。发动机起动工作时，风扇吸入大量的空气，并且对空气压缩增压。

（2）工作原理

涡轮风扇发动机是推进喷管排出燃气和风扇加速空气共同产生推力的涡轮发动机，这种发动机在涡轮喷气发动机组成部分的基础上，增加了风扇和驱动风扇的动力（自由）涡轮（也叫低压涡轮）。带动压气机的涡轮，即核心机的涡轮在此称为高压涡轮。

涡轮风扇发动机具有推力大、推进效率高、噪声低、燃油消耗率低等优点。涡轮风扇发动机的缺点是风扇直径大，迎风面积大，因而阻力大，发动机结构复杂，其速度特性不如涡轮喷气发动机。

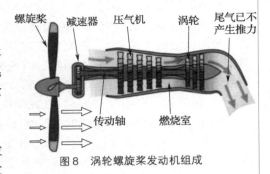

图 8　涡轮螺旋桨发动机组成

3. 涡轮螺旋桨发动机

（1）结构组成

涡轮螺旋桨发动机除了涡轮喷气发动机的基本五大结构（进气道、压气机、燃烧室、涡轮、尾喷管），还包括两个部分：螺旋桨和减速器（齿轮箱），如图 8 所示。

（2）工作原理

涡轮螺旋桨发动机是一种主要由螺旋桨提供拉力和燃气提供少量推力的燃气涡轮发动机。这种发动机在涡轮喷气发动机组成部分的基础上，增加了螺旋桨及其减速器等部件。作为飞机的动力装置，涡轮螺旋桨发动机主要由螺旋桨产生拉力，而燃气产生的推力很小。

涡轮螺旋桨发动机的工作过程基本与涡轮喷气发动机一致，但稍有不同。空气通过进气道进入发动机，压气机将空气压缩，高压空气进入燃烧室和燃油混合燃烧，将化学能转变为热能形成高温高压燃气，高温高压燃气在涡轮膨胀，推动涡轮旋转带动压力机和螺旋桨，大量空气流过螺旋桨，其速度增加使螺旋桨产生很大拉力。

涡轮输出的功率大于压气机所消耗的功率，余下部分传给螺旋桨。涡轮螺旋桨发动机的总推力由两部分组成：螺旋桨产生的拉力，占 85% ~90%；喷气产生反作用推力，占 10% ~15%。与涡轮喷气发动机相比，螺旋桨是对大量的空气施加相对小的加速产生拉力；涡轮喷气发动机是对较小量的空气施加相对大的加速产生推力。

涡轮螺旋桨发动机与活塞式航空发动机相比，具有功率重量比大、振动小、耗油率低、高空性能好的优点；与涡轮喷气、涡轮风扇发动机相比也有耗油率低的优点。受螺旋桨不适合高速飞行的限制，涡轮螺旋桨发动机不宜用作高速飞机的动力装置。

4. 涡轮轴发动机

（1）结构组成

涡轮轴发动机是利用燃气通过动力涡轮输出功率的一种燃气涡轮发动机，已是现代直升机的主要动力装置。涡轮轴发动机的组成部分和工作原理与涡轮螺旋桨发动机相同，只是核心机出口后，燃气的可用能量几乎全部转变成动力涡轮的轴功率，用以通过减速器带动直升机的旋翼和尾桨，因而燃气不提供推力。动力涡轮的输出轴可以由发动机前部伸出，也可以由后部伸出。涡轮轴发动机主要由进气装置、燃烧室、自由涡轮、排气装置、减速器等 5 部分组成，如图 9 所示。

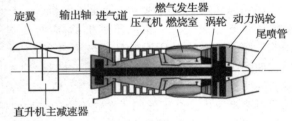

图 9　涡轮轴发动机组成

（2）工作原理

涡轮轴发动机的工作原理与涡轮螺旋桨发动机相同，只是核心机出口后，燃气的可用能量几乎全部转变成动力涡轮的轴功率，用以通过减速器带动直升机的旋翼和尾桨，因而燃气不提供推力。动力涡轮的输出轴可以由发动机前部伸出，也可以由后部伸出。受直升机的旋翼和尾桨转速不能太大的限制，动力涡轮必须通过减速器才能带动旋翼和尾桨。涡轮轴发动机不能用于其他航空器。涡轮轴发动机与活塞式发动机相比较，具有功率大、功率重量比大、体积较小的优点。因此涡轮轴直升机装载量、航程、升限、速度都比活塞直升机大，经济性也更好。此外，由于涡轮轴发动机的运动部件较少，工作又是连续进行，所以振动也比活塞式发动机小。其缺点是构造较复杂，而且制造困难，成本也高，减速器系统又大大增加了重量。

2. 工作页

学校名称		任课教师	
班级		学生姓名	
学习领域	学习领域：无人机组装调试		
学习情境	学习情境2：无人机动力系统组装	学习时间	30min
工作任务	E：涡轮发动机	学习地点	理实一体化教室

涡轮发动机

1. 下图为涡轮喷气发动机的结构组成，请在图中标注数字序号的名称。

1—　　　　　　　2—　　　　　　　3—　　　　　　　4—　　　　　　　5—

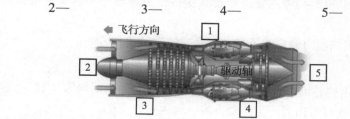

2. 压气机按其结构可分为离心式和轴流式两种，请在图中标注。

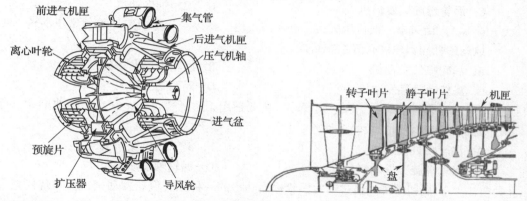

3. 提炼关键词，书写涡轮喷气发动机的工作原理，注意体现四个过程，每个过程的发生部位、介质状态及压力温度变化等。

4. 请制作表格对比分析四种涡轮发动机的结构组成、工作原理及优缺点。

类型	结构组成	工作原理	优点	缺点
涡轮喷气发动机				
涡轮风扇发动机				
涡轮螺旋桨发动机				
涡轮轴发动机				

5. 请完成下列判断题：
   （1）涡轮喷气发动机主要由进气道、压气机、燃烧室、涡轮、尾喷管和其他辅助系统组成。　　　　　　　　　　　　　　　　　　　　　　　　　　　　（　　）
   （2）涡轮风扇发动机是利用核心机出口燃气的可用能量，在发动机尾喷管中转变成燃气的动能，以很高速度从喷口排出而产生推动力的一种涡轮发动机。　　　（　　）
   （3）涡轮喷气发动机转速高、推力大、直径小，主要适用于超音速飞行。　（　　）

学习情境01
学习情境02
学习情境03
学习情境04
学习情境05
学习情境06

(4) 涡轮螺旋桨发动机是推进喷管排出燃气和风扇加速空气共同产生推力的涡轮发动机。						（　　）

(5) 涡轮风扇发动机除了涡轮喷气发动机的基本五大结构（进气道、压气机、燃烧室、涡轮、尾喷管），还包括两个部分：螺旋桨和减速器。						（　　）

(6) 涡轮螺旋桨受螺旋桨不适合高速飞行的限制，涡轮螺旋桨发动机不宜用作高速飞机的动力装置。						（　　）

(7) 动力涡轮的输出轴只能由后部伸出。						（　　）

(8) 涡轮轴发动机是利用燃气通过动力涡轮输出功率的一种燃气涡轮发动机，已是现代直升机的主要动力装置。						（　　）

(9) 涡轮螺旋桨发动机是一种主要由螺旋桨提供拉力和燃气提供少量推力的燃气涡轮发动机。						（　　）

(10) 涡轮轴发动机的动力输出装置是动力涡轮的输出轴。						（　　）

6. 完成下列单选题：

(1) （　　）是利用核心机出口燃气的可用能量，在发动机尾喷管中转变成燃气的动能，以很高速度从喷口排出而产生推动力的一种涡轮发动机。
A. 涡轮喷气发动机　　　　　　　　　　B. 涡轮风扇发动机
C. 涡轮螺旋桨发动机　　　　　　　　　D. 涡轮轴发动机

(2) （　　）由风扇、低压压气机、高压压气机、燃烧室、驱动压气机的高压涡轮、驱动风扇的低压涡轮和排气系统组成。
A. 涡轮喷气发动机　　　　　　　　　　B. 涡轮风扇发动机
C. 涡轮螺旋桨发动机　　　　　　　　　D. 涡轮轴发动机

(3) （　　）转速高、推力大、直径小，主要适用于超音速飞行，缺点是耗油率大，特别是低转速时更大，故经济性差。
A. 涡轮喷气发动机　　　　　　　　　　B. 涡轮风扇发动机
C. 涡轮螺旋桨发动机　　　　　　　　　D. 涡轮轴发动机

(4) （　　）是利用燃气通过动力涡轮输出功率的一种燃气涡轮发动机，已是现代直升机的主要动力装置。
A. 涡轮喷气发动机　　　　　　　　　　B. 涡轮风扇发动机
C. 涡轮螺旋桨发动机　　　　　　　　　D. 涡轮轴发动机

(5) （　　）功用是整理进入发动机的气流，消除旋涡，并利用飞行时冲入的气流提高压力。
A. 进气道　　　　B. 压气机　　　　C. 燃烧室　　　　D. 涡轮

(6) （　　）主要作用是通过高速旋转的叶片对空气做功，压缩空气，提高空气压力，为后续混合可燃气体燃烧创造有利条件，提高发动机的经济性，增加其推力。
A. 进气道　　　　B. 压气机　　　　C. 燃烧室　　　　D. 涡轮

(7) （　　）位于压气机和涡轮之间，其主要作用是高压空气和燃油充分混合后燃烧，将可燃混合气体的化学能转化为热能，产生高温高压的燃气。
A. 进气道　　　　B. 压气机　　　　C. 燃烧室　　　　D. 涡轮

(8) （　　）安装在燃烧室之后，主要作用是将燃烧室流出的高温、高压燃气的热能转化为机械能，并对外输出做功，带动压气机、螺旋桨、旋翼等工作。
A. 进气道　　　　B. 压气机　　　　C. 燃烧室　　　　D. 涡轮

学校名称		任课教师	
班级		学生姓名	
学习领域	学习领域：无人机组装调试		
学习情境	学习情境2：无人机动力系统组装	学习时间	120min
测试任务	电机动力系统与燃油动力系统	测试时间	20min

1. 单选题：（每题1分，共40分）

（1）（ ）是能量装置，将化学能转化为电能，为无人机的电机和机载电子设备提供电能。

    A. 电池   B. 电机   C. 电子调速器   D. 螺旋桨

（2）目前无人机最常用的动力电池为（ ），主要优点为重量轻、能量密度大、放电能力强。

    A. 铅酸电池   B. 锌镍电池   C. 镍氢电池   D. 锂聚合物电池

（3）（ ）是多旋翼无人机的主要动力机构，也是能量转换装置，将电能转化为机械能，主要提供升力和调整飞行姿态。

    A. 电池   B. 电机   C. 电子调速器   D. 螺旋桨

（4）（ ）焊接在旋翼上，根据结构组成与工作原理不同，常用无刷电机与有刷电机。

    A. 电池   B. 电机   C. 电子调速器   D. 螺旋桨

（5）（ ）主要作用是将飞控板的控制信号转变为电流的大小，控制电机的转速。

    A. 电池   B. 电机   C. 电子调速器   D. 螺旋桨

（6）（ ）焊接在机架中心板，通过线束与电机联接。

    A. 电池   B. 电机   C. 电子调速器   D. 螺旋桨

（7）（ ）是多旋翼无人机直接的升力来源，通常被直接安装在动力设备延伸轴上，也有通过传动装置间接驱动的。

    A. 电池   B. 电机   C. 电子调速器   D. 螺旋桨

（8）（ ）安装在无刷电机上，通过电机旋转带动螺旋桨旋转。

    A. 电池   B. 电机   C. 电子调速器   D. 螺旋桨

（9）轻微型多旋翼无人机常用（ ），通过螺纹或紧固件安装在电机上.

    A. 无刷电机   B. 定距螺旋桨   C. 有刷电机   D. 变距螺旋桨

（10）对于载重大的无人机，旋翼轴与电机轴中间还需要安装（ ）。

    A. 电池   B. 传动系统   C. 电子调速器   D. 螺旋桨

（11）（ ）主要装置是将燃料的化学能转化为机械能的发动机，主要有航空活塞发动机和涡轮轴发动机两大类。

    A. 燃油系统   B. 润滑系统   C. 传动系统   D. 发动机系统

（12）（ ）主要功用是根据无人机的用途和续航里程等选择足够容量的燃油箱，储存燃油，安全可靠、定时定量地供给发动机，为发动机润滑油、液压油提供冷却装置。

    A. 燃油系统   B. 润滑系统   C. 传动系统   D. 发动机系统

（13）（ ）根据无人机的用途和续航里程等选择足够容量。

    A. 燃油箱   B. 燃油增压泵   C. 防火开关   D. 燃油控制系统

（14）（ ）用来保持燃油箱内的油面压力大于燃油的饱和蒸气压，确保燃油顺利地进入发动机内部，完成能量转化任务。

    A. 燃油箱   B. 燃油增压泵   C. 防火开关   D. 燃油控制系统

(15)（　　）设置在燃油泵之前，当发动机发生故障着火时，通过电气控制自动关闭开关，停止供油，防止火势蔓延。
A. 燃油箱　　　　B. 燃油增压泵　　　C. 防火开关　　　　D. 燃油控制系统

(16)（　　）在更换油箱或油泵时，通过它放尽油泵里残余的燃油。
A. 燃油箱　　　　B. 放油开关　　　　C. 防火开关　　　　D. 燃油控制系统

(17)（　　）包含计算系统和计量系统，根据不同的飞行参数准确控制供油量。
A. 燃油箱　　　　B. 燃油增压泵　　　C. 防火开关　　　　D. 燃油控制系统

(18)（　　）的主要作用是润滑、冷却、清洁、防止金属表面氧化和腐蚀。
A. 燃油系统　　　B. 润滑系统　　　　C. 传动系统　　　　D. 发动机系统

(19)（　　）将发动机的动力输出按一定的功率和转速传递到旋翼，驱动旋翼正常旋转。
A. 燃油系统　　　B. 润滑系统　　　　C. 传动系统　　　　D. 发动机系统

(20)（　　）多个齿轮组合构成轮系，实现多级减速增加转矩，将发动机的高速输出降低到旋翼所需的低转速。
A. 中间减速器　　B. 传动轴与联轴节　C. 离合器　　　　D. 主减速器

(21)（　　）活塞向上运动到最高位置，即活塞顶部距离曲轴旋转中心最远的极限位置。
A. 上止点　　　　B. 下止点　　　　　C. 活塞行程　　　　D. 曲柄半径

(22)（　　）活塞向下运动到最低位置，即活塞顶部距离曲轴旋转中心最近的极限位置。
A. 上止点　　　　B. 下止点　　　　　C. 活塞行程　　　　D. 曲柄半径

(23)（　　）活塞从一个止点到另一个止点移动的距离，即上、下止点之间的距离。
A. 上止点　　　　B. 下止点　　　　　C. 活塞行程　　　　D. 曲柄半径

(24)（　　）曲轴与连杆下端的连接中心至曲轴中心的距离（即曲轴的回转半径）。
A. 上止点　　　　B. 下止点　　　　　C. 活塞行程　　　　D. 曲柄半径

(25)（　　）活塞从一个止点运动到另一个止点所扫过的容积。
A. 气缸工作容积　B. 燃烧室容积　　　C. 气缸总容积　　　D. 发动机排量

(26)（　　）活塞在下止点时，活塞顶上方的容积称为气缸总容积。
A. 气缸工作容积　B. 燃烧室容积　　　C. 气缸总容积　　　D. 发动机排量

(27)（　　）活塞在上止点时，活塞顶与气缸盖之间的容积。
A. 气缸工作容积　B. 燃烧室容积　　　C. 气缸总容积　　　D. 发动机排量

(28)进气、压缩、做功、排气称为发动机的一个（　　　）。
A. 活塞冲程　　　B. 活塞行程　　　　C. 工作循环　　　　D. 曲轴半径

(29)气缸完成一个工作循环，活塞上下往返运动两次，曲轴旋转（　　）周。
A. 一　　　　　　B. 二　　　　　　　C. 三　　　　　　　D. 四

(30)进气门和排气门同时开启的那一段时间的曲轴转角，称之为（　　　）。
A. 进气门早开角　　　　　　　　　　B. 排气持续角
C. 进气持续角　　　　　　　　　　　D. 气门重叠角

(31)（　　）是利用核心机出口燃气的可用能量，在发动机尾喷管中转变成燃气的动能，以很高速度从喷口排出而产生推动力的一种涡轮发动机。
A. 涡轮喷气发动机　　　　　　　　　B. 涡轮风扇发动机
C. 涡轮螺旋桨发动机　　　　　　　　D. 涡轮轴发动机

(32)（　　）由风扇、低压压气机、高压压气机、燃烧室、驱动压气机的高压涡轮、驱动风扇的低压涡轮和排气系统组成。
A. 涡轮喷气发动机　　　　　　　　　B. 涡轮风扇发动机
C. 涡轮螺旋桨发动机　　　　　　　　D. 涡轮轴发动机

（33）（　　）除了涡喷发动机的基本五大结构（进气道、压气机、燃烧室、涡轮、尾喷管），还包括两个部分螺旋桨和减速器。

    A. 涡轮喷气发动机   B. 涡轮风扇发动机

    C. 涡轮螺旋桨发动机   D. 涡轮轴发动机

（34）（　　）转速高、推力大、直径小，主要适用于超音速飞行，缺点是耗油率大，特别是低转速时更大，故经济性差。

    A. 涡轮喷气发动机   B. 涡轮风扇发动机

    C. 涡轮螺旋桨发动机   D. 涡轮轴发动机

（35）（　　）是一种主要由螺旋桨提供拉力和燃气提供少量推力的燃气涡轮发动机。

    A. 涡轮喷气发动机   B. 涡轮风扇发动机

    C. 涡轮螺旋桨发动机   D. 涡轮轴发动机

（36）（　　）是利用燃气通过动力涡轮输出功率的一种燃气涡轮发动机，已是现代直升机的主要动力装置。

    A. 涡轮喷气发动机   B. 涡轮风扇发动机

    C. 涡轮螺旋桨发动机   D. 涡轮轴发动机

（37）（　　）功用是整理进入发动机的气流，消除旋涡，并利用飞行时冲入的气流提高压力。

    A. 进气道   B. 压气机   C. 燃烧室   D. 涡轮

（38）（　　）主要作用是通过高速旋转的叶片对空气做功，压缩空气，提高空气压力，为后续混合可燃气体燃烧创造有利条件，提高发动机的经济性，增加其推力。

    A. 进气道   B. 压气机   C. 燃烧室   D. 涡轮

（39）（　　）位于压气机和涡轮之间，其主要作用是高压空气和燃油充分混合后燃烧，将可燃混合气体的化学能转化为热能，产生高温高压的燃气。

    A. 进气道   B. 压气机   C. 燃烧室   D. 涡轮

（40）（　　）安装在燃烧室之后，主要作用是将燃烧室流出的高温、高压燃气的热能转化为机械能，并对外输出做功，带动压气机、螺旋桨、旋翼等工作。

    A. 进气道   B. 压气机   C. 燃烧室   D. 涡轮

2. 请完成下列判断题：（每题1分，共40分）

（1）电机动力系统是将化学能转化为电能再转化为机械能为无人机飞行提供动力的系统。

    （　　）

（2）目前无人机最常用的动力电池为锂聚合物电池。 （　　）

（3）电池是多旋翼无人机的主要动力机构，也是能量转换装置，将电能转化为机械能，主要提供升力和调整飞行姿态。 （　　）

（4）电机焊接在旋翼上，根据结构组成与工作原理不同，常用无刷电机与有刷电机。 （　　）

（5）电机主要作用是将飞控板的控制信号转变为电流的大小，控制电机的转速。 （　　）

（6）电池焊接在机架中心板，通过线束与电机连接。 （　　）

（7）螺旋桨是多旋翼无人机直接的升力来源，通常被直接安装在动力设备延伸轴上，也有通过传动装置间接驱动的。 （　　）

（8）螺旋桨安装在无刷电机上，通过电机旋转带动螺旋桨旋转。 （　　）

（9）轻微型多旋翼无人机常用变距螺旋桨，通过螺纹或紧固件安装在电机上。 （　　）

（10）对于轻、微型无人机，旋翼轴与电机轴中间需要安装齿轮传动系统。 （　　）

（11）燃油发动机系统主要装置是将燃料的化学能转化为机械能的发动机，主要有航空活塞发动机和涡轮轴发动机两大类。 （　　）

（12）燃油箱主要功用是根据无人机的用途和续航里程等选择足够容量的燃油箱，储存燃油，安全可靠、定时定量地供给发动机，为发动机润滑油、液压油提供冷却装置。（　　）

（13）输油管路只有串联。（　　）

（14）润滑系统的主要作用是润滑、冷却、清洁、防止金属表面氧化和腐蚀。（　　）

（15）燃油箱储存润滑油，其大小需要考虑润滑油量、润滑油膨胀及混合空气总体积。（　　）

（16）防火开关设置在燃油泵之后，当发动机发生故障着火时，通过电气控制自动关闭开关，停止供油，防止火势蔓延。（　　）

（17）油气分离器分离燃油和空气，提高利用率。（　　）

（18）燃油控制系统包含计算系统和计量系统，根据不同的飞行参数准确控制供油量。（　　）

（19）传动轴只用来传递转矩，联轴器使传动轴实现补偿水平位移、垂直位移和角度位移。（　　）

（20）传动系统将发动机的动力输出按一定的功率和转速传递到旋翼，驱动旋翼正常旋转。（　　）

（21）活塞式发动机是将燃料的化学能转变成热能再转变成机械能的机器。（　　）

（22）用电火花点燃油料进行燃烧的发动机称为点燃式发动机，大部分的柴油发动机都是点燃式发动机。（　　）

（23）利用压缩空气产生的高温点燃油料进行燃烧的发动机称为压燃式发动机，大部分的汽油发动机都是压燃式发动机。（　　）

（24）航空发动机多用往复活塞式汽油四冲程发动机。（　　）

（25）对应一个活塞行程，曲轴旋转180°。（　　）

（26）活塞行程S等于曲柄半径R的两倍，即$S = 2R$。（　　）

（27）气缸总容积是气缸工作容积与燃烧室容积之和。（　　）

（28）上止点是活塞顶部距离曲轴旋转中心最近的极限位置。（　　）

（29）气缸完成一个工作循环，依次经历进气行程、做功行程、压缩行程和排气行程。（　　）

（30）配气机构的功用是根据发动机的工作需要，适时地打开进、排气门，使可燃混合气及时地充入气缸，或使废气及时地从气缸内排出。（　　）

（31）涡轮喷气发动机主要由进气道、压气机、燃烧室、涡轮、尾喷管和其他辅助系统组成。（　　）

（32）涡轮风扇发动机是利用核心机出口燃气的可用能量，在发动机尾喷管中转变成燃气的动能，以很高速度从喷口排出而产生推动力的一种涡轮发动机。（　　）

（33）涡轮喷气发动机转速高、推力大、直径小，主要适用于超音速飞行。（　　）

（34）涡轮螺旋桨发动机是推进喷管排出燃气和风扇加速空气共同产生推力的涡轮发动机。（　　）

（35）涡轮风扇发动机除了涡轮喷气发动机的基本五大结构（进气道、压气机、燃烧室、涡轮、尾喷管），还包括两个部分：螺旋桨和减速器。（　　）

（36）涡轮螺旋桨受螺旋桨不适合高速飞行的限制，涡轮螺旋桨发动机不宜用作高速飞机的动力装置。（　　）

（37）动力涡轮的输出轴只能由后部伸出。（　　）

（38）涡轮轴发动机是利用燃气通过动力涡轮输出功率的一种燃气涡轮发动机，已是现代直升机的主要动力装置。（　　）

（39）涡轮螺旋桨发动机是一种主要由螺旋桨提供拉力和燃气提供少量推力的燃气涡轮发动机。（　　）

（40）涡轮轴发动机的动力输出装置是动力涡轮的输出轴。（　　）

2.3.6 有刷电机

1. 信息页

学习领域	学习领域：无人机组装调试		
学习情境	学习情境2：无人机动力系统组装	学习时间	30min
工作任务	F：有刷电机	学习地点	理实一体化教室

有刷电机

1. 结构组成

有刷电机结构如图1所示，主要由定子、转子、端盖、风扇等组成。

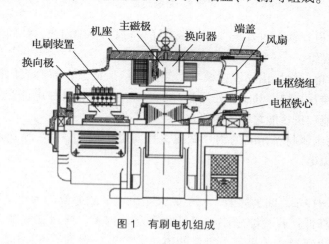

图1 有刷电机组成

（1）定子

定子的主要作用是产生磁场和机械支撑。由主磁极、换向极、机座、电刷装置等构成。

1）主磁极。主磁极由主磁极铁心和主磁绕组（励磁绕组）组成，如图2所示。主磁极由薄钢板冲制而成，励磁绕组是用电磁线多层绕制并经绝缘处理后制成，套在主磁极铁心上。给励磁绕组通入直流电，在各主磁极都会产生一定磁性。

2）换向极。换向极安装在两主磁极间的中心线上，固定在机座上。由换向铁心和换向绕组组成，其作用是产生换向磁场，改善电机的换向性能，防止产生电弧火花。

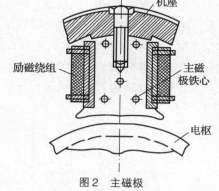

图2 主磁极

3）电刷装置。电刷装置安装在电机的前端盖上，是将电源引入直流电机的装置，它由电刷、刷握、刷杆、弹簧等组成，如图3所示。电刷放在刷握内，用弹簧压住，以保证电刷与换向片接触良好。其作用是接通外电路与电枢绕组，与换向器配合完成直流与交流的互换。

（2）转子（电枢）

转子的主要作用是产生电磁转矩和感应电动势，它是能量转换的关键，由电枢铁心、电枢绕组、换向器和转轴等组成。

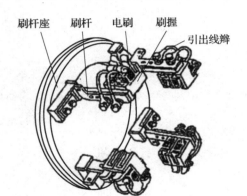

图3 电刷装置

1）电枢铁心。电枢铁心由 0.35 ～ 0.5mm 厚的硅钢片叠制而成，片间绝缘。其主要作用是导磁和嵌放电枢绕组。

2）电枢绕组。电枢绕组用导线在模具上绕成绕组后嵌放在铁心表面槽中，每个绕组的两端分别和两个换向片连接。其主要作用是产生感应电动势，通过电流产生电磁转矩，传送电磁功率，实现电能和机械能之间的转换。

3）换向器。由绝缘材料相隔的铜片做成，并固定在轴上。其主要作用是将外部的直流电换成绕组内的交流电。

（3）气隙

气隙是指定子与转子之间的间隙。气隙的大小决定了磁通量的大小。若气隙较大，漏磁较多，电机的效率降低；若气隙较小，容易摩擦定子内腔。所以，气隙要控制在合理的范围，电机工作才能达到最佳效果。小容量的电机，气隙一般为 0.5 ～ 3mm；大容量的电机，气隙一般为 10 ～ 12mm。

2. 工作原理

图4 为直流有刷电机模型，将电刷 A、B 接到直流电源上，电刷 A 接正极，电刷 B 接负极，此时电枢绕组中将有电流通过。在 NS 磁场的作用下，根据左手定则导体 ab 受力方向从右向左，导体 cd 受力方向从左向右，这样形成了逆时针方向的电磁转矩。当电磁转矩大于阻转矩时，电机转子逆时针方向旋转。

当电枢旋转到如图5 所示位置时，导体 ab 转到 S 极，受力方向从左向右，导体 cd 转到

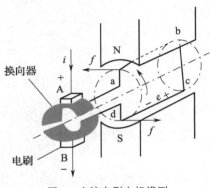

图4 直流有刷电机模型

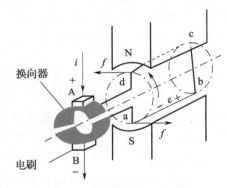

图5 直流有刷电机工作原理

108

N极，受力方向从右向左，该电磁力形成电磁转矩依然是逆时针，线圈在该电磁转矩的作用下继续逆时针旋转。通过电刷将直流电加到电动换向器上，换向器与电枢绕组相连，电枢中有电流流过，电枢电流受磁场作用力而使得电枢转动。由于电刷与换向器的作用，每一极性下的导体中的电流方向始终不变，产生单方向的电磁转矩，使电枢向一个方向旋转，这就是直流有刷电机的基本工作原理。

3. 调速方式

直流有刷电机的调速方法是变压调速，具体是通过调整电机供电电源电压的高低，导致供电电流的变化调整，调整后的电压与电流通过整流及电刷的转换，改变电极产生的磁场的强弱，从而达到改变转速的目的。

4. 性能参数

每台直流电机的机座外表面上都有一块铭牌，上面标注着一些称作额定值的铭牌数据，它是正确选择和合理使用电机的依据，例如额定功率、额定电压、额定电流、额定转速、励磁方式、额定励磁电流。有些物理量虽然不标在铭牌上，但它们也是额定值，例如在额定运行状态的转矩、效率分别称为额定转矩、额定效率等。

5. 型号

直流有刷电机型号编码一般包含四个部分：产品代号、规格代号、特殊环境代号、补充代号。

（1）产品代号

产品代号有两位，由一位大写字母 Z 和一位数字组成。例如 Z3，Z 代表直流电动机，3代表设计序号，即第三次设计序列。

（2）规格代号

规格代号主要用中心高、机座长度、铁心长度、极数来表示。

1）中心高指由电机轴心到机座底脚面的高度，直接用中心高的阿拉伯数字表示，单位为 mm。

2）机座长度代号用国际通用字母表示，S—短机座、M—中机座、L—长机座。

3）铁心长度代号用阿拉伯数字 1、2、3、4……由短至长分别表示。

4）极数代号分为 2 极、4 极、6 极、8 极等。

（3）特殊环境代号

特殊环境代号一般用汉语拼音的首字母表示，例如 G—高原、W—户外。

（4）补充代号

补充代号仅适用于有补充要求的电机。

例如：Z4 - 200 - M - 2 - 4 - G 是指第四次设计的直流有刷电机，高原使用，其电机中心高是 200mm，中机座，电枢铁心长度代号是 2，极数 4 极。

6. 优缺点

优点：制造简单，成本低廉，并具有起动快、制动及时、可在大范围内平滑地调速、控制电路相对简单等优点。

缺点：磨损大，维护难；发热大，寿命短；效率低，输出功率小；噪声高，干扰大。

2．工作页

学校名称		任课教师	
班级		学生姓名	
学习领域	学习领域：无人机组装调试		
学习情境	学习情境1：无人机动力系统组装	学习时间	30min
工作任务	F：有刷电机	学习地点	理实一体化教室

有刷电机

1. 请对照直流有刷电机结构组成图，对应数字序号写出名称。

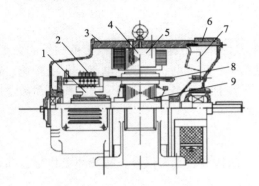

1—　　　　　　2—

3—　　　　　　4—

5—　　　　　　6—

7—　　　　　　8—

9—

2. 请提炼关键词。书写直流有刷电机的工作原理。

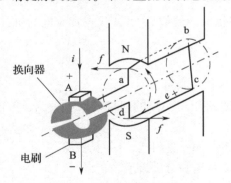

3. 简述有刷电机的调速方式。

4. 请书写直流电机型号 Z3 – 300 – S – 3 – 6 – G 的含义：

5. 请制作表格展示直流有刷电机的优缺点。

电机类型	优点	缺点

6. 请完成下列判断题:
   (1) 转子的主要作用是产生磁场和机械支撑。 （　）
   (2) 定子由主磁极、换向磁极、机座、电刷装置等构成。 （　）
   (3) 主磁极给励磁绕组通入直流电,在各主磁极都会产生一定磁性。 （　）
   (4) 电刷装置安装在两主磁极间的中心线上,其作用是产生换向磁场,改善电机的换向性能,防止产生电弧火花。 （　）
   (5) 换向极安装在电机的前端盖上,其作用是接通外电路与电枢绕组,与换向器配合完成直流与交流的互换。 （　）
   (6) 定子的主要作用是产生电磁转矩和感应电动势,它是能量转换的关键。 （　）
   (7) 电枢铁心由 0.35～0.5mm 厚的硅钢片叠制而成,片间绝缘,主要作用是导磁和嵌放电枢绕组。 （　）
   (8) 换向器其主要作用是产生感应电动势,通过电流产生电磁转矩,传送电磁功率,实现电能和机械能之间的转换。 （　）
   (9) 电枢绕组固定在轴上,其主要作用是将外部的直流电换成绕组内的交流电。 （　）
   (10) 气隙是指定子与转子之间的间隙,大小决定了磁通量的大小。 （　）

7. 请完成下列单选题:
   (1) （　） 的主要作用是产生磁场和机械支撑。
      A. 定子　　　　　B. 转子　　　　　C. 换向器　　　　　D. 气隙
   (2) （　） 由主磁极、换向磁极、机座、电刷装置等构成。
      A. 定子　　　　　B. 转子　　　　　C. 换向极　　　　　D. 电枢铁心
   (3) （　） 由铁心和励磁绕组组成,给励磁绕组通入直流电,在各主磁极都会产生一定磁性。
      A. 定子　　　　　B. 转子　　　　　C. 主磁极　　　　　D. 电刷装置
   (4) （　） 安装在两主磁极间的中心线上,固定在机座上,其作用是产生换向磁场,改善电机的换向性能,防止产生电弧火花。
      A. 主磁极　　　　B. 换向极　　　　C. 电枢铁心　　　　D. 电枢绕组
   (5) （　） 安装在电动机的前端盖上,其作用是接通外电路与电枢绕组,与换向器配合完成直流与交流的互换。
      A. 定子　　　　　B. 转子　　　　　C. 主磁极　　　　　D. 电刷装置
   (6) （　） 的主要作用是产生电磁转矩和感应电动势,它是能量转换的关键。
      A. 定子　　　　　B. 转子　　　　　C. 换向器　　　　　D. 气隙
   (7) （　） 由 0.35～0.5mm 厚的硅钢片叠制而成,片间绝缘,其主要作用是导磁和嵌放电枢绕组。
      A. 主磁极　　　　B. 换向极　　　　C. 电枢铁心　　　　D. 电枢绕组
   (8) （　） 其主要作用是产生感应电动势,通过电流产生电磁转矩,传送电磁功率,实现电能和机械能之间的转换。
      A. 主磁极　　　　B. 换向极　　　　C. 电枢铁心　　　　D. 电枢绕组
   (9) （　） 由绝缘材料相隔的铜片做成,并固定在轴上,其主要作用是将外部的直流电换成绕组内的交流电。
      A. 定子　　　　　B. 转子　　　　　C. 换向器　　　　　D. 气隙
   (10) （　） 是指定子与转子之间的间隙,其大小决定了磁通量的大小。
      A. 定子　　　　　B. 转子　　　　　C. 换向器　　　　　D. 气隙

2.3.7 无刷电机

1. 信息页

学习领域	学习领域：无人机组装调试		
学习情境	学习情境2：无人机动力系统组装	学习时间	30min
工作任务	G：无刷电机	学习地点	理实一体化教室

无刷电机

无刷电机与有刷电机在结构上主要区别在于它没有电刷装置。而按照转子与定子的安装位置不同，可以分为外转子无刷电机（图1）与内转子无刷电机（图2）。

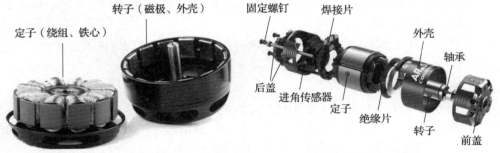

图1 外转子无刷电机　　　　图2 内转子无刷电机

1. 结构组成

无刷电机主要由转子（磁极）、定子（绕组、铁心）、位置检测装置、前后端盖等组成。

2. 工作原理

无刷电机在电磁结构上与有刷电机一样，电枢绕组放置在定子上，转子上安装永磁铁。电机的电枢绕组一般采用多相形式，经由驱动器接到直流电源上，定子采用电子换向代替有刷电机的电刷和机械换向器。定子各相电枢绕组相对于转子永磁体的位置，由转子位置传感器通过电子方式或电磁方式所感知，并利用其输出信号，通过电子开关线路，按照一定的逻辑程序去驱动与电枢绕组相连接的电力电子开关器件，把电流导通到相应的电枢绕组，依靠改变输入到无刷电机定子线圈上的电流频率和波形，在绕组线圈周围形成一个绕几何轴心旋转的磁场，这个磁场驱动转子上的永磁铁转动，和转子磁极主磁场相互作用产生转矩使电机旋转。

随着转子的连续旋转，位置传感器不断地发送转子位置信号，使电枢绕组不断地依次通电，不断地改变通电状态，从而使得转子各磁极下电枢导体中流过电流的方向始终不变。这就是无刷电机电子换向的实质。

3. 性能参数

（1）尺寸

在无刷电机的机身铭牌上有一组四位数字，如2205、2212、2216等，如图3所示，用以代表电机的基本型号，表示电机定子的尺寸，前面两位数字是电机定子的外径，后面两位数字是电机定子的高度，单位为mm。例如2212电机的定子外径为22mm，定子的高度为12mm。

学习情境 01
学习情境 02
学习情境 03
学习情境 04
学习情境 05
学习情境 06

图3　无刷电机尺寸参数

定子的外径和高度越大，定子的铁心就越大，线圈绕的匝数也越多，表现出来就是电机的功率越大。当然，尺寸越大功率越大，但重量也越大。

需要注意的，此尺寸是指定子的，不是指电机外形尺寸，电机壳的厚度、散热槽形、底座高度等都影响电机外形尺寸，所以用定子尺寸做功率的判断比用外形尺寸要标准和规范。

（2）KV 值

无刷电机另一个重要指标是 KV 值，如电机表面会标注如 KV950，如图3所示。所谓 KV 值是衡量电机转速的指标，表示施加 1V 电压时电机空转每分钟可以达到的转速。用它来表示当电机的输入电压增加 1V，无刷电机空转转速（r/min）增加的转速值，单位是（r/min）/V。

空转转速的计算：KV 值是指电机空转没有带螺旋桨等负荷下的转速与电压的关系，如 KV950 电机，外加 1V 电压，电机空转转速是 950r/min；

外加 2V 电压，电机的空转转速是 2 × 950 = 1900r/min；

外加 10V 电压，电机的空转转速达到 10 × 950 = 9500r/min。

单从 KV 值，不可以评价电机的好坏，不能说 KV650 的比 KV950 的好。因为不同 KV 值适用不同尺寸的螺旋桨。KV 值小的电机的绕线匝数更多更密，能承受更大的电流，所以可以产生更大的转矩去驱动更大尺寸的螺旋桨；相反，KV 值大的电机的绕线匝数少，产生的转矩小，适合驱动小尺寸的螺旋桨。表 1 为某无刷电机 X2212 参数。

表1　无刷电机 X2212 参数

参数名称	KV980	KV1250	KV1400	KV2450
定子外径/mm	22	22	22	22
定子高度/mm	12	12	12	12
定子槽数	12	12	12	12
定（转）子极数	14	14	14	10
电机型号	980	1250	1400	2450
空载电流/A	0.3	0.6	0.9	1.6
电机电阻/mΩ	133	79	65	32
最大连续电流/（A/s）	15/30	25/10	28/15	40/30
最大连续功率/W	300	390	365	450

（续）

参数名称	KV980	KV1250	KV1400	KV2450
质量（含长线）/g	58.5	58	59	57
转子直径/mm	27.5	27.5	27.5	27.5
出轴直径/mm	3.175	3.175	3.175	3.175
电机长度/mm	30	30	30	30
电机含轴长度/mm	32	32	32	32
最大电池节数	2～4	2～4	2～4	2～3
建议使用电调规格/A	20	30	30	40
推荐螺旋桨规格	APC8038 APC9047 APC1047 GWS8043 APC8038	APC8060 APC9047 APC9045 APC9060	APC9047 APC9045 APC8060 APC8038 APC7062	AOC6040
适用多旋翼飞行器的质量/g	300（3S 1038/1047、 4S 8038/8043/8045/9047）	—	—	尾推特技机 550 （3S 6040）

电机与动力系统常用配制见表2。

表2　电机与动力系统常用匹配

动力系统尺寸	常用电机 KV 值
350～450mm	1000KV 左右
250mm	2000KV 左右
180mm	3000KV 左右

4. 调速方式

无刷电机调速过程是电机的供电电源的电压不变，改变电调的控制信号，通过微处理器再改变大功率 MOS 管的开关速率，来实现转速的改变。这一过程被称为变频调速。总的来说，无刷电机加无刷电调相当于改善了换向器及电刷功能的有刷电机。

5. 优点

直流无刷电机在结构上与有刷电机的区别见表3。

表3　直流有刷电机与直流无刷电机的结构区别

名称	定子	转子	换向电刷
有刷电机	永磁铁	绕组线圈	有
无刷电机	绕组线圈	永磁铁	无

通过比较可以发现，无刷电机许多性能，如低干扰、噪声低、寿命长、低维护成本等优于有刷电机，但是有刷电机低速扭力性能优异、转矩大等性能特点是无刷电机不可替代的。就无刷电机的使用方便性来看，随着无刷控制器的成本下降趋势和国内外无刷技术的发展与市场竞争，无刷动力系统正处于高速发展与普及阶段，这也极大促进了无人机的发展。

2. 工作页

学校名称		任课教师	
班级		学生姓名	
学习领域	学习领域：无人机组装调试		
学习情境	学习情境2：无人机动力系统组装	学习时间	30min
工作任务	G：无刷电机	学习地点	理实一体化教室

无刷电机

1. 请提炼关键词书写无刷电机工作原理。

2. 请书写无刷电机铭牌上 2315 数字的含义。

3. 请书写电机性能指标 KV850 的含义，并计算外加 5V、12V 电压时的电机空转转速。

4. 请书写无刷电机调速方式。

5. 请制作表格展示无刷电机的优缺点。

电机类型	优点	缺点

6. 请完成下列判断题：
   （1）在无刷电机的机身铭牌上有一组四位数字，用以代表电机的基本型号，表示电机定子的尺寸。 （　　）
   （2）机身铭牌上的四位数字，前面两位数字是电机转子的外径，后面两位数字是电机转子的高度。 （　　）
   （3）机身铭牌上的四位数字，前面两位数字越大，电机越粗。 （　　）
   （4）机身铭牌上的四位数字，后面两位数字越大，电机越矮。 （　　）
   （5）高大粗壮的电机，功率更大，适合用于更大的多旋翼无人机。 （　　）
   （6）定子的外径和高度越大，定子的铁心越大，线圈绕的匝数越多，电机的功率越大。 （　　）
   （7）电机定子尺寸越大功率越小。 （　　）
   （8）单从 KV 值可以评价电机的好坏，KV650 的比 KV950 的好。 （　　）
   （9）KV 值小的电机的绕线匝数更多更密，能承受更大的电流，所以可以产生更大的转矩驱动更大尺寸的螺旋桨。 （　　）
   （10）KV 值大的电机的绕线匝数少，产生的转矩小，适合驱动小尺寸的螺旋桨。 （　　）

2.3.8 电子调速器

1. 信息页

学习领域	学习领域：无人机组装调试		
学习情境	学习情境2：无人机动力系统组装	学习时间	30min
工作任务	H：电子调速器	学习地点	理实一体化教室

电子调速器

电子调速器（ESC）简称电调，是将飞控的控制信号转变为电流信号，用于控制电机转速。电调必须与电机相匹配。

1. 作用

1）电机调速：将飞控系统的 PWM 控制信号转化为电流的大小，控制电机的转速。

2）变压供电：将电池电压变压，为飞控板和遥控接收机上其他通道的舵机供电。

3）电源转化：将电池直流电转换为交流电供给无刷电机；充当换向器的角色，因为无刷电机没有电刷进行换相，所以需要靠电调进行电子换向。

4）其他功能：电调还有一些其他辅助功能，如电池保护、启动保护和制动等。

2. 性能参数

1）最大持续/峰值电流：是无刷电调最重要的参数，通常以安培数来表示，如10A、20A、30A（图1）。

图1　电调参数

2）电压范围：电调能够正常工作所允许输入的电压范围，也是非常重要的参数。

3）内阻：电调都有内阻，通过电调的电流有时可以达到几十安培，所以电调的发热功率不能被忽视。

4）刷新频率：电机响应速度很大程度上依赖于电调刷新频率。

5）可编程特性：通过调整电调内部参数，可以使电调的性能达到最佳。可通过编程卡、通过 USB 连接计算机使用软件以及通过接收器用遥控器摇杆这三种方式来设置电调参数。

无刷电调通常按照电流分为30A、40A、50A、60A、80A、120A 电调等。

某企业生产的电调型号及其参数见表1。

表1　电调型号及参数

型号	持续工作电流/A	瞬时电流/A	适用锂电池节数	长×宽×高/mm	质量/g	线性
ESC－3A	3	4	1	11×13×4	0.7	N/A
ESC－7A	7	9	1~2	22×12×5	5	1A/5V
ESC－12A	12	15	1~3	22×17×7	8	1A/5V
ESC－20A	20	25	2~3	55×28×7	28	2A/5V
ESC－25A	25	30	2~4	50×28×12	31	2A/5V
ESC－30A－Ⅰ	30	40	2~4	50×28×12	34	2A/5V
ESC－30A－Ⅱ	30	40	2~4	59×28×12	36	3A/5V
ESC－35A	35	45	2~4	59×28×12	38	3A/5V
ESC－35A－UBEC	35	45	2~4	59×28×12	38	开关模式
ESC－40A	40	50	2~5	58×58×11	35	3A/5V
ESC－40A－UBEC	40	50	2~5	58×28×11	35	开关模式
ESC－45A	45	55	2~5	58×28×11	35	3A/5V

(续)

型号	持续工作电流/A	瞬时电流/A	适用锂电池节数	长×宽×高/mm	质量/g	线性
ESC－45A－UBEC	45	55	2～5	58×28×11	35	开关模式
ESC－50A	50	65	2～5	58×28×15	44	3A/5V
ESC－50－UBEC	50	65	2～5	58×28×15	44	开关模式
ESC－40A	40	50	2～5	58×58×11	35	3A/5V
ESC－40A－UBEC	40	50	2～5	58×28×11	35	开关模式
ESC－45A	45	55	2～5	58×28×11	35	3A/5V
ESC－45A－UBEC	45	55	2～5	58×28×11	35	开关模式
ESC－60A	60	80	2～6	63×28×18	51	3A/5V
ESC－60A－UBEC	60	80	2～6	63×28×18	51	开关模式
ESC－80A	80	100	2～6	63×28×18	60	3A/5V
ESC－80A－UBEC	80	100	2～6	63×28×18	60	开关模式
ESC－100A	100	120	3～6	96×55×21	130	无
ESC－120A	120	150	3～6	96×55×21	150	无
ESC－150A	150	180	3～6	96×55×21	180	无
ESC－80A－HV	80	100	3～10	96×55×21	150	无
ESC－100A－HV	100	120	3～10	96×55×21	160	无
ESC－120A－HV	120	150	3～10	96×55×21	180	无

3. 电调选择

电调上会标有其能够输出的最大电流。大电流的电调可以兼容使用在小电流上，但小电流电调不能超标使用。电机确定好后，根据电机的最大电流选择电调。一般遵循以下原则：

1）在选择电调之前，应比较各品牌电调的性能参数和性价比，选择最合适的电调。

2）电调和电机要合理匹配。

3）电调的输出电流必须大于电机的最大电流。

4）电调能够承受的最大电压必须大于电池电压。

5）电调最大电压不能超过电机能承受的最大电压。

6）电调最大持续输出电流要小于电池持续输出电流。电池的放电电流达不到电调的电流时，电调发挥不了最佳性能，而电池会发热甚至爆炸。

例如，现有电机带桨的最大电流是20A，那么就必须选取能输出20A以上电流的电调，25A、30A、40A都可以，越大越保险。

4. 电调组装

组装的时候，电调的连接一般包含以下三种情况：

1）电调的输入线与电池连接。电调输入端的红线、黑线需并联接到电池的正负极上。

2）电调的输出线与电机连接。有刷电调输出端是2根，无刷电调输出端是3根黑线连接到电机。

3）电调的信号线与接收机连接。

电调一般有电源输出功能（BEC），即在信号线的正负极之间有5V左右的电压输出，通过信号线给飞控供电和接收飞控的控制信号；遥控接收机连接在飞控上，输出遥控信号，并同时从飞控上得到5V供电电压。

117

2．工作页

学校名称		任课教师	
班级		学生姓名	
学习领域	学习领域：无人机组装调试		
学习情境	学习情境2：无人机动力系统组装	学习时间	30min
工作任务	H：电子调速器	学习地点	理实一体化教室

1．请提炼关键信息写出电调的作用，并对每一条作用进行解释。

2．请提炼关键信息书写选择电调遵循的基本原则。

3．完成下列判断题：

（1）电子调速器将飞控的控制信号转变为电流信号，用于控制电机转速。（　　）

（2）电调上会标有其能够输出的最大电流。（　　）

（3）大电流的电调可以兼容使用在小电流上，但小电流电调不能超标使用。（　　）

（4）电机确定好后，根据电机的最大电流选择电调。（　　）

（5）电调的输出电流必须小于电机的最大电流。（　　）

（6）电调能够承受的最大电压必须小于电池电压。（　　）

（7）电调最大电压不能低于电机能承受的最大电压。（　　）

（8）电调最大持续输出电流要大于电池持续输出电流。（　　）

4．请完成下列单选题：

（1）（　　）将飞控系统的 PWM 控制信号转化为电流的大小，控制电机的转速。

　　A．电机调速　　　　　B．变压供电　　　　　C．电源转化　　　　　D．辅助功能

（2）（　　）将电池电压变压，为飞控板和遥控接收机上其他通道的舵机供电。

　　A．电机调速　　　　　B．变压供电　　　　　C．电源转化　　　　　D．辅助功能

（3）（　　）将电池直流电转换为交流电供给无刷电机；充当换向器的角色，因为无刷电动机没有电刷进行换向，所以需要靠电调进行电子换向。

　　A．电机调速　　　　　B．变压供电　　　　　C．电源转化　　　　　D．辅助功能

（4）电调还有一些其他（　　），如电池保护、启动保护和制动等。

　　A．电机调速　　　　　B．变压供电　　　　　C．电源转化　　　　　D．辅助功能

（5）（　　）是无刷电调最重要的参数，通常以安培数来表示。

　　A．最大持续/峰值电流　B．电压范围　　　　　C．内阻　　　　　　　D．刷新频率

（6）电调能够正常工作所允许输入的（　　）也是非常重要的参数。

　　A．最大持续/峰值电流　B．电压范围　　　　　C．内阻　　　　　　　D．刷新频率

（7）电调的输入线与（　　）连接。

　　A．电池　　　　　　　B．电机　　　　　　　C．接收机　　　　　　D．舵机

（8）电调输入端的红线、黑线需（　　）接到电池的正负极上。

　　A．串联　　　　　　　B．并联　　　　　　　C．混联　　　　　　　D．串并联

2.3.9 电池

1. 信息页

学习领域	学习领域：无人机组装调试		
学习情境	学习情境2：无人机动力系统组装	学习时间	30min
工作任务	L：电池	学习地点	理实一体化教室

电池

1. 作用

电池是电动多旋翼无人机的供电装置，给电机和机载电子设备供电。电池主要由正极（＋）导电高分子聚合物、负极（－）锂金属或锂碳层间化合物以及固态或胶态高分子电解质三部分组成。

2. 性能参数

（1）串并联级数

电池串联可以获得更大的电压，但电池容量保持不变；电池并联可以得到更大容量，但电压不变。通过电池合理的串并联组合，可以获得无人机飞行所需要的电压和容量（图1）。通常用字母"S"表示电池串联，用字母"P"表示电池并联，如图2所示。

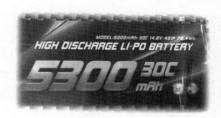

图1 电池性能参数

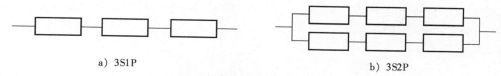

a）3S1P   b）3S2P

图2 电池连接

经常用"XSXP"表示多少电芯并联或串联的情况。XS（serice，串联）代表电池组中串联电池的级数，XP（parallel，并联）代表并联电池的级数。如3S4P的电池组，代表内有3个电池串联、4组并联，共有12个电池。

（2）电池电压

电池电压用伏特（V）表示。标称电压是指厂家按照国家标准标示的电压，也称额定电压，可用来鉴别电池类型，实际使用时电池电压是不断变化的。一般说一组或一个电池的电压都是标称电压，比如锂聚合物电池，标称电压一般为3.7V，但使用中的实际电压往往是高于或低于这个标称电压的。锂聚合物单体电池正常使用的最低电压是2.7V，最高是4.2V。不同种类电池的充放电截止电压见表1。

电池种类	放电最低截止电压	充电最高截止电压
锂离子	2.7	4.2
锂聚合物	2.7	4.2
锂锰	2.7	4.2
锂铁	2.7	3.6
镍氢	0.8	1.5

表1 不同类型电池的充放电截止电压 （单位：V）

（3）电池容量

电池的容量是用毫安·时（mA·h）来表示的，是电池在 1h 内可以放出或充入的电流量。

如图1中的 5300mA·h 就是这个电池能保持 5300mA（5.3A）放电 1h。但是电池的放电并非是线性的，所以不能说这个电池能在 2650mA 维持 2h。不过电池的小电流放电时间总是大于大电流放电时间的，所以可以近似算出电池在其他电流情况下的放电时间。某些厂家生产的电池标称电量往往高于它的实际电量。

（4）充/放电倍率

1）放电倍率：电池的放电能力是以倍数，即放电倍率（C）来表示的，它是按照电池的标准容量可达到的最大放电电流。

例如：图1所示的 5300mA·h、30C 的电池，最大放电电流可达 $5300 \times 30 = 159000mA$，即 159A。

此外，放电电流不但和放电倍率有关，还和容量相关，因此放电倍率小的电池有可能比放电倍率大的放电电流还要大。不论何种电池，放电倍率越大，寿命越短。

2）充电倍率：一般用于充电时限制最大充电电流，以免充电电流过大损害电池使用寿命，计算方法与放电电流相同，也用倍数（C）来表示。C的倒数是电池放完电所用的时间，单位为 h。不能用低倍率的电池大电流充放电，这样会使电池迅速损坏，甚至自燃。

充电倍率 = 充电电流/额定容量，用它来指导选择合适的充电器。

如图3所示，电池容量 2200mA·h，充电倍率 5C 的电池，使用的充电器最大充电电流为 $2200 \times 5 = 11000mA$，即 11A。

图3 充电倍率

练习：某无人机锂聚合物电池上标有6000mA·h、30C、4S1P的数据，如果两块相同的电池串联，在满电状态下，电压为多少？可以持续放出电流最大为多少安培？如果两块电池并联呢？

串联：

满电电压：$4.2 \times 4 \times 2 = 33.6V$

最大放电电流：$6000 \times 30 = 180000mA = 180A$

并联：

满电电压：$4.2 \times 4 = 16.8V$

最大放电电流：$6000 \times 2 \times 30 = 360000mA = 360A$

（5）平衡充电

如图4所示，3S1P内部是3块锂电池串联，动力锂电池都有2组线，1组是输出线（2根），1组是单节锂电池引出线（与S数有关），充电时按说明书，都插入充电器内，就可以进行平衡充电了。

图4　平衡充电

图4中各数字字母含义：该电池容量为2200mA·h，放电倍率35C，最大放电电流为：$35 \times 2200 = 77000mA = 77A$；3S1P表示3块电池串联；总电压为11.1V，$11.1 \div 3 = 3.7V$，因为单节锂电池电压是3.7V，故此电池组为3块锂电池串联。

（6）循环寿命

电池的循环寿命一般指充满并放光一次电，即充电周期的循环数。锂电池的寿命一般为300～500个充电周期。

3. 选用原则

1）电池输出电流一定要大于电机的最大电流。

2）电机工作电压由电调决定，而电调电压由电池输出决定，所以电池的电压要等于或小于电机的最大电压。

3）电池电压不能超过电调最高承载电压。

4）电池的放电电流达不到电调的电流时，电调就发挥不了最高性能，而且电池会发热，产生爆炸，所以一般要求电池的持续输出电流大于电调的最大持续输出电流。

5）电池容量与无人机续航能力密切相关，电池容量越大，续航能力越强。

4. 电池与动力系统常用搭配

表2所列为电池与动力系统常见搭配。

表2　电池与动力系统常用搭配

机型	常用电池配制
QAV180	3S 1300mA·h 25C/45C
QAV250	3S 2200mA·h 25C/45C
F330	3S 2600mA·h 25C/45C
F450	3S 3300mA·h 25C/45C

2. 工作页

学校名称		任课教师	
班级		学生姓名	
学习领域	学习领域：无人机组装调试		
学习情境	学习情境2：无人机动力系统组装	学习时间	30min
工作任务	L：电池	学习地点	理实一体化教室

电池

1. 请解释图中电池性能参数的含义。

2. 请画出 "3S3P" 的电池连接图示。

3. 请书写电池选用原则。

4. 请完成下列判断题：

(1) 电池是电动多旋翼无人机的供电装置，给电机和机载电子设备供电。　　　（　　）

(2) 电池并联可以得到更大容量，但电压不变，用字母 "S" 表示电池并联。　　（　　）

(3) 3S4P 电池组，其型号代表内有 3 个电池串联，4 组电池并联，共有 12 个电池。（　　）

(4) 锂聚合物电池，标称电压一般为 3.7V，最低电压是 2.7V，最高是 4.2V。　（　　）

(5) 放电倍率表示按照电池的标准容量可达到的最大放电电流。　　　　　　　（　　）

(6) 不论何种电池，放电倍率越大，寿命越长。　　　　　　　　　　　　　　（　　）

(7) 电池输出电流一定要小于电机的最大电流。　　　　　　　　　　　　　　（　　）

(8) 电池容量越大，续航能力越强。　　　　　　　　　　　　　　　　　　　（　　）

5. 请完成下列单选题：

(1) （　　）是电动多旋翼无人机的供电装置，给电机和机载电子设备供电。

    A. 电池　　　　　　　B. 电机　　　　　　　C. 电池　　　　　　　D. 螺旋桨

(2) 电池（　　）可以获得更大的电压，但电池容量保持不变。

    A. 串联　　　　　　　B. 并联　　　　　　　C. 串并联　　　　　　D. 混联

(3) 通常用字母（　　）表示电池串联。

    A. P　　　　　　　　B. S　　　　　　　　C. L　　　　　　　　D. C

(4) 电池（　　）可以得到更大容量，但电压不变。

    A. 串联　　　　　　　B. 并联　　　　　　　C. 串并联　　　　　　D. 混联

(5) 用字母（　　）表示电池并联。

    A. P　　　　　　　　B. S　　　　　　　　C. L　　　　　　　　D. C

(6) 3S4P 的电池组，代表内有 3 个电池串联，4 组电池并联，共有（　　）个电池。

    A 7　　　　　　　　B. 10　　　　　　　　C. 12　　　　　　　　D. 15

(7) （　　）是指厂家按照国家标准标示的电压，也称额定电压，可用来鉴别电池类型。

    A. 电池容量　　　　　B. 标称电压　　　　　C. 放电倍率　　　　　D. 充电倍率

(8) 电池的放电能力是以倍数，即（　　）来表示的。

    A. 电池容量　　　　　B. 标称电压　　　　　C. 放电倍率　　　　　D. 充电倍率

2.3.10 螺旋桨

1. 信息页

学习领域	学习领域：无人机组装调试		
学习情境	学习情境2：无人机动力系统组装	学习时间	30min
工作任务	K：螺旋桨	学习地点	理实一体化教室

螺旋桨

1. 作用

螺旋桨最终为无人机提供拉力、升力等。螺旋桨安装在无刷电机上，通过电机旋转带动螺旋桨旋转。多旋翼无人机多采用定距螺旋桨，即桨距固定，主要指标有螺距和尺寸。定距螺旋桨从桨毂到桨尖安装角逐渐减小，这是因为半径越大的地方线速度越大，受到的空气反作用力就越大，容易造成螺旋桨因各处受力不均匀而折断。同时螺旋桨安装角随着半径增大而逐渐减小，能够使螺旋桨从桨毂到叶尖产生一致升力。

2. 分类

根据材质的不同，桨叶可以分成注塑桨、碳纤维桨和木桨。

（1）注塑桨

注塑桨是指使用塑料等复合材料制成的桨叶，如图1所示。

图1　注塑桨

（2）碳纤维桨

碳纤维桨是指使用碳纤维制成的桨叶，如图2所示。碳纤维是一种与人造丝、合成纤维类似的纤维状碳材料。由于碳纤维的材料有优异的硬度，可制成合适的桨形，因此非常适合技巧性飞行，其效率优于木桨，价格比木桨更贵。

图2　碳纤维桨

（3）木桨

木桨是指使用木材制成的桨叶，硬度高、质量轻，材料多为榉木，经过风干、打蜡、上漆以后不怕受潮，如图3所示。在航空史中，木桨在早期扮演了非常重要的角色。第一次世界大战时期的很多飞机都使用木桨，后来才逐渐被铁桨取代。

图3 木桨

3. 性能参数

螺旋桨尺寸通常用四位数字来表示，前两位数字表示螺旋桨直径，后两位数字表示螺旋桨螺距，单位均为 in（1in≈25.4mm）。螺距是桨叶旋转一周旋转平面移动的距离，即桨叶旋转一周飞机所前进的距离。

如 1047 螺旋桨，指的是螺旋桨的直径为 10in，桨距为 4.7in。需要注意，对于小于 10in 的螺旋桨，直径数字写在最前面，比如 8050，螺旋桨直径为 8in 而并非 80in。

4. 选用原则

在不超负载的情况下，多旋翼无人机可以更换很多不同的螺旋桨，同样可以飞起来，但是飞行效果和续航时间却是大相径庭。螺旋桨选得适合，飞行更稳，航拍效果、续航时间都兼得；选得不好，可能效果就相反。

相同的电机，不同的 KV 值，用的螺旋桨也不一样，每个电机都会有一个推荐的螺旋桨。相对来说，螺旋桨配得过小，不能发挥最大推力；螺旋桨配得过大，电机会过热，会使电机退磁，造成电机性能的永久下降。

选择螺旋桨时应考虑以下因素：

1) 不同材质的螺旋桨，价格和性能差别较大，根据实际需要，选择最适合的螺旋桨。

2) 螺旋桨的型号必须与电机的型号相匹配，可参考电机厂家推荐使用的螺旋桨型号。

电机与螺旋桨的配型原则：螺旋桨越大，升力越大；螺旋桨转速越高，升力越大，需要的驱动力也越大；电机的 KV 值越小，转动力量就越大。因此，高 KV 值电机配小螺旋桨，低 KV 值电机配大螺旋桨。如果高 KV 值电机配大螺旋桨，电机力量不够螺旋桨带不动或低速运转，导致电机和电子调速器烧坏。如果低 KV 值电机配小螺旋桨，螺旋桨运转没有问题，但升力不够导致无法起飞。不同的电机需要使用对应的螺旋桨见表1。

表1 螺旋桨型号参数及与电机匹配表

电机/KV 值	螺旋桨螺距/in
800～1000	11～10
1000～1200	10～9
1200～1800	9～8
1800～2200	8～7
2200～2600	7～6
2600～2800	6～5
2800 以上	5～4

5. 组装

为了抵消螺旋桨的自旋，相邻的桨旋转方向不同，因此螺旋桨有正反桨之分，顺时针方向旋转的是正桨，逆时针方向旋转的是反桨。正反桨的风向都是向下。安装时，无论正反桨，有字的一面是向上的，确保桨叶圆润的一面和电机旋转方向一致。

2. 工作页

学校名称		任课教师	
班级		学生姓名	
学习领域	学习领域：无人机组装调试		
学习情境	学习情境2：无人机动力系统组装	学习时间	30min
工作任务	K：螺旋桨	学习地点	理实一体化教室

螺旋桨

1. 请书写 1250 螺旋桨、5039 螺旋桨的含义。

2. 请书写如何区分正反螺旋桨及安装方法。

3. 请完成下列判断题：

(1) 螺旋桨最终为无人机提供拉力、升力等。 （　　）

(2) 螺旋桨安装在无刷电机上，通过电机旋转带动螺旋桨旋转。 （　　）

(3) 螺距是桨叶旋转一周旋转平面移动的距离，即桨叶旋转一周飞机所前进的距离。 （　　）

(4) 螺旋桨配得过小，不能发挥最大推力；螺旋桨配得过大，电机会过热，会使电机退磁，造成电机性能的永久下降。 （　　）

(5) 螺旋桨越大，升力越大；螺旋桨转速越高，升力越大，需要的驱动力越小。 （　　）

(6) 电机的 KV 值越大，转动力量就越大。 （　　）

(7) 高 KV 值电机配大螺旋桨，低 KV 值电机配小螺旋桨。 （　　）

(8) 顺时针方向旋转的是正桨，逆时针方向旋转的是反桨，正反桨的风向都是向上。 （　　）

4. 请完成下列单选题：

(1) （　　） 最终为无人机提供拉力、升力等。

    A. 电池　　　　　　B. 电机　　　　　　C. 电调　　　　　　D. 螺旋桨

(2) 螺旋桨安装在无刷 （　　） 上，通过电机旋转带动螺旋桨旋转。

    A. 电池　　　　　　B. 电机　　　　　　C. 电调　　　　　　D. 螺旋桨

(3) 多旋翼无人机多采用 （　　） 螺旋桨，即桨距固定，主要指标有螺距和尺寸。

    A. 定距　　　　　　B. 变距　　　　　　C. 普通　　　　　　D. 变速

(4) （　　） 是指使用塑料等复合材料制成的桨叶。

    A. 碳纤维桨　　　　B. 橡胶桨　　　　　C. 木桨　　　　　　D. 注塑桨

(5) （　　） 是指使用碳纤维制成的桨叶。

    A. 碳纤维桨　　　　B. 橡胶桨　　　　　C. 木桨　　　　　　D. 注塑桨

(6) （　　） 是指使用木材制成的桨叶，硬度高、质量轻，材料多为榉木，经过风干、打蜡、上漆以后不怕受潮。

    A. 碳纤维桨　　　　B. 橡胶桨　　　　　C. 木桨　　　　　　D. 注塑桨

(7) 1in 约为 （　　） cm。

    A. 1.51　　　　　　B. 1.64　　　　　　C. 2.54　　　　　　D. 2.64

(8) 高 KV 值电机配小螺旋桨，低 KV 值电机配大螺旋桨。此说法 （　　）。

    A. 正确　　　　　　B. 错误　　　　　　C. 不确定　　　　　D. 无所谓

理论测试（二）：电机动力系统结构组成

学校名称		任课教师	
班级		学生姓名	
学习领域	学习领域：无人机组装调试		
学习情境	学习情境2：无人机动力系统组装	学习时间	120min
测试任务	电机动力系统结构组成	测试时间	20min

1. 单选题：（每题1分，共40分）

（1）（　　）的主要作用是产生磁场和机械支撑。

    A. 定子　　　　　　B. 转子　　　　　　C. 换向器　　　　　　D. 气隙

（2）（　　）由主磁极、换向磁极、机座、电刷装置等构成。

    A. 定子　　　　　　B. 转子　　　　　　C. 换向极　　　　　　D. 电枢铁心

（3）（　　）由铁心和励磁绕组组成，给励磁绕组通入直流电，在各主磁极都会产生一定磁性。

    A. 定子　　　　　　B. 转子　　　　　　C. 主磁极　　　　　　D. 电刷装置

（4）（　　）安装在两主磁极间的中心线上，固定在机座上，其作用是产生换向磁场，改善电机的换向性能，防止产生电弧火花。

    A. 主磁极　　　　　B. 换向极　　　　　C. 电枢铁心　　　　　D. 电枢绕组

（5）（　　）安装在电动机的前端盖上，其作用是接通外电路与电枢绕组，与换向器配合完成直流与交流的互换。

    A. 定子　　　　　　B. 转子　　　　　　C. 主磁极　　　　　　D. 电刷装置

（6）（　　）的主要作用是产生电磁转矩和感应电动势，它是能量转换的关键。

    A. 定子　　　　　　B. 转子　　　　　　C. 换向器　　　　　　D. 气隙

（7）（　　）由0.35~0.5mm厚的硅钢片叠制而成，片间绝缘，其主要作用是导磁和嵌放电枢绕组。

    A. 主磁极　　　　　B. 换向极　　　　　C. 电枢铁心　　　　　D. 电枢绕组

（8）（　　）其主要作用是产生感应电动势，通过电流产生电磁转矩，传送电磁功率，实现电能和机械能之间的转换。

    A. 主磁极　　　　　B. 换向极　　　　　C. 电枢铁心　　　　　D. 电枢绕组

（9）（　　）由绝缘材料相隔的铜片做成，并固定在轴上，其主要作用是将外部的直流电换成绕组内的交流电。

    A. 定子　　　　　　B. 转子　　　　　　C. 换向器　　　　　　D. 气隙

（10）（　　）是指定子与转子之间的间隙，其大小决定了磁通量的大小。

    A. 定子　　　　　　B. 转子　　　　　　C. 换向器　　　　　　D. 气隙

（11）（　　）将飞控系统的PWM控制信号转化为电流的大小，控制电机的转速。

    A. 电机调速　　　　B. 变压供电　　　　C. 电源转化　　　　　D. 辅助功能

（12）（　　）将电池电压变压，为飞控板和遥控接收机上其他通道的舵机供电。

    A. 电机调速　　　　B. 变压供电　　　　C. 电源转化　　　　　D. 辅助功能

（13）（　　）将电池直流电转换为交流电供给无刷电机；充当换向器的角色，因为无刷电动机没有电刷进行换向，所以需要靠电调进行电子换向。

    A. 电机调速　　　　B. 变压供电　　　　C. 电源转化　　　　　D. 辅助功能

（14）电调还有一些其他（　　），如电池保护、启动保护和制动等。
　　　　A. 电机调速　　　　B. 变压供电　　　　C. 电源转化　　　　D. 辅助功能
（15）（　　）是无刷电调最重要的参数，通常以安培数来表示。
　　　　A. 最大持续/峰值电流　　　　　　　　B. 电压范围
　　　　C. 内阻　　　　　　　　　　　　　　D. 刷新频率
（16）电调能够正常工作所允许输入的（　　）也是非常重要的参数。
　　　　A. 最大持续/峰值电流　　　　　　　　B. 电压范围
　　　　C. 内阻　　　　　　　　　　　　　　D. 刷新频率
（17）电调的输入线与（　　）连接。
　　　　A. 电池　　　　　　B. 电机　　　　　　C. 接收机　　　　D. 舵机
（18）电调输入端的红线、黑线需（　　）接到电池的正负极上。
　　　　A. 串联　　　　　　B. 并联　　　　　　C. 混联　　　　　D. 串并联
（19）电调的输出线与（　　）连接。
　　　　A. 电池　　　　　　B. 电机　　　　　　C. 接收机　　　　D. 舵机
（20）电调的信号线与（　　）连接。
　　　　A. 电池　　　　　　B. 电机　　　　　　C. 接收机　　　　D. 舵机
（21）（　　）是电动多旋翼无人机的供电装置，给电机和机载电子设备供电。
　　　　A. 电池　　　　　　B. 电机　　　　　　C. 电池　　　　　D. 螺旋桨
（22）电池（　　）可以获得更大的电压，但电池容量保持不变。
　　　　A. 串联　　　　　　B. 并联　　　　　　C. 串并联　　　　D. 混联
（23）通常用字母（　　）表示电池串联。
　　　　A. P　　　　　　　B. S　　　　　　　C. L　　　　　　D. C
（24）电池（　　）可以得到更大容量，但电压不变。
　　　　A. 串联　　　　　　B. 并联　　　　　　C. 串并联　　　　D. 混联
（25）用字母（　　）表示电池并联。
　　　　A. P　　　　　　　B. S　　　　　　　C. L　　　　　　D. C
（26）3S4P 的电池组，其型号代表内有 3 个电池串联、4 组并联，共有（　　）个电池。
　　　　A. 7　　　　　　　B. 10　　　　　　　C. 12　　　　　　D. 15
（27）（　　）是指厂家按照国家标准标示的电压，也称额定电压，可用来鉴别电池类型。
　　　　A. 电池容量　　　B. 标称电压　　　　C. 放电倍率　　　D. 充电倍率
（28）（　　）是用毫安·时（mA·h）来表示的，是电池在 1h 内可以放出或充入的电流量。
　　　　A. 电池容量　　　B. 标称电压　　　　C. 放电倍率　　　D. 充电倍率
（29）电池的放电能力是以倍数，即（　　）来表示的。
　　　　A. 电池容量　　　B. 标称电压　　　　C. 放电倍率　　　D. 充电倍率
（30）（　　）一般用于充电时限制最大充电电流，以免充电电流过大损害电池使用寿命。
　　　　A. 电池容量　　　B. 标称电压　　　　C. 放电倍率　　　D. 充电倍率
（31）（　　）最终为无人机提供拉力、升力等。
　　　　A. 电池　　　　　　B. 电机　　　　　　C. 电调　　　　　D. 螺旋桨
（32）螺旋桨安装在无刷（　　）上，通过电动机旋转带动螺旋桨旋转。
　　　　A. 电池　　　　　　B. 电机　　　　　　C. 电调　　　　　D. 螺旋桨
（33）多旋翼无人机多采用（　　）螺旋桨，即桨距固定，主要指标有螺距和尺寸。
　　　　A. 定距　　　　　　B. 变距　　　　　　C. 普通　　　　　D. 变速

(34)（　　）是指使用塑料等复合材料制成的桨叶。

A. 碳纤维桨　　　B. 橡胶桨　　　　　　C. 木桨　　　　　　　D. 注塑桨

(35)（　　）是指使用碳纤维制成的桨叶。

A. 碳纤维桨　　　B. 橡胶桨　　　　　　C. 木桨　　　　　　　D. 注塑桨

(36)（　　）是指使用木材制成的桨叶，硬度高、质量轻，材料多为榉木，经过风干、打蜡、上漆以后不怕受潮。

A. 碳纤维桨　　　B. 橡胶桨　　　　　　C. 木桨　　　　　　　D. 注塑桨

(37) 螺旋桨尺寸通常用四位数字来表示，前两位数字表示螺旋桨（　　），后两位数字表示螺旋桨（　　）。

A. 尺寸，直径　　B. 直径，长度　　　　C. 直径，螺距　　　　D. 长度，螺距

(38) 1in 约为（　　）cm。

A. 1.51　　　　　B. 1.64　　　　　　　C. 2.54　　　　　　　D. 2.64

(39) 高 KV 值电机配小螺旋桨，低 KV 值电机配大螺旋桨。此说法（　　）。

A. 正确　　　　　B. 错误　　　　　　　C. 不确定　　　　　　D. 无所谓

(40) 安装时，无论正反桨，有字的一面是向（　　）的，确保桨叶圆润的一面和电机旋转方向一致。

A. 下　　　　　　B. 上　　　　　　　　C. 里　　　　　　　　D. 外

2. 请完成下列判断题：（每题1分，共50分）

(1) 转子的主要作用是产生磁场和机械支撑。　　　　　　　　　　　　　（　　）

(2) 定子由主磁极、换向磁极、机座、电刷装置等构成。　　　　　　　　（　　）

(3) 主磁极给励磁绕组通入直流电，在各主磁极都会产生一定磁性。　　　（　　）

(4) 电刷装置安装在两主磁极间的中心线上，其作用是产生换向磁场，改善电机的换向性能，防止产生电弧火花。　　　　　　　　　　　　　　　　　（　　）

(5) 换向极安装在电机的前端盖上，其作用是接通外电路与电枢绕组，与换向器配合完成直流与交流的互换。　　　　　　　　　　　　　　　　　　　　（　　）

(6) 定子的主要作用是产生电磁转矩和感应电动势，它是能量转换的关键。（　　）

(7) 电枢铁心由 0.35~0.5mm 厚的硅钢片叠制而成，片间绝缘，主要作用是导磁和嵌放电枢绕组。　　　　　　　　　　　　　　　　　　　　　　　　（　　）

(8) 换向器其主要作用是产生感应电动势，通过电流产生电磁转矩，传送电磁功率，实现电能和机械能之间的转换。　　　　　　　　　　　　　　　　　（　　）

(9) 电枢绕组固定在轴上，其主要作用是将外部的直流电换成绕组内的交流电。（　　）

(10) 气隙是指定子与转子之间的间隙，大小决定了磁通量的大小。　　　（　　）

(11) 在无刷电机的机身铭牌上有一组四位数字，用以代表电机的基本型号，表示电机定子的尺寸。　　　　　　　　　　　　　　　　　　　　　　　　（　　）

(12) 机身铭牌上的四位数字，前面两位数字是电机转子的外直径，后面两位数字是电机转子的高度。　　　　　　　　　　　　　　　　　　　　　　　（　　）

(13) 机身铭牌上的四位数字，前面两位数字越大，电机越粗。　　　　　（　　）

(14) 机身铭牌上的四位数字，后面两位数字越大，电机越矮。　　　　　（　　）

(15) 高大粗壮的电机，功率更大，适合用于更大的多旋翼无人机。　　　（　　）

(16) 定子的外径和高度越大，定子的铁心越大，线圈绕的匝数越多，电机的功率越大。（　　）

(17) 电机定子尺寸越大功率越小。　　　　　　　　　　　　　　　　　（　　）

（18）单从 KV 值可以评价电机的好坏，KV650 的比 KV950 的好。　　　　　（　　）
（19）KV 值小的电机的绕线匝数更多更密，能承受更大的电流，所以可以产生更大的转矩驱动更大尺寸的螺旋桨。　　　　　　　　　　　　　　　　　　（　　）
（20）KV 值大的电机的绕线匝数少，产生的转矩小，适合驱动小尺寸的螺旋桨。　（　　）
（21）电子调速器将飞控的控制信号转变为电流信号，用于控制电机转速。　　（　　）
（22）电调上会标有其能够输出的最大电流。　　　　　　　　　　　　　　　（　　）
（23）大电流的电调可以兼容使用在小电流上，但小电流电调不能超标使用。　（　　）
（24）电机确定好后，根据电机的最大电流选择电调。　　　　　　　　　　　（　　）
（25）电调的输出电流必须小于电机的最大电流。　　　　　　　　　　　　　（　　）
（26）电调能够承受的最大电压必须小于电池电压。　　　　　　　　　　　　（　　）
（27）电调最大电压不能低于电机能承受的最大电压。　　　　　　　　　　　（　　）
（28）电调最大持续输出电流要大于电池持续输出电流。　　　　　　　　　　（　　）
（29）电池的放电电流超过电调的电流时，电调发挥不了最佳性能，电池会发热甚至爆炸。
　　　　　　　　　　　　　　　　　　　　　　　　　　　　　　　　　　（　　）
（30）现有电机带桨的最大电流是 20A，那么就必须选取能输出 20A 以上电流的电调。（　　）
（31）电池是电动多旋翼无人机的供电装置，给电机和机载电子设备供电。　　（　　）
（32）电池串联可以获得更大的电压，但电池容量保持不变，通常用字母"P"表示电池串联。
　　　　　　　　　　　　　　　　　　　　　　　　　　　　　　　　　　（　　）
（33）电池并联可以得到更大容量，但电压不变，用字母"S"表示电池并联。　（　　）
（34）3S4P 的电池组，其型号代表内有 3 个电池串联、4 组并联，共有 12 个电池。（　　）
（35）锂聚合物电池，标称电压一般为 3.7V，最低电压是 2.7V，最高是 4.2V。　（　　）
（36）5300mA·h 就是这个电池能保持 5300mA（5.3A）放电 1h，那么在 2650mA 时能维持 2h。
　　　　　　　　　　　　　　　　　　　　　　　　　　　　　　　　　　（　　）
（37）放电倍率表示按照电池的标准容量可达到的最大放电电流。　　　　　　（　　）
（38）不论何种电池，放电倍率越大，寿命越长。　　　　　　　　　　　　　（　　）
（39）电池输出电流一定要小于电动机的最大电流。　　　　　　　　　　　　（　　）
（40）电池容量越大，续航能力越强。　　　　　　　　　　　　　　　　　　（　　）
（41）螺旋桨最终为无人机提供拉力、升力等。　　　　　　　　　　　　　　（　　）
（42）螺旋桨安装在无刷电机上，通过电机旋转带动螺旋桨旋转。　　　　　　（　　）
（43）安装时，无论正反桨，有字的一面是向下的，确保桨叶圆润的一面和电机旋转方向一致。
　　　　　　　　　　　　　　　　　　　　　　　　　　　　　　　　　　（　　）
（44）螺旋桨尺寸通常用四位数字来表示，前两位数字表示螺旋桨螺距，后两位数字表示螺旋桨直径。
　　　　　　　　　　　　　　　　　　　　　　　　　　　　　　　　　　（　　）
（45）螺距是桨叶旋转一周旋转平面移动的距离，即桨叶旋转一周飞机所前进的距离。
　　　　　　　　　　　　　　　　　　　　　　　　　　　　　　　　　　（　　）
（46）螺旋桨配得过小，不能发挥最大推力；螺旋桨配得过大，电机会过热，会使电机退磁，造成电机性能的永久下降。
　　　　　　　　　　　　　　　　　　　　　　　　　　　　　　　　　　（　　）
（47）螺旋桨越大，升力越大；螺旋桨转速越高，升力越大，需要的驱动力越小。　（　　）
（48）电机的 KV 值越大，转动力量就越大。　　　　　　　　　　　　　　　（　　）
（49）高 KV 值电机配大螺旋桨，低 KV 值电机配小螺旋桨。　　　　　　　　（　　）
（50）顺时针方向旋转的是正桨，逆时针方向旋转的是反桨，正反桨的风向都是向上。（　　）

学习情境 01
学习情境 02
学习情境 03
学习情境 04
学习情境 05
学习情境 06

2.4 任务计划

课程思政点睛

1）任务计划环节是在理实一体化学习之后，为培养学生先谋后动的思维意识与习惯而进行的训练，学生通过小组合作完成工作计划的制订。动力系统主要是四个部件的组装，因为涉及电池和电调等环保部件，所以在计划中要侧重体现环保意识。

2）利用规范性、标准性非常高的计划表格，引导学生养成严谨、认真、负责任的职业态度和精益求精、考虑全面的工匠精神。

3）通过对规范、环保、安全方面的强调和要求，培养学生的环境保护意识、安全意识及大局观。

教学实施指导

1）教师指导学生独立学习 2.4.1 多旋翼无人机动力系统组装流程（信息页），要求学生划出关键信息。

2）学生分组讨论，合作完成 2.4.2 无人机动力系统组装工作计划，完成配件清单、设备工具清单与工作计划。

3）教师选出一个组来介绍讲解海报内容，教师进行评价。教师强调修改工作计划时注意：标准、规范、安全、环保、时间及成本控制意识的训练。

2.4.1 多旋翼无人机动力系统组装流程（信息页）

多旋翼无人机（F450）动力系统组装流程

1. 动力系统组装的主要配件清单

（1）无刷电机

无刷电机（图 1）根据"计算多轴飞行器最大悬停时间工具"进行选择。电机直接用螺钉拧在动力系统臂上。

F450 选用无刷电机套件清单见表 1，每个电机的配件包括：主轴 1 个、主轴螺钉 3 个、垫片 1 个、子弹头 1 个、螺母 1 个。

图 1　F450 选用的无刷电机

表 1　F450 选用无刷电机套件清单

电机	朗宇 V 系列 V2216 KV900 4 个
零配件	主轴 4 个、主轴螺钉 12 个、垫片 4 个、子弹头 4 个、螺母 4 个
总价格	460 元
实称总重量	292g

（2）螺旋桨

选择 APC1055 MR（也可以用 1047）螺旋桨（图 2），直径 10in，螺距 5.5in，MR 表示多轴专用。APC 品牌的原装件较贵，不适合练手，选择 ATG 价格适中。螺旋桨材料用碳纤维材料成本高且不耐炸机⊖，所以选择强度较好的尼龙材料。多轴螺旋桨要正桨和反桨成对使用。朗宇 V2216 的桨夹输出轴直径是 5mm，螺旋桨配的桨垫务必要有 5mm 的尺寸（表 2）。

　　⊖ 炸机是指无人机因操作不当或故障坠地后严重损坏。

图2 F450选用的螺旋桨

表2 F450选用的螺旋桨清单

螺旋桨	1055正反桨2对，共4只（建议买多2对）
桨垫	5mm，4个
总价格	20元
实称总重量	56g

（3）电调

根据朗宇V2216力效表，10in桨在3S电压下最大电流是14.4A，电调要选择持续电流20A以上的。好盈铂金系列Platinum–30A–OPTO–PRO电调（图3、表3），铂金30A电调的持续电流是30A，并为多轴飞行器优化过油门响应。

图3 F450选用的电调

表3 F450选用的电调清单

电调	好盈铂金系列Platinum–30A–OPTO–PRO电调，共4只
总价格	240元
实称总重量	117g

（4）电池

组装要求四轴飞行器最大飞行时间在10min左右，根据"计算多轴飞行器最大悬停时间工具"，如果飞行器总重量是1200g，用2600mA·h 3S1P的电池，最大悬停时间是9min，大致符合要求（图4、表4）。

图4 锂聚合物电池

表4 F450选用的电池清单

电池	格式ACE 3S1P 2600mA·h 25C，电源线是T形口
配件	魔术贴一对，用于把电池固定在动力系统上
总价格	150元
实称总重量	213g

（5）电源主线

需要一条T形口公头的电源线（图5、表5），用于动力系统的PCB的电源输入与飞控供电模块连接，电源线用12–14AWG的硅胶线，接口与电池和飞控供电模块一样，是T形口。

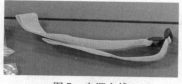

图5 电源主线

表5 电源主线清单

电源主线	12–14AWG T形口公头
总价格	3元
实称总重量（含香蕉公头）	10g

（6）香蕉头

电机通过香蕉头与电调连接（表6），每个电机有3条电源输入线，需要3个香蕉公头（图6）。电调自带的电源线较长，需要截断电线后重新安装香蕉母头。

学习情境01
学习情境02
学习情境03
学习情境04
学习情境05
学习情境06

图6 电源线香蕉公头

表6 香蕉头清单

香蕉公头	12 个
香蕉母头	12 个
总价格	20 元
实称总重量	20g

（7）魔术贴扎带

为了换电池方便，电池装在下中心板下方，为了确保电池不会松动，除了用了魔术贴粘住电池外，还用魔术贴扎带再扎牢（图7、表7）。

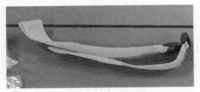

图7 魔术贴扎带

表7 魔术贴扎带清单

魔术贴扎带	2cm 宽，20~30cm 长
魔术贴	用于固定电池在下中心板下，1m 大约 5 元，每块电池都需要贴一块。如果买电池时候没附带，需要另外购买

2. 动力系统组装（一）

（1）电机与电调的连接

1）电调的 3 根输出线与电机的 3 根输入线焊接（图8）。

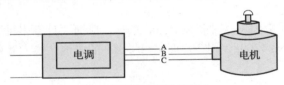

图8 电机与电调的连接 1

2）电调的 2 根输出线与电机的 2 根输入线互换可改变电机的旋转方向（图9）。

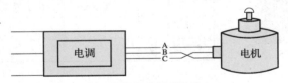

图9 电机与电调的连接 2

3）连接焊接处要牢固、可靠，不能有虚焊，防止无人机在飞行过程中因为抖动而导致意外。

4）线缆长度适宜，合理布线，保证无人机外表美观。

5）所有焊接连接处以及铜线裸露的地方都必须套上热缩管。

6）为方便替换零部件，一般在连接处使用香蕉头连接。

（2）电机的组装

1）安装电机（图10）时无人机机头方向的左上和右下为顺时针（CW）电机，右上和左下为逆时针（CCW）电机。

2）安装电机时使用的螺钉长度要合适，螺钉过长会顶到电机定子导致烧坏电机，太短不能完全把电机固定在机臂上。

3）保证电机座与机臂连接牢固。飞行中电机座松动，造成

图10 电机及螺旋桨保护罩的安装

电机偏转也是炸机的重要原因之一。

4）电机安装好后要校正水平，电机不平会使多轴无人机的稳定性大大降低。

（3）螺旋桨的安装

1）螺旋桨一般在飞行前才安装。

2）安装螺旋桨（图11）前一定要分清正桨和反桨。螺旋桨如果装反，起飞时由于受力不平衡，无人机必然会倾覆。

3）固定螺旋桨的螺母一定要锁紧。飞行中由于电机的高频振动很容易引起螺钉松动造成射桨，射桨不仅肯定会造成炸机，也可能会对驾驶员和其他人的生命安全造成威胁。

图 11　螺旋桨的安装

3. 动力系统组装（二）

（1）焊接香蕉头

用直尺从电机输入线根部开始量4cm左右的长度，用剪刀剪断（图12）。参考焊接电调香蕉母头的方式，逐一焊接好香蕉公头，记住要套上热缩管。

图 12　香蕉头的焊接

（2）装桨夹输出轴

滴一点螺钉胶在桨夹输出轴安装螺钉上，用六角螺钉旋具拧紧在电机上。

（3）安装电机在机臂上

把电机放在机臂电机安装座上，电机线向中心板方向，三条电源线分别向下穿过机臂孔。拿出机臂附带的电机安装螺钉，在螺钉上滴一点螺钉胶，把电机拧紧在机臂上。拧紧后，要通过电机座的散热孔观察下，螺钉有没有太长而顶到电机定子上（图13）。

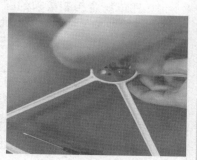

图 13　电机的安装

（4）插好香蕉头

取出直径是5cm的热缩管，用剪刀剪成12个长度为2cm的小管，每个香蕉公头套一个，再接上电调和电机的香蕉母头。3条线可以随便接，到调试飞控阶段，才能确定电机旋转方向是否正确，所以现在只是插上接头，等调试完毕再加热热缩管和扎好电线。

注意：为了安全起见，这个步骤还没装螺旋桨，要等飞控全部调试完毕才能装螺旋桨。

（5）电池的安装

1）在电池的正面上，用双面胶粘上绒面魔术贴。

2）用直尺量分别量出长边和短边的中心位置，用记号笔画两条线。

3）把电池用魔术贴粘到下中心板下，安装的位置要与之前画的中心线对应，但考虑到电池接线口有一定的重量，放的位置可以往电池接线口后退2mm左右。

学习情境 01
学习情境 02
学习情境 03
学习情境 04
学习情境 05
学习情境 06

4）在下中心板长边两头的长方形槽上，扣上条魔术扎带，把电池扎紧（图14）。

（6）安装飞控电源模块

1）做屏蔽层（可选）。飞控电源模块是个开关电源，对其他电子设备有一定的高频干扰。同样是为了最大限度抗干扰，为电源模块做个简易的屏蔽层。用直尺量电源模块尺寸，用剪刀裁剪出 2.5cm × 8cm 大小的锡纸（可以是烧烤用的，也可以用烟盒里面的锡纸）。用封箱胶把裁剪好的锡纸前后包起来，再剪下来。用双面胶把锡纸围着电源模块粘牢，最后套一截直径约 30mm 的热缩管，用电吹风加热套牢在电源模块上。

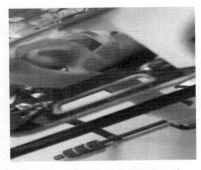

图14　使用魔术贴扎带固定电池

2）安装。取直径是 20mm 的热缩管，剪 3cm 长的一截，套在电源模块的母头上，再把母头跟电源主线的公头插到一起，套上热缩管后加热套牢。把接头部分用扎带扎在黑色那边的机臂上。

3）取出上中心板，把上中心板拧紧在机臂上。按图15中的方法，把电源模块用扎带扎在上中心板上，注意安装的方向一定要与图中一致，这样才能保证电源模块中给飞控系统供电的电线不用跨越飞控表面。

此时电调、动力系统、电机、供电模块已经安装完毕。下步需要安装 APM 飞控，但由于 APM 飞控需要校正加速度和电子罗盘，在装到动力系统前进行调试比较方便。

图15　飞控系统电源模块的安装

2.4.2　无人机动力系统组装工作计划

1. 完成符合组装要求的配件清单：不限于此列表

名称	品牌	型号	规格要求	数量	备注
动力系统					
电机					
电调					
电池					
螺旋桨					
飞控板					
遥控器					
遥控接收机					
……					

注意：零部件要尽量找信誉好、有实力的知名公司购买，以确保售后服务有保障。

2. 完成准备组装工具和辅助设备清单：不限于此列表

名称	品牌	型号	规格要求	数量	备注
电烙铁及烙铁架					
焊锡					
助焊剂					
热缩管					
尖嘴钳					
剥线钳					
热风枪					
螺钉旋具					
数字万用表					
……					

3. 制订动力系统组装工作计划：提炼关键词编制

序号	组装步骤及内容	设备工具	技术标准规范	安全环保等注意事项	组装质量保证或检测	组装结论
预估时间				成本预算		

2.5 任务决策

课程思政点睛

任务决策环节是在任务计划的基础上，对任务计划进行修改确认，或者是对多种计划方案进行优中选优。指导学生吸收采纳教师或其他人的建议，能够对自己的学习知识体系进行重新梳理，不断地接受他人的合理化意见或建议，是虚心、进取心的表现，同时也是尊重他人、客观公正对待自己的人生态度。在任务实施之前对自己的计划进行确认与调整，是严谨、认真、负责态度的体现，也有助于精益求精的工匠精神养成。

学习情境 01
学习情境 02
学习情境 03
学习情境 04
学习情境 05
学习情境 06

教学实施指导

1）教师指导学生个人独立按照任务决策的关键要素完成无人机动力系统组装任务决策表。

2）教师选出一个学生代表和自己进行任务决策，其他学生观察，并进行口头评价、补充、改进。

3）学生修改并提交自己的任务决策方案表格，教师对每个学生制定的任务决策方案进行确认。学生获得教师对自己所做决策方案的确认信息后才有资格进行任务实施。

无人机动力系统组装任务决策

请依据无人机动力系统组装任务决策表，站在企业的角度，和师傅沟通工作任务计划方案实施的可能性。决策内容包括：选择的配件清单，使用的工具和辅助设备清单，组装工作步骤的正确性、规范性和合理性，组装过程的安全性、环保性等注意事项，组装质量的把控或检测内容，工作任务的时间控制和成本控制等，并记录决策结果与师傅的建议。

无人机动力系统组装任务决策表

决策类型	决策方案
与师傅决策	请站在企业的角度，和师傅沟通工作任务计划方案实施的可能性（包括：选择的配件清单，使用的工具和辅助设备清单，组装工作步骤的正确性、规范性和合理性，组装过程的安全性、环保性等注意事项，组装质量的把控或检测内容，工作任务的时间控制和成本控制等，并记录决策结果与师傅的建议）
意见或建议	

2.6 任务实施

课程思政点睛

1）任务实施是学生最喜欢的操作环节，在此抓住时机对学生进行严谨、规范、标准操作训练。

2）要求学生必须按照前期经过决策的任务计划执行，养成先谋后动的工作意识，深入思考后才可以操作，严禁冒失和鲁莽行事。

3）在操作过程中要求学生在一个团队内必须通力合作，分工明确，提高工作效率，以此训练学生未来步入社会工作的团队合作能力和时间把控能力。

4）若在操作中万一有违规操作或者是失误、错误出现，要求学生必须如实告知，不但不会被批评，反而会因诚信而得分。

教学实施指导

1）学生观察教师的示范动作，或观看2.6.1无人机动力系统组装操作视频（1.配件工具；2.电机接头焊接；3.安装电机；4.电调电机连接；5.安装电池；6.安装螺旋桨）中的示范动作（操作内容：从准备配件、物料、工具、设备开始，进行无人机动力系统组装操作）。

　　2）学生分为4组，分工操作。每组每次安排2名学生操作，所有学生轮流，每个学生都要完成一次操作。当2名学生进行操作时，另外安排2名学生分别对其进行评价，填写2.6.2无人机动力系统组装任务实施评价表，1名学生拍视频，1~2名学生监督质量并记录，1~2名学生查阅组装手册改进计划。

2.6.1　无人机动力系统组装操作视频

1. 配件工具

2. 电机接头焊接

3. 安装电机

4. 电调电机连接

5. 安装电池

6. 安装螺旋桨

2.6.2　无人机动力系统组装任务实施评价

　　学生小组合作完成无人机动力系统组装任务实施评价表。任务实施阶段的评价由演练经理与企业成员讨论进行，最好达成一致意见。若不能达成一致意见，由演练经理执行。若企业成员不同意演练经理的评价，则由总投资人仲裁。

无人机动力系统组装任务实施评价表

被评人：

一级指标	二级指标	配分	评价	评价指标
1. 按照工艺流程组装无人机动力系统	正确选择工具设备	5		专业能力
	规范使用工具设备	5		规范性
	查阅组装工艺流程	5		信息获取
	正确顺序组装	5		专业能力
	操作中遵守技术规范和标准	5		规范性
	操作中遵守设备及人身安全防护	5		安全性
	操作中遵守环保要求	5		环保性
	操作过程保证组装质量	5		责任心
	检测线路连接情况及螺钉连接情况	5		专业能力
	检测记录完整准确	5		记录
	走路轻快稳，手脚利落，注重工作效率	5		工作规范
2. 任务实施中的自我管理	完成任务的时间控制把握	5		时间管理
	对任务计划及时调整与改进	5		自我改进
	面对突发问题处理时自信与抗挫折	5		情绪管理

评价人：

2.7 任务检查

课程思政点睛

任务检查环节包含三个层次的内容：

首先是复盘检查，对任务实施过程和任务实施结果进行检查，确保实施质量。教师严格要求学生对照标准和规范进行检查，养成学生严谨规范、认真负责的职业态度和职业精神，高标准、严要求、精益求精的工匠精神。

其次是对场地、工位、设备、环境等进行5S管理，养成规范、卫生、环保意识。

最后是对任务计划的调整改进，依据实施过程和结果，对前期做的工作计划进行优化，目的是训练学生自我改进、自我优化的自我管理能力，以此实现学生不断地进步提高。

教学实施指导

1）教师提供无人机动力系统组装任务的任务检查单。要求学生分组，小组合作完成任务检查及5S，在无人机动力系统组装任务检查单上标注。教师要求学生小组成员对工作过程和工作计划进行监督和评估，记录优缺点及改进建议，并口头表达。教师要重点引导学生对队友的支持性意见的表达，并训练学生接纳他人建议。

2）学生小组合作修改完善工作计划，修改方式是在原有工作计划上用另一种颜色的笔进行真实、全面的复盘改进、标注。

无人机动力系统组装任务检查及5S

请依据任务检查单，小组合作进行必要的最终任务检查和5S，并根据任务实施过程和任务实施结果的实际情况，优化、调整、完善、改进工作计划。

1）请进行必要的最终任务检查：

无人机动力系统组装任务检查单

检查项目	检查内容	问题记录	处理意见
检查任务实施过程			
检查质量标准			
检查任务结果			

2）请进行必要的5S：

5S 场地（　　　）

5S 设备工具（　　　）

5S 工位（　　　）

3）请根据任务实施过程和任务实施结果的实际情况，优化、调整、完善、改进工作计划（以另一种颜色的笔在任务计划上标注作答）。

2.8 任务交付

课程思政点睛

1）任务交付与任务接受呼应，特别适合对学生进行社会主义核心价值观中友善、和谐价值的训练。

2）如何做到和伙伴友善合作，如何做到站在公司立场为公司的利益和效率着想，如何站在客户角度为客户着想等。

　　3）在指导学生进行动力系统组装任务交付话术训练时，全面体现友善、和谐的价值。

教学实施指导

教师指导学生依据2.8.1无人机动力系统组装任务交付剧本，参考2.8.2无人机动力系统组装任务交付视频（中英文），以角色扮演方式进行任务交付。

2.8.1　无人机动力系统组装任务交付剧本（中英文）

学习情境描述

　　测绘设计研究院因工作需要购置了30架F450无人机的组件，现委托学院测绘无人机应用专业的项目团队完成组装、调试、试飞与数据采集。为了本项目的高效顺利实施，学院项目团队制订了实施计划，把项目拆分成若干个工作任务（学习情境），会伴随着项目进程陆续给出。

　　本次工作任务（学习情境）是希望通过各项目组的精诚合作，能够按照F450型号无人机组装的规范与标准组装30套动力系统，并要求在3天内组装完成。组装过程注意工作效率、经济效益与安全注意事项。

1. 任务完成，正常交付

组　　　长：领导，您好！经过我们团队3天的努力，30架无人机的动力系统包含电池、电机、电子调速器和螺旋桨，我们已经按照F450无人机组装的流程与标准规范，全部保质保量地完成了。

Hello, Director! After three days' efforts, our group has completed the power systems of 30 UAVs including the battery, motor, electronic speed control and propeller in strict accordance with the F450 UAV assembly process and standard specifications.

项目负责人：好的，你们辛苦了。已经送到质检组进行检测了吧？

All right. Thank you! Have they been sent to the quality inspection team?

组　　　长：是的，已经送检了。质检全部通过！

Yes. All passed the quality inspection!

项目负责人：完美。你们先休息一下，一会儿再布置新的任务给你们。

Perfect. Have a rest. I will assign you a new task later.

组　　　长：好嘞，等您。

OK.

2. 任务未完成，异常交付

组　　　长：领导，您好！不好意思跟您说，我们团队虽然已经很努力了，但是没有在规定时间内完成30架无人机动力系统的组装任务。

Hello, Director! I'm sorry to tell you that although our group has tried very hard, we have yet to complete the assembly task of 30 UAV power systems on time.

项目负责人：啊？！为什么？到底哪里出了问题？

Ah？！Why so? What went wrong?

组　　　长：真的非常抱歉，主要是我们专业技术水平还不够娴熟，再加上团队合作不够顺畅，导致了工作结果出现问题。

I'm really sorry. Since there is still much to be desired in our professional proficiency and group cooperation, we fail to finish the work on time.

项目负责人：算了。意识到问题的原因就好，下次多注意。那你们自己能解决吗？需不需要其他团队的帮助？

Come on. Just draw the lesson next time. Can you handle it by yourselves? Do you need help from other groups?

组　　　长：我们自己能解决，不需要帮助。不过，还需要点时间。

We can handle it by ourselves. We don't need help. But it will take some time.

项目负责人：多久？

How long will it take?

组　　　长：两个小时吧。

About two hours.

项目负责人：好吧。再给你们团队两个小时，必须保质保量完成。

All right. Two more hours for you. You must fulfill it.

组　　　长：谢谢您了！我们这就继续开工。您走好！

Thank you very much! We will continue with our work. See you!

2.8.2　无人机动力系统组装任务交付视频（中英文）

无人机动力系统组装任务交付（中文）　　　无人机动力系统组装任务交付（英文）

2.9　反思评价

课程思政点睛

1）反思评价作为学习思维的最高阶段，包含两个层次：复盘反思与评价。

2）复盘反思可以解决完成任务过程中知识碎片化的问题，有利于学生建构知识体系的逻辑思维能力训练，培养学生自主学习和终身学习能力。

3）当学生具备不断地复盘反思习惯的时候，对学生正确看待世界、看待问题、看待自己的正确三观形成会有很大的帮助，有利于学生形成科学的、正确的、正能量的世界观、人生观和价值观。

4）评价过程包括自评、他评和集体评价。自评可以培养学生自我评价、自我改进的自我管理能力。他评可以训练学生客观、公正、公平、诚信与公理心。

教学实施指导

1）学生安静、独立地参考所有的信息页和工作页，重点借鉴学习2.9.1无人机动力系统组装任务总结，在笔记本上制作"无人机动力系统组装"的理论知识点、技能操作点的思维导图。

2）小组合作制作思维导图海报，讲解展示。

3）完成2.9.2无人机动力系统组装任务的综合职业能力评价表的自评、他评与经理评价。

2.9.1 无人机动力系统组装任务总结

知识点总结

1. 动力系统概述

1）无人机动力系统的基本功用是为无人机提供动力，以确保重于空气的无人机能够稳定、可控、可持续地在空中飞行。

2）无人机常用的动力系统主要有电机和燃油发动机两类，电机中主要使用无刷电机和有刷电机，适用于微型或小型无人机。而燃油发动机中活塞发动机和涡轮发动机在无人机中被广泛采用，适用于中型或大型无人机。

3）按产生推进动力的原理不同，燃油发动机分为直接反作用力发动机和间接反作用力发动机两类。

4）直接反作用力发动机包括涡轮喷气式发动机，是利用向后喷射高速气流而产生向前的反作用力来推进无人机。

5）间接反作用力发动机有活塞式发动机、涡轮螺旋桨发动机、涡轮轴发动机和涡轮螺旋桨风扇发动机等。

2. 电机动力系统

1）电机动力系统是将化学能转化为电能再转化为机械能为无人机飞行提供动力的系统，主要由电池、电机、电子调速器（简称电调）和螺旋桨四个部分组成。

2）电池是能量装置，将化学能转化为电能，为无人机的电机和机载电子设备提供电能。

3）电机是多旋翼无人机的主要动力机构，也能量转换装置，将电能转化为机械能，主要提供升力和调整飞行姿态。

4）电子调速器简称为电调（ESC），其主要作用是将飞控板的控制信号转变为电流的大小，控制电机的转速。

5）螺旋桨是多旋翼无人机直接的升力来源，安装在无刷电机上，通过电机旋转带动螺旋桨旋转。

3. 燃油发动机系统

1）燃油类发动机动力系统主要包括燃油发动机系统、燃油系统、滑油系统、传动系统等。

2）燃油发动机系统主要装置是将燃油的化学能转化为机械能的发动机，主要有航空活塞发动机和涡轮轴发动机两大类。

3）燃油系统主要由燃油箱、输油管路、燃油增压泵、防火开关、放油开关、燃油控制系统组成。

4）燃油箱根据无人机的用途和续航里程等需求，分为软油箱、硬油箱、整体油箱。

5）输油管路分为串联和并联。输油管路连接了燃油箱与发动机之间、燃油箱与燃油箱之间，确保供油通畅。

6）燃油增压泵为了保持燃油箱内的油面压力大于燃油的饱和蒸气压，确保燃油顺利地进入发动机内部，完成能量转化任务。

7）防火开关设置在燃油泵之前，当发动机发生故障着火时，通过电气控制自动关闭开关，停止供油，防止火势蔓延。

8）在更换油箱或油泵时，通过放油开关放尽油泵里残余的燃油。

9）燃油控制系统包含计算系统和计量系统，根据不同的飞行参数准确控制供油量。

10）润滑油箱储存润滑油，其大小需要考虑润滑油量、润滑油膨胀及混合空气总体积。

11）润滑油泵分为供油泵和回油泵，目的是使润滑油能够在油路及各部件中循环流动。

12）润滑油滤清洁润滑油，过滤润滑油中的金属屑及杂质。

13）磁屑探测器安装在回油路中，用来集中润滑油中带有磁性的杂质。

14）润滑油散热器冷却润滑油，确保润滑油在合适的温度下工作。

15）油气分离器分离润滑油和空气，提高润滑油利用率。

16）传动系统将发动机的动力输出按一定的功率和转速传递到旋翼，驱动旋翼正常旋转。传动系统主要组成包括主减速器、中间减速器、传动轴与联轴器、离合器、旋翼制动。

4. 活塞式发动机

1）活塞式发动机是把燃油在发动机气缸内部进行燃烧，将燃油的化学能转变成热能，然后又将热能推动气缸内的活塞做功，转变成机械能的机器。

2）按活塞运动方式划分：往复活塞式发动机与旋转活塞式（转子）发动机；按混合气形成方式划分：缸外混合汽化式与缸内直接喷射式；按发动机冷却方式划分：水冷式与空气冷却式；按空气进入气缸前是否增压划分：自然吸气式与增压式；按气缸排列方式划分：直列式与星型排列式；按点火方式划分：点燃式发动机和压燃式发动机；按工作过程划分：四冲程发动机和二冲程发动机。

3）上止点（Top Dead Center，TDC）指活塞在气缸里作往复直线运动时，当活塞向上运动到最高位置，即活塞顶部距离曲轴旋转中心最远的极限位置。

4）下止点（Bottom Dead Center，BDC）指活塞在气缸里作往复直线运动时，当活塞向下运动到最低位置，即活塞顶部距离曲轴旋转中心最近的极限位置。

5）活塞行程（S）指活塞从一个止点到另一个止点移动的距离，即上、下止点之间的距离。一般用 S 表示，对应一个活塞行程，曲轴旋转 $180°$。

6）曲轴与连杆下端的连接中心至曲轴中心的距离（即曲轴的回转半径）称为曲柄半径（R）。活塞每走一个行程相应于曲轴旋转 $180°$。对于气缸中心线与曲轴中心线相交的发动机，活塞行程（S）等于曲柄半径（R）的两倍，即 $S=2R$。

7）气缸工作容积（V_h）：活塞从一个止点运动到另一个止点所扫过的容积称为气缸工作容积或气缸排量。

8）燃烧室容积（V_c）：活塞在上止点时，活塞顶与气缸盖之间的容积称为燃烧室容积，单位是 L。

9）气缸总容积（V_a）：活塞在下止点时，活塞顶上方的容积称为气缸总容积。

10）工作循环：在气缸内进行的每一次将燃料燃烧的热能转变成机械能的一系列连续过程（进气、压缩、做功、排气）称为发动机的一个工作循环。

11）往复式活塞式航空发动机完成一个工作循环，活塞在气缸内要经过四个行程，依次是进气行程、压缩行程、做功行程和排气行程，活塞上下往返运动两次，曲轴旋转两周。

12）由于进气门早开和排气门晚关，就会出现有一段时间进、排气门同时开启的现象。进气门和排气门同时开启的那一段时间的曲轴转角，称之为气门重叠时间或气门重叠角。

5. 涡轮发动机

1）涡轮喷气发动机主要由进气道、压气机、燃烧室、涡轮、尾喷管和其他辅助系统组成。

2）涡喷发动机转速高、推力大、直径小，主要适用于超音速飞行，缺点是耗油率大，特别是低转速时更大，故经济性差。此外，由于排气速度大，噪声也大。

3）涡轮风扇发动机由风扇、低压压气机、高压压气机、燃烧室、驱动压气机的高压涡轮、驱动风扇的低压涡轮和排气系统组成。

4）涡扇发动机具有推力大、推进效率高、噪声低、燃油消耗率低等优点。涡扇发动机的缺点是风扇直径大，迎风面积大，因而阻力大，发动机结构复杂，其速度特性不如涡喷发动机。

5）涡轮螺旋桨发动机除了涡喷发动机的基本五大结构（进气道、压气机、燃烧室、涡轮、尾喷管），还包括两个部分螺旋桨和减速器。

6）涡轮螺旋桨发动机与活塞式航空发动机相比，具有功率重量比大、振动小、耗油率低、高空性能好的优点；与涡喷、涡扇发动机相比也有耗油率低的优点。受螺旋桨不适合高速飞行的限制，涡桨发动机不宜用作高速飞机的动力装置。

7）涡轮轴发动机主要由进气装置、燃烧室、自由涡轮、排气装置、减速器等5部分组成。

8）涡轴发动机与活塞式发动机相比较，具有功率大、功率重量比大、体积较小、经济性好、振动小的优点。其缺点是构造较复杂，而且制造困难，成本也高。减速器系统又大大增加了重量。

6. 有刷电机

1）有刷电机结构主要由定子、转子、端盖、风扇等组成。

2）定子的主要作用是产生磁场和机械支撑。由主磁极、换向磁极、机座、电刷装置等构成。

3）主磁极由主极铁心和主磁绕组（励磁绕组）组成，作用是产生磁场。

4）换向极由换向铁心和换向绕组组成，其作用是产生换向磁场，改善电机的换向性能，防止产生电弧火花。

5）电刷装置安装在电机的前端盖上，是将电源引入直流电机的装置，它由电刷、刷握、刷杆、弹簧等组成。

6）转子的主要作用是产生电磁转矩和感应电动势，它是能量转换的关键，由电枢铁心、电枢绕组、换向器和转轴等组成。

7）电枢铁心主要作用是导磁和嵌放电枢绕组。

8）电枢绕组作用是产生感应电动势，通过电流产生电磁转矩，传送电磁功率，实现电能和机械能之间的转换。

9）换向器由绝缘材料相隔的铜片做成，并固定在轴上，其主要作用是将外部的直流电换成绕组内的交流电。

10）气隙是指定子与转子之间的间隙。气隙的大小决定了磁通量的大小。

11）直流有刷电机的调速方法是变压调速，通过调整电机供电电源电压的高低，导致供电电流的变化调整，调整后的电压与电流通过整流及电刷的转换，改变电极产生的磁场的强弱，从而达到改变转速的目的。

7. 无刷电机

1）无刷电机主要由转子、定子、位置检测装置、前后端盖等组成。

2）随着转子的连续旋转，位置传感器不断地发送转子位置信号，使电枢绕组不断地依次通电，不断地改变通电状态，从而使得转子各磁极下电枢导体中流过电流的方向始终不变。

3）在无刷电机的机身铭牌上有一组四位数字，表示电机定子的尺寸，前面两位数字是电机定子的外直径，后面两位数字是电机定子的高度，单位为 mm。

4）所谓 KV 值是衡量电机转速的指标，表示施加 1V 电压时电机空转每分钟可以达到的转速。用它来表示当电机的输入电压增加 1V，无刷电机空转转速（r/min）增加的转速值，单位为（r/min）/V。

5）直流无刷电机调速过程是变频调速，电机的供电电源的电压不变，改变电调的控制信号，通过微处理器再改变大功率 MOS 管的开关速率，来实现转速的改变。

8. 电子调速器

1）电子调速器简称电调，将飞控的控制信号，转变为电流信号，用于控制电机转速。

2）电子调速器主要功能包括：

电机调速：将飞控系统的 PWM 控制信号转化为电流的大小，控制电机的转速。

学习情境 01
学习情境 02
学习情境 03
学习情境 04
学习情境 05
学习情境 06

变压供电：将电池电压变压，为飞控板和遥控接收机上其他通道的舵机供电。

电源转化：将电池直流电转换为交流电供给无刷电机；充当换向器的角色，因为无刷电动机没有电刷进行换相，所以需要靠电调进行电子换向。

其他功能：电调还有一些其他辅助功能，如电池保护、启动保护和制动等。

3）电调的主要参数包括最大持续/峰值电流、电压范围、内阻、刷新频率、可编程特性。

4）电调上会标有其能够输出的最大电流。大电流的电调可以兼容使用在小电流，但小电流电调不能超标使用。

5）电调一般有电源输出功能（BEC），即在信号线的正负极之间有5V左右的电压输出，通过信号线给飞控供电和接收飞控的控制信号；遥控接收机连接在飞控上，输出遥控信号，并同时从飞控上得到5V供电电压。

9. 电池

1）电池是电动多旋翼无人机的供电装置，给电机和机载电子设备供电。

2）电池的性能指标主要包括串并联级数、电池电压、电池容量、充放电倍率。

3）电池串联可以获得更大的电压，但电池容量保持不变；电池并联可以得到更大容量，但电压不变。通过电池合理的串并联组合，可以获得无人机飞行所需要的电压和容量。通常用字母"S"表示电池串联，用字母"P"表示电池并联。

4）标称电压是指厂家按照国家标准标示的电压，也称额定电压，可用来鉴别电池类型，实际使用时电池电压是不断变化的。

5）锂聚合物电池，标称电压一般为3.7V。正常使用的最低电压是2.7V，最高是4.2V。

6）电池容量是用毫安·时（mA·h）来表示的，是电池在1h内可以放出或充入的电流量。

7）电池的放电能力是以倍数，即放电倍率（C）来表示的，即按照电池的标准容量可达到的最大放电电流。不论何种电池，放电倍率越大，寿命越短。

8）充电倍率一般用于充电时限制最大充电电流，以免充电电流过大损害电池使用寿命，计算方法与放电电流相同，也用倍数（C）来表示。C的倒数是电池放完电所用的时间，单位为h。不能用低C的电池大电流充放电，这样会使电池迅速损坏，甚至自燃。

9）充电倍率 = 充电电流/额定容量，用来指导选择合适的充电器。

10. 螺旋桨

1）螺旋桨最终为无人机提供拉力、升力等。

2）螺旋桨安装在无刷电机上，通过电机旋转带动螺旋桨旋转。

3）多旋翼无人机多采用定距螺旋桨，即桨距固定，主要指标有螺距和尺寸。

4）定距螺旋桨从桨毂到桨尖安装角逐渐减小，这是因为半径越大的地方线速度越大，受到的空气反作用就越大，容易造成螺旋桨因各处受力不均匀而折断。

5）根据材质的不同，桨叶可以分成注塑类、碳纤维桨和木桨。

6）螺旋桨尺寸通常用四位数字来表示，前两位数字表示螺旋桨直径，后两位数字表示螺旋桨螺距，单位均为in。

7）螺距是桨叶旋转一周旋转平面移动的距离，即桨叶旋转一周飞机所前进的距离。

8）螺旋桨配得过小，不能发挥最大推力；螺旋桨配得过大，电机会过热，会使电机退磁，造成电机性能的永久下降。

9）电机的KV值越小，转动力量就越大。因此，高KV值电机配小螺旋桨，低KV值电机配大螺旋桨。

10）螺旋桨有正反桨之分，顺时针方向旋转的是正桨，逆时针方向旋转的是反桨。正反桨的风向都是向下。安装时，无论正反桨，有字的一面是向上的，确保桨叶圆润的一面和电机旋转方向一致。

技能点总结

1）电机与电调的连接。

2）电机的安装。

3）电池的安装。

4）螺旋桨的安装。

5）用电安全与电焊的安装使用。

6）万用表测量焊接路线质量。

2.9.2　无人机动力系统组装任务综合职业能力评价

请依据无人机动力系统组装综合职业能力评价表，客观真实完成自评、他评与经理评价。

无人机动力系统组装任务综合职业能力评价表

学习情境	学习情境2：无人机动力系统组装			
班级		姓名		成绩
评价项目	评价内容	自评	他评	经理评价
知识点	无人机动力系统的功用			
	无人机动力系统的分类			
	电机动力系统的组成与特点			
	燃油发动机动力系统的组成与特点			
	活塞发动机的关键术语与工作原理			
	活塞发动机的配气相位			
	四种涡轮发动机的组成及工作原理			
	有刷电机的结构原理、调速及性能参数			
	无刷电机的结构原理、调速及性能参数			
	电调的结构原理、性能参数及选用原则			
	电池的结构原理、性能参数及选用原则			
	螺旋桨的结构原理、性能参数及选用原则			
技能点	电调线束与电池、电机的连接			
	电机的安装			
	螺旋桨的安装			
	电池的安装			
能力点	阅读标注关键词并归纳的能力			
	能够带领一个小组工作的能力			
	利用工作页索引完成理论知识学习的能力			
	做事能够坚持到底（耐力）的能力			
	反思评价自己/他人工作的能力			
	举一反三学习迁移的能力			

学习情境 01
学习情境 02
学习情境 03
学习情境 04
学习情境 05
学习情境 06

（续）

学习情境	学习情境2：无人机动力系统组装			
班级		姓名	成绩	
评价项目	评价内容	自评	他评	经理评价
能力点	能够个人独立面对问题或解决问题的能力			
	集中精力倾听的能力			
	安静下来独立阅读的能力			
	与他人讨论能协商能合作的能力			
	正确表达自己想法的能力			
	安全意识和安全操作的能力			
	环保意识和环保处理的能力			
	5S意识和规范性			
	对自己的工作认真负责的能力			
	委婉友善提出意见或建议能力			
	在负责任的前提下支持队友的能力			

2.10 巩固拓展

课程思政点睛：

巩固拓展环节是充分利用学生的课余时间布置高质量的作业，对课上所学及完成的任务进行温故知新，同时训练学生举一反三、迁移新任务的解决问题能力。任务选择注意课程内容的延续性及拓展性，稍微增加难度，在小组主持作业的情况下，既要对学生克服困难独立完成任务的职业素养进行训练，也要对学生团队合作、高效率高质量完成任务的能力和素养进行训练。

教学实施指导

1）完成信息化系统中的所有理论测试题，全部满分通过。

2）完成信息化系统中关于十步教学的每一步测评表后进行提交。

3）请小组合作完善"无人机动力系统组装工作计划"，制作展示PPT提交到系统准备下次课展示。

4）以小组为单位完成演练月3财务结算表和成绩统计。

5）以小组为单位熟练无人机动力系统组装的操作。

新任务迁移：其他型号无人机动力系统组装

教师布置新的客户任务：其他型号无人机动力系统组装。要求学生小组合作制订工作计划。学生明确拓展任务：其他型号无人机动力系统组装。利用信息化手段查阅检索信息，做好完成拓展任务的计划（分工与时间安排），小组合作制订工作计划，下次课前用PPT展示和评价。

Studying Situation
03

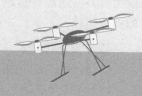

学习情境 3
无人机飞控系统组装

3.0 教学准备

知识目标
- 多旋翼无人机飞控系统介绍。
- 无人机控制站的功能。
- 无人机控制软件分类及应用。
- 无人机飞控系统的组成。
- 无人机飞控接口的类型与作用。
- 飞控系统传感器分类、原理及应用。
- 机载计算机原理及应用。
- 无人机飞控系统组装的标准及规范。

技能目标
- 减振座安装。
- 飞控安装。
- 蜂鸣器安装。
- 安全开关安装。
- 电调杜邦线安装。
- 用电安全与电焊的安装使用。
- 万用表测量连接质量。

素养目标
- 能够提炼总结简单的事实文本。
- 能够在两人对话中有效沟通并交换信息。
- 能够把自己的观点表达清楚。
- 能够在团队中承担自己的角色功能。
- 能够在团队中有积极合作意识。
- 能够在制订计划时尽可能考虑全面。
- 能够控制自己情绪，跟伙伴友好合作。
- 能够认真倾听并及时记录。
- 能够进行简单的图文展示。
- 能够以 ERP 沙盘演练的形式创建测绘企业。
- 能够把企业经营理念与人文情怀贯穿专业知识学习之中。
- 能够具有创新、创业精神和意识。

3.1 任务接受

课程思政点睛

任务接受环节特别适合对学生进行社会主义核心价值观中的友善、和谐价值的训练。如何做到和伙伴友善合作，如何做到站在公司立场为公司的利益和效率着想，如何做到站在客户角度为客户着想等，在指导学生进行飞控系统组装任务接受的话术训练时，教师要及时、适时地对学生进行引导训练，全面体现友善、和谐的价值。

任务接受环节涉及第 4 个演练月的企业经营，在布置演练月 4 财务核算任务时，严格要求学生具备诚信经营意识，做到严谨、规范、一丝不苟，同时还要有独特的创新意识和不屈不挠的创业精神。

教学实施指导

1）教师指导学生依据 3.1.1 无人机飞控系统组装任务接受剧本（中英文），学习过程参考 3.1.2 任务接受视频（中英文），采取角色扮演的方法完成任务接受。

2）角色扮演之后明确了工作任务，完成 3.1.3 无人机飞控系统组装任务工单。

3.1.1 无人机飞控系统组装任务接受剧本（中英文）

学习情境描述

测绘设计研究院因工作需要购置了 30 架 F450 无人机的组件，现委托学院测绘无人机应用专业的项目团队完成组装、调试、试飞与数据采集。为了本项目的高效顺利实施，学院项目团队制订了实施计划，把项目拆分成若干个工作任务（学习情境），会伴随着项目进程陆续给出。

本次工作任务（学习情境）是希望通过各项目组的精诚合作，能够按照 F450 型号无人机组装的规范与标准组装 30 套飞控系统，并要求在 3 天内组装完成。组装过程注意工作效率、经济效益与安全注意事项。

项目负责人：组长，你好！你们团队上次的动力系统组装任务完成得非常好。这次任务是组装 30 套飞控系统，还希望你们继续保持。

Hello, group leader! Your group has done an excellent job in assembling the powertrains. Next, it is to assemble 30 flight control systems. Keep going like before.

组　　长：领导，您好！明白了，这次任务是组装 30 套 F450 无人机的飞控系统。不过，组装这 30 套飞控系统有什么特殊的具体要求吗？

I see. The mission is to assemble flight control systems for 30 F450 UAVs. But are there any specific requirements for assembling the 30 flight control systems?

项目负责人：没有什么特殊要求，你们还是按照 F450 无人机组装流程与标准，规范组装保证质量就行了。

Nothing special. All you need to do is follow the F450 UAV assembly process and standard, and ensure no compromise on quality.

组　　长：好，没问题！规范和标准我们一定严格要求。

No problem! We will strictly follow the specifications and standards.

项目负责人：另外，在组装过程中依然要嘱咐组员，尤其是飞控系统的集成电路板精密元件较多，注意谨慎安全操作，千万别磕磕碰碰或掉落、损坏零部件。谁损坏，谁赔偿。尽量节约成本。

In addition, in the assembly process, please remind your fellow group members that they must be careful to avoid bumping, losing or damaging any part or component as there are many precision components on the integrated circuit board of the flight control system. Whoever causes damage must compensate. We should try to save costs.

组　　长：好的！您放心，我会嘱咐团队成员小心安全操作。这 30 套飞控系统给我们多长时间完成？

All right! Don't worry. I will tell the group members to be careful. How much time we are allowed to finish the job?

项目负责人：3 天内必须保质保量完成。完成后，上交质检组检验。

It must be perfectly accomplished within 3 days. Then the flight control systems shall be submitted to the quality inspection team for inspection.

组　　长：明白了。您放心！还有要嘱咐的吗？

I see. Don't worry about it. Anything more?

项目负责人：没有了。那就拜托了。有问题随时联系。

No more. Just go ahead. Please feel free to contact me if you have any questions.

组　　长：好的！您慢走！再联系。

OK. See you! Keep in touch.

3.1.2　无人机飞控系统组装任务接受视频（中英文）

无人机飞控系统组装任务接受（中文）　　　无人机飞控系统组装任务接受（英文）

3.1.3　无人机飞控系统组装任务工单

项目名称	无人机组装调试		
项目单位			
项目负责人		联系电话	
项目地址			
项目时间			
任务名称	无人机飞控系统组装		

工作任务描述：

　　测绘设计研究院因工作需要购置了 30 架 F450 无人机的组件，现委托学院测绘无人机应用专业的项目团队完成组装、调试、试飞与数据采集。为了本项目的高效顺利实施，学院项目团队制订了实施计划，把项目拆分成若干个工作任务，会伴随着项目进程陆续给出。

　　本次工作任务是希望通过各项目组的精诚合作，能够按照 F450 型号无人机组装的规范与标准组装 30 套飞控系统，并要求在 3 天内组装完成。组装过程注意工作效率、经济效益与安全注意事项。

检查零部件及工具耗材等情况记录：

组装结论：

组装人：	组长：
质检员签字：	项目负责人签字：
成本核算：	完成时间：

3.2　任务分析

课程思政点睛

　　任务分析环节以大疆 F450 无人机飞控系统组装视频为切入点，在此教师要以能源飞控系统的发展，引入绿色、环保概念，深刻诠释"绿水青山就是金山银山"。

　　同时，以一个操作视频对学生启发引导分析任务本身，有助于学生深入思考自己完成任务需要的知识点、技能点与素养点。教师要抓住机会及时训练学生在视频中提取专注、严谨、规

学习情境 01
学习情境 02
学习情境 03
学习情境 04
学习情境 05
学习情境 06

范、标准、安全、精益求精的工匠精神。

教学实施指导

教师指导学生利用卡片法完成任务分析。

1）学生首先个人独立观看无人机飞控系统组装视频，在笔记本上独立认真书写：要完成客户委托任务都需要哪些关键信息。

2）学生小组合作讨论出本组的关于完成客户委托任务关键点，并写在彩色卡片上，贴在白板上展示。

3）教师指定小组，逐条讲解展示，其他小组学生领会理解，补充改进。

无人机飞控系统组装视频

大疆F450无人机
飞控系统组装

3.3 理实一体化学习

课程思政点睛

1）借助无人机飞控系统的分类与发展，以芯片技术为题，引导学生对民族企业及民族品牌的关注，华为集团大力引进国内著名高校的高才生集中精力研发芯片技术，作为民族企业的担当，充分展现了爱国情怀。

2）通过学习站法的学习指导，培养了学生独立、民主、公平、友善、诚信、合作、和谐、敬业等价值观。

3）通过小组拼图法的学习，充分训练学生独立性、进取心、毅力、坚持、美学等素养。

教学实施指导

教师提供给学生为完成本任务（无人机飞控系统组装）必要的学习资料（9个模块），要求并指导学生利用学习站法及小组拼图法完成理实一体化学习。学生按照教师的要求，认真完成9个模块的企业内部培训，力争自己解决问题。为后续完成客户任务（无人机飞控系统组装）进行企业运营，积累专业知识、技能与素养。

学习站法学习

1）学生分为4组，每组学生按照教师的要求进入自己的学习站，个人独立学习相应的3.3.1~3.3.4信息页，并完成各自对应的3.3.1~3.3.4工作页。同一个学习站的学生小组合作讨论，对学习结果（即工作页的结果）进行更正、改进、完善，达成共识。学生按照教师指定的轮站顺序轮换学习站学习，直至完成3.3.1~3.3.4所有信息页与工作页的学习。

2）学生以竞争方式获得展示学习结果的机会，使用实物投影仪进行展示讲解，本小组的同学补充完善，力求不给其他小组机会。而其他小组的同学进行倾听、补充、改进、完善，都会获得相应的奖励。

3）个人独立完成理论测试：无人机飞控系统（功能、组成、模式、类型）。

小组拼图法学习

1）教师在原始组内依据5个内容，指导学生对应学习，分别提供相应的3.3.5~3.3.9信息页和工作页及飞控系统实物。要求学生在原始组内安静、独立地学习信息页，完成工作页。

2）学习同一份内容的学生形成专家组，重新组合，合作讨论，对工作页结果进行更正、改进、完善，达成共识，制作海报准备展示。

3）选派出超级专家，留在本组负责讲解展示，其他组员按照教师指示依次轮换到其他小组进行倾听学习。

4）学生回到原始组，安静、独立地进行其他信息页的学习，完成对应的工作页，每个人都要完成5份学习内容。然后合作讨论，对5份工作页结果进行更正、改进、完善，达成共识。

3.3.1 飞控系统功能

1. 信息页

学习领域	学习领域：无人机组装调试		
学习情境	学习情境3：无人机飞控系统组装	学习时间	30min
工作任务	A：飞控系统功能	学习地点	理实一体化教室

飞控系统功能

飞行控制系统简称飞控系统，是控制无人机飞行姿态和运动方向的部件，是无人机完成起飞、空中飞行、执行任务、返场回收等整个飞行过程的核心系统，也称为自动驾驶仪。这也是无人机区别于航模的根本原因之一。实际上，无人机的飞控系统就相当于有人机的飞行员，是无人机执行任务的关键。

飞控系统的好坏从本质上决定了无人机的飞行性能。飞控系统通过高效的控制算法，能够精准地感应并计算出无人机的飞行姿态等数据，再通过主控制单元实现精准定位悬停和自主平稳飞行。根据机型的不一样，可以有不同类型的飞行控制系统，有支持固定翼、多旋翼及直升机的飞行控制系统。

1. 功能

（1）基本功能

飞控系统主要具有如下功能：

1）无人机姿态稳定与控制。

2）与导航子系统协调完成航迹控制。

3）无人机起飞（发射）与着陆（回收）控制。

4）无人机飞行管理。

5）无人机任务设备管理与控制。

6）应急控制。

7）信息收集与传递。

以上所列的功能中第1）、4）和6）项是所有无人机飞行控制系统所必须具备的功能，而其他项不是每一种飞行控制系统都具备的，也不是每一种无人机都需要的，根据具体无人机种类和型号可进行选择和组合。

固定翼无人机飞行的控制通常包括方向、副翼、升降、油门、襟翼等控制舵面，通过舵机改变飞机的翼面，产生相应的力矩，控制飞机转弯、爬升、俯冲、横滚等动作。

传统直升机形式的无人机通过控制直升机的倾斜盘、油门、尾舵等，控制飞机转弯、爬升、俯冲、横滚等动作。

多轴形式的无人机一般通过电调控制各轴桨叶的转速来控制无人机的姿态，以实现转弯、爬升、俯冲、横滚等动作。

（2）大疆无人机飞控系统主要功能

1）实现精准定位悬停。由于配置有GPS指南针模块，飞行控制系统可以实现锁定经纬度和高度的精准定位。即使碰到有风或者其他外力的作用下，飞行控制系统也能通过主控制单元发出的定位指令来自主控制飞行器以实现精准定位悬停（图1）。

2）智能失控保护/自动返航降落。飞行控制系统能自动记录返航点，当飞行过程中，出现控制信号丢失，即无线遥控控制链路中断的情况，飞行控制系统能自动计划返航路线，实现自动返航和降落，使飞行或航拍更加安全可靠（图2）。

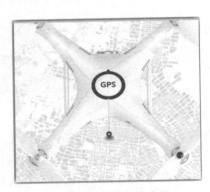

图1　精准定位悬停功能

图2　智能失控保护/自动返航降落功能

3）低电压报警或自动返航降落。由于多旋翼飞行系统普遍采用电池供电的方式，巡航时间有限。为保证更高效地完成飞行作业任务，飞行控制系统的低电压报警功能会及时通过LED指示灯提醒驾驶员当前的电压状态，在紧急的情况下，还可以实现自主返航或者降落，以保证整个飞行系统的安全。

4）内置（两轴）云台增稳功能。云台系统作为无人机航拍不可缺少的设备，主要用以稳定照相机，从而拍摄出稳定流畅的画面。越来越多的人采用无人机航拍，主要是因为其成本较低，性价比相对较高。除了无人机飞行系统以外，还需要挂载摄像设备来实现航拍。如果直接将摄像设备进行硬连接，会导致拍摄画面抖动或呈现"果冻效应"，这样的素材即使通过软件后期调试也基本不能使用。

5）可扩展地面站功能。飞行控制系统还可扩展成更加强大的地面站功能，从而实现超视距全自主飞行。通过地面控制终端，可提前设定飞行航线、高度及速度等参数，一键即可实现从起飞、航线飞行、返航降落等全自主飞行功能。

地面站系统拥有3D地图，可视化飞行仪表，提供飞机姿态、坐标、速度、角度等实时飞行数据，同时也提供飞机及飞控系统状态信息（图3）。

图3　可扩展地面站功能

6）智能方向控制。智能方向控制（Intelligent Orientation Control，IOC）分为航向锁定和返航点锁定，是一种为多旋翼飞行器量身定制的辅助方向控制功能。在无法辨别飞行器方向的时候，可充分利用该功能对飞行器的方向进行控制。

学习情境 01

学习情境 02

学习情境 03

学习情境 04

学习情境 05

学习情境 06

7）航向锁定。在使用航向锁定时，飞行前向和主控记录的某一时刻的机头朝向一致（图4）。

图4　航向锁定功能

8）返航点锁定。在使用返航点锁定时，飞行前向为返航点到飞行器的方向（图5）。

图5　返航点锁定功能

9）热点环绕（POI）。热点环绕（Point of Interest，POI）功能在GPS信号良好的情况下，可以通过拨动遥控器上预先设置好的开关，将飞行器当前所在的坐标点记录为热点。

以热点为中心，在半径5～500m的范围内，只需要发出横滚的飞行指令，飞行器就会实现360°的热点环绕飞行，机头方向始终指向热点的方向。该功能设置简单、使用方便，可实现对固定的景点进行全方位拍摄的应用（图6）。

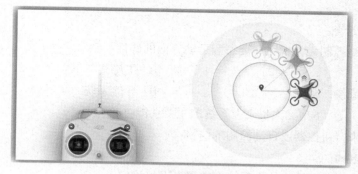

图6　热点环绕功能

10）断桨保护功能（六轴及以上的机型）。断桨保护功能是指在姿态或GPS姿态模式下，飞机意外缺失某一螺旋桨动力输出时，飞机可以采用牺牲航向轴控制的办法，继续保持飞行水平姿态。此时飞机可以继续被操控，并安全返航。这一设计大大降低了炸机的风险。

2. 工作页

学校名称		任课教师	
班级		学生姓名	
学习领域	学习领域：无人机组装调试		
学习情境	学习情境3：无人机飞控系统组装	学习时间	30min
工作任务	A：飞控系统功能	学习地点	理实一体化教室

飞控系统功能

1. 请完成以下判断题：

(1) 无人机飞控系统是无人机整个飞行过程的核心系统。 （ ）

(2) 有些航模也有飞行控制系统。 （ ）

(3) 无人机飞控系统的主要解决谁在飞无人机的问题。 （ ）

(4) 飞行控制系统简称飞控系统，是控制无人机飞行姿态和运动方向的部件。 （ ）

(5) 飞控系统的好坏从本质上决定了无人机的飞行性能。 （ ）

(6) 飞控系统通过高效的控制算法，能够精准地感应并计算出无人机的飞行姿态等数据，再通过主控制单元实现精准定位悬停和自主平稳飞行。 （ ）

(7) 传统直升机形式的无人机通过控制直升机油门来控制飞机转弯、爬升、俯冲、横滚等动作。 （ ）

(8) 为保证更高效地完成飞行作业任务，飞行控制系统的低电压报警功能会及时通过LED指示灯提醒驾驶员当前的电压状态，在紧急的情况下，还可以实现自主返航或者降落，以保证整个飞行系统的安全。 （ ）

(9) 断桨保护功能适用于所有无人机，是指在姿态或GPS姿态模式下，飞机意外缺失某一螺旋桨动力输出时，飞机可以采用牺牲航向轴控制的办法，继续保持飞行水平姿态。 （ ）

2. 请完成以下单选题：

(1) （ ）是控制无人机飞行姿态和运动方向的部件。

A. 电机　　　　　　　　　　B. 螺旋桨

C. 飞控系统　　　　　　　　D. 导航系统

(2) 以下（ ）不是无人机飞控系统的主要功能。

A. 处理来自遥控器或自动控制的信号

B. 控制电调

C. 通过控制电调输出信号保持多旋翼无人机稳定

D. 控制导航

(3) 固定翼无人机是通过（ ）改变飞机的翼面，产生相应的力矩，控制飞机转弯、爬升、俯冲、横滚等动作。

A. 副翼　　　　　　　　　　B. 油门

C. 舵机　　　　　　　　　　D. 襟翼

（4）（　　）是飞控系统要做的首要事情。

    A. 分析判断得到准确的位置和姿态信息

    B. 控制电机转速

    C. 控制航迹

    D. 保持飞行稳定

（5）多旋翼无人机一般通过（　　）控制各轴桨叶的转速来控制无人机的姿态。

    A. 飞控系统　　　　　　　　　　　　B. 电子调速器

    C. 发动机（电机）　　　　　　　　　D. 螺旋桨

（6）下列（　　）不是所有无人机飞行控制系统所必须具备的功能。

    A. 姿态稳定与控制　　　　　　　　　B. 导航与制导控制

    C. 应急控制　　　　　　　　　　　　D. 飞行管理

（7）飞行控制系统，由于配置有 GPS 指南针模块，可以实现锁定经纬度和高度的精准定位。即使碰到有风或者其他外力的作用下，飞行控制系统也能通过主控制单元发出的定位指令来自主控制飞行器以（　　）。

    A. 实现精准定位悬停

    B. 智能失控保护/自动返航降落

    C. 低电压报警或自动返航降落

    D. 内置（两轴）云台增稳功能

（8）当飞行过程中，出现控制信号丢失，即无线遥控控制链路中断的情况，飞行控制系统能（　　）。

    A. 实现精准定位悬停

    B. 智能失控保护/自动返航降落

    C. 低电压报警或自动返航降落

    D. 内置（两轴）云台增稳功能

（9）在使用（　　）时，飞行前向和主控记录的某一时刻的机头朝向一致。

    A. 可扩展地面站功能　　　　　　　　B. 智能方向控制

    C. 航向锁定　　　　　　　　　　　　D. 返航点锁定

（10）在使用（　　）时，飞行前向为返航点到飞行器的方向。

    A. 航向锁定　　　　　　　　　　　　B. 返航点锁

    C. 热点环绕　　　　　　　　　　　　D. 断桨保护功能

3. 请提炼关键词，写出飞控系统的基本功能。

4. 请提炼关键词，写出大疆无人机飞控系统的主要功能。

3.3.2 飞控系统组成

1. 信息页

学习领域	学习领域：无人机组装调试		
学习情境	学习情境3：无人机飞控系统组装	学习时间	30min
工作任务	B：飞控系统组成	学习地点	理实一体化教室

飞控系统组成

　　飞控系统一般由传感器、机载计算机和执行机构三大部分组成，如图1所示。当某种干扰使无人机偏离原有姿态时，传感器检测出姿态的变化，机载计算机算出需要的修正偏量，执行机构将控制面操纵到所需位置。

　　飞控系统（图2）相当于无人机的大脑。飞控机载计算机可以实时感知无人机的工作状态数据或接受控制终端上传的上行控制命

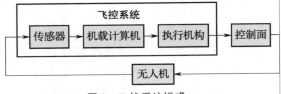

图1　飞控系统组成

令或数据，通过计算和处理，输出指令给执行机构，实现对无人机飞行姿态的控制和任务设备的管理，也可以将无人机运行参数、任务设备运行参数等传送给机载无线数据终端，经下行信道传送到地面。飞控系统由不同功能的子系统集成在一起，一般包含主控制模块、信号调理和接口模块、传感器模块和伺服设备模块。

　　传感器（图3）是辅助飞控系统感知无人机飞行信息或周边环境信息的设备。部分传感器集成在飞控系统上，如惯性测量单元（IMU）可以感知无人机姿态、高度和方向信息，能够辅助无人机完成基础飞行任务。更为复杂或智能化的任务则需要更多外接传感器来辅助。

图2　飞控系统

图3　传感器

　　多旋翼无人机上最常见的执行机构是各种形态的舵机（图4），舵机可以直接或间接驱动其他设备完成指令动作。伺服设备可以用来控制无人机飞行平台设备（如收放脚架），也可以用来控制任务设备的运转。

1. 传感器

　　无人机飞控系统常用的传感器包括陀螺仪、加速度计、磁力计、气压计、超声波传感器及 GPS 模块等，这些传感器构成无人机飞控系统设计的基础。各传感器基本功能如下。

　　（1）惯性测量单元（IMU）

　　惯性测量单元（IMU）如图5所示，包括陀螺仪、加速度计和磁力计，主要得到无人机

图4　舵机

图5　惯性测量单元

的姿态信息，用于感知飞行器在三个轴向上的运动状态。常用的有 6 轴、9 轴和 10 轴三种，6 轴 IMU 包含 3 轴加速度计和 3 轴陀螺仪，9 轴 IMU 包含了 3 轴加速度计、3 轴陀螺仪和 3 轴磁力计，而 10 轴 IMU 则是在 9 轴 IMU 基础上加上气压计构成。

（2）高度测量单元

高度测量单元包括气压传感器（简称气压计）和超声波传感器。气压计用于检测飞行器所在位置的气压得到绝对高度信息，而超声波传感器测量通常用于感知飞行器的垂直对地高度得到相对高度信息，可实现悬停高度控制或避障。

（3）全球定位系统

全球定位系统包含 GPS 模块（图 6）和指南针模块，用于精确确定飞行器的方向及经纬度，接收 GPS 卫星导航系统的位置信息，为飞控提供位置数据，对于失控保护自动返航、精准定位悬停等功能的实现至关重要。指南针/磁罗盘（Compass）用于感知飞行器的指向。

图 6　GPS 模块

2. 机载计算机

机载计算机是飞控系统的核心部件，是算法计算平台，由硬件和软件组成。

（1）硬件（电路板）

机载计算机硬件（图 7）或称飞控计算机硬件是导航飞控系统的核心部件，主要由以下部件组成：

1）主处理控制器：通用型处理器（MPU）、微处理器（MCU）、数字信号处理器（DSP）和可编程门阵列（FPGA）。

2）二次电源：5V、±15V 等直流电源。

3）模拟量输入/输出接口。

4）离散量接口。

5）通信接口：RS232/RS422/RS485、ARINC429 和 1553B 总线。

6）余度管理：信息交换电路、同步指示电路、通道故障逻辑综合电路及故障切换电路。

7）加温电路。

8）检测接口。

9）机箱。

图 7　飞控计算机硬件发展

157

（2）机载计算机软件（飞控程序）

机载计算机软件或称飞控程序，是一种运行于机载计算机上的嵌入式实时任务软件，不仅要求功能正确、性能好、效率高，而且要求其具有较好的质量保证、可靠性和可维护性。具体包括以下模块：

1）硬件接口驱动模块。

2）传感器数据处理模块。

3）飞行控制律模块。

4）导航与制导律模块。

5）飞行任务管理模块。

6）任务设备管理模块。

7）余度管理模块。

8）数据传输、记录模块。

9）自检测模块。

10）其他模块。

3. 执行机构

无人机执行机构（图8）都是伺服执行设备，是飞控系统的重要组成部分，其主要功能是根据计算机的指令，按规定的静态和动态要求，通过对无人机各控制面和动力系统油门的控制，实现对无人机的飞行控制。执行机构主要包括电调、电机、舵机等。

执行机构主要可以分为三种类型：

1）电动伺服执行机构。

2）电液伺服执行机构。

3）气动伺服执行机构。

图8　飞控系统常见执行机构

4. 工作流程

飞控系统的工作流程如图9所示。

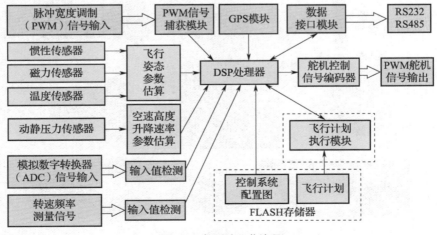

图9　飞控系统工作流程

2. 工作页

学校名称		任课教师	
班级		学生姓名	
学习领域	学习领域：无人机组装调试		
学习情境	学习情境3：无人机飞控系统组装	学习时间	30min
工作任务	B：飞控系统组成	学习地点	理实一体化教室

飞控系统组成

1. 请完成以下判断题：
   (1) 飞控系统一般由传感器、机载计算机和执行机构三大部分。 （　　）
   (2) 飞控系统由不同功能的子系统集成在一起，一般包含主控制模块、信号调理和接口模块、传感器模块和伺服设备模块。 （　　）
   (3) 无人机飞控系统常用的传感器包括陀螺仪、加速度计、磁力计、气压计、超声波传感器及 GPS 模块等。 （　　）
   (4) 磁力计主要得到无人机的姿态信息，用于感知飞行器在三个轴向上的运动状态。（　　）
   (5) 气压计测得的是绝对高度，且其测量精度也很高。 （　　）
   (6) 超声波传感器测得的是相对高度，且其测量精度也很高。 （　　）
   (7) GPS 的主要作用是定位无人机的飞行方向及经纬度。 （　　）
   (8) 机载计算机是飞控系统的核心部件，一般由硬件和软件组成。 （　　）
   (9) 电调是一种无人机飞控系统的执行机构。 （　　）
   (10) 无人机执行机构不能直接控制发动机的油门。 （　　）
2. 请完成以下单选题：
   (1) （　　）辅助飞控感知无人机飞行信息或周边环境信息的设备。
      A. 机载计算机　　　　B. 传感器　　　　C. 执行机构　　　　D. 舵机
   (2) 下列（　　）不是无人机常用的传感器。
      A. 加速度计　　　　B. 磁力计　　　　C. 气压计　　　　D. 温度传感器
   (3) 惯性测量单元不包括下列（　　）。
      A. 加速度计　　　　B. 磁力计　　　　C. 陀螺仪　　　　D. 红外仪
   (4) （　　）主要得到无人机的姿态信息，用于感知飞行器在三个轴向上的运动状态。
      A. 惯性测量单元　　B. 高度测量单元　　C. 全球定位系统　　D. 机载计算机
   (5) （　　）用于检测飞行器所在位置的气压得到绝对高度信息。
      A. 加速度计　　　　B. 磁力计　　　　C. 气压计　　　　D. 超声波传感器
   (6) （　　）测量通常用于感知飞行器的垂直对地高度得到相对高度信息。
      A. 加速度计　　　　B. 磁力计　　　　C. 气压计　　　　D. 超声波传感器
   (7) （　　）用于精确确定飞行器的方向及经纬度，接收 GPS 卫星导航系统的位置信息，为飞控提供位置数据。
      A. 惯性测量单元　　B. 高度测量单元　　C. 全球定位系统　　D. 机载计算机
   (8) （　　）其主要功能是根据计算机的指令，按规定的静态和动态要求，通过对无人机各控制面和动力系统油门的控制，实现对无人机的飞行控制。
      A. 机载计算机　　　B. 传感器　　　　C. 执行机构　　　　D. 舵机
3. 请写出飞控系统简单的控制过程。

4. 请对照信息页图9写出飞控系统的工作流程。

3.3.3 飞控系统模式及类型

1. 信息页

学习领域	学习领域：无人机组装调试		
学习情境	学习情境3：无人机飞控系统组装	学习时间	30min
工作任务	C：飞控系统模式及类型	学习地点	理实一体化教室

飞控系统模式与类型

1. 飞控系统模式

飞行控制系统一般提供三种飞行模式：GPS姿态模式、姿态模式和手动模式。

（1）GPS姿态模式

大疆无人机将其称为"P模式"，必须要有选配GPS模块，除了能自动保持飞行器姿态平稳外，还能具备精准定位的功能。在该种模式下，飞行器能实现定位悬停、自动返航降落等功能。

该模式适合新手，可定点定位，要求GPS信号良好。

（2）姿态模式

大疆无人机将其称为"A模式"，适合于没有GPS信号或GPS信号不佳的飞行环境。该模式能实现自动保持飞行器姿态和高度；但是，不能实现自主定位悬停，不能定点但可以定高，需要修正姿态，适合有一定飞行经验的玩家。

（3）手动模式

手动模式也叫运动模式，大疆无人机称其为"S模式"，只能由比较有经验的驾驶员来控制。在该模式下，飞行控制系统不会自动保持飞行姿态和高度的稳定，完全由驾驶员手动控制。在该模式下操作无人机的灵敏度更高，速度更快。非受过专业飞行训练的驾驶员，请勿尝试。

使用该模式可以判定飞行器重心是否合适，可以用于救机或经验丰富高手用于3D飞行，很少人使用。该模式不能定点，不自动修正姿态。

另外，还有一些常见的功能如自主模式和一键返航模式。自主模式下，飞机会按照预设航线进行自主飞行（依赖GPS信号），也就是说这是一种在GPS模式下运行的功能。一键返航模式下，不管无人机飞离多远，只需要按下返航开关或者飞机失去遥控器信号，无人机就会自动返航。目前，一些产品已经具备了自主返航、避障返航，甚至更前沿的原路径+避障返航功能。

2. 飞控系统类型

飞控系统的分类方法有许多，按能源形式可分为气压式、液压式、电气式，或者这几种形式的组合；按调节规律（飞控系统输入信号与执行机构的输出量之间的函数关系）可分为比例式和积分式两种基本类型。

（1）比例式

执行机构输出的位置偏移量 $\Delta\delta_e$ 与输入信号 $U_{z,u}$ 成比例关系的自动控制器称为比例式飞控系统，其控制回路如图1所示。

$$\Delta\delta_e = \frac{1}{K_f}U_{z,u} \tag{1}$$

式中 K_f——位置反馈量。

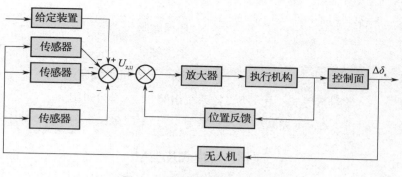

图1　比例式飞控系统控制回路

飞控系统控制无人机有两种工作状态：一种是稳定状态，另一种是操纵状态。稳定状态是指稳定给定的基准状态，也就是稳定无人机沿三个轴的角运动，其目的是使无人机的飞行尽量不受外界干扰的影响，飞控系统这时的作用是消除无人机相对于给定基准的偏差。操纵状态是指外加一个控制信号（给定装置输出）去改变飞机原基准状态的运动。依据操纵状态可以自动地控制无人机按照所期望的姿态飞行。

比例式飞控系统结构简单，应用很广，但在干扰作用下会产生静态误差。

（2）积分式

执行机构输出的位置偏移量 $\Delta\delta_e$ 与输入信号 $U_{z,U}$ 成积分关系的自动控制器称为积分式飞控系统，其控制回路如图2所示。

由图1和图2得到，比例式飞控系统采用位置反馈，而积分式飞控系统采用速度反馈，使控制面的角速度增量 $\Delta\dot{\delta}_e$ 与输入信号 $U_{z,U}$ 成比例关系，即

$$\Delta\dot{\delta}_e = \frac{1}{K_f}U_{z,U} \tag{2}$$

以俯仰角通道为例，$\Delta\dot{\delta}_e = L_\theta\int(\Delta\theta - \Delta\theta_g)$，通过积分可得

$$\Delta\delta_e = L_\theta\int(\Delta\theta - \Delta\theta_g)\,dt \tag{3}$$

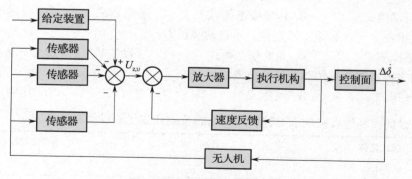

图2　积分式飞控系统控制回路

由于速度反馈产生这种积分关系，速度反馈又称为软反馈，故积分式飞控系统亦称速度反馈式飞控系统，或软反馈式飞控系统。它没有静态误差，但系统的稳定性差，结构复杂，应用受到一定限制。

学习情境 01
学习情境 02
学习情境 03
学习情境 04
学习情境 05
学习情境 06

2. 工作页

学校名称		任课教师	
班级		学生姓名	
学习领域	学习领域：无人机组装调试		
学习情境	学习情境3：无人机飞控系统组装	学习时间	30min
工作任务	C：飞控系统模式及类型	学习地点	理实一体化教室

飞控系统模式及类型

1. 请完成以下判断题：

（1）飞行控制系统一般提供三种飞行模式：GPS 姿态模式、姿态模式和手动模式。（　　）

（2）无人机在姿态模式下可以实现自主定位悬停。（　　）

（3）无人机在 GPS 姿态模式下无人机时灵敏度更高，速度更快。（　　）

（4）无人机在自主模式下飞行，也就是 GPS 姿态模式下运行。（　　）

（5）无人机在哪儿都能进行自主模式飞行。（　　）

（6）非受过专业飞行训练的驾驶员可以在姿态模式下飞行无人机。（　　）

（7）比例式飞控系统结构简单，应用很广，但在干扰作用下会产生静态误差。（　　）

（8）比例式飞控系统采用速度反馈，而积分式飞控系统采用位置反馈。（　　）

（9）积分式飞控系统亦称速度反馈式飞控系统，或软反馈式飞控系统。（　　）

（10）积分式飞控系统的系统稳定性好，但结构复杂。（　　）

2. 请完成以下单选题：

（1）在（　　）下，飞行器能实现定位悬停、自动返航降落等功能。

    A. 运动模式　　　　B. GPS 姿态模式　　　C. 自主模式　　　　D. 一键返航模式

（2）无人机在（　　）下可以在没有 GPS 信号时飞行。

    A. 运动模式　　　　B. GPS 姿态模式　　　C. 自主模式　　　　D. 一键返航模式

（3）无人机在（　　）下，不能定点但可以定高。

    A. 运动模式　　　　B. GPS 姿态模式　　　C. 姿态模式　　　　D. 一键返航模式

（4）无人机在（　　）下，适合新手，可定点定位。

    A. 运动模式　　　　B. GPS 姿态模式　　　C. 姿态模式　　　　D. 一键返航模式

（5）无人机在（　　）下，不定点，不自动修正姿态。

    A. 姿态模式　　　　B. GPS 姿态模式　　　C. 手动模式　　　　D. 一键返航模式

（6）下列飞控系统不是按能源形式分类的是（　　）。

    A. 气压式　　　　　B. 液压式　　　　　　C. 电气式　　　　　D. 比例式

3. 请提炼关键词，制作表格展示五种模式的功能及条件或优缺点。

模式名称	功能	条件或优缺点

3.3.4 常用飞控系统

1. 信息页

学习领域	学习领域：无人机组装调试		
学习情境	学习情境3：无人机飞控系统组装	学习时间	30min
工作任务	D：常用飞控系统	学习地点	理实一体化教室

常用飞控系统

1. KK 飞控板

KK 是法国的开源项目，国内许多团队利用其开源的特点，开发了很多产品。KK 飞控板如图 1 所示，只有三个单轴陀螺仪与一台最简单的四通道遥控器搭配，就能控制常见的三、四、六旋翼无人机，并且支持十字形、X 形、H 形和上下对置等多种布局。目前最新版本是 KK5.5，与其他飞控板相比，该飞控板扩展性低、无自稳、不能定高、无 GPS，但其价格低廉、调试简单，依然拥有众多玩家，是初学者首选。

2. QQ 飞控板

QQ 飞控板是由一个大学生创业开发。QQ 飞控板是一款轻量级的飞控板（图 2），具有调试简单、价格便宜及有自稳功能等优点，但不能定高、不能姿态控制、无 GPS，更适用于穿越机。因为比 KK 多了自稳功能，所以操作起来比 KK 简单。

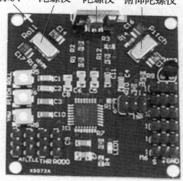

飞行方向标识　横滚陀螺仪　方向陀螺仪　俯仰陀螺仪

图 1　KK 飞控板

图 2　QQ 飞控板

3. MWC 飞控板

MWC 是 Multi Wii Copter 的缩写，是通用的开源固件，MWC 固件是用 Arduino IDE 来编写。MWC 飞控板（图 3）除了支持常见的四、六和八旋翼无人机以外，还支持很多奇特的无人机类型，比如三旋翼、阿凡达飞行器（Bicopter Avatar Style）、Y4 型多旋翼（其中两轴为上下对置）等，这也是该飞控板最大特点。除此之外，MWC 飞控板分为标准版和高配版，具有成本较低、结构简单及固件比较成熟等优点。

4. APM 飞控板

Ardu Pilot Mega（简称 APM）飞控板是在 2007 年由 DIY 无人机社区（DIY Drones）基于 Arduino 的开源平台推出的飞控系统，也是迄今为止最为成熟的开源自动导航飞控系统，可支持多旋翼、固定翼、直升机和无人驾驶车等无人设备，如图 4 所示。通过 Mission Planner 开源软件，开发者可以配置 APM 的设置、接受并显示传感器的数据、使用 Google Map 完成自动驾驶等良好的可定制性功能。APM 飞控板优点是可实现自稳、定高、姿态控制，支持地面站、PC 控制，缺点是调试较复杂。与 MWC 比较，在国内 APM 销量更好，拓展功能更强，调试比 MWC 稍简单。

图 3　MWC 飞控板

图 4　APM 飞控板

5. PX4 和 Pixhawk 飞控板

PX4 飞控板是由 Lorenz Meier 所在的瑞士小组开发的，拥有一个 32 位处理器。因此，它能提供更多内存，运用分布处理方式，包含一个浮点运算协处理器，具有 APM 飞控板 10 倍以上的 CPU 性能。PX4 系列最初有 PX4FMU 与 PX4IO 两个版本。Pixhawk 飞控板（图 5）是由 3DR 联合 APM 飞控板开发小组与 PX4 小组于 2014 年推出的 PX4 飞控板的升级版本。

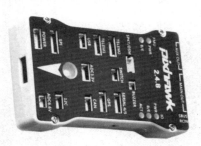

图 5　Pixhawk 飞控板

6. 零度飞控板

零度飞控板分为两类，第一类是工业级商用的"双子星"（GEMINI）双余度飞控板，其集成了两套独立工作的 MC（内置 IMU）、GPS、磁罗盘，当主控设备出现意外时，从控设备会自动接管对无人机的控制，并支持零度安全伞、意外情况自动开伞，为飞行提供了多重安全保障。

第二类是无人机爱好者用的 YS 系列飞控板，主要有 YS - X6 系列、YS - X4 系列和 YS - S4 系列（支持多旋翼无人机），以及 YS09 和 YS06（支持固定翼无人机）。

7. 大疆飞控板

大疆飞控板分为两类，第一类为工业级商用的悟空系列飞控板，如 WooKong - M、A2、A3、A3Pro 等，如图 6 所示。它集成了高精度的传感器元件，采用先进的温度补偿算法和工业化的精准校正算法，使无人机系统具有稳定、高效和可靠的性能。

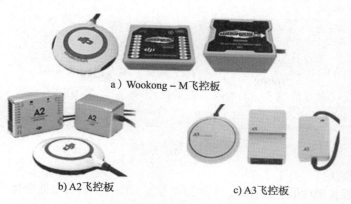

a）Wookong – M飞控板

b) A2飞控板　　　　　　c) A3飞控板

图6　悟空系列飞控板

　　第二类是多旋翼无人机爱好者用的哪吒系列飞控板，如 NAZA – MLite、NAZA – MV1，NAZA – MV2，如图7所示。这类飞控板采用一体化设计理念，将控制器、陀螺仪、加速度计和气压计等传感器集成在轻巧的控制模块中，且支持固件在线升级，使无人机系统的功能和硬件均可得到扩展，具有飞行稳定性好、手感和机动性强、售后服务好、安全性高、操作比APM飞控板简单等优点。

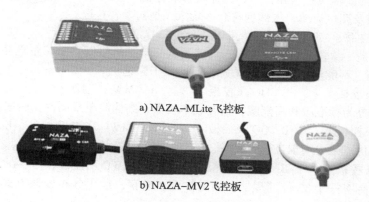

a) NAZA–MLite飞控板

b) NAZA–MV2飞控板

图7　哪吒系列飞控板

常用飞控板的功能与价格对比见下表。

表　常用飞控板的功能与价格对比

品牌	自稳性	定高	姿态控制	GPS	调试难度	授控难度	电商价格（元）
KK	无	无	无	无	简单	难	50
QQ	有	无	无	无	简单	难	60
MWC	有	有	有	可加装	最难	简单	120
APM	有	有	有	可加装	较难	简单	140
Pixhawk	有	有	有	可加装	较难	简单	400
A2	有	有	有	可加装	简单	简单	3000
YS – X4	有	有	有	可加装	简单	简单	3000

学习情境 01
学习情境 02
学习情境 03
学习情境 04
学习情境 05
学习情境 06

2．工作页

学校名称		任课教师	
班级		学生姓名	
学习领域	学习领域：无人机组装调试		
学习情境	学习情境3：无人机飞控系统组装	学习时间	30min
工作任务	D：常用飞控系统	学习地点	理实一体化教室

常用飞控系统

1. 请完成以下判断题：

(1) KK飞控板扩展性低、无自稳、不能定高及无GPS，但其价格低廉及调试简单。（　　）

(2) KK飞控板是一款轻量级的飞控板。（　　）

(3) QQ飞控板是一款轻量级的飞控板。（　　）

(4) PX4飞控板是瑞士小组开发的，拥有一个64位处理器。（　　）

(5) PX4飞控板能提供更多内存、运用分布处理方式及包含一个浮点运算协处理器。（　　）

(6) 悟空系列飞控板是大疆为多旋翼无人机爱好者开发使用的。（　　）

2. 请完成以下单选题：

(1) （　　）与其他飞控板相比，该飞控板扩展性低、无自稳、不能定高及无GPS，但其价格低廉及调试简单，依然拥有众多玩家，是初学者首选。

    A. KK飞控板　　　　B. QQ飞控板　　　　C. MWC飞控板　　　　D. APM飞控板

(2) （　　）是一款轻量级的飞控板，具有调试简单、价格便宜及有自稳功能等优点，但不能定高、不能姿态控制及无GPS，更适用于穿越机。

    A. KK飞控板　　　　B. QQ飞控板　　　　C. MWC飞控板　　　　D. APM飞控板

(3) （　　）分为标准版和高配版，具有成本较低、结构简单及固件比较成熟等优点。

    A. KK飞控板　　　　B. QQ飞控板　　　　C. MWC飞控板　　　　D. APM飞控板

(4) （　　）优点是可实现自稳、定高、姿态控制，支持地面站、PC控制。

    A. KK飞控板　　　　B. QQ飞控板　　　　C. MWC飞控板　　　　D. APM飞控板

(5) （　　）拥有一个32位处理器，能提供更多内存、运用分布处理方式及包含一个浮点运算协处理器。

    A. PX4飞控板　　　　　　　　　　　　B. Pixhawk飞控板

    C. "双子星"（GEMINI）双余度飞控板，　D. YS系列飞控板

(6) 大疆飞控板分为两类，第一类为工业级商用的（　　）。

    A. "双子星"（GEMINI）双余度飞控板　　B. YS系列飞控板

    C. 悟空系列飞控板　　　　　　　　　　D. 哪吒系列飞控板

3. 请提炼关键词，制作表格展示常用飞控板的优点、缺点及适用。

名称	优点	缺点	适用

理论测试：无人机飞控系统

学校名称		任课教师		
班级		学生姓名		
学习领域	学习领域：无人机组装调试			
学习情境	学习情境3：无人机飞控系统组装	学习时间	120min	
测试任务	无人机飞控系统	测试时间	20min	

1. 单选题：（每题1分，共40分）

（1）（   ）是控制无人机飞行姿态和运动方向的部件。

    A. 电机   B. 螺旋桨   C. 飞控系统   D. 导航系统

（2）以下（   ）不是无人机飞控系统的主要功能。

    A. 处理来自遥控器或自动控制的信号   B. 控制电调

    C. 通过控制电调输出信号保持多旋翼无人机稳定   D. 控制导航

（3）固定翼无人机是通过（   ）改变飞机的翼面，产生相应的力矩，控制飞机转弯、爬升、俯冲、横滚等动作。

    A. 副翼   B. 油门   C. 舵机   D. 襟翼

（4）（   ）是飞控系统要做的首要事情。

    A. 分析判断得到准确的位置和姿态信息   B. 控制电机转速

    C. 控制航迹   D. 保持飞行稳定

（5）多旋翼无人机一般通过（   ）控制各轴桨叶的转速来控制无人机的姿态。

    A. 飞控系统   B. 电子调速器   C. 发动机（电机）   D. 螺旋桨

（6）下列（   ）不是所有无人机飞行控制系统所必须具备的功能。

    A. 姿态稳定与控制   B. 导航与制导控制   C. 应急控制   D. 飞行管理

（7）飞行控制系统，由于配置有 GPS 指南针模块，可以实现锁定经纬度和高度的精准定位。即使碰到有风或者其他外力的作用下，飞行控制系统也能通过主控制单元发出的定位指令来自主控制飞行器以（   ）。

    A. 实现精准定位悬停   B. 智能失控保护/自动返航降落

    C. 低电压报警或自动返航降落   D. 内置（两轴）云台增稳功能

（8）当飞行过程中，出现控制信号丢失，即无线遥控控制链路中断的情况，飞行控制系统能（   ）。

    A. 实现精准定位悬停   B. 智能失控保护/自动返航降落

    C. 低电压报警或自动返航降落   D. 内置（两轴）云台增稳功能

（9）在使用（   ）时，飞行前向和主控记录的某一时刻的机头朝向一致。

    A. 可扩展地面站功能   B. 智能方向控制   C. 航向锁定   D. 返航点锁定

（10）在使用（   ）时，飞行前向为返航点到飞行器的方向。

    A. 航向锁定   B. 返航点锁

    C. 热点环绕   D. 断桨保护功能

（11）（   ）辅助飞控感知无人机飞行信息或周边环境信息的设备。

    A. 机载计算机   B. 传感器   C. 执行机构   D. 舵机

（12）下列（   ）不是无人机常用的传感器。

    A. 加速度计   B. 磁力计   C. 气压计   D. 温度传感器

（13）惯性测量单元不包括下列（   ）。

    A. 加速度计   B. 磁力计   C. 陀螺仪   D. 红外仪

(14)（　　）主要得到无人机的姿态信息，用于感知飞行器在三个轴向上的运动状态。

    A. 惯性测量单元　　B. 高度测量单元　　C. 全球定位系统　　D. 机载计算机

(15)（　　）用于检测飞行器所在位置的气压得到绝对高度信息。

    A. 加速度计　　　　B. 磁力计　　　　C. 气压计　　　　D. 超声波传感器

(16)（　　）测量通常用于感知飞行器的垂直对地高度得到相对高度信息。

    A. 加速度计　　　　B. 磁力计　　　　C. 气压计　　　　D. 超声波传感器

(17)（　　）用于精确确定飞行器的方向及经纬度，接收 GPS 卫星导航系统的位置信息，为飞控提供位置数据。

    A. 惯性测量单元　　B. 高度测量单元　　C. 全球定位系统　　D. 机载计算机

(18) 飞控计算机应具备如下功能不包含（　　）。

    A. 姿态稳定与控制　B. 导航与制导控制　C. 控制电机转速　　D. 自主飞行控制

(19)（　　）其主要功能是根据计算机的指令，按规定的静态和动态要求，通过对无人机各控制面和动力系统油门的控制，实现对无人机的飞行控制。

    A. 机载计算机　　　B. 传感器　　　　C. 执行机构　　　　D. 舵机

(20) 下列不是无人机执行机构的是（　　）。

    A. 电调　　　　　　B. 电机　　　　　C. 舵机　　　　　　D. 发动机

(21) 在（　　）下，飞行器能实现定位悬停，自动返航降落等功能。

    A. 运动模式　　　　B. GPS 姿态模式　　C. 自主模式　　　　D. 一键返航模式

(22)（　　）适合于没有 GPS 信号或 GPS 信号不佳的飞行环境，能实现自动保持飞行器姿态和高度，但是，不能实现自主定位悬停。

    A. 姿态模式　　　　B. GPS 姿态模式　　C. 手动模式　　　　D. 一键返航模式

(23) 在（　　）下，飞行控制系统不会自动保持飞行姿态和高度的稳定，完全由飞手手动控制。

    A. 姿态模式　　　　B. GPS 姿态模式　　C. 手动模式　　　　D. 一键返航模式

(24)（　　）是指飞机会按照预设航线进行自主飞行（依赖 GPS 信号）。

    A. 运动模式　　　　B. GPS 姿态模式　　C. 自主模式　　　　D. 一键返航模式

(25)（　　）是指不管无人机飞离多远，只需要按下返航开关或者飞机失去遥控器信号，无人机就会自动返航。

    A. 运动模式　　　　B. GPS 姿态模式　　C. 自主模式　　　　D. 一键返航模式

(26) 无人机在（　　）下可以在没有 GPS 信号飞行。

    A. 运动模式　　　　B. GPS 姿态模式　　C. 自主模式　　　　D. 一键返航模式

(27) 无人机在（　　）下，不能定点但可以定高。

    A. 运动模式　　　　B. GPS 姿态模式　　C. 姿态模式　　　　D. 一键返航模式

(28) 无人机在（　　）下，适合新手，可定点定位。

    A. 运动模式　　　　B. GPS 姿态模式　　C. 姿态模式　　　　D. 一键返航模式

(29) 无人机在（　　）下，不定点，不自动修正姿态。

    A. 姿态模式　　　　B. GPS 姿态模式　　C. 手动模式　　　　D. 一键返航模式

(30) 下列飞控系统不是按能源形式分类的是（　　）。

    A. 气压式　　　　　B. 液压式　　　　C. 电气式　　　　　D. 比例式

(31)（　　）与其他飞控板相比，该飞控板扩展性低、无自稳、不能定高及无 GPS，但其价格低廉及调试简单，依然拥有众多玩家，是初学者首选。

    A. KK 飞控板　　　　B. QQ 飞控板　　　C. MWC 飞控板　　　D. APM 飞控板

（32）（　　）是一款轻量级的飞控板，具有调试简单、价格便宜及有自稳功能等优点，但不能定高、不能姿态控制及无 GPS，更适用于穿越机。

    A. KK 飞控板　　　　　B. QQ 飞控板　　　　　C. MWC 飞控板　　　　　D. APM 飞控板

（33）（　　）分为标准版和高配版，具有成本较低、结构简单及固件比较成熟等优点。

    A. KK 飞控板　　　　　B. QQ 飞控板　　　　　C. MWC 飞控板　　　　　D. APM 飞控板

（34）（　　）优点是可实现自稳、定高、姿态控制，支持地面站、PC 控制，缺点是调试较复杂。

    A. KK 飞控板　　　　　B. QQ 飞控板　　　　　C. MWC 飞控板　　　　　D. APM 飞控板

（35）（　　）拥有一个 32 位处理器，能提供更多内存、运用分布处理方式及包含一个浮点运算协处理器。

    A. PX4 飞控板　　　　　　　　　　　　　　B. Pixhawk 飞控板

    C. "双子星"（GEMINI）双余度飞控板　　D. YS 系列飞控板

（36）零度飞控板分为两类，第一类是工业级商用的（　　）。

    A. PX4 飞控板　　　　　　　　　　　　　　B. Pixhawk 飞控板

    C. "双子星"（GEMINI）双余度飞控板　　D. YS 系列飞控板

（37）零度飞控板分为两类，第二类是无人机爱好者用的（　　）。

    A. PX4 飞控板　　　　　　　　　　　　　　B. Pixhawk 飞控板

    C. "双子星"（GEMINI）双余度飞控板　　D. YS 系列飞控板

（38）大疆飞控板分为两类，第一类为工业级商用的（　　）。

    A. "双子星"（GEMINI）双余度飞控板　　B. YS 系列飞控板

    C. 悟空系列飞控板　　　　　　　　　　　　D. 哪吒系列飞控板

（39）大疆飞控板分为两类，第二类是多旋翼无人机爱好者用的（　　）。

    A. "双子星"（GEMINI）双余度飞控板　　B. YS 系列飞控板

    C. 悟空系列飞控板　　　　　　　　　　　　D. 哪吒系列飞控板

（40）（　　）具有飞行稳定性好、手感和机动性强、售后服务好，安全性高、操作比 APM 飞控板简单等优点。

    A. "双子星"（GEMINI）双余度飞控板　　B. YS 系列飞控板

    C. 悟空系列飞控板　　　　　　　　　　　　D. 哪吒系列飞控板

2. 请完成下列判断题：（每题 1 分，共 40 分）

（1）无人机飞控系统是无人机整个飞行过程的核心系统。　　　　　　　　（　　）

（2）有些航模也有飞行控制系统。　　　　　　　　　　　　　　　　　　（　　）

（3）无人机飞控系统的主要解决谁在飞无人机的问题。　　　　　　　　　（　　）

（4）飞行控制系统简称飞控系统，是控制无人机飞行姿态和运动方向的部件。（　　）

（5）飞控系统的好坏从本质上决定了无人机的飞行性能。　　　　　　　　（　　）

（6）飞控系统直接控制电机的转速。　　　　　　　　　　　　　　　　　（　　）

（7）飞控系统通过高效的控制算法，能够精准地感应并计算出无人机的飞行姿态等数据，再通过主控制单元实现精准定位悬停和自主平稳飞行。　　　　（　　）

（8）传统直升机形式的无人机通过控制直升机油门来控制飞机转弯、爬升、俯冲、横滚等动作。　　　　　　　　　　　　　　　　　　　　　　　　　（　　）

（9）为保证更高效地完成飞行作业任务，飞行控制系统的低电压报警功能会及时通过 LED 指示灯提醒驾驶员当前的电压状态，在紧急的情况下，还可以实现自主返航或者降落，以保证整个飞行系统的安全。　　　　　　　　　　　　　（　　）

（10）断桨保护功能适用于所有无人机，是指在姿态或 GPS 姿态模式下，飞机意外缺失某一螺旋桨动力输出时，飞机可以采用牺牲航向轴控制的办法，继续保持飞行水平姿态。　　　　　　　　　　　　　　　　　　　　　　　　　（　　）

（11）飞控系统一般由传感器、机载计算机和执行机构三大部分。　　　　　（　　）

（12）飞控系统由不同功能的子系统集成在一起，一般包含主控制模块、信号调理和接口模块、传感器模块和伺服设备模块。（　　）

（13）无人机飞控系统常用的传感器包括陀螺仪、加速度计、磁力计、气压计、超声波传感器及 GPS 模块等。　　　　　　　　　　　　　　　　　　　　　（　　）

（14）磁力计主要得到无人机的姿态信息，用于感知飞行器在三个轴向上的运动状态。（　　）

（15）气压计测得的是绝对高度，且其测量精度也很高。　　　　　　　　　（　　）

（16）超声波传感器测得的是相对高度，且其测量精度也很高。　　　　　　（　　）

（17）GPS 的主要作用是定位无人机的飞行方向及经纬度。　　　　　　　　（　　）

（18）机载计算机是飞控系统的核心部件，一般由硬件和软件组成。　　　　（　　）

（19）电调是一种无人机飞控系统的执行机构。　　　　　　　　　　　　　（　　）

（20）无人机执行机构的作用不能直接控制发动机的油门。　　　　　　　　（　　）

（21）飞行控制系统一般提供三种飞行模式：GPS 姿态模式、姿态模式和手动模式。（　　）

（22）无人机在姿态模式下可以实现自主定位悬停。　　　　　　　　　　　（　　）

（23）无人机在 GPS 姿态模式下无人机时灵敏度更高，速度更快。　　　　（　　）

（24）无人机在自主模式下飞行，也就是 GPS 姿态模式下运行。　　　　　（　　）

（25）无人机在哪儿都能进行自主模式飞行。　　　　　　　　　　　　　　（　　）

（26）非受过专业飞行训练的驾驶员可以在姿态模式下飞行无人机。　　　　（　　）

（27）比例式飞控系统结构简单，应用很广，但在干扰作用下会产生静态误差。（　　）

（28）比例式飞控系统采用速度反馈，而积分式飞控系统采用位置反馈。　　（　　）

（29）积分式飞控系统亦称速度反馈式飞控系统或软反馈式飞控系统。　　　（　　）

（30）积分式飞控系统的系统稳定性好，但结构复杂。　　　　　　　　　　（　　）

（31）KK 飞控板扩展性低、无自稳、不能定高及无 GPS，但其价格低廉及调试简单。（　　）

（32）KK 飞控板是一款轻量级的飞控板。　　　　　　　　　　　　　　　（　　）

（33）QQ 飞控板是一款轻量级的飞控板。　　　　　　　　　　　　　　　（　　）

（34）QQ 飞控板具有调试简单、价格便宜、能定高及有自稳功能等优点，但不能姿态控制及无 GPS，更适用于穿越机。　　　　　　　　　　　　　　　　　　（　　）

（35）MWC 飞控板分为标准版和高配版，具有成本较低、结构简单及固件比较成熟等优点。　　　　　　　　　　　　　　　　　　　　　　　　　　　　　（　　）

（36）APM 飞控板优点是可实现自稳、定高、姿态控制，支持地面站、PC 控制，缺点是调试较复杂。　　　　　　　　　　　　　　　　　　　　　　　　　（　　）

（37）PX4 飞控板是瑞士小组开发的，拥有一个 64 位处理器。　　　　　　（　　）

（38）PX4 飞控板能提供更多内存，运用分布处理方式，包含一个浮点运算协处理器。（　　）

（39）悟空系列飞控板是大疆为多旋翼无人机爱好者开发使用的。　　　　　（　　）

（40）市场价格最低的飞控系统是 QQ 飞控板。　　　　　　　　　　　　　（　　）

3.3.5 陀螺仪传感器

1. 信息页

学习领域	学习领域：无人机组装调试		
学习情境	学习情境3：无人机飞控系统组装	学习时间	30min
工作任务	E：陀螺仪传感器	学习地点	理实一体化教室

陀螺仪传感器

1. 传统陀螺仪

绕一个支点高速转动的刚体称为陀螺。通常所说的陀螺是特指对称陀螺，它是一个质量均匀分布的、具有轴对称形状的刚体，其几何对称轴就是它的自转轴。

在一定的初始条件和一定的外在力矩作用下，陀螺会在不停自转的同时，环绕着另一个固定的转轴不停地旋转，这就是陀螺的旋进，又称为回转效应。

人们利用陀螺的力学性质所制成的各种功能的陀螺装置称为陀螺仪，它在科学、技术、军事等各个领域有着广泛的应用，如回转罗盘、定向指示仪、炮弹的翻转、陀螺的章动等。

陀螺仪是用高速回转体的动量矩敏感壳体相对惯性空间绕正交于自转轴的一个或两个轴的角运动检测装置。

传统陀螺仪是一种机械装置，主要由旋转轴、转子和支架等组成，如图1所示。

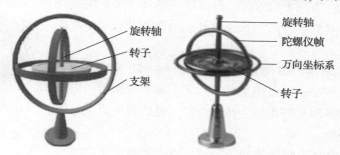

图1 传统陀螺仪

1）转子：常采用同步电机、磁滞电机、三相交流电机等拖动陀螺转子对旋转轴以极高角速度旋转。

2）支架（内、外环）：使陀螺自转轴获得所需角转动自由度，环绕平面三轴作自由运动。

3）旋转轴：带动陀螺转子高速旋转。

4）定轴性：高速旋转的转子在没有任何外力矩作用下，陀螺仪的自转轴在惯性空间中的指向固定在一个方向；同时不会随着外力作用发生改变，这种物理现象称为陀螺仪的定轴性或稳定性，如图2a所示。这种稳定性随转子的转动惯量和角速度的增加而增加。

5）进动性：高速旋转的转子在外力矩 M 作用于外环轴 Z 时，陀螺仪将绕内环轴 Y 转动；在外力矩作用于内环轴 Y 时，陀螺仪将绕外环轴 Z 转动。则转动角速度方向与外力矩 M 作用方向互相垂直。这种特性，称作陀螺仪的进动性，如图2b所示，图中 X 为自转轴。进动角速度的大小取决于转子动量矩 H 的大小和外力矩 M 的大小，其计算公式为

学习情境01

学习情境02

学习情境03

学习情境04

学习情境05

学习情境06

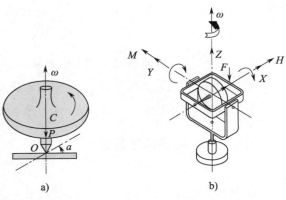

a）定轴性　b）进动性

图 2　传统陀螺仪基本特性

$$\omega = \frac{M}{H}$$

2. 微机械陀螺仪

陀螺仪的种类很多，按用途来分，它可以分为传感陀螺仪和指示陀螺仪。传感陀螺仪用于飞行体运动的自动控制系统中，作为水平、垂直、俯仰、航向和角速度传感器。指示陀螺仪主要用于飞行状态的指示，作为驾驶和领航仪表使用。

电子式陀螺仪分为压电陀螺仪、微机械陀螺仪、光纤陀螺仪和激光陀螺仪。并且它们可以和加速度计、磁阻芯片、GPS 做成惯性导航控制系统。

微机械陀螺仪即 MEMS 陀螺仪如图 3 所示，MEMS（Micro-Electro-Mechanical Systems）是指集机械元素、微型传感器、微型执行器以及信号处理和控制电路、接口电路、通信和电源于一体的完整微型机电系统。

图 3　微机械陀螺仪

工作原理：MEMS 陀螺仪是利用旋转物体在有径向运动时所受到的切向力（科里奥利力），采用振动物体传感角速度的概念，利用振动来诱导和探测科里奥利力而设计的。在这个系统中，振动和转动诱导的科里奥利力把正比于角速度的能量转移到传感模式。MEMS 陀螺仪没有旋转部件，不需要轴承，可以利用微机械加工技术大批量生产。

MEMS 陀螺仪的性能参数主要有分辨率（Resolution）、零角速度输出（零位输出）、灵敏度（Sensitivity）和测量范围。这些参数是评判 MEMS 陀螺仪性能好坏的重要标志，同时也决定了陀螺仪的应用环境，不同的应用场合对陀螺仪的各种性能指标有不同的要求。

MEMS 陀螺仪主要特点如下：

1）体积小、重量轻，其边长都小于 1mm，器件核心的重量仅为 1.2mg。

2）成本低。

3）可靠性好，工作寿命超过 100000h，能承受 1000g 的冲击。

4）测量范围大。

2. 工作页

学校名称		任课教师	
班级		学生姓名	
学习领域	学习领域：无人机组装调试		
学习情境	学习情境3：无人机飞控系统组装	学习时间	30min
工作任务	E：陀螺仪传感器	学习地点	理实一体化教室

陀螺仪传感器

1. 传统陀螺仪是一种机械装置，主要由旋转轴、转子和支架等组成，如图所示，请提炼关键词写出各部分作用以及陀螺仪的作用。

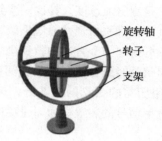

2. 请提炼关键词，解释定轴性与进动性。

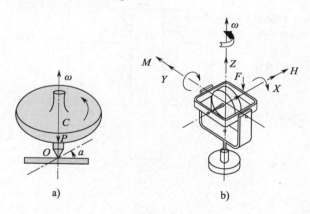

3. 请提炼关键词，书写 MEMS 陀螺仪的性能参数有哪些？作用是什么？

4. 请提炼关键词，书写 MEMS 陀螺仪主要特点。

学习情境 01
学习情境 02
学习情境 03
学习情境 04
学习情境 05
学习情境 06

3.3.6 加速度传感器

1. 信息页

学习领域	学习领域：无人机组装调试		
学习情境	学习情境3：无人机飞控系统组装	学习时间	30min
工作任务	F：加速度传感器	学习地点	理实一体化教室

加速度传感器

  加速度传感器（加速度计）是测量运载体线加速度的仪表。当物体具有很大的加速度时，物体及其所载的仪器设备和其他无相对加速度的物体均受到能产生同样大的加速度的力，即受到动载荷。欲知动载荷就要测出加速度。其次，要知道各瞬时飞机、火箭和舰艇所在的空间位置，可通过惯性导航（见陀螺平台惯性导航系统）连续地测出其加速度，然后经过积分运算得到速度分量，再次积分得到一个方向的位置坐标信号，而三个坐标方向的仪器测量结果就综合出运动曲线并给出每瞬时航行器所在的空间位置。再如某些控制系统中，常需要加速度信号作为产生控制作用所需的信息的一部分，这里也出现连续测量加速度的问题。能连续地给出线速度及线加速度信号的装置称为加速度传感器。

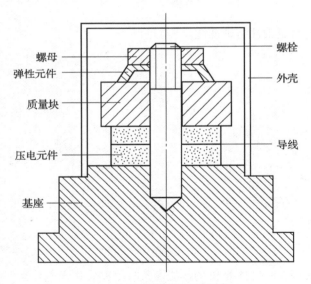

图1　加速度传感器结构组成

1. 结构组成

  压电式 MEMS 加速度传感器根据用途分为多种结构，其中最常见的一类为纵向压缩型结构，其他压电加速度传感器都是在压缩型的基础上改装而来的。压缩型压电加速度传感器主要由是压电元件、质量块、弹性元件等组成，如图1所示。质量块作为敏感元件，能够感受外界的信号，通过螺栓、螺母和弹性元件对质量块预先加载，使之压紧在压电元件上。这样，可以保证在作用力变化时，压电元件始终受到压力，其次是保证压电元件的电压与作用力呈线性关系。这是因为压电元件在加工时，其接触面不可能是绝对平坦，如果没有足够的压力，就不能保证均匀接触。因此接触电阻在最初阶段将不是常数，而是随着压力变化的。但是，这个预应力也不能太大，否则将会影响其灵敏度。测量时将传感器基座与被测对象牢牢地紧固在一起，输出信号由压电元件产生的电荷在导线的引导下传入到转换电路。

2. 工作原理

自然界中某些物质，如石英、陶瓷等，在沿一定方向上受到外力的作用时，不仅会发生变形，且其内部会产生极化现象，同时在它的两个相对表面上产生正负相反的电荷。当外力去掉后，它又会恢复到不带电的状态，这种现象称为压电效应。在这过程中机械能转换为电能，此现象也称为正压电效应，如图2a所示。且放电电荷 q 与作用力 F 成正比例关系，具体公式为

$$q = \alpha F$$

式中　α——压电材料的压电系数（C/N）。

相反，当在这些物质的极化方向上施加电场，其也会发生变形，电场去掉后，物质的变形随之消失，这种电能转换为机械能现象称为逆压电效应，或称为电致伸缩现象，如图2b所示。

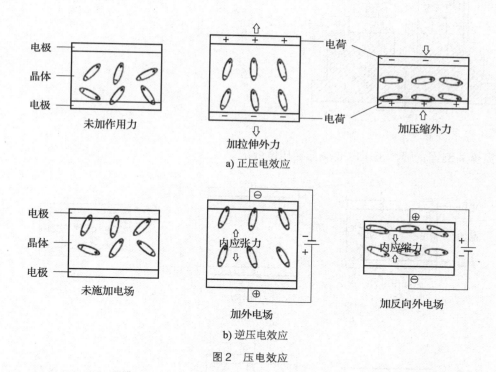

a) 正压电效应

b) 逆压电效应

图 2　压电效应

由于压电式 MEMS 加速度传感器内部存在刚体支撑，通常情况下，压电式 MEMS 加速度传感器不能测到"静态"加速度，只能测到"动态"加速度。而电容式既能测到"动态"加速度，又能测量到"静态"加速度，所以，电容式 MEMS 加速度传感器应用广泛。目前，市场上产品较多，无人机上多数采用飞思卡尔（Freescale）公司生产的高性价比微型电容式加速度传感器 MMA7260 或者美国模拟器件公司（ADI）生产的加速度传感器 ADXL 系列。

2. 工作页

学校名称		任课教师	
班级		学生姓名	
学习领域	学习领域：无人机组装调试		
学习情境	学习情境3：无人机飞控系统组装	学习时间	30min
工作任务	F：加速度传感器	学习地点	理实一体化教室

加速度传感器

1. 压缩型压电加速度传感器主要由是_____、_____、_____等组成，如图所示，请写出数字序号名称及加速度传感器的作用。

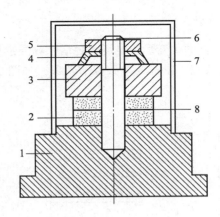

1—
2—
3—
4—
5—
6—
7—
8—

2. 请提炼关键词，解释正压电效应与逆压电效应。

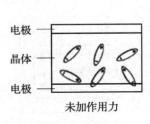

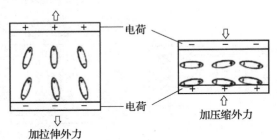

a) 正压电效应

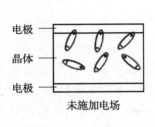

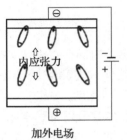

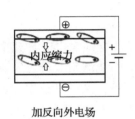

b) 逆压电效应

3.3.7 磁力计传感器

1. 信息页

学习领域	学习领域：无人机组装调试		
学习情境	学习情境3：无人机飞控系统组装	学习时间	30min
工作任务	G：磁力计传感器	学习地点	理实一体化教室

磁力计传感器

1. 工作原理

磁力计（Magnetic、M-Sensor）也叫地磁、磁感器，是利用通电导线在磁场中产生的洛伦兹力来检测磁场强度大小的传感器。磁感应强度是矢量，具有大小和方向特征，只测量磁感应强度大小的磁力计称为标量磁力计，而能够测量特定方向磁场大小的磁力计称为矢量磁力计。

磁力计跟指南针原理类似，可用来测量磁场强度和方向、定位设备的方位及当前设备与东南西北四个方向上的夹角。

地磁场也就是地球的磁场，像一个条形磁体一样由磁南极指向磁北极，是一个矢量。对于一个固定的地点来说，这个矢量可分解为两个与当地水平面平行的分量（X 和 Y）和一个与当地水平面垂直的分量 Z。若磁力计与当地的水平面平行，则磁力计的三个轴就和这三个分量相对应，如图 1 所示。

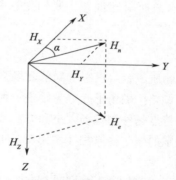

图 1　地磁场矢量分解示意图

实际上水平方向的两个分量 X 和 Y，它们的矢量和总是指向磁北极。磁力计中的航向角就是当前方向和磁北极的夹角。由于磁力计保持水平，只需要用磁力计水平方向两轴（X 轴和 Y 轴）的检测数据（H_X 和 H_Y）就可以用以下公式计算出航向角（α）。当磁力计水平旋转的时候，航向角在 $0° \sim 360°$ 之间变化。

$$\alpha = \arctan\left(\frac{H_Y}{H_X}\right)$$

MEMS 谐振式磁力计具有灵敏度及分辨力高，驱动和检测方法成熟，且能够满足弱磁场的检测等特点而被广泛应用。其工作原理是当外界有磁场时，在悬臂梁中通过频率等于悬臂梁的谐振频率的变电流，在洛伦兹力的作用使悬臂产生振动，振幅与外界磁场强度的大小成正比关系，通过检测振幅的大小就可得到磁场强度的信息。常用的电子罗盘是 LSM303DLH，结构示意图如图 2 所示。LSM303DLH 将加速度计、磁力计、A/D 转换器及信号条理电路集成在一起，通过 I2C 总线和处理器通信。这样只用一颗芯片就实现了 6 轴的数据检测和输出，降低了设计难度，减小了 PCB 板的占用面积，降低了元件成本。

图 2　电子罗盘结构示意图

2. 误差

磁力计是一种可以测量环境磁场强度的传感器，通过利用磁力计测得磁场强度，进而得到所需的载体方位角信息。作为一种实用器件其存在误差是无可避免的，目前通常将磁力计的误差划分为自身内部误差、应用安装误差以及罗差。

1）自身内部误差：磁力计的自身内部误差有零位误差、灵敏度误差和正交误差。

2）应用安装误差：当将磁力计安装于载体上时没有实现磁力计的坐标系与载体坐标系相互重合，这就产生了安装误差。

3）罗差：因为铁磁材料本身的特性会对外界磁场产生影响，因此当铁磁材料出现在磁力计周围时必然会对其产生影响进而引起误差，我们把这种误差称之为罗差，也称磁场干扰。

3. 磁场干扰及校准

磁场干扰是指由于具有磁性物质或者可以影响局部磁场强度的物质存在，使得磁传感器所放置位置上的地球磁场发生了偏差。磁场干扰分为硬磁干扰和软磁干扰。硬磁干扰是由周围物质所产生恒定磁场导致，其特点是外加磁场大小和方向都不会随着航向变化而变化。软磁干扰是由地球磁场与磁力计周围的磁化物质相互作用而产生，其特点是软磁场大小和方向随着磁力计的方位变化而变化。

在绝大多数的应用中，硬磁干扰和软磁干扰同时存在，使得本地的实际磁场可能会明显大于地球磁场，所以，磁力计需要有足够的量程进行测量和校准。而对于环境中的这些磁干扰，只需确定其在空间上与磁力计的位置关系，就能够对其进行校准补偿。常用的校准方法有平面校准方法和立体 8 字校准方法。

1）平面校准方法：将配备有磁力计的设备在 XY 平面内自转。

2）立体 8 字校准方法：将需要校准的设备在空中做 8 字晃动，原则上尽量多地让设备法线方向指向空间的所有 8 个象限。

众所周知，惯性传感器的精度会随着时间的增长而降低，因为存在飘移，误差会积累，精度降低，从而使无人机的状态变化失去控制。在实际应用中，除了使用惯性传感器外还会采用气压计、超声波传感器、光流传感器等，充分利用每种传感器的特长，让最终的运算结果更准确，以确保无人机有更好和更稳定的飞行状态。市场上的飞控板自带有各种传感器，选购时要注意是否满足要求。

2. 工作页

学校名称		任课教师	
班级		学生姓名	
学习领域	学习领域：无人机组装调试		
学习情境	学习情境3：无人机飞控系统组装	学习时间	30min
工作任务	G：磁力计传感器	学习地点	理实一体化教室

磁力计传感器

1. 请提炼关键词书写磁力计的作用，解释标量磁力计与矢量磁力计。

2. 请根据地磁场矢量分解示意图，写出航向角的计算原理与计算公式。

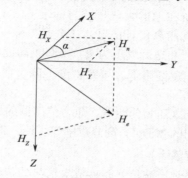

3. 请提炼关键词，书写 MEMS 谐振式磁力计的工作原理。

4. 请提炼关键信息，书写磁力计的误差及产生原因。

5. 请提炼关键词，解释硬磁干扰与软磁干扰。

学习情境 01
学习情境 02
学习情境 03
学习情境 04
学习情境 05
学习情境 06

3.3.8 气压计等其他传感器

1. 信息页

学习领域	学习领域：无人机组装调试		
学习情境	学习情境3：无人机飞控系统组装	学习时间	30min
工作任务	H：气压计等其他传感器	学习地点	理实一体化教室

气压计等其他传感器

1. 气压计

气压计（图1）是根据托里拆利的实验原理而制成，利用气压与高度的关系，用以测量大气压强的仪器。无人机上所用气压计是通过观测气压测量无人机飞行海拔高度（又称绝对高度）的。其原理是利用大气压与海拔高度的关系。水中的压强仅由水深决定，$P=\rho gh$。大气压与此类似，是由地表空气的重力所产生的。随着海拔高度的上升，地表的空气厚度减少，气压下降。于是可以通过测量所在地的大气压，与标准值比较而得出高度值，这就是气压高度计的基本工作原

图1 气压计传感器

理。设海平面处大气压为 P_0，所在地大气压为 P，则海拔高度 $h=(P_0-P)/(\rho\times g)$。大气随着海拔高度的增加，温度压强都逐渐降低，导致密度下降，在3000m范围内，每升高12m，大气压减小1mmHg，大约133Pa。

测高度的气压计实际是压阻式压力传感器，压力传感器的一个重要参数是灵敏度，初学者可以选择MEAS（瑞士）公司的MS5611高分辨率气压计，其分别率可达到10cm。

2. 超声波传感器（距离传感器）

超声波传感器（图2）是将超声波信号转换成电信号的传感器，由超声波发射器、接收器、控制部分及电源组成。超声波发射器向某一方向发射超声波，在发射的同时开始计时，超声波在空气中传播，途中碰到障碍物就立即返回来，超声波接收器收到反射波就立即停止计时。超声波在空气中的传播速度为340m/s，根据计时器记录的时间 t，依据公式计算出发射点距障碍物的距离 s。无人机使用超声波传感器的目的是识别自身与物体的距离，以避免撞上其他物体。

图2 超声波传感器

$$s=\frac{1}{2}vt$$

3. 红外线传感器

红外线传感器是一种能够感应目标辐射的红外线，利用红外线的物理性质来进行测量的传感器。红外线传感器（图3）可以探测具有一定温度的物体，使用时可以避免碰触动物或人体。

图3 红外线传感器

按照功能可分为：

1）辐射计：用于辐射和光谱测量。

2）搜索和跟踪系统：用于搜索和跟踪红外目标，确定其空间位置并对它的运动进行跟踪。

3）热成像系统：可产生整个目标红外辐射的分布图像。

4）红外测距和通信系统。

5）混合系统：以上各类系统中的两个或者多个的组合。

红外传感器一般由光学系统、探测器、信号处理系统、显示输出系统等组成，其中核心元件是探测器。根据探测机理，探测器可分成为光子探测器和热探测器。

1）光子探测器：基于光电效应，利用入射光辐射的光子流与探测器材料中的电子相互作用，从而改变电子的能量状态，引起各种电学现象。

2）热探测器：利用红外辐射的热效应，探测器的敏感元件吸收辐射能后引起温度升高，进而使某些有关物理参数发生变化，通过测量物理参数的变化来确定探测器所吸收的红外辐射。

4. 姿态传感器

姿态传感器是由陀螺仪、加速度计、磁力计组成的，如图 4 所示。小型无人机由于可载重量小，所以使用的传感器要求非常轻。

陀螺仪和加速度计分别用于测量无人机倾斜角度和无人机加速度。典型的姿态传感器有 MPU6000、MPU6050、MPU9250 等，如图 5 所示。

图 4　姿态传感器　　　图 5　典型的姿态传感器（MPU6000、MPU6050、MPU9250）

2. 工作页

学校名称		任课教师	
班级		学生姓名	
学习领域	学习领域：无人机组装调试		
学习情境	学习情境3：无人机飞控系统组装	学习时间	30min
工作任务	H：气压计等其他传感器	学习地点	理实一体化教室

气压计等其他传感器

1. 请提炼关键词书写气压计的作用与工作原理。

2. 请提炼关键词，书写超声波传感器的作用与工作原理。

3. 请提炼关键词，书写红外线传感器的作用与探测机理。

4. 请提炼关键信息，书写姿态传感器的组成及作用。

学习情境 01
学习情境 02
学习情境 03
学习情境 04
学习情境 05
学习情境 06

3.3.9 舵机

1. 信息页

学习领域	学习领域：无人机组装调试		
学习情境	学习情境3：无人机飞控系统组装	学习时间	30min
工作任务	L：舵机	学习地点	理实一体化教室

舵机

舵机是一种位置（角度）伺服的驱动器，适用于那些需要角度不断变化并可以保持的控制系统。早期在模型上使用最多，在航空模型中，固定翼无人机的飞行姿态是通过调节电机和各个控制面来实现的。举个简单的四通固定翼无人机来说，有以下四个方面需要控制：

1）电机转速：控制无人机的拉力（或推力）。

2）副翼控制面（安装在无人机翼后缘）：控制固定翼无人机的横滚运动。

3）水平尾控制面：控制固定翼无人机的俯仰角。

4）垂直尾控制面：控制固定翼无人机的偏航角。

这样就需要四个舵机，而舵机又通过连杆等传动元件带动控制面的转动，从而改变固定翼无人机的运动状态。因此，控制面的伺服电机就是舵机。

1. 分类

目前，舵机在高档遥控玩具，如无人机、潜艇模型、遥控机器人中已经得到了普遍应用。舵机种类繁多，分类方法不同，名称也不同，常用分类方法如下：

1）按采用的能源分为气动舵机、电动舵机和液压舵机。

2）按功用分为横舵机、直舵机和差动舵机。

3）按操舵方式分为比例式舵机和继电式舵机。

4）按照信号种类分为模拟舵机和数字舵机。

2. 组成

舵机主要由舵盘、齿轮组、电机、电路板、外壳等组成，如图1所示。

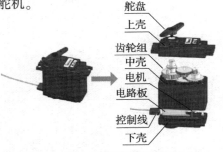

图1 舵机结构图

舵机的齿轮组有塑料齿轮、混合齿轮、金属齿轮。塑料齿轮成本低、噪声小，但强度较低；金属齿轮强度高，但成本高，在装配精度一般的情况下会有很大的噪声。小转矩舵机、微舵、转矩大但功率密度小的舵机一般都用塑料齿轮，如Futaba3003和辉盛的9g微舵。金属齿轮一般用于功率密度较高的舵机上，比如辉盛的995舵机。Hitec甚至用钛合金作为齿轮材料，其高强度能保证Futaba3003大小的舵机能提供约20kgf·cm的转矩。混合齿轮在金属齿轮和塑料齿轮间做了折中，在电机输出齿轮上转矩一般不大，用混合齿轮。

舵机的外壳一般是塑料的，特殊的舵机可能会采用金属铝合金外壳。金属外壳能够提供更好的散热，可以让舵机内的电机运行在更高功率下，以提供更高的转矩输出。金属外壳也可以提供更牢固的固定位置。

舵机都是用信号线的颜色来区分功能的，中间的红色线是电源正极线，棕色线是电源负极线，剩下的橙色线是控制线。

3. 工作原理

控制电路接收信号源的控制脉冲，并驱动电机转动；齿轮组将电机的速度成大倍数缩小，并将电机的输出转矩放大响应倍数，然后输出；电位器和齿轮组的末级一起转动，测量舵机轴转动角度；电路板检测并根据电位器判断舵机转动角度，然后控制舵机转动到目标角度或保持在目标角度，如图2所示。

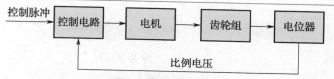

图2 舵机控制原理

模拟舵机需要一个外部控制器（遥控器的接收机）产生脉宽调制信号来告诉舵机转动角度，脉冲宽度是舵机控制器所需的编码信息，常采用的是传统的 PWM 协议。PWM 信号为脉宽调制信号，其特点在于它的上升沿与下降沿之间的时间宽度。它具有产业化、成本低、旋转角度大（目前所生产的都可达到 185°）等优点；缺点是控制比较复杂。但是它是一款数字型的舵机，对 PWM 信号的要求较低，不用随时接收指令，减少 CPU 的疲劳程度；可以位置自锁、位置跟踪，这方面超越了普通的步进电机。

舵机的控制一般需要一个 20ms 左右的时基脉冲，该脉冲的高电平部分一般在 0.5～2.5ms 范围内的角度控制脉冲部分，总间隔为 2ms。当脉冲宽度改变时，舵机转轴的角度发生改变，角度变化与脉冲宽度的变化成正比。以 180°角度伺服为例，那么输出轴转角与输入信号的脉冲宽度之间的关系，如图3所示。

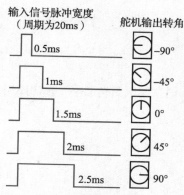

图3 舵机输出转角与输入型号脉冲宽度关系

4．性能参数

（1）转速

在无负载的情况下舵机转过 60°角所需时间为舵机转速，如图4所示。常见舵机的转速一般为 (0.11～0.21s)/60°。

（2）转矩

在舵盘上距舵机轴中心水平距离 1cm 处，若物体质量是 $n(kg)$，则舵机转矩为 $n(kgf \cdot cm)$，如图5所示。

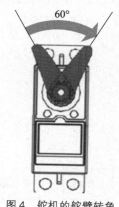

图4 舵机的舵臂转角

图5 舵机的转矩

（3）电压

舵机推荐的电压一般都是 4.8V 或 6V。当然，有的舵机可以在 7V 以上工作，比如 12V 的舵机也不少。较高的电压可以提高电机的速度和转矩。选择舵机还需要看控制卡所能提供的电压。

（4）功率密度

舵机的功率（速度×转矩）与舵机的尺寸比值为该舵机的功率密度，一般同样品牌的舵机，功率密度越大，价格越高。

舵机选型时，要对以上几个方面进行综合考虑。选择舵机需要先计算出转矩和转速，并确定使用电压后，选择有 150% 左右甚至更大转矩富余的舵机。

2．工作页

学校名称		任课教师	
班级		学生姓名	
学习领域	学习领域：无人机组装调试		
学习情境	学习情境3：无人机飞控系统组装	学习时间	30min
工作任务	L：舵机	学习地点	理实一体化教室

舵机

1．请提炼关键词书写舵机的分类。

2．请在舵机结构图中，标出图中标线对应的名称。

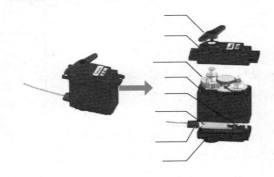

3．请提炼关键词，书写舵机信号线的含义。

4．请提炼关键信息，书写舵机的控制原理。

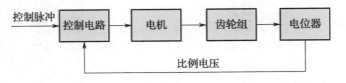

5．请提炼关键词，书写舵机的性能参数及选用原则。

学习情境 01
学习情境 02
学习情境 03
学习情境 04
学习情境 05
学习情境 06

3.4 任务计划

课程思政点睛

1）任务计划环节是在理实一体化学习之后，为培养学生先谋后动的思维意识与习惯而进行的训练，学生通过小组合作完成工作计划的制订。

2）利用规范性、标准性非常高的计划表格引导学生养成严谨、认真、负责任的职业态度和精益求精、考虑全面的工匠精神。

3）通过对规范、环保、安全方面的强调和要求，培养学生的环境保护意识、安全意识及大局观。

教学实施指导

1）教师指导学生独立学习 3.4.1 多旋翼无人机飞控系统组装流程（信息页），要求学生划出关键信息。

2）学生分组讨论，合作完成 3.4.2 无人机飞控系统组装工作计划，完成配件清单、设备工具清单与工作计划。

3）教师选出一个组来介绍讲解海报内容，教师进行评价。教师强调修改工作计划时注意：标准、规范、安全、环保、时间及成本控制意识的训练。

3.4.1 多旋翼无人机飞控系统组装流程（信息页）

多旋翼无人机（F450）飞控系统组装流程

1. 飞控系统组装

NAZA-M Lite 飞控系统清单为：主控器（MC）、电源管理模块（PMU）、GPS 及支架、LED 指示灯、3P 舵机信号线 8 根、3M 胶纸，如图 1 所示。

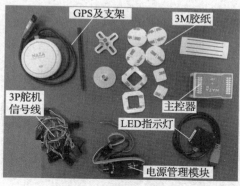

图 1 飞控系统组装零件

（1）安装主控器、PMU 和接收机

在底中心板上安装 NAZA-M Lite 主控器、电源管理模块（PMU）以及富斯 I6 接收机。

1）将电源管理模块（PMU）信号线一端接到主控器 X2 位置处（图 2）。

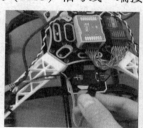

图 2 电源管理模块连接

185

2）富斯 I6 接收机与主控器连接时，取 5 根 3P 舵机线，从富斯 I6 接收机 1~5 端口接主控器 A、E、T、R、U 端口，切记一一对应（图3）。

图3　富斯 I6 接收机与主控器连接

3）安装主控制器（图4）。

①使用 3M 胶纸来固定主控制器，并使其与飞行器机身水平面保持平行。

②主控制器电调输出端应朝向飞行器正前方，并尽量将其安装在飞行器底板中心。

③需要注意的地方是，确保主控制器的所有端口不要被遮挡，方便布线及后面连接计算机进行调试。

图4　主控制器的固定

（2）安装上中心板

安装机身上中心板（图5）。同样，拧螺钉时，力度要适度，先拧至 2/3 处，后全部拧紧（此时可以把 GPS 底座安在 M4 机臂螺钉孔上）。

图5　安装上中心板

（3）安装电机和电调接线

电机 3 根接线（黄、红、黑），以及电调 3 个接线柱（U、V、W）的连接方式，根据多次尝试得出，红接 U、黑接 W、黄接 V（这样接线 99% 是没有问题的）；如果个别出现问题的话，连接计算机调参时，再任意交换 2 根接线即可，把 4 个电调的数据线接到主控器的 M1、M2、M3、M4 接口上（图6）。

（4）GPS 及 LED 安装

注意：GPS 指南针模块为磁性敏感设备，应远离所有其他电子设备。

图6　电调与主控制器的连接

1）把 GPS 底座用 3M 胶纸安装在飞行器的上中心板 M4 机臂螺钉孔旁（图 7）。

2）同样用 3M 胶纸把 GPS 固定在支架的顶盘上（注意支架置于至少远离螺旋桨 1cm 处）。

3）使用 502 胶水将 GPS 碳杆支架与底盘、顶盘连接（图 8）。

图 7　GPS 底座的安装

图 8　GPS 天线的安装

4）将 GPS 盖上标有箭头指向飞行器机头的正前方，固定即可。然后，将 GPS 接线口接到主控器 EXP 接口处（图 9）。

5）LED 安装在机尾 M3 机臂处，用 3M 胶纸固定好，接线口接到主控器 LED 接口处。最后，多出的 GPS 和 LED 线用扎带捆好，并且把电调用扎带固定好即可（图 10）。

图 9　GPS 天线箭头方向与飞行器机头方向一致

图 10　LED 指示灯的安装

3.4.2　无人机飞控系统组装工作计划

1. 完成符合组装要求的配件清单：不限于此列表

名称	品牌	型号	规格要求	数量	备注

注意：零部件要尽量找信誉好、有实力的知名公司购买，以确保售后服务有保障。

学习情境 01
学习情境 02
学习情境 03
学习情境 04
学习情境 05
学习情境 06

2. 完成准备组装工具和辅助设备清单：不限于此列表

名称	品牌	型号	规格要求	数量	备注
电烙铁及烙铁架					
焊锡					
助焊剂					
热缩管					
尖嘴钳					
剥线钳					
热风枪					
螺钉旋具					
数字万用表					
……					

3. 制订飞控系统组装工作计划：提炼关键词编制

序号	组装步骤及内容	设备工具	技术标准规范	安全环保等注意事项	组装质量保证或检测	组装结论
预估时间				成本预算		

3.5 任务决策

课程思政点睛

任务决策环节是在任务计划的基础上，对任务计划进行修改确认，或者是对多种计划方案进行优中选优。指导学生吸收采纳教师或其他人的建议，能够对自己的学习知识体系进行重新梳理，不断地接受他人的合理化意见或建议，是虚心、进取心的表现，同时也是尊重他人、客观公正对待自己的人生态度。在任务实施之前对自己的计划进行确认与调整，是严谨、认真、负责态度的体现，也有助于精益求精的工匠精神养成。

教学实施指导

1）教师指导学生个人独立按照任务决策的关键要素完成无人机飞控系统组装任务决策表。

2）教师选出一个学生代表和自己进行任务决策，其他学生观察，并进行口头评价、补充、改进。

3）学生修改并提交自己的任务决策方案表格，教师对每个学生制定的任务决策方案进行确认。学生获得教师对自己所做决策方案的确认信息后才有资格进行任务实施。

无人机飞控系统组装任务决策

请依据无人机飞控系统组装任务决策表，站在企业的角度，和师傅沟通工作任务计划方案实施的可能性。决策内容包括：选择的配件清单，使用的工具和辅助设备清单，组装工作步骤的正确性、规范性和合理性，组装过程的安全性、环保性等注意事项，组装质量的把控或检测内容，工作任务的时间控制和成本控制等，并记录决策结果与师傅的建议。

无人机飞控系统组装任务决策表

决策类型	决策方案
与师傅决策	请站在企业的角度，和师傅沟通工作任务计划方案实施的可能性（包括：选择的配件清单，使用的工具和辅助设备清单，组装工作步骤的正确性、规范性和合理性，组装过程的安全性、环保性等注意事项，组装质量的把控或检测内容，工作任务的时间控制和成本控制等，并记录决策结果与师傅的建议）
意见或建议	

3.6 任务实施

课程思政点睛

1）任务实施是学生最喜欢的操作环节，在此抓住时机对学生进行严谨、规范、标准操作训练。

2）要求学生必须按照前期经过决策的任务计划执行，养成先谋后动的工作意识，深入思考后才可以操作，严禁冒失和鲁莽行事。

3）在操作过程中要求学生在一个团队内必须通力合作，分工明确，提高工作效率，以此训练学生未来步入社会工作的团队合作能力和时间把控能力。

4）若在操作中万一有违规操作或者是失误、错误出现，要求学生必须如实告知，不但不会被批评，反而会因诚信而得分。

教学实施指导

1）学生观察教师的示范动作，或观看 3.6.1 无人机飞控系统组装操作视频（1. 安装飞控模块；2. 安装 GPS 模块；3. 安装电源管理模块；4. 安装 LED 灯；5. 接线）中的示范动作（操作内容：从准备配件、物料、工具、设备开始，进行无人机飞控系统组装操作）。

2）学生分为 4 组，分工操作。每组每次安排 2 名学生操作，所有学生轮流，每个学生都要完成一次操作。当2名学生进行操作时，另外安排2名学生分别对其进行评价，填写3.6.2 无人机飞控系统组装任务实施评价表，1名学生拍视频，1~2名学生监督质量并记录，1~2名学生查阅组装手册改进计划。

3.6.1 无人机飞控系统组装操作视频

1. 安装飞控模块　　　2. 安装 GPS 模块　　　3. 安装电源管理模块

4. 安装 LED 灯　　　　5. 接线

3.6.2 无人机飞控系统组装任务实施评价

学生小组合作完成无人机飞控系统组装任务实施评价表。任务实施阶段的评价由演练经理与企业成员讨论进行，最好达成一致意见。若不能达成一致意见，由演练经理执行。若企业成员不同意演练经理的评价，则由总投资人仲裁。

无人机飞控系统组装任务实施评价表

被评人：

一级指标	二级指标	配分	评价	评价指标
1. 按照工艺流程组装无人机飞控系统	正确选择工具设备	5		专业能力
	规范使用工具设备	5		规范性
	查阅组装工艺流程	5		信息获取
	正确顺序组装	5		专业能力
	操作中遵守技术规范和标准	5		规范性
	操作中遵守设备及人身安全防护	5		安全性
	操作中遵守环保要求	5		环保性
	操作过程保证组装质量	5		责任心
	检测线路连接情况及螺丝连接情况	5		专业能力
	检测记录完整准确	5		记录
	走路轻快稳，手脚利落，注重工作效率	5		工作规范
2. 任务实施中的自我管理	完成任务的时间控制把握	5		时间管理
	对任务计划及时调整与改进	5		自我改进
	面对突发问题处理时自信与抗挫折	5		情绪管理

评价人：

3.7 任务检查

课程思政点睛

任务检查环节包含三个层次的内容：

首先是复盘检查，对任务实施过程和任务实施结果进行检查，确保实施质量。教师严格要求学生对照标准和规范进行检查，养成学生严谨规范、认真负责的职业态度和职业精神，高标准、严要求、精益求精的工匠精神。

其次是对场地、工位、设备、环境等进行5S管理，养成规范、卫生、环保意识。

最后是对任务计划的调整改进，依据实施过程和结果，对前期做的工作计划进行优化，目的是训练学生自我改进、自我优化的自我管理能力，以此实现学生不断地进步提高。

教学实施指导

1）教师提供无人机飞控系统组装任务检查单。要求学生分组，小组合作完成任务检查及5S，在无人机飞控系统组装任务检查单上标注。教师要求学生小组成员对工作过程和工作计划进行监督和评估，记录优缺点及改进建议，并口头表达。教师要重点引导学生对队友的支持性意见的表达，并训练学生接纳他人建议。

2）学生小组合作修改完善工作计划，修改方式是在原有工作计划上用另一种颜色的笔进行真实、全面的复盘改进、标注。

无人机飞控系统组装任务检查及5S

请依据无人机飞控系统组装任务检查单，小组合作进行必要的最终任务检查和5S，并根据任务实施过程和任务实施结果的实际情况，优化、调整、完善、改进工作计划。

1）请进行必要的最终任务检查：

无人机飞控系统组装任务检查单

检查项目	检查内容	问题记录	处理意见
检查任务实施过程			
检查质量标准			
检查任务结果			

2）请进行必要的5S：

5S场地（　　　）

5S设备工具（　　　）

5S工位（　　　）

3）请根据任务实施过程和任务实施结果的实际情况，优化、调整、完善、改进工作计划（以另一种颜色的笔在任务计划上标注作答）。

3.8 任务交付

课程思政点睛

1）任务交付与任务接受呼应，特别适合对学生进行社会主义核心价值观中友善、和谐价值的训练。

2）如何做到和伙伴友善合作，如何做到站在公司立场为公司的利益和效率着想，如何站在客户角度为客户着想等。

3）在指导学生进行飞控系统组装任务交付话术训练时全面体现友善、和谐的价值。

教学实施指导

教师指导学生依据3.8.1无人机飞控系统组装任务交付剧本（中英文），参考3.8.2无人机飞控系统组装任务交付视频（中英文），以角色扮演方式进行任务交付。

3.8.1　无人机飞控系统组装任务交付剧本（中英文）

学习情境描述

测绘设计研究院因工作需要购置了30架F450无人机的组件，现委托学院测绘无人机应用专业的项目团队完成组装、调试、试飞与数据采集。为了本项目的高效顺利实施，学院项目团队制订了实施计划，把项目拆分成若干个工作任务（学习情境），会伴随着项目进程陆续给出。

本次工作任务（学习情境）是希望通过各项目组的精诚合作，能够按照F450型号无人机组装的规范与标准组装30套飞控系统，并要求在3天内组装完成。组装过程注意工作效率、经济效益与安全注意事项。

1. 任务完成，正常交付

组　　　长：领导，您好！经过我们团队3天的努力，30架无人机的飞控系统，我们已经按照F450无人机组装的流程与标准规范，全部保质保量地完成了。

Hello, Director! After three days' efforts, we have completed the flight control systems of 30 UAVs in strict accordance with the assembly process and standard specifications of F450 UAV.

项目负责人：好的，你们辛苦了。已经送到质检组进行检测了吧？

All right. Thank you! Have they been sent to the quality inspection team?

组　　　长：是的，已经送检了。质检全部通过！

Yes. All passed the quality inspection!

项目负责人：完美。你们先休息一下，一会儿再布置新的任务给你们。

Perfect. Have a rest. I will assign you a new task later.

组　　　长：好嘞，等您。

OK.

2. 任务未完成，异常交付

组　　　长：领导，您好！不好意思跟您说，我们团队虽然已经很努力了，但是没有在规定时间内完成30架无人机飞控系统的组装任务。

Hello, Director! I'm sorry to tell you that although our group has tried very hard, we have yet to complete the assembly task on time.

项目负责人：啊?! 为什么？到底哪里出了问题？

Ah? ! Why so? What went wrong?

组　　　长：真的非常抱歉，主要是我们专业技术水平还不够娴熟，再加上团队合作不够顺畅，导致了工作结果出现问题。

I'm really sorry. Since there is still much to be desired in our professional proficiency and group cooperation, we fail to finish the work on time.

项目负责人：算了。意识到问题的原因就好，下次多注意。那你们自己能解决吗？需不需要其他团队的帮助？

Come on. Just draw the lesson next time. Can you handle it by yourselves? Do you need help from other groups?

组　　长：我们自己能解决，不需要帮助。不过，还需要点时间。
　　　　　We can handle it by ourselves. We don't need help. But it will take some time.

项目负责人：多久？
　　　　　How long will it take?

组　　长：两个小时吧。
　　　　　About two hours.

项目负责人：好吧。再给你们团队两个小时，必须保质保量完成。
　　　　　All right. Two more hours for you. You must fulfill it.

组　　长：谢谢您了！我们这就继续开工。您走好！
　　　　　Thank you very much! We will continue with our work. See you!

3.8.2　无人机飞控系统组装任务交付视频（中英文）

无人机飞控系统组装任务交付（中文）　　　　无人机飞控系统组装任务交付（英文）

3.9　反思评价

课程思政点睛

1）反思评价作为学习思维的最高阶段，包含两个层次：复盘反思与评价。

2）复盘反思可以解决完成任务过程中知识碎片化的问题，有利于学生建构知识体系的逻辑思维能力训练，培养学生自主学习和终身学习能力。

3）当学生具备不断地复盘反思习惯的时候，对学生正确看待世界、看待问题、看待自己的正确三观形成会有很大的帮助，有利于学生形成科学的、正确的、正能量的世界观、人生观和价值观。

4）评价过程包括自评、他评和集体评价。自评可以培养学生自我评价、自我改进的自我管理能力。他评可以训练学生客观、公正、公平、诚信与公理心。

教学实施指导

1）学生安静、独立地参考所有的信息页和工作页，重点借鉴学习3.9.1无人机飞控系统组装任务总结，在笔记本上制作"无人机飞控系统组装"的理论知识点、技能操作点的思维导图。

2）小组合作制作思维导图海报，讲解展示。

3）完成3.9.2无人机飞控系统组装任务综合职业能力评价表的自评、他评与经理评价。

3.9.1　无人机飞控系统组装任务总结

知识点总结

1. 飞控系统功能

1）飞控系统主要具有如下功能：①无人机姿态稳定与控制。②与导航子系统协调完成航迹

学习情境01
学习情境02
学习情境03
学习情境04
学习情境05
学习情境06

控制。③无人机起飞（发射）与着陆（回收）控制。④无人机飞行管理。⑤无人机任务设备管理与控制。⑥应急控制。⑦信息收集与传递。

2）大疆无人机飞控系统主要功能包括：实现精准定位悬停、智能失控保护/自动返航降落、低电压报警或自动返航降落、内置（两轴）云台增稳功能、可扩展地面站功能、智能方向控制、航向锁定、返航点锁定、热点环绕（POI）、断桨保护功能等。

2．飞控系统组成

1）飞控系统一般由传感器、机载计算机和执行机构三大部分组成。

2）飞控机载计算机可以实时感知无人机的工作状态数据或接受控制终端上传的上行控制命令或数据，通过计算和处理，输出指令给执行机构，实现对无人机飞行姿态的控制和任务设备的管理，也可以将无人机运行参数、任务设备运行参数等传送给机载无线数据终端，经下行信道传送给地面。

3）传感器辅助飞控感知无人机飞行信息或周边环境信息的设备。

4）执行机构是各种形态的舵机，直接或间接驱动其他设备完成指令动作。

5）无人机飞控系统常用的传感器包括陀螺仪、加速度计、磁力计、气压计、超声波传感器及GPS模块等。

6）惯性测量单元（IMU）包括陀螺仪、加速度计和磁力计，主要得到无人机的姿态信息，用于感知飞行器在三个轴向上的运动状态。

7）高度测量单元包括气压传感器（简称气压计）和超声波传感器。

8）气压计用于检测飞行器所在位置的气压得到绝对高度信息，而超声波传感器测量通常用于感知飞行器的垂直对地高度得到相对高度信息，可实现悬停高度控制或避障。

9）全球定位系统包含GPS模块和指南针模块，用于精确确定飞行器的方向及经纬度，接收GPS卫星导航系统的位置信息，为飞控提供位置数据。

10）机载计算机是飞控系统的核心部件，是算法计算平台，由硬件和软件组成。

11）执行机构主要包括电调、电机、舵机等。

12）执行机构主要可以分为三种类型：电动伺服执行机构、电液伺服执行机构、气动伺服执行机构。

3．飞控系统模式及类型

1）飞行控制系统一般提供三种飞行模式：GPS姿态模式、姿态模式和手动模式。

2）GPS姿态模式除了能自动保持飞行器姿态平稳外，还能具备精准定位的功能。在该种模式下，飞行器能实现定位悬停，自动返航降落等功能，适合新手。

3）姿态模式适合于没有GPS信号或GPS信号不佳的飞行环境，能实现自动保持飞行器姿态和高度，但是，不能实现自主定位悬停，适合有一定飞行经验的玩家。

4）手动模式只能由比较有经验的驾驶员来控制，在该模式下，飞行控制系统不会自动保持飞行姿态和高度的稳定，完全由驾驶员手动控制。

5）自主模式：飞机会按照预设航线进行自主飞行（依赖GPS信号），也就是说，这是一种在GPS模式下运行的功能。

6）一键返航模式：不管无人机飞离多远，只需要按下返航开关或者飞机失去遥控器信号，无人机就会自动返航。

7）飞控系统按能源形式可分为气压式、液压式、电气式或者这几种形式的组合。

8）飞控系统按调节规律（飞控系统输入信号与执行机构的输出量之间的函数关系）可分为比例式和积分式两种基本类型。

4．常用飞控系统

1）KK飞控板只有三个单轴陀螺仪，该飞控板扩展性低、无自稳、不能定高及无GPS，但

学习情境 01
学习情境 02
学习情境 03
学习情境 04
学习情境 05
学习情境 06

其价格低廉及调试简单，是初学者首选。

2）QQ 飞控板是一款轻量级的飞控板，具有调试简单、价格便宜及有自稳功能等优点，但不能定高、不能姿态控制及无 GPS，更适用于穿越机。比 KK 多自稳功能，操作起来比 KK 简单。

3）MWC 飞控板分为标准版和高配版，具有成本较低、结构简单及固件比较成熟等优点。

4）APM 飞控板最为成熟的开源自动导航飞控系统，可支持多旋翼、固定翼、直升机和无人驾驶车等无人设备，可实现自稳、定高、姿态控制，支持地面站、PC 控制，缺点是调试较复杂。与 MWC 比较，拓展功能更强，调试稍简单。

5）PX4 飞控板拥有一个 32 位处理器，具有 APM 飞控板 10 倍以上的 CPU 性能。Pixhawk 飞控板是 PX4 飞控板的升级版本。

6）零度工业级商用的"双子星"（GEMINI）双余度飞控板，其集成了两套独立工作的 MC（内置 IMU）、GPS、磁罗盘，当主控设备出现意外时，从控设备会自动接管对无人机的控制，并支持零度安全伞，意外情况自动开伞，为飞行提供了多重安全保障。

7）大疆工业级商用的悟空系列飞控板，集成了高精度的传感器元件，采用先进的温度补偿算法和工业化的精准校正算法，使无人机系统具有稳定、高效和可靠的性能。

8）大疆哪吒系列飞控板将控制器、陀螺仪、加速度计和气压计等传感器集成在轻巧的控制模块中，且支持固件在线升级，使无人机系统的功能和硬件均可得到扩展，具有飞行稳定性好、手感和机动性强、售后服务好、安全性高、操作比 APM 飞控板简单等优点。

5. 陀螺仪传感器

1）利用陀螺的力学性质所制成的各种功能的陀螺装置称为陀螺仪。

2）陀螺仪是用高速回转体的动量矩敏感壳体相对惯性空间绕正交于自转轴的一个或两个轴的角运动检测装置。

3）传统陀螺仪是一种机械装置，主要由旋转轴、转子和支架等组成。

4）定轴性：高速旋转的转子在没有任何外力矩作用下，陀螺仪的自转轴在惯性空间中的指向固定在一个方向；同时不会随着外力作用发生改变，这种物理现象称为陀螺仪的定轴性或稳定性。

5）定轴性随转子的转动惯量和角速度的增加而增加。

6）进动性：高速旋转的转子在外力矩作用于外环轴时，陀螺仪将绕内环轴转动；在外力矩作用于内环轴时，陀螺仪将绕外环轴转动。则转动角速度方向与外力矩作用方向互相垂直。这种特性，称作陀螺仪的进动性。

7）微机械陀螺仪即 MEMS 陀螺仪是指集机械元素、微型传感器、微型执行器以及信号处理和控制电路、接口电路、通信和电源于一体的完整微型机电系统。

8）传感陀螺仪用于飞行体运动的自动控制系统中，作为水平、垂直、俯仰、航向和角速度传感器，指示陀螺仪主要用于飞行状态的指示，作为驾驶和领航仪表使用。

6. 加速度传感器

1）加速度传感器（加速度计）是测量运载体线加速度的仪表。能连续地给出线速度及线加速度信号的装置称为加速度传感器。

2）通过惯性导航（见陀螺平台惯性导航系统）连续地测出其加速度，然后经过积分运算得到速度分量，再次积分得到一个方向的位置坐标信号，而三个坐标方向的仪器测量结果就综合出运动曲线并给出每瞬时航行器所在的空间位置。

3）通常情况下，压电式 MEMS 加速度计不能测到"静态"加速度，只能测到"动态"加速度。

4）电容式既能测到"动态"加速度，又能测量到"静态"加速度，

7. 磁力计传感器

1）磁力计跟指南针原理类似，可用来测量磁场强度和方向、定位设备的方位及当前设备与东南西北四个方向上的夹角。

2）磁力计是一种可以测量环境磁场强度的传感器，通过利用磁力计测得磁场强度，进而得到所需的载体方位角信息。

3）目前通常将磁力计的误差划分为自身内部误差、应用安装误差以及罗差。

4）磁场干扰是指由于具有磁性物质或者可以影响局部磁场强度的物质存在，使得磁传感器所放置位置上的地球磁场发生了偏差。

8. 气压计等其他传感器

1）气压计是通过观测气压测量无人机飞行海拔高度（又称绝对高度）。

2）超声波传感器是将超声波信号转换成电信号的传感器，是由超声波发射器、接收器、控制部分及电源组成。无人机使用超声波传感器的目的是要识别自身与物体的距离，以避免撞上其他物体。

3）红外线传感器是一种能够感应目标辐射的红外线，利用红外线的物理性质来进行测量的传感器。红外线传感器可以探测具有一定温度的物体，使用时可以避免碰触动物或人体。

4）姿态传感器是由陀螺仪、加速度计、磁力计组成。

5）陀螺仪和加速度计分别用于测量无人机倾斜角度和无人机加速度。

9. 舵机

1）舵机通过连杆等传动元件带动控制面的转动，从而改变固定翼无人机的运动状态。控制面的伺服电机就是舵机。

2）按采用的能源分为气动舵机、电动舵机和液压舵机。

3）按功用分为横舵机、直舵机和差动舵机。

4）按操舵方式分为比例式舵机和继电式舵机。

5）按照信号种类分为模拟舵机和数字舵机。

6）舵机主要由舵盘、齿轮组、电机、电路板、外壳等组成。

7）舵机中间的红色线是电源正极，棕色线是电源负极，剩下的橙色线是控制线。

8）舵机的性能参数主要有转速、转矩、电压、功率密度等。

9）选择舵机需要先计算出转矩和转速，并确定使用电压后，选择有150%左右甚至更大转矩富余的舵机。

技能点总结

1）减振座安装。

2）飞控系统安装。

3）蜂鸣器安装。

4）安全开关安装。

5）电调杜邦线安装。

6）用电安全与电焊的安装使用。

7）万用表测量连接质量。

3.9.2 无人机飞控系统组装任务综合职业能力评价

请依据无人机飞控系统组装任务综合职业能力评价表，客观真实完成自评、他评与经理。

无人机飞控系统组装任务综合职业能力评价

学习情境	学习情境3：无人机飞控系统组装			
班级		姓名		成绩
评价项目	评价内容	自评	他评	经理评价
知识点	无人机飞控系统的功能			
	无人机飞控系统的组成			
	无人机飞控系统的模式及类型			
	常用飞控系统			
	陀螺仪的作用、结构及工作原理			
	加速度计的作用、结构及工作原理			
	磁力计的作用、结构及工作原理			
	气压计的作用、结构及工作原理			
	超声波传感器的作用、结构及工作原理			
	红外线传感器的作用、结构及工作原理			
	舵机的结构原理、性能参数及选装			
技能点	减振座安装			
	飞控系统安装			
	蜂鸣器安装			
	安全开关安装			
	电调杜邦线的安装			
能力点	阅读标注关键词并归纳的能力			
	能够带领一个小组工作的能力			
	利用工作页索引完成理论知识学习的能力			
	做事能够坚持到底（耐力）的能力			
	反思评价自己/他人工作的能力			
	举一反三学习迁移的能力			
	能够个人独立面对问题或解决问题的能力			
	集中精力倾听的能力			
	安静下来独立阅读的能力			
	与他人讨论能协商能合作的能力			
	正确表达自己想法的能力			
	安全意识和安全操作的能力			
	环保意识和环保处理的能力			
	5S意识和规范性			
	对自己的工作认真负责的能力			
	委婉友善提出意见或建议能力			
	在负责任的前提下支持队友的能力			

学习情境 01
学习情境 02
学习情境 03
学习情境 04
学习情境 05
学习情境 06

3.10 巩固拓展

课程思政点睛

巩固拓展环节是充分利用学生的课余时间布置高质量的作业，对课上所学及完成的任务进行温故知新，同时训练学生举一反三、迁移新任务的解决问题能力。任务选择注意课程内容的延续性及拓展性，稍微增加难度，在小组主持作业的情况下，既要对学生克服困难独立完成任务的职业素养进行训练，也要对学生团队合作、高效率高质量完成任务的能力和素养进行训练。

教学实施指导

1）完成信息化系统中的所有理论测试题，全部满分通过。

2）完成信息化系统中关于十步教学的每一步测评表后进行提交。

3）请小组合作完善"无人机飞控系统组装工作计划"，制作展示 PPT 提交到系统准备下次课展示。

4）以小组为单位完成演练月 4 财务结算表和成绩统计。

5）以小组为单位熟练无人机飞控系统组装的操作。

新任务迁移：其他型号无人机飞控系统组装

教师布置新的客户任务：其他型号无人机飞控系统组装。要求学生小组合作制订工作计划。学生明确拓展任务：其他型号无人机飞控系统组装。利用信息化手段查阅检索信息，做好完成拓展任务的计划（分工与时间安排），小组合作制订工作计划，下次课前用 PPT 展示和评价。

学习情境 4
无人机通信导航系统组装

4.0 教学准备

知识目标
- 通信导航系统结构组成与工作原理。
- 频段的原理及应用。
- 传输技术的原理及应用。
- 无线电导航的分类特点及应用。
- 机载终端与天线、地面终端与天线。
- 图传设备的原理与介绍。
- 图传系统安装的注意事项。
- 无人机通信导航系统组装的标准及规范。

技能目标
- 接收机的安装。
- 接收机与飞控接线。
- 遥控器电池安装。
- 接收机天线的安装。
- 发射机的天线安装。
- 摄像头的安装。
- 图传发射机的安装。
- 线路的链接。
- 用电安全与电焊的安装使用。
- 万用表测量连接质量。

素养目标
- 能够提炼总结简单的事实文本。
- 能够在两人对话中有效沟通并交换信息。
- 能够把自己的观点表达清楚。
- 能够在团队中承担自己的角色功能。
- 能够在团队中有积极合作意识。
- 能够在制订计划时尽可能考虑全面。
- 能够控制自己情绪，跟伙伴友好合作。
- 能够认真倾听并及时记录。
- 能够进行简单的图文展示。
- 能够以 ERP 沙盘演练的形式创建测绘企业。
- 能够把企业经营理念与人文情怀贯穿专业知识学习之中。
- 能够具有创新、创业精神和意识。

4.1 任务接受

课程思政点睛

任务接受环节特别适合对学生进行社会主义核心价值观中的友善、和谐价值的训练。如何做到和伙伴友善合作，如何做到站在公司立场为公司的利益和效率着想，如何做到站在客户角度为客户着想等，在指导学生进行通信导航系统组装任务接受的话术训练时，教师要及时、适时地对学生进行引导训练，全面体现友善、和谐的价值。

任务接受环节涉及第 5 个演练月的企业经营，在布置演练月 5 财务核算任务时，严格要求学生具备诚信经营意识，做到严谨、规范、一丝不苟，同时还要有独特的创新意识和不屈不挠的创业精神。

教学实施指导

1）教师指导学生依据 4.1.1 无人机通信导航系统组装任务接受剧本（中英文），学习过程参考 4.1.2 任务接受中英文视频（中英文），采取角色扮演的方法完成任务接受。

2）角色扮演之后明确了工作任务，完成 4.1.3 无人机通信导航系统组装任务工单。

4.1.1　无人机通信导航系统组装任务接受剧本（中英文）

学习情境描述

测绘设计研究院因工作需要购置了 30 架 F450 无人机的组件，现委托学院测绘无人机应用专业的项目团队完成组装、调试、试飞与数据采集。为了本项目的高效顺利实施，学院项目团队制订了实施计划，把项目拆分成若干个工作任务（学习情境），会伴随着项目进程陆续给出。

本次工作任务（学习情境）是希望通过各项目组的精诚合作，能够按照 F450 型号无人机组装的规范与标准组装 30 套通信导航系统，并要求在 3 天内组装完成。组装过程注意工作效率、经济效益与安全注意事项。

项目负责人： 组长，你好！你们团队上次的飞控系统组装任务完成得非常好。这次任务是组装 30 套通信导航系统，还希望你们继续保持。

Hello, group leader! Your group has done an excellent job in assembling the powertrains. Next, it is to assemble 30 communications and navigation systems. Keep going like before.

组　　长： 领导，您好！明白了，这次任务是组装 30 套 F450 无人机的通信导航系统。不过，组装这 30 套通信导航系统有什么特殊的具体要求吗？

I see. The mission is to assemble communication and navigation systems for 30 F450 UAVs. But are there any specific requirements for assembling these 30 communication and navigation systems?

项目负责人： 没有什么特殊要求，你们还是按照 F450 无人机组装流程与标准，规范组装保证质量就行了。

Nothing special. All you need to do is follow the F450 UAV assembly process and standard, and ensure no compromise on quality.

组　　长： 好，没问题！规范和标准我们一定严格要求。

No problem! We will strictly follow the specifications and standards.

项目负责人： 另外，在组装过程中依然要嘱咐组员，通信导航系统涉及遥控器信号线的匹配对接，包括接收机的安装、接收机与飞控接线、遥控器电池安装、接收机天线的安装、发射机的天线安装、摄像头的安装、图传发射机的安装以及线路的链接等。注意谨慎安全操作，千万别磕磕碰碰或掉落、损坏零部件。谁损坏，谁赔偿。尽量节约成本。

In addition, in the assembly process, please remind your fellow group members that they must be careful to avoid bumping, losing or damaging any part or component as the communication and navigation system involves the matching of the remote control signal lines, the installation of the receiver, the receiver and flight control wiring, and the installation of the remote control battery, receiver antenna, transmitter antenna, cameras, and picture transmission units as well as the line connection. Whoever causes damage must compensate. We should try to save costs.

学习情境 01

学习情境 02

学习情境 03

学习情境 04

学习情境 05

学习情境 06

组　　　长：好的！您放心，我会嘱咐团队成员小心安全操作。这 30 套通信导航系统给我们多长时间完成？

All right! Don't worry. I will tell the group members to be careful. How much time we are allowed to finish the job?

项目负责人：3 天内必须保质保量完成。完成后，上交质检组检验。

It must be perfectly accomplished within 3 days. Then the communication and navigation systems shall be submitted to the quality inspection team.

组　　　长：明白了。您放心！还有要嘱咐的吗？

I see. Don't worry about it. Anything more?

项目负责人：没有了。那就拜托了。有问题随时联系。

No more. Just go ahead. Please feel free to contact me if you have any questions.

组　　　长：好的！您慢走！再联系。

OK. See you! Keep in touch.

4.1.2　无人机通信导航系统组装任务接受视频（中英文）

无人机通信导航系统组装任务接受（中文）

无人机通信导航系统组装任务接受（英文）

4.1.3　无人机通信导航系统组装任务工单

项目名称	无人机组装调试		
项目单位			
项目负责人		联系电话	
项目地址			
项目时间			
任务名称	无人机通信导航系统组装		
工作任务描述：			

工作任务描述：

　　测绘设计研究院因工作需要购置了 30 架 F450 无人机的组件，现委托学院测绘无人机应用专业的项目团队完成组装、调试、试飞与数据采集。为了本项目的高效顺利实施，学院项目团队制订了实施计划，把项目拆分成若干个工作任务，会伴随着项目进程陆续给出。

　　本次工作任务是希望通过各项目组的精诚合作，能够按照 F450 型号无人机组装的规范与标准组装 30 套通信导航系统，并要求在 3 天内组装完成。组装过程注意工作效率、经济效益与安全注意事项。

检查零部件及工具耗材等情况记录：	
组装结论：	
组装人：	组长：
质检员签字：	项目负责人签字：
成本核算：	完成时间：

4.2　任务分析

课程思政点睛

　　任务分析环节以大疆 F450 无人机通信导航系统组装视频为切入点，在此教师要以通信导航系统的发展，引入北斗导航应用，真正的国产导航系统运用，激发学生的爱国热情。

同时，以一个操作视频对学生启发引导分析任务本身，有助于学生深入思考自己完成任务需要的知识点、技能点与素养点。教师要抓住机会及时训练学生在视频中提取专注、严谨、规范、标准、安全、精益求精的工匠精神。

教学实施指导

教师指导学生利用卡片法完成任务分析。

1）学生首先个人独立观看无人机通信导航系统组装视频，在笔记本计算机上独立认真书写：要完成客户委托任务都需要哪些关键信息。

2）学生小组合作讨论出本组的关于完成客户委托任务关键点，并写在彩色卡片上，贴在白板上展示。

3）教师指定小组，逐条讲解展示，其他小组学生领会理解，补充改进。

无人机通信导航系统组装视频

大疆F450无人机
通信导航系统组装

4.3　理实一体化学习

课程思政点睛

1）借助无人机通信导航系统的分类与发展，以美国 GPS 导航与中国北斗导航系统进行对比分析学习，引导学生对中国民族企业及民族品牌的关注，充分展现了爱国情怀和世界胸襟。

2）通过学习站法的学习指导，培养了学生独立、民主、公平、友善、诚信、合作、和谐、敬业等价值观。

3）通过旋转木马法和咖啡馆座谈法的学习，充分训练学生独立性、合作、倾听、妥协、公正公平、公理心、思辨力等。

教学实施指导

教师提供给学生为完成本任务（无人机通信导航系统组装）必要的学习资料（7 个模块），要求并指导学生利用学习站法、咖啡馆座谈法及旋转木马法完成理实一体化学习。学生按照教师的要求，认真完成 7 个模块的企业内部培训，力争自己解决问题。为后续完成客户任务（无人机通信导航系统组装）进行企业运营，积累专业知识、技能与素养。

学习站法学习

1）学生分为 4 组。每组学生按照教师的要求进入自己的学习站，个人独立学习相应的4.3.1～4.3.4信息页，并完成各自对应的4.3.1～4.3.4工作页。同一个学习站的学生小组合作讨论，对学习结果（即工作页的结果）进行更正、改进、完善，达成共识。学生按照教师指定的轮站顺序轮换学习站学习，直至完成4.3.1～4.3.4所有信息页与工作页的学习。

2）学生以竞争方式获得展示学习结果的机会，使用实物投影仪进行展示讲解，本小组的同学补充完善，力求不给其他小组机会。而其他小组的同学进行倾听、补充、改进、完善，都会获得相应的奖励。

3）个人独立完成理论测试：无人机通信链路系统。

咖啡馆座谈法学习

1）教师指导学生安静、独立地学习4.3.5信息页（全球卫星导航系统），完成对应的4.3.5工作页。学习完的同学安静地示意，两个人结对，到指定的咖啡馆座谈，交流工作页结果，进行更正、改进、完善，达成共识。

2）被教师指定的一对伙伴利用实物投影仪进行讲解展示，全班同学进行补充、改进。

3）同样的流程方法学习4.3.6信息页（惯性导航系统），完成对应的4.3.6工作页。

旋转木马法学习

1）教师指导学生独立学习4.3.7信息页（组合导航系统），划出关键词，完成4.3.7工作页。

2）学生按照教师的指导，以旋转木马法进行讲解展示。

4.3.1 通信链路系统

1. 信息页

学习领域	学习领域：无人机组装调试		
学习情境	学习情境4：无人机通信导航系统组装	学习时间	30min
工作任务	A：通信链路系统	学习地点	理实一体化教室

通信链路系统

无人机与遥控装置进行通信、无人机与定位设备进行通信、无人机内部通信都会形成数据链。数据链传输系统负责完成对无人机系统遥控、遥测、跟踪定位和传感器传输。数据链路包括数传和图传。数传就是数字传输，图传就是图像传输。

1. 功能

无人机通信链路是一个多模式的智能通信系统，能够感知其工作区域的电磁环境特征，并根据环境特征和通信要求，实时动态地调整通信系统工作参数（包括通信协议、工作频率、调制特性和网络结构等），达到可靠通信或节省通信资源的目的。

2. 要求

一个能够正常完成信息传递的无人机通信链路应满足以下要求：

1）能够跳频扩频。跳频组合越高，抗干扰能力越强，一般的设备能做到几十、几百个跳频组合，性能优异的设备能做到6万个跳频组合。

2）能够储存转发信息。

3）能够加密数据。提高数据传输的可靠性，防止数据泄密。

4）传输速率高。

5）低功耗，低误码率和高接收灵敏度。无人机采用电池供电，而且传输距离又远，所以要求设备的功耗低，即低发射功率，接收灵敏度高，灵敏度越高传输距离越远。

3. 分类

（1）按照传输方向分

无人机数据链按照传输方向可以分为：上行数据链、下行数据链和双向数据链。

1）上行数据链。上行链路主要完成地面站到无人机遥控指令的发送和接受，包括舵机控制指令、数据注入指令、机载数据终端（ADT）控制指令，将地面指令传送给无人机，实现对无人机的遥控，主要用72M、433M、2.4G。一般遥控器只能向无人机发送信息，不能接收信息，为上行数据链。

2）下行数据链。下行链路就是所谓的图传链路，主要完成无人机到地面站的遥测数据以及红外或电视图像的发送和接收，将任务载荷收集到的数据传送给地面，主要传输的数据类型包含状态数据、传感器数据、定位数据，并根据定位信息的传输利用上下行链路进行测距，实现地面控制人员对任务的实时了解，主要用1.2G、2.4G、5.8G。一般图传或屏幕信息显示（OSD）只能传输信息到监视屏，不能接收信息，为下行数据链。

3）双向数据链。数传链路既可以向下传输无人机飞行状态信息，也可以接收信息，称为双向数据链。无人机数传链路主要完成地面控制站对无人机的遥控、遥测、任务传感器等信息的传输，实现地面控制站与无人机之间的数据收发和跟踪定位。遥测链路有数传模块和地面站两部分组成。数传模块包含机载收发模块和地面站收发模块。

根据传输数据类型可以看出，下行数据链的传输数据具有连续性且数据量大，状态数据最重要，传感器数据与其他指令相关性最强，所以要求下行数据链具有较高的抗误码力和纠错力；上行数据具有突发性，要求上行数据链具有快速反应能力和可靠性。数据链性能直接影响到无人机性能的优劣。

目前我国工信部无线电管理局初步制定了《无人机系统频率使用事宜》，其中有如下规定：
840.5～845MHz 频段可用于无人机系统的上行遥控链路，其中，841～845MHz 也可采用时分方式用于无人机系统的上行遥控和下行遥测信息传输链路。1430～1446MHz 频段可用于无人机系统下行遥测与信息传输链路，其中，1430～1434MHz 频段应优先保证警用无人机和直升机视频传输使用，必要时 1434～1442MHz 也可以用于警用直升机视频传输。无人机在市区部署时，应使用1442MHz 以下频段。2408～2440MHz 频段可用于无人机系统下行链路，该无线电台工作时不得对其他合法无线电业务造成影响，也不能寻求无线电干扰保护。

（2）根据传输对象分

无人机数据链根据数据链传输对象不同，可分为机间链路和空地链路。机间链路指的是空中各无人机之间的通信链路；空地链路指的是各无人机与地面指挥控制站之间的通信链路。普通无人机大多采用定制视距数据链，而中高空、长航时无人机则都会采用视距和超视距卫通数据链。

4. 组成与工作原理

无人机通信数据链首先将基带信号（遥测、遥控、图像）进行部分处理，然后送至发射机，由发射机变成射频信号传递给天线，由天线发送给信道。在接收端，接收天线将电磁信号转变成射频信号传输给接收机，接收机将射频信号转变成基带信号并送给基带信号处理部分进行处理。

从设备形式上划分，无人机的通信数据链主要由机载部分和地面部分两部分组成。机载数据终端（ADT）主要物理设备有机载天线、机载信道和机载终端；地面数据终端（GDT）主要包括地面天线子系统、地面控制站以及连接地面天线和地面控制站的接口单元；机载部分和地面部分的数据终端均包含的设备有射频（RF）接收机、发射机和用于连接接收机和发射机到系统其余部分的调制解调器，如图 1 所示。

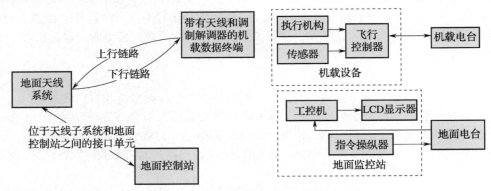

图1　通信数据链组成

（1）机载数据终端（ADT）

机载数据终端（ADT）的信道分为上行信道和下行信道。上行信道放大天线接收到微弱信号并将其变频为接收中频；下行信道将发射中频信号变频为发射信号，并用功放放大，如图 2 所示。

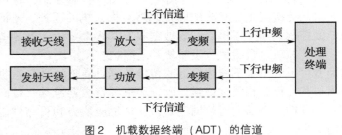

图2　机载数据终端（ADT）的信道

机载终端是 ADT 设备的中央决策、控制单元。常通过高速信号处理集成电路及其外围实现，如数字信号处理器（DSP）、现场可编程门阵列（FPGA）、嵌入式系统等。

（2）天线

天线是无线电技术设备中高效辐射和接收无线电波的装置，同时完成高频电流（或导行波）与电磁波之间的转换，可将其称之为换能器，其性能好坏直接影响通信距离，如图 3 所示。

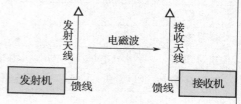

图 3　天线的作用

（3）RF 接收机

RF 接收机一般是由放大器、滤波器、混频器等部件组成，主要作用是将模拟输入信号放大、滤波并进行若干次频率搬移或变换，再通过模数转换器（ADC）采样，送至计算机 CPU 或 DSP 作进一步处理。

（4）发射机

发射机一般由振荡器、放大器、调制器等元器件组成，其主要作用是产生一个功率足够大的高频振荡发送给发射天线，通过天线转换成空间电磁波后送至接收端。根据发射机的用途角度分析其技术要求如下：

1）频率稳定，振荡电路不受温度、湿度等环境因素的影响。

2）输出功率足够大，信号失真小。

3）频率占用宽度应当尽量狭窄，以提高频带的利用率。

4）寄生辐射应低，以减小干扰。

5. 关键技术

无人机通信链路完成通信、数据传输任务，主要涉及中继传输技术、调制技术、抗干扰技术以及视频图像编码技术等。

6. 发展方向

1）研发激光通信传输系统。现阶段我们广泛应用的技术有无线局域网通信、蓝牙无线传输技术、紫蜂技术、超宽带技术和射频识别技术，这些技术都有各自的优缺点，应用在不同的领域。发展激光通信技术可以满足大数据量实时远程传送的需求，有利于提高无人机数据链路的带宽和作用距离。激光通信具有传输速率快、安全性高、功耗低的优点。

2）实现无人机数据链智能化。无人机智能数据链的工作过程分四个环节：感知电磁环境、分析信号参数、优化数据链参数、重构数据链通信模式。伴随无人机的不断飞行，其工作环境在不断变化，通过智能数据链调整通信模式，可使其处于最佳工作状态。

3）研究数据链组网技术。无人机自组网的基本思想是无人机间通信不仅依赖地面控制站或者微信等通信基础设施，同时将无人机作为网络节点，各节点间能够互相发送控制指令，交换传感器信息，自动连接建立一个无线移动网络。在这个自组网络中，每个节点兼具收发器和路由器的功能。无人机的通信网络实现自组网技术可以增强多无人机系统的可扩展性，拓展其工作范围；提高多无人机系统的抗干扰性，在其穿越障碍物时利用网络的自愈性，通过其他无人机系统的信息联通减少对基础设施的依赖；有效地完成无人机集群任务，成员之间相互通信、相互协调，可有效地避免成员间的相互碰撞；可以降低无人机的载荷重量，在自组网中部分无人机搭载重要的基础通信设备。

4）发展"一站多机"技术。所谓一站多机数据链是指一个测控站与多架无人机之间的数据链通信，采用频分、时分及码分多址方式来区分来自不同无人机的遥测参数和任务传感器信息。这样减少了地面控制站的设备数量，提高了整个系统互联互通的能力，实现无人机多机、多系统的兼容和协同工作。这样的技术在 20 世纪 80 年代曾经出现，但是随着无人机在民用领域的快速发展，其技术需求也越来越高。

2．工作页

学校名称		任课教师	
班级		学生姓名	
学习领域	学习领域：无人机组装调试		
学习情境	学习情境4：无人机通信导航系统组装	学习时间	30min
工作任务	A：通信链路系统	学习地点	理实一体化教室

通信链路系统

1. 请完成下列判断题：

(1) 无人机与遥控装置进行通信、无人机与定位设备进行通信、无人机内部通信都会形成数据链。 ( )

(2) 数据链传输系统负责完成对无人机系统遥控、遥测、跟踪定位和传感器传输。 ( )

(3) 数据链路包括数传和图传。数传是图像传输，图传是数字传输。 ( )

(4) 无人机采用电池供电，而且传输距离又远，所以要求设备的功耗高，接收灵敏度高，灵敏度越高传输距离越远。 ( )

(5) 无人机数据链按照传输方向可以分为：上行数据链、下行数据链和双向数据链。 ( )

(6) 上行数据链的传输数据具有连续性且数据量大，状态数据最重要，传感器数据与其他指令相关性最强，所以要求上行数据链具有较高的抗误码力和纠错力。 ( )

(7) 下行数据具有突发性，要求上行数据链具有快速反应能力和可靠性。 ( )

(8) 普通无人机大多采用定制视距数据链，而中高空、长航时无人机则都会采用视距和超视距卫通数据链。 ( )

(9) 机间链路指的是空中各无人机之间的通信链路。 ( )

(10) 空地链路指的是各无人机与地面指挥控制站之间的通信链路。 ( )

2. 请完成下列单选题：

(1) 以下 ( ) 不是按照传输方向对无人机数据链的分类方法。

　　A. 上行数据链　　　B. 下行数据链　　　C. 双向数据链　　　D. 空地链路

(2) ( ) 主要完成地面站到无人机遥控指令的发送和接受，包括舵机控制指令、数据注入指令、机载数据终端（ADT）控制指令，将地面指令传送给无人机，实现对无人机的遥控。

　　A. 上行数据链　　　B. 下行数据链　　　C. 双向数据链　　　D. 空地链路

(3) 一般遥控器只能向无人机发送信息，不能接收信息，为 ( )。

　　A. 上行数据链　　　B. 下行数据链　　　C. 双向数据链　　　D. 空地链路

(4) ( ) 就是所谓的图传链路，主要完成无人机到地面站的遥测数据以及红外或电视图像的发送和接收，将任务载荷收集到的数据传送给地面，并根据定位信息的传输利用上下行链路进行测距，实现地面控制人员对任务的实时了解。

　　A. 上行数据链　　　B. 下行数据链　　　C. 双向数据链　　　D. 空地链路

(5) 只能传输信息到监视屏，不能接收信息，为 ( )。

　　A. 上行数据链　　　B. 下行数据链　　　C. 双向数据链　　　D. 空地链路

(6) 数传链路既可以向下传输无人机飞行状态信息，也可以接收信息，称为 ( )。

　　A. 上行数据链　　　B. 下行数据链　　　C. 双向数据链　　　D. 空地链路

（7）（　　）是 ADT 设备的中央决策、控制单元。常通过高速信号处理集成电路及其外围实现，如 DSP、FPGA、嵌入式系统等。

  A. 机载终端   B. 天线   C. RF 接收机   D. 发射机

（8）（　　）是无线电技术设备中高效辐射和接收无线电波的装置，同时完成高频电流（或导行波）与电磁波之间的转换，可将其称之为换能器，其性能好坏直接影响通信距离。

  A. 机载终端   B. 天线   C. RF 接收机   D. 发射机

（9）（　　）一般是由放大器、滤波器、混频器等部件组成，主要作用是将模拟输入信号放大、滤波并进行若干次频率搬移或变换，再通过 ADC 采样，送至计算机 CPU 或 DSP 作进一步处理。

  A. 机载终端   B. 天线   C. RF 接收机   D. 发射机

（10）（　　）一般由振荡器、放大器、调制器等元器件组成，其主要作用是产生一个功率足够大的高频振荡发送给发射天线，通过天线转换成空间电磁波后送至接收端。

  A. 机载终端   B. 天线   C. RF 接收机   D. 发射机

3. 请提炼关键词，书写无人机通信链路功能。

4. 请提炼关键词，书写一个能够正常完成信息传递的无人机通信链路应满足的要求。

5. 请提炼关键词，制作无人机数据链分类的思维导图。

6. 请提炼关键词，书写无人机通信数据链组成与工作原理。

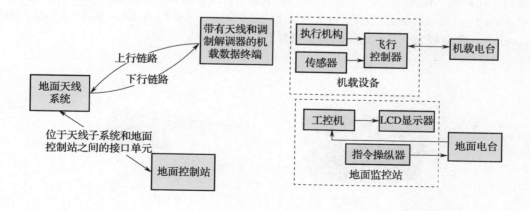

4.3.2 遥控装置

1. 信息页

学习领域	学习领域：无人机组装调试		
学习情境	学习情境4：无人机通信导航系统组装	学习时间	30min
工作任务	B：遥控装置	学习地点	理实一体化教室

遥控装置

　　无人机通信导航系统由机载设备和地面设备组成。机载设备也称机载数据终端，包括机载天线、遥控接收机、遥测发射机、视频发射机和终端处理机等。地面设备包括由天线、遥控发射机、遥测接收机、视频接收机和终端处理机构成的测控站数据终端，以及操纵和监测设备。

　　遥控系统能向无人机传输行动指令，主要由地面站（图1）和遥控装置（图2）组成。地面站是一套硬件和安装于硬件内的软件组成的系统，能够向无人机发送行动指令，同时能接受无人机返回信息，是无人机实现自主任务执行的主要控制手段，对于一般飞行任务，使用遥控器手动驾驶无人机也可实现。

图1　地面站　　　　　　　　　图2　遥控装置

　　遥控装置由遥控器（图3a）和接收机（图3b）组成，是整个飞行系统的无线控制终端。接收机装在无人机上，一端与飞控系统连接，另一端通过通信链路与发射机连接，无人机驾驶员通过遥感或拨钮发出指令。遥控器与接收机之间通过无线电波进行通信，向无人机传输行动指令。常用的无线电频率为72MHz和2.4GHz，目前常用2.4GHz无线通信，因为它具有频率高、功耗低、体积小、反应快、精度高等优点。目前常用的调制方式有脉冲位置调制（Pulse Position Modulation，简称PPM，又称脉位调制）和脉冲编码调制（Pulse Code Modulation，简称PCM，又称脉码调制）两种。

a）遥控器　　　　　　　　　　b）接收机

图3　遥控装置

1. 通道数

常用的遥控系统有单通道、两通道直至十通道，具体使用几通道，由无人机的种类及用途而定。较为简单的单通道、两通道的遥控系统，一般用来控制练习机、滑翔机。遥控特技固定翼无人机则最少需四个通道，分别控制水平舵、方向舵、副翼及油门。较为完善的特技固定翼无人机还需控制襟翼、收起落架等，至少需要六个通道。四旋翼无人机遥控系统最少需要 4 个通道，能够保证无人机正常飞行，还有的遥控器设置很多其他的备用开关，用户可以自定义功能。

2. 遥控距离

遥控距离的确定视无人机的种类和用途而定。对于近距离飞行的小型无人机，选用遥控距离为 200m 的遥控系统；对于无人靶机、飞艇或大型无人机，有时在空中要飞出数千米，就要选用遥控距离至少有 1000m 的遥控系统。

3. 遥控器

遥控器（Remote Control）的意思是无线电控制。遥控器由驾驶员操纵，通过它可以对无人机等电气设备进行远距离控制，从而控制无人机起降和飞行。

市面上常见的遥控器控制原理都是一样的，主要使用 2.4GHz 发射频率，配套使用一个接收机，能够接收遥控器发射的信号。遥控器主要分为工业用遥控器和遥控模型用遥控器两大类（图 4）。常用遥控器品牌主要有 FUTABA、JR、Spektrum、Hitec、WFLY。

a）工业用遥控器　　　　　　　　　　b）遥控模型用遥控器

图 4　遥控器类型

4. 遥控器参数设置

第 1 步：在遥控器上选择飞行器类型。

将主控系统连接至计算机，并打开调参软件。此时，先打开遥控器，再给主控系统上电。双击遥控器 LNK 进入 LINKAGE MENU 页面，并选择 MODEL SEL 项，如图 5 所示。

进入后，选择 NEW 新建遥控器控制模式，并在 TYPE 中选择 AIRPLANE 类型，其他所有设置保持默认。

双击 LNK 进入 LINKAGE MENU 页面，并选择 FUNCTION 项，如图 6 所示。

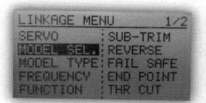 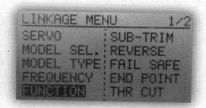

图 5　选择 MODEL SEL 项　　　　　　图 6　选择 FUNCTION 项

第2步：为 U 通道选择一个开关。

将第7通道和遥控器上的 SC 三档开关设置为控制模式切换开关（此处为举例，用户可以根据自己的需要设置其他通道为控制模式切换开关）。进入 FUNCTION 第二页，并将光标移至第7通道 AUX5 的 CTRL 位，如图7所示。

按 RTN 键后选择 SC，此时上面页面和调参软件的控制模式切换开关栏将变成图8所示页面。

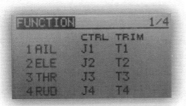

图7 进入 FUNCTION 项

图8 控制模式切换开关

第3步：设置 Fail – Safe，双击 LINK 进入 LINKAGE MENU 页面，如图9所示。

选择并进入 END POINT 页面第二页。此时第7通道 AUX5 中左侧 limit point 值为 135%，如图10所示。

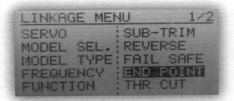

图9 进入 LINKAGE MENU 项　　　　　　图10 AUX5 左侧 limit point 值为 135%

使用遥控器上的触摸圆盘将第7通道 AUX5 中左侧 limit point 值改成 40%，使得调参软件中控制模式切换开关的滑块指向 Fail – Safe 并使其变蓝，如图11所示。

图11 控制模式切换失效保护变蓝

退出上页，并进入 LINKAGE MENU 中的 FAIL SAFE 页面，如图12所示。

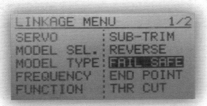

图12 进入 FAIL SAFE 页面

此时的 FAIL SAFE 页面第二页中第 7 通道 AUX5 的 F/S 和 B. F/S 两个值设置成图 13 所示状态。然后，将光标移至 POS 栏，并且长按 RTN。此时 POS 值将会变成 71%，如图 14 所示。

图 13　FAIL SAFE 页面第 7 通道值

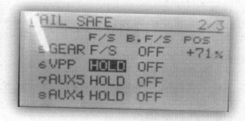

图 14　POS 值

第 4 步：设置控制模式。

回到 LINKAGE MENU 的 END POINT 页面的第二页，将第 7 通道 AUX5 中左侧 limit point 值调为 80%，使得调参软件中控制模式切换开关的滑块指向 M，如图 15 所示。

图 15　控制模式切换开关的滑块指向 M

将 SC 档位切至第三档，并将第 7 通道 AUX5 中右侧 limit point 值调为 80%，使得调参软件中控制模式切换开关的滑块指向 GPS，如图 16 所示。

图 16　控制模式切换开关的滑块指向 GPS

此时若关闭遥控器，调参软件中控制模式切换开关的滑块将自动指向 FAIL – SAFE，如图 17 所示。

图 17　控制模式切换开关自动指向失效保护

注：如果是 JR 遥控器，与 FUTABA 遥控器的 END POINT 页面相对应的页面为 TRAVEL ADJ。

学习情境 01
学习情境 02
学习情境 03
学习情境 04
学习情境 05
学习情境 06

2. 工作页

学校名称		任课教师	
班级		学生姓名	
学习领域	学习领域：无人机组装调试		
学习情境	学习情境4：无人机通信导航系统组装	学习时间	30min
工作任务	B：遥控装置	学习地点	理实一体化教室

遥控装置

1. 请完成下列判断题：

(1) 无人机通信导航系统由机载设备和地面设备组成。　　　　　　　　　　（　　）

(2) 地面设备包括机载天线、遥控接收机、遥测发射机、视频发射机和终端处理机等。

　　　　　　　　　　　　　　　　　　　　　　　　　　　　　　　　　（　　）

(3) 机载设备包括由天线、遥控发射机、遥测接收机、视频接收机和终端处理机构成的

测控站数据终端，以及操纵和监测设备。　　　　　　　　　　　　　　　（　　）

(4) 即使对于一般飞行任务，也不能使用遥控器手动驾驶无人机来实现控制。　（　　）

(5) 常用的无线电频率为72MHz和2.4GHz，最常用的是2.4GHz无线通信，因为它具有

频率高、功耗低、体积小、反应快、精度高等优点。　　　　　　　　　（　　）

(6) 脉冲位置调制（Pulse Position Modulation），简称PPM，又称脉码调制。　（　　）

(7) 脉冲编码调制（Pulse Code Modulation），简称PCM，又称脉位调制。　（　　）

(8) 常用的遥控系统有单通道、两通道直至十通道，具体使用几通道，由无人机的种类

及用途而定。　　　　　　　　　　　　　　　　　　　　　　　　　　（　　）

(9) 遥控距离的确定需视无人机的种类和用途而定。　　　　　　　　　　　（　　）

(10) 对于近距离飞行的小型无人机，选用遥控距离为500m的遥控系统；对于无人靶机、

飞艇或大型无人机，选用遥控距离至少有1000m的遥控系统。　　　　　（　　）

(11) 市面上常见的遥控器控制原理都是一样的，主要使用2.4GHz发射频率，配套使用

一个发射机。　　　　　　　　　　　　　　　　　　　　　　　　　　（　　）

2. 请完成下列单选题：

(1) （　　）也称机载数据终端，包括机载天线、遥控接收机、遥测发射机、视频发射机和终端处理机等。

A. 机载设备　　　　B. 地面设备　　　　C. 遥控装置　　　　D. 地面站

(2) （　　）包括由天线、遥控发射机、遥测接收机、视频接收机和终端处理机构成的测控站数据终端，以及操纵和监测设备。

A. 机载设备　　　　B. 地面设备　　　　C. 遥控装置　　　　D. 地面站

(3) （　　）是一套硬件和安装于硬件内的软件组成的系统，能够向无人机发送行动指令，同时能接受无人机返回信息，是无人机实现自主任务执行的主要控制手段。

A. 机载设备　　　　B. 地面设备　　　　C. 遥控装置　　　　D. 地面站

(4) （　　）由遥控器和接收机组成，是整个飞行系统的无线控制终端。

A. 机载设备　　　　B. 地面设备　　　　C. 遥控装置　　　　D. 地面站

(5) （　　）装在无人机上，一端与飞控系统连接，另一端通过通信链路与发射机连接，无人机驾驶员通过遥感或拨钮发出指令。

A. 遥控器　　　　B. 发射机　　　　C. 接收机　　　　D. 数据链

（6）遥控器与（　　）之间通过无线电波进行通信，向无人机传输行动指令。

    A. 遥控器　　　　　B. 发射机　　　　　　　C. 接收机　　　　　　　D. 数据链

（7）（　　）由驾驶员操纵，通过它可以对无人机等电气设备进行远距离控制，从而控制飞机起降和飞行。

    A. 遥控器　　　　　B. 发射机　　　　　　　C. 接收机　　　　　　　D. 数据链

（8）四旋翼无人机遥控系统最少需要（　　），能够保证无人机正常飞行。

    A. 单通道　　　　　B. 二通道　　　　　　　C. 四通道　　　　　　　D. 十通道

3. 请提炼关键信息，制作表格展示遥控器参数设置工作步骤和工作内容。

序号	工作步骤	细化的工作内容

4.3.3 地面站

1. 信息页

学习领域	学习领域：无人机组装调试		
学习情境	学习情境4：无人机通信导航系统组装	学习时间	30min
工作任务	C：地面站	学习地点	理实一体化教室

地面站

　　无人机地面站也称控制站、遥控站或任务规划与控制站。在规模较大的无人机系统中，可以有若干个控制站，这些不同功能的控制站通过通信设备连接起来，构成无人机地面站系统，如图1所示。

图1　无人机地面站系统

1. 功能

　　（1）主要功能

　　无人机地面站系统的主要功能通常包括指挥调度、任务规划、操作控制、显示记录等功能。

　　1）指挥调度功能主要包括上级指令接受、系统之间联络、系统内部调度。

　　2）任务规划功能主要包括飞行航路规划与重规划、任务载荷工作规划与重规划。

　　3）操作控制功能主要包括起降操纵、飞行控制操作、任务载荷操作、数据链控制。

　　4）显示记录功能主要包括飞行状态参数显示与记录、航迹显示与记录、任务载荷信息显示与记录。

　　（2）典型功能

　　地面站系统专为高端的商用及工业用无人机进行超视距（BVR）全自动飞行作业而设计，配备了可靠的远程无线通信设备（Data Link）和人性化设计的地面站控制软件（GCS）。

　　使用者可以在地面站控制软件中预先规划整个飞行航线，以及预设拍照、空投等作业动作。通过软件的航线自检功能和3D化的地理信息显示，对飞行任务的合理性和准确性一目了然。

　　整套系统不仅能确保飞行器稳定的飞行状态和安全性，以及精确的航线飞行，再辅以全自动起飞/降落、自适应转弯调整、遇险自动返航等高级功能，实现整个飞行任务在无人干预的情况下全自动执行，大大降低了无人机专业应用的复杂程度，可广泛应用于专业航拍（AP）、遥感测绘、航空探矿、灾情监视、交通巡逻、治安监控、森林防火、电力巡线等领域。

　　GCS也称为任务规划与控制站。任务规划主要是指在飞行过程中无人机的飞行航迹受到任务规划的影响；控制是指在飞行过程中对整个无人机系统的各个系统进行控制，按照操作者的要求执行相应的动作。地面站系统应具有以下几个典型的功能：

1）飞行器的姿态控制。

2）有效载荷数据的显示和有效载荷的控制。

3）任务规划、飞行器位置监控及航线的地图显示。

4）导航和目标定位。

5）与其他子系统的通信链路。

2. 组成

地面控制站主要是控制无人机航线飞行，并可以实时监测无人机的状态。地面控制站没有统一的标准，一般一款飞控系统对应一款地面站软件，软件还分 APP 版和 PC 版。地面控制站主要需要两大硬件：一是可以安装软件的计算机、手机等载体；二是地面电台，可以通过电台向无人机发射控制信号，如图 2 所示。

图 2　地面电台

（1）典型配置

1）系统控制站。系统控制站在线监视系统的具体参数，包括飞行期间飞行器的健康状况、显示飞行数据和警告信息。

2）飞行器操作控制站。飞行器操作控制站提供良好的人机界面控制无人机飞行，其组成包括命令控制台、飞行参数显示、无人机轨道显示和一个可选的载荷视频显示。

3）任务载荷控制站。任务载荷控制站用于控制无人机所携带的传感器，它由一个或几个视频监视仪和视频记录仪组成。

4）数据分发系统。数据分发系统用于分析和解释无人机回传的图像等数据信息。

5）数据链路地面终端。数据链路地面终端包括发送上行链路信号的天线和发射机，捕获下行链路信号的天线和接收机。数据链应用于不同的 UAV 系统，实现以下主要功能：

①用于给飞行器发送命令和有效载荷。

②接收来自飞行器的状态信息及有效载荷数据。

6）中央处理单元。中央处理单元包括一台或多台计算机，具有获得并处理从 UAV 来的实时数据、显示处理、确认任务规划并上传给无人机、电子地图处理、数据分发、飞行前分析系统诊断等主要功能。

（2）控制站模块

标准的无人机控制站通常由数据链路控制、飞行控制、载荷控制、载荷数据处理四类硬件设备机柜构成。无人机控制站系统可以由不同功能的若干控制站模块组成，主要包括以下内容：

1）指挥处理中心主要是制定无人机飞行任务、完成无人机载荷数据的处理和应用。指挥中心/数据处理中心一般都是通过无人机控制站等间接实现对无人机的控制和数据接收。

2）无人机控制站主要是由飞行操纵、任务载荷控制、数据链路控制和通信指挥等组成，可完成对无人机机载任务载荷的操纵控制。一个无人机控制站可以指挥一架无人机，也可以同时控制多架无人机；一架无人机可以由一个控制站完成全部指挥控制工作，也可以由多个控制站来协同完成指挥控制工作。

3）载荷控制站与无人机控制站的功能类似，但载荷控制站只能控制无人机的机载任务设备，不能进行无人机的飞行控制。

目前，一个典型的控制站由一个或多个操作控制分站组成，主要实现对飞行器的控制、任务控制、载荷操作、载荷数据分析和系统维护等。其相互间的关系如图 3 所示。

学习情境 01

学习情境 02

学习情境 03

学习情境 04

学习情境 05

学习情境 06

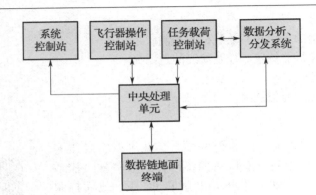

图3 典型的控制站

3. 类型及硬件需求

1）PC 地面站。以 WKM 为例，如图4所示。

笔记本计算机　　　　　　　　A2 飞行控制器　　　　　　　2.4G 蓝牙电台

图4　PC 地面站

2）iPad 地面站。以 Phantom 2 为例，如图5所示。

iPad 平板计算机　　　　　Phantom 2 + ZH3 - 3D　　　　　2.4G 蓝牙电台

图5　iPad 地面站

3）智能手机地面站。以 Phantom 2 Vision + 为例，如图6所示。

智能手机　　　　　　　　　　Phantom 2 Vision +

图6　智能手机地面站

4．特点

1）人性化界面设计。

2）谷歌 3D 地图视角。

3）工业级飞行控制算法。

4）实时飞行仪表盘。

5）遇险自动返航/一键返航。

6）键盘/自定义摇杆飞行控制。

7）随点随行功能。

8）全自主起飞/降落。

9）自定义航点。

10）6 种预设航线模板。

11）3 种航点转弯模式可选。

12）自定义舵机通道控制。

13）批量航线动作任务设置。

14）实时飞行航线编辑。

15）F 通道控制器。

16）相对坐标编辑器。

17）摄影测量工具包。

18）仿真飞行模拟。

19）飞行任务导入/导出。

5．关键技术

（1）友好的人机界面

为更好地控制无人机，地面控制站采用了各种形式的 GCS，以便对无人机的飞行状态和任务设备进行监控。GCS 为操作员提供一个"友好"的人机界面，帮助操作员完成监视无人机、任务载荷及通信设备的工作，方便操作员规划任务航路、控制无人机、任务载荷及通信设备。人机界面的设计原则如下：

1）一致性。提示、菜单和帮助应使用相同的术语，其颜色、布局、大小写、字体等应当自始至终保持一致。

2）允许熟练用户使用快捷键。

3）提供有价值的反馈。

4）设计说明对话框以生成结束信息。操作序列划分成组，每组操作结束后都应有反馈信息。

5）允许轻松的反向操作以减轻用户的焦虑，鼓励用户大胆尝试不熟悉的选项和操作。

6）支持内部控制点。某些有经验的用户可以控制系统，并根据操作获得适当与正确的反馈。

7）减少短时记忆。由于人凭借短时记忆进行信息处理存在局限性，所以要求显示简单。

（2）一站多机的控制

控制站目前正向一站多机的方向发展，即一个控制站系统控制多架，甚至是多种无人机。未来无人机控制站将朝着高性能、低成本、通用性方向发展，所以一站多机是发展趋势，这也对控制站的显示和控制提出了更严格的要求。

（3）开放性、互用性与公共性

1）开放性。开放性指的是不必对现有系统进行重新设计和研制就可以在地面控制站中增加新的功能模块。这种开放性的定义和要求使得模块化的设计和实现方法成为地面控制站设计和实现的最佳途径。各模块间的功能具有一定的独立性而组合在一起，又能实现整个系统的功能。这种设计思路不仅可通过增加新的模块来扩展功能，也可以根据任务的不同对模块进行实时的添加或者屏蔽。以美国海军的通用无人机地面控制站的 TCS 战术控制系统为例，TCS 战术控制系统提供了一个开放式体系结构软件，能够控制多种不同类型的海上/岸上计算机硬件，实现任务规划、指挥与控制以及情报数据接收和分发等功能。

2）互用性。互用性指的是地面控制站能控制任何一种不同的飞行器和任务载荷，并且能够接入连接外部世界的任何一种通信网络。互用性现在已经成为各国发展无人机系统的一个重要思考点。随着网络中心战思想的提出，无人机群的任务必须配合并融入整体作战任务之中，"互用性"的思想正是对这一发展趋势的指导。

3）公共性。公共性指的是某个地面控制站与其他的控制站使用相同的硬件及部分或者完全相同的软件模块。提出公共性的要求在一定程度上也是为了实现控制站的资源通用，便于维护修复。控制站作为整个无人机系统中最隐蔽的子系统，是很少受到破坏的，但是，一旦受到破坏，整个无人机系统可能陷于瘫痪，所以公用性的提出可以提高整个无人机系统的维修性和保障性，从而更加合理地利用已有的控制站资源。

上述三个概念并非相互独立。在多数情况下，它们是从不同角度，以不同的方式对同一对象进行描述。开放性的结构通过容纳新的软件和硬件使得"互用性"和"公共性"得以提高。作为无人机系统的神经中枢，地面控制站要全力地建立开放性、互用性和公共性。

（4）控制站对总线的需求

随着无人机技术的不断发展，无人机航空电子系统与控制站系统之间的通信量越来越大，这就要求控制站系统的无线通信、任务处理、图像处理能力不断增强，因而采用高带宽、低延迟的总线网络实现各部分之间的互联成为必然趋势。从目前的发展来看，只有Gbit/s 级的互联总线网络才能满足未来地面控制站发展对总线的需求。鉴于光纤通道（FC）具有高带宽、低延迟、低误码率、灵活的拓扑结构和服务类型、支持多种上层协议和底层传输介质以及具有流控制功能，因此可采用光纤通道（FC）来实现其需求。FC 已经成功应用于 F-35、JSF 高度综合化和开放式的航空电子系统结构中，相信 FC 一定能很好地满足控制站的要求。

（5）可靠的数据链

发展安全、可跨地平线、抗干扰的宽带数据链是无人机的关键技术之一。近年来，射频和激光数据链技术的发展为其奠定了基础。除了带宽要增加外，数据链也要求可用和可靠。数据链的可用是指一特定星群的覆盖区域和范围。可靠是指信号的健壮性。对于不可避免的电子干扰，数据链需要采用复杂的信号处理和抗干扰技术（如扩频、调频技术等），并能够确保在数据链失效的情况下，飞机能安全返回基地。

6. 发展趋势

1）发展通用控制站。
2）重视一站多机的控制站的设计，包括硬件结构及友好的人机界面。
3）逐步发展无人作战飞机控制站的设计。
4）发展可靠的、干扰小的、宽带宽的数据链路，提高数据传输效率。
5）发展人工智能决策技术。
6）发展无人机操控的安全、告警与防错技术。
7）发展无人机通信中继。

2. 工作页

学校名称		任课教师	
班级		学生姓名	
学习领域	学习领域：无人机组装调试		
学习情境	学习情境4：无人机通信导航系统组装	学习时间	30min
工作任务	C：地面站	学习地点	理实一体化教室

地面站

1. 请完成下列判断题：
   (1) 无人机地面站也称控制站、遥控站或任务规划与控制站。　　　　　　　( )
   (2) 地面站系统专为高端的商用及工业用无人机进行超视距（BVR）全自动飞行作业而设计，配备了可靠的远程无线通信设备（Data Link）和人性化设计的地面站控制软件（GCS）。　　　　　　　　　　　　　　　　　　　　　　　　　　( )
   (3) GCS 也称为任务规划与控制站，任务规划主要是指在飞行过程中对整个无人机系统的各个系统进行控制，按照操作者的要求执行相应的动作。　　　　　( )
   (4) 标准的无人机控制站通常由数据链路控制、飞行控制、载荷控制、载荷数据处理四类硬件设备机柜构成。　　　　　　　　　　　　　　　　　　　　　　( )
   (5) 指挥处理中心主要是制定无人机飞行任务、完成无人机载荷数据的处理和应用，一般都是直接实现对无人机的控制和数据接收。　　　　　　　　　　　　　( )
   (6) 无人机控制站主要是由飞行操纵、任务载荷控制、数据链路控制和通信指挥等组成，一个无人机控制站可以指挥一架无人机，也可以同时控制多架无人机；一架无人机可以由一个控制站完成全部指挥控制工作，也可以由多个控制站来协同完成指挥控制工作。　　　　　　　　　　　　　　　　　　　　　　　　　　　　( )
   (7) 载荷控制站能控制无人机的机载任务设备，也能进行无人机的飞行控制。 ( )
   (8) 开放性指的是不必对现有系统进行重新设计和研制就可以在地面控制站中增加新的功能模块。　　　　　　　　　　　　　　　　　　　　　　　　　　　( )
   (9) 公共性指的是地面控制站能控制任何一种不同的飞行器和任务载荷，并且能够接入连接外部世界的任何一种通信网络。　　　　　　　　　　　　　　　　( )
   (10) 互用性指的是某个地面控制站与其他的控制站使用相同的硬件及部分或者完全相同的软件模块。　　　　　　　　　　　　　　　　　　　　　　　　　( )

2. 请完成下列单选题：
   (1) 无人机地面站系统的（　　）功能主要包括上级指令接受、系统之间联络、系统内部调度。
   　　A. 指挥调度　　　　B. 任务规划　　　　C. 操作控制　　　　D. 显示记录
   (2) 无人机地面站系统的（　　）功能主要包括飞行航路规划与重规划、任务载荷工作规划与重规划。
   　　A. 指挥调度　　　　B. 任务规划　　　　C. 操作控制　　　　D. 显示记录
   (3) 无人机地面站系统的（　　）功能主要包括起降操纵、飞行控制操作、任务载荷操作、数据链控制。
   　　A. 指挥调度　　　　B. 任务规划　　　　C. 操作控制　　　　D. 显示记录

（4）无人机地面站系统的（　　）功能主要包括飞行状态参数显示与记录、航迹显示与记录、任务载荷信息显示与记录。

A. 指挥调度　　　　B. 任务规划　　　　C. 操作控制　　　　D. 显示记录

（5）（　　）在线监视系统的具体参数，包括飞行期间飞行器的健康状况、显示飞行数据和警告信息。

A. 系统控制站　　　　　　　　　　B. 飞行器操作控制站

C. 任务载荷控制站　　　　　　　　D. 数据分发系统

（6）（　　）提供良好的人机界面控制无人机飞行，其组成包括命令控制台、飞行参数显示、无人机轨道显示和一个可选的载荷视频显示。

A. 系统控制站　　　　　　　　　　B. 飞行器操作控制站

C. 任务载荷控制站　　　　　　　　D. 数据分发系统

（7）（　　）用于控制无人机所携带的传感器，它由一个或几个视频监视仪和视频记录仪组成。

A. 系统控制站　　　　　　　　　　B. 飞行器操作控制站

C. 任务载荷控制站　　　　　　　　D. 数据分发系统

（8）（　　）用于分析和解释无人机回传的图像等数据信息。

A. 系统控制站　　　　　　　　　　B. 飞行器操作控制站

C. 任务载荷控制站　　　　　　　　D. 数据分发系统

（9）（　　）包括发送上行链路信号的天线和发射机，捕获下行链路信号的天线和接收机。

A. 系统控制站　　　　　　　　　　B. 中央处理单元

C. 数据分发系统　　　　　　　　　D. 数据链路地面终端

（10）（　　）包括一台或多台计算机，具有获得并处理从 UAV 来的实时数据、显示处理、确认任务规划并上传给无人机、电子地图处理、数据分发、飞行前分析系统诊断等主要功能。

A. 系统控制站　　　　　　　　　　B. 中央处理单元

C. 数据分发系统　　　　　　　　　D. 数据链路地面终端

3. 请提炼关键词，书写无人机地面站系统的主要功能。

4. 请提炼关键词，书写无人机地面站系统的典型功能。

5. 请提炼关键词，书写无人机地面站系统的关键技术。

4.3.4 天线

1. 信息页

学习领域	学习领域：无人机组装调试		
学习情境	学习情境4：无人机通信导航系统组装	学习时间	30min
工作任务	D：天线	学习地点	理实一体化教室

天线

1. 分类

无人机天线按辐射方向分为定向天线和全向天线；按天线外形可分为鞭状天线、八木天线和抛物面天线、板状天线、蘑菇头天线等。

2. 特点

1）全向天线。全向天线是比较常用的一种形式，在无线电专业里常被称为鞭状天线。虽然叫全向天线，其实还是有局限性的，它就像一个灯管，垂直放置时，它的发射范围是在水平方向上向周围散射，在360°范围内都有均匀的场强分布。其一般应用于通信距离近但覆盖范围广的场合。

垂直天线主要针对水平方向的目标，水平天线主要针对垂直高度上的目标和窄范围内的水平目标。通常可以用两根全向天线垂直安放，如图1所示，以增强接收信号强度。

2）定向天线。定向天线在水平方向图上表现为一定角度范围的辐射，其应用场合是通信距离远，覆盖范围小且目标密度大。定向天线按照极化方式还可划分为单极化和双极化。

图1 垂直天线

3）鞭状天线。鞭状天线是无人机最常用的天线，其形状为一个可弯曲的垂直杆状，其长度一般为波长的四分之一或二分之一。鞭状天线的电磁波辐射"盲区"是天线的直指方向，其方向图为苹果形状，所以使用时不应该将天线指向无人机，在其他区域无人机处于任何姿态、任何朝向和距离下都有相对稳定的信号。

4）八木天线。八木天线属于定向传输天线，如图2所示。八木天线在垂直安装时，上下的场强分布角与全向天线差不多，在水平方向上场强分布角与引向器的多少有关，引向器越多，夹角越小，方向性越强，夹角内的场强越高。一般常见引向器为3~5支，再多效果也不明显。其主要特点是在有效范围内场强分布均匀、方向性好、干扰能力强。

5）抛物面天线。抛物面天线场强分布有两部分，类似手电光，一部分是灯泡直接射出的散射光，另一部分，也是主要部分，是反射器反射形成的直射光，如图3所示。抛物面天线的效率是最高的，但方向性也是最强的，最常见是用在固定点对点的微波通信，如果用在飞行器上的通信，必须装在高精度跟踪云台上才可以，另外抛物面天线对组装精度要求也很高。

图2 八木天线

图3 抛物面天线

学习情境 01
学习情境 02
学习情境 03
学习情境 04
学习情境 05
学习情境 06

抛物面天线由馈源和抛物面反射器构成，如图4所示。天线的反射器由形状为抛物面的导体表面或者导体栅网构成，馈源位于抛物面的焦点处。馈源由短电对称振子天线、喇叭天线等弱方向天线组成，其主要作用是将高频的电流转换为电磁波并投射到抛物面反射器；抛物面反射器再将电磁波沿抛物面轴线方向反射出去，获得方向性极强的无线电波，其信号接收稳定，一般用于中大型军用无人机的地面天线。

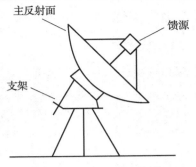

图4 抛物面天线的构成

6）板状天线。板状天线的特性和八木天线基本相同，好的板状天线结构较复杂，但体积小，重量轻，安装简单，是野外第一人称主视角（FPV）的首选天线。它具有较强的定向性，需配合跟踪云台使用，如图5所示。

板状天线是定向天线，其辐射最强区是平板所朝向的方向，其他方向逐渐减弱，一般民用板状天线的增益可达24dB。因其具有很强的方向性，所以其通信距离较长。地面站一般会配用板状天线。一般板状天线与天线追踪器配合使用，这样使无人机在飞行时通过通信链路反馈信息至追踪器对准无人机。

7）蘑菇头天线。蘑菇头天线的内部就是三叶草天线或四叶草天线，如图6所示，通常三叶草天线用在发射机上，四叶草天线用在接收机上。蘑菇头天线的特性和平板天线的特性刚好是相反的，如果它原来应该是直的，那它的特性就和棒子天线是一样的，但是它被掰弯了，掰的每个方向对它来说都是一样的，不存在指向性。

图5 板状天线　　　　　　　　　　　图6 蘑菇头天线

3. 性能指标

天线的性能指标有增益、低仰角性能、抗干扰性能等。

1）增益。它是描述天线在特定方向上收发信号的能力，是选择天线时的重要参数之一，单位是 dBd 或 dBi。

2）低仰角性能。无人机在作业过程中，一方面可能受到各种障碍物遮挡，另一方面无人机在起降或者转弯过程中姿态起伏较大，这要求无人机天线的搜索信号能力要强。

3）抗干扰性能。复杂的地面情况、手机基站及电视台卫星天线、大面积金属结构、较大的电流电压波动、靠近其他无线装置等因素都会影响天线都信号传输。

要求天线体积小、重量轻、功耗低，特别是机载天线，可有效地降低无人机的整体负载重量。描述天线辐射特性（场强振幅、相位、极化）与空间角度关系的图形是天线的方向图。标准完整的方向图是一个三维图形，但在实际工作中，我们只需要测得其水平方向和垂直方向的方向图即可。在方向图中有四个重要参数：主瓣宽度、旁瓣电平、前后比、方向系数。

2．工作页

学校名称		任课教师	
班级		学生姓名	
学习领域	学习领域：无人机组装调试		
学习情境	学习情境4：无人机通信导航系统组装	学习时间	30min
工作任务	D：天线	学习地点	理实一体化教室

学习情境01
学习情境02
学习情境03
学习情境04
学习情境05
学习情境06

天线

1．请完成下列判断题：

（1）无人机天线按辐射方向分为定向天线和全向天线。（　　）

（2）无人机天线按外形可分为鞭状天线、板状天线、蘑菇头天线、八木天线和抛物面天线等。（　　）

（3）定向天线在360°范围内都有均匀的场强分布，其一般应用于通信距离近但覆盖范围广的场合。（　　）

（4）全向天线在水平方向图上表现为一定角度范围的辐射，其应用场合是通信距离远，覆盖范围小且目标密度大。（　　）

（5）鞭状天线是定向天线，电磁波辐射"盲区"是天线的直指方向，所以使用时不应该将天线指向无人机，在其他区域无论无人机处于任何姿态、任何朝向和距离下都有相对稳定的信号。（　　）

（6）八木天线是定向传输天线，主要特点是在有效范围内场强分布均匀，方向性好，干扰能力强。（　　）

（7）抛物面天线的效率是最高的，但方向性是最弱的，最常见是用在固定点对点的微波通信。（　　）

（8）板状天线其特性和八木天线基本相同，是野外FPV的首选天线，有较强的定向性，需配合跟踪云台使用。（　　）

（9）板状天线是定向天线，其辐射最强区是平板所朝向的方向，其他方向逐渐减弱。（　　）

（10）蘑菇头三叶草天线用在接收机上，四叶草天线用在发射机上。（　　）

2．请完成下列单选题：

（1）（　　）在360°范围内都有均匀的场强分布，其一般应用于通信距离近但覆盖范围广的场合。

　　A．全向天线　　　　B．定向天线　　　　C．鞭状天线　　　　D．垂直天线

（2）（　　）通常可以用两根全向天线，垂直安放以增强接收信号强度。

　　A．全向天线　　　　B．定向天线　　　　C．鞭状天线　　　　D．垂直天线

（3）（　　）在水平方向图上表现为一定角度范围的辐射，其应用场合是通信距离远，覆盖范围小且目标密度大。

　　A．全向天线　　　　B．定向天线　　　　C．鞭状天线　　　　D．垂直天线

（4）（　　）是无人机最常用的天线，其形状为一个可弯曲的垂直杆状，电磁波辐射"盲区"是天线的直指方向，在其他区域无人居处于任何姿态、任何朝向和距离下都有相对稳定的信号。

　　A．全向天线　　　　B．定向天线　　　　C．鞭状天线　　　　D．垂直天线

(5)（　　）是定向传输天线，主要特点是在有效范围内场强分布均匀，方向性好，干扰能力强。

    A．八木天线　　　　B．抛物面天线　　　　C．蘑菇头天线　　　　D．板状天线

(6)（　　）的效率是最高的，但方向性也是最强的，最常见是用在固定点对点的微波通信，如果用在飞行器上的通信，必须装在高精度跟踪云台上才可以，另外抛物面天线对组装精度要求也很高。

    A．八木天线　　　　B．抛物面天线　　　　C．蘑菇头天线　　　　D．板状天线

(7)（　　）其特性和八木天线基本相同，好的板状天线结构较复杂，但体积小，重量轻，安装简单，是野外 FPV 的首选天线，有较强的定向性，需配合跟踪云台使用。

    A．八木天线　　　　B．抛物面天线　　　　C．蘑菇头天线　　　　D．板状天线

(8)（　　）是定向天线，其辐射最强区是平板所朝向的方向，其他方向逐渐减弱，一般民用板状天线的增益可达 24dB。

    A．八木天线　　　　B．抛物面天线　　　　C．蘑菇头天线　　　　D．板状天线

(9)（　　）其内部就是三叶草天线或四叶草天线，通常三叶草天线用在发射机上，四叶草天线用在接收机上。

    A．八木天线　　　　B．抛物面天线　　　　C．蘑菇头天线　　　　D．板状天线

(10)（　　）的特性和平板天线的特性刚好是相反的，如果它原来应该是直的，那它的特性就和棒子天线是一样的，但是它被掰弯了，掰的每个方向对与它来说都是一样的，不存在指向性。

    A．八木天线　　　　B．抛物面天线　　　　C．蘑菇头天线　　　　D．板状天线

3．请提炼关键词，书写无人机天线的性能指标。

4．请提炼关键词，制作表格展示无人机天线的特点及应用。

天线	特点	应用	全向/定向

学校名称		任课教师	
班级		学生姓名	
学习领域	学习领域：无人机组装调试		
学习情境	学习情境4：无人机通信导航系统组装	学习时间	120min
测试任务	无人机通信链路系统	测试时间	20min

1. 单选题：（每题1分，共35分）

（1）以下（　　）不是按照传输方向对无人机数据链的分类方法。

    A. 上行数据链　　　B. 下行数据链　　　　C. 双向数据链　　　　D. 空地链路

（2）（　　）主要完成地面站到无人机遥控指令的发送和接受，包括舵机控制指令、数据注入指令、机载数据终端（ADT）控制指令，将地面指令传送给无人机，实现对无人机的遥控。

    A. 上行数据链　　　B. 下行数据链　　　　C. 双向数据链　　　　D. 空地链路

（3）一般遥控器只能向无人机发送信息，不能接收信息，为（　　）。

    A. 上行数据链　　　B. 下行数据链　　　　C. 双向数据链　　　　D. 空地链路

（4）（　　）就是所谓的图传链路，主要完成无人机到地面站的遥测数据以及红外或电视图像的发送和接收，将任务载荷收集到的数据传送给地面，并根据定位信息的传输利用上下行链路进行测距，实现地面控制人员对任务的实时了解。

    A. 上行数据链　　　B. 下行数据链　　　　C. 双向数据链　　　　D. 空地链路

（5）只能传输信息到监视屏，不能接收信息，为（　　）。

    A. 上行数据链　　　B. 下行数据链　　　　C. 双向数据链　　　　D. 空地链路

（6）数传链路既可以向下传输无人机飞行状态信息，也可以接收信息，称为（　　）。

    A. 上行数据链　　　B. 下行数据链　　　　C. 双向数据链　　　　D. 空地链路

（7）（　　）是 ADT 设备的中央决策、控制单元。常通过高速信号处理集成电路及其外围实现，如 DSP、FPGA、嵌入式系统等。

    A. 机载终端　　　　B. 天线　　　　　　C. RF 接收机　　　　D. 发射机

（8）（　　）是无线电技术设备中高效辐射和接收无线电波的装置，同时完成高频电流（或导行波）与电磁波之间的转换，可将其称之为换能器，其性能好坏直接影响通信距离。

    A. 机载终端　　　　B. 天线　　　　　　C. RF 接收机　　　　D. 发射机

（9）（　　）一般是由放大器、滤波器、混频器等部件组成，主要作用是将模拟输入信号放大、滤波并进行若干次频率搬移或变换，再通过 ADC 采样，送至计算机 CPU 或 DSP 作进一步处理。

    A. 机载终端　　　　B. 天线　　　　　　C. RF 接收机　　　　D. 发射机

（10）（　　）一般由振荡器、放大器、调制器等元器件组成，其主要作用是产生一个功率足够大的高频振荡发送给发射天线，通过天线转换成空间电磁波后送至接收端。

    A. 机载终端　　　　B. 天线　　　　　　C. RF 接收机　　　　D. 发射机

（11）（　　）也称机载数据终端，包括机载天线、遥控接收机、遥测发射机、视频发射机和终端处理机等。

    A. 机载设备　　　　B. 地面设备　　　　C. 遥控装置　　　　D. 地面站

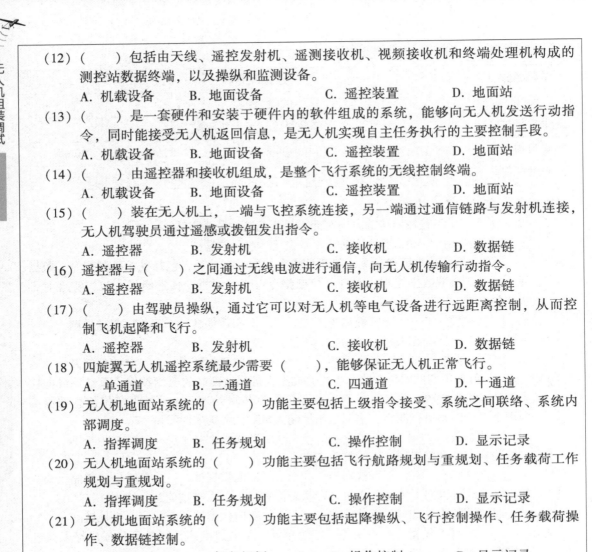

(12)（　　）包括由天线、遥控发射机、遥测接收机、视频接收机和终端处理机构成的测控站数据终端，以及操纵和监测设备。

A. 机载设备　　　B. 地面设备　　　　C. 遥控装置　　　　D. 地面站

(13)（　　）是一套硬件和安装于硬件内的软件组成的系统，能够向无人机发送行动指令，同时能接受无人机返回信息，是无人机实现自主任务执行的主要控制手段。

A. 机载设备　　　B. 地面设备　　　　C. 遥控装置　　　　D. 地面站

(14)（　　）由遥控器和接收机组成，是整个飞行系统的无线控制终端。

A. 机载设备　　　B. 地面设备　　　　C. 遥控装置　　　　D. 地面站

(15)（　　）装在无人机上，一端与飞控系统连接，另一端通过通信链路与发射机连接，无人机驾驶员通过遥感或拨钮发出指令。

A. 遥控器　　　　B. 发射机　　　　　C. 接收机　　　　　D. 数据链

(16) 遥控器与（　　）之间通过无线电波进行通信，向无人机传输行动指令。

A. 遥控器　　　　B. 发射机　　　　　C. 接收机　　　　　D. 数据链

(17)（　　）由驾驶员操纵，通过它可以对无人机等电气设备进行远距离控制，从而控制飞机起降和飞行。

A. 遥控器　　　　B. 发射机　　　　　C. 接收机　　　　　D. 数据链

(18) 四旋翼无人机遥控系统最少需要（　　），能够保证无人机正常飞行。

A. 单通道　　　　B. 二通道　　　　　C. 四通道　　　　　D. 十通道

(19) 无人机地面站系统的（　　）功能主要包括上级指令接受、系统之间联络、系统内部调度。

A. 指挥调度　　　B. 任务规划　　　　C. 操作控制　　　　D. 显示记录

(20) 无人机地面站系统的（　　）功能主要包括飞行航路规划与重规划、任务载荷工作规划与重规划。

A. 指挥调度　　　B. 任务规划　　　　C. 操作控制　　　　D. 显示记录

(21) 无人机地面站系统的（　　）功能主要包括起降操纵、飞行控制操作、任务载荷操作、数据链控制。

A. 指挥调度　　　B. 任务规划　　　　C. 操作控制　　　　D. 显示记录

(22) 无人机地面站系统的（　　）功能主要包括飞行状态参数显示与记录、航迹显示与记录、任务载荷信息显示与记录。

A. 指挥调度　　　B. 任务规划　　　　C. 操作控制　　　　D. 显示记录

(23)（　　）在线监视系统的具体参数，包括飞行期间飞行器的健康状况、显示飞行数据和警告信息。

A. 系统控制站　　B. 飞行器操作控制站　C. 任务载荷控制站　D. 数据分发系统

(24)（　　）提供良好的人机界面控制无人机飞行，其组成包括命令控制台、飞行参数显示、无人机轨道显示和一个可选的载荷视频显示。

A. 系统控制站　　B. 飞行器操作控制站　C. 任务载荷控制站　D. 数据分发系统

(25)（　　）用于控制无人机所携带的传感器，它由一个或几个视频监视仪和视频记录仪组成。

A. 系统控制站　　B. 飞行器操作控制站　C. 任务载荷控制站　D. 数据分发系统

(26)（　　）用于分析和解释无人机回传的图像等数据信息。

A. 系统控制站　　B. 飞行器操作控制站　C. 任务载荷控制站　D. 数据分发系统

(27)（　　）包括发送上行链路信号的天线和发射机，捕获下行链路信号的天线和接收机。

A. 系统控制站　　B. 中央处理单元　　C. 数据分发系统　　D. 数据链路地面终端

（28）（　　）包括一台或多台计算机，具有获得并处理从 UAV 来的实时数据、显示处理、确认任务规划并上传给无人机、电子地图处理、数据分发、飞行前分析系统诊断等主要功能。

    A. 系统控制站　　　B. 中央处理单元　　　C. 数据分发系统　　　D. 数据链路地面终端

（29）（　　）在 360°范围内都有均匀的场强分布，其一般应用于通信距离近但覆盖范围广的场合。

    A. 全向天线　　　B. 定向天线　　　C. 鞭状天线　　　D. 垂直天线

（30）（　　）通常可以用两根全向天线，垂直安放以增强接收信号强度。

    A. 全向天线　　　B. 定向天线　　　C. 鞭状天线　　　D. 垂直天线

（31）（　　）在水平方向图上表现为一定角度范围的辐射，其应用场合是通信距离远，覆盖范围小且目标密度大。

    A. 全向天线　　　B. 定向天线　　　C. 鞭状天线　　　D. 垂直天线

（32）（　　）是定向传输天线，主要特点是在有效范围内场强分布均匀，方向性好，干扰能力强。

    A. 八木天线　　　B. 抛物面天线　　　C. 蘑菇头天线　　　D. 板状天线

（33）（　　）其特性和八木天线基本相同，好的板状天线结构较复杂，但体积小，重量轻，安装简单，是野外 FPV 的首选天线，有较强的定向性，需配合跟踪云台使用。

    A. 八木天线　　　B. 抛物面天线　　　C. 蘑菇头天线　　　D. 板状天线

（34）（　　）是定向天线，其辐射最强区是平板所朝向的方向，其他方向逐渐减弱，一般民用板状天线的增益可达 24dB。

    A. 八木天线　　　B. 抛物面天线　　　C. 蘑菇头天线　　　D. 板状天线

（35）（　　）其内部就是三叶草天线或四叶草天线，通常三叶草天线用在发射机上，四叶草天线用在接收机上。

    A. 八木天线　　　B. 抛物面天线　　　C. 蘑菇头天线　　　D. 板状天线

2. 请完成下列判断题：（每题 1 分，共 38 分）

（1）无人机与遥控装置进行通信、无人机与定位设备进行通信、无人机内部通信都会形成数据链。（　　）

（2）数据链传输系统负责完成对无人机系统遥控、遥测、跟踪定位和传感器传输。（　　）

（3）数据链路包括数传和图传。数传是图像传输，图传是数字传输。（　　）

（4）无人机采用电池供电，而且传输距离又远，所以要求设备的功耗高，接收灵敏度高，灵敏度越高传输距离越远。（　　）

（5）无人机数据链按照传输方向可以分为：上行数据链、下行数据链和双向数据链。（　　）

（6）上行数据链的传输数据具有连续性且数据量大，状态数据最重要，传感器数据与其他指令相关性最强，所以要求上行数据链具有较高的抗误码力和纠错力。（　　）

（7）下行数据具有突发性，要求上行数据链具有快速反应能力和可靠性。（　　）

（8）普通无人机大多采用定制视距数据链，而中高空、长航时无人机则都会采用视距和超视距卫通数据链。（　　）

（9）机间链路指的是空中各无人机之间的通信链路。（　　）

（10）空地链路指的是各无人机与地面指挥控制站之间的通信链路。（　　）

（11）无人机通信导航系统由机载设备和地面设备组成。（　　）

（12）地面设备包括机载天线、遥控接收机、遥测发射机、视频发射机和终端处理机等。（　　）

（13）机载设备包括由天线、遥控发射机、遥测接收机、视频接收机和终端处理机构成的测控站数据终端，以及操纵和监测设备。　　　　　（　　）

（14）即使对于一般飞行任务，也不能使用遥控器手动驾驶无人机来实现控制。　　（　　）

（15）常用的无线电频率为72MHz和2.4GHz，最常用的是2.4GHz无线通信，因为它具有频率高、功耗低、体积小、反应快、精度高等优点。　　　　　（　　）

（16）脉冲位置调制（Pulse Position Modulation），简称PPM，又称脉码调制。　（　　）

（17）脉冲编码调制（Pulse Code Modulation），简称PCM，又称脉位调制。　（　　）

（18）常用的遥控系统有单通道、两通道直至十通道，具体使用几通道，由无人机的种类及用途而定。　　　　　（　　）

（19）遥控距离的确定需视无人机的种类和用途而定。　　　　　（　　）

（20）对于近距离飞行的小型无人机，选用遥控距离为500m的遥控系统；对于无人靶机、飞艇或大型无人机，选用遥控距离至少有1000m的遥控系统。　　　　　（　　）

（21）市面上常见的遥控器控制原理都是一样的，主要使用2.4GHz发射频率，配套使用一个发射机。　　　　　（　　）

（22）无人机地面站也称控制站、遥控站或任务规划与控制站。　　　　　（　　）

（23）GCS也称为任务规划与控制站，任务规划主要是指在飞行过程中对整个无人机系统的各个系统进行控制，按照操作者的要求执行相应的动作。　　　　　（　　）

（24）标准的无人机控制站通常由数据链路控制、飞行控制、载荷控制、载荷数据处理四类硬件设备机柜构成。　　　　　（　　）

（25）指挥处理中心主要是制定无人机飞行任务、完成无人机载荷数据的处理和应用，一般都是直接实现对无人机的控制和数据接收。　　　　　（　　）

（26）载荷控制站能控制无人机的机载任务设备，也能进行无人机的飞行控制。　（　　）

（27）开放性指的是不必对现有系统进行重新设计和研制就可以在地面控制站中增加新的功能模块。　　　　　（　　）

（28）公共性指的是地面控制站能控制任何一种不同的飞行器和任务载荷，并且能够接入连接外部世界的任何一种通信网络。　　　　　（　　）

（29）互用性指的是某个地面控制站与其他的控制站使用相同的硬件及部分或者完全相同的软件模块。　　　　　（　　）

（30）无人机天线按辐射方向分为定向天线和全向天线。　　　　　（　　）

（31）无人机天线按外形可分为鞭状天线、板状天线、蘑菇头天线、八木天线和抛物面天线等。　　　　　（　　）

（32）定向天线在360°范围内都有均匀的场强分布，其一般应用于通信距离近但覆盖范围广的场合。　　　　　（　　）

（33）全向天线在水平方向图上表现为一定角度范围的辐射，其应用场合是通信距离远，覆盖范围小且目标密度大。　　　　　（　　）

（34）八木天线是定向传输天线，主要特点是在有效范围内场强分布均匀，方向性好，干扰能力强。　　　　　（　　）

（35）抛物面天线的效率是最高的，但方向性是最弱的，最常见是用在固定点对点的微波通信。　　　　　（　　）

（36）板状天线其特性和八木天线基本相同，是野外FPV的首选天线，有较强的定向性，需配合跟踪云台使用。　　　　　（　　）

（37）板状天线是定向天线，其辐射最强区是平板所朝向的方向，其他方向逐渐减弱。（　　）

（38）蘑菇头三叶草天线用在接收机上，四叶草天线用在发射机上。　　　　　（　　）

4.3.5　全球卫星导航系统

1.　信息页

学习领域	学习领域：无人机组装调试		
学习情境	学习情境4：无人机通信导航系统组装	学习时间	30min
工作任务	E：全球卫星导航系统	学习地点	理实一体化教室

全球卫星导航系统

1.　全球定位系统

全球定位系统（GPS）是一种基于卫星的、长距离的、全球性的导航系统，是一种全天候的无线电导航系统。

GPS信号接收机的任务包括：

1）捕获按一定卫星高度截止角所选择的待测卫星的信号，并跟踪这些卫星的运行。

2）对所接收到的GPS信号进行变换、放大和处理，以便测量出GPS信号从卫星到接收机天线的传播时间。

3）解译出GPS卫星所发送的导航电文，存储这些测量值、导航电文。

4）实时地计算出测站的三维位置，甚至三维速度和时间。

GPS模块测量多旋翼无人机当前的经纬度、高度、航迹方向、地速等信息。

（1）组成

GPS由空间部分、地面测控部分和用户设备部分组成，如图1所示。

（2）原理

GPS的基本原理是以测量出卫星到用户接收机之间的距离为基础，然后结合多颗卫星的数据计算出接收机的具体位置。若卫星时钟与用户时钟同步，测出传播延时 τ，依据公式就可以算出卫星到用户间的距离 γ。

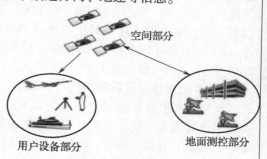

图1　GPS系统组成

$$\gamma = c\tau$$

式中　c——无线电波传播速度即光速，约等于 3×10^8 m/s。

（3）分类

1）静态定位。单点定位是根据一台接收机的观测数据来确定接收机位置的方式；相对定位（差分定位）是根据两台或两台以上接收机的测量数据来确定观测点之间的相对位置的方法。

2）动态相对定位。它是将一台接收机安置在一个固定的观测点（基准站），而另一台接收机安置在运动的载体上，并保持在运动中与基准站的接收机进行同步观测相同卫星，以确定运动载体相对基准站的瞬时位置。

（4）特点

1）定位精度高，速度快。

2）全球全天候定位。

3）测站间不需要通视。

4）提供全球统一的三维地心坐标（地球坐标系）。

5）操作简便。

2.　格洛纳斯卫星导航系统

格洛纳斯卫星导航系统（GLONASS）与GPS有许多不同之处，主要有以下三方面。

学习情境 01
学习情境 02
学习情境 03
学习情境 04
学习情境 05
学习情境 06

（1）卫星发射频率不同

GPS 的卫星信号采用码分多址体制，每颗卫星的信号频率和调制方式相同，用不同的伪码区分不同卫星的信号。而 GLONASS 采用频分多址体制，靠不同频率来区分卫星，但每组频率的伪随机码相同。由于卫星发射的载波频率不同，GLONASS 可以防止整个卫星导航系统同时被敌方干扰，因而，它具有更强的抗干扰能力。

（2）坐标系不同

GPS 使用地球坐标系（WGS-84），而 GLONASS 使用苏联地心坐标系（PE-90）。

（3）时间标准不同

GPS 与世界协调时相关联，而 GLONASS 则与莫斯科标准时相关联。

3. 伽利略卫星导航系统

伽利略（Galileo）卫星导航系统的主要特点有如下三方面。

1）民用为主。它是第一个由民间开发、主要为民用服务的新一代全球卫星导航系统，实现完全非军方控制和管理，可以进行覆盖全球的导航和定位功能。

2）精度高，精度为 1m。

3）功能强大，服务多。除了全球导航定位功能外，它还有全球搜索救援功能，并可向用户提供公开、安全、商业、政府等不同模式的服务。

尽管 Galileo 卫星导航系统计划的预想目标很先进，全部 30 颗卫星（后调整为 24 颗工作卫星，6 颗备份卫星），但是由于资金投入问题，使 Galileo 卫星导航系统计划的执行出现了延迟。2011 年"伽利略"第一颗和第二颗卫星首发成功，2012 年 10 月发射了第三颗和第四颗卫星，太空中已有 4 颗正式的伽利略系统卫星组成网络，初步发挥地面精确定位的功能。到 2016 年 12 月 15 日伽利略卫星定位系统投入使用。这比原计划延迟了 8 年。截至 2016 年 12 月，已经发射了 18 颗工作卫星，具备了早期操作能力。

4. 中国北斗卫星导航系统（BDS）

中国北斗卫星导航系统（BeiDou Navigation Satellite System, BDS）是中国自行研制，为全球用户提供全天候、全天时、高精度的定位、导航和授时服务的全球卫星导航系统。BDS 坚持"自主、开放、兼容、渐进"的建设原则，致力于建设世界一流、满足国家安全与经济社会发展需求、为全球用户服务的卫星导航系统。

BDS 由空间段、地面段和用户段三部分组成。根据系统建设总体规划，分三阶段进行建设：试验阶段、亚太地区卫星导航系统建设阶段、全球星导航系统建设阶段。

（1）特点

BDS 具有以下三方面特点：

1）空间段采用三种轨道卫星组成的混合星座，与其他卫星导航系统相比高轨卫星更多，抗遮挡能力强，尤其低纬度地区性能特点更为明显。

2）提供多个频点的导航信号，能够通过多频信号组合使用等方式提高服务精度。

3）创新融合了导航与通信能力，具有实时导航、快速定位、精确授时、位置报告和短报文通信服务五大功能。

（2）组成

北斗卫星导航系统空间段由 55 颗卫星组成，包括 15 颗地球静止轨道卫星、28 颗地球中圆轨道卫星、12 颗倾斜地球同步轨道卫星。

（3）功能

1）短报文通信：北斗卫星导航系统用户终端具有双向报文通信功能。

2）精密授时：北斗卫星导航系统具有精密授时功能。

3）定位精度：北斗卫星导航系统水平精度 100m，设立标校站之后为 20m。

4）军用功能：北斗卫星导航系统的军事功能与 GPS 类似。

2. 工作页

学校名称		任课教师	
班级		学生姓名	
学习领域	学习领域：无人机组装调试		
学习情境	学习情境4：无人机通信导航系统组装	学习时间	30min
工作任务	E：全球卫星导航系统	学习地点	理实一体化教室

全球卫星导航系统

1. 全球定位系统（GPS）是一种全天候的无线电导航系统，GPS 由 _____、_____ 和 _____ 三部分组成。

2. 请提炼关键词，书写 GPS 信号接收机的任务。

3. 请书写 GPS 基本原理。

4. 请书写 GPS 的特点

5. 请书写格洛纳斯卫星导航系统（GLONASS）与 GPS 的不同之处。

6. 请书写伽利略卫星导航系统的主要特点。

7. 请书写中国北斗卫星导航系统（BDS）的特点及功能。

学习情境 01
学习情境 02
学习情境 03
学习情境 04
学习情境 05
学习情境 06

4.3.6 惯性导航系统

1. 信息页

学习领域	学习领域：无人机组装调试		
学习情境	学习情境4：无人机通信导航系统组装	学习时间	30min
工作任务	F：惯性导航系统	学习地点	理实一体化教室

惯性导航系统

1. 功用

惯性导航系统（Inertial Navigation System，INS）可简称为惯导系统，是一种不依赖于外部信息，只依据运动载体本身的惯性测量（加速度）来完成导航任务的技术，也称为自主式导航系统。

惯导系统通常由惯性测量组件、计算机、控制显示器等组成。惯性测量组件包括加速度计和陀螺仪惯性元件，三个陀螺仪用来测量无人机的沿三轴的转动运动，三个加速度计用来测量无人机的平动运动的加速度。控制显示器实时显示导航参数。

2. 原理

惯性导航系统的基本工作原理是以牛顿力学定律为基础，测量运动载体的加速度后，经过一次积分可以得到运动速度，经过二次积分得到运动距离，从而给出运动载体的瞬时速度和位置参数，如图1所示。位移、速度和加速度三者之间的关系见式（1）和式（2）。

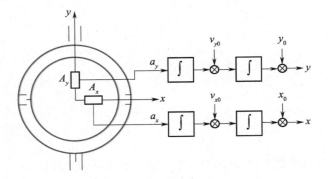

图1 惯性导航原理

$$a = \frac{\mathrm{d}v}{\mathrm{d}t} = \frac{\mathrm{d}^2s}{\mathrm{d}t^2}$$

$$v = \int_0^t a\mathrm{d}t + v_0 \tag{1}$$

$$s = \int_0^t v\mathrm{d}t + s_0$$

$$= \int_0^t \int_0^t a\mathrm{d}t^2 + s_0 + v_0 t \tag{2}$$

式中　a——运动载体的加速度，单位为 m/s^2；

　　　v——运动载体的速度，单位为 m/s；

　　　s——运动载体的位移，单位为 m。

3. 结构

从图 1 可以看出，惯性导航系统由以下四个部分组成：

1）加速度计：用来测量运动载体的加速度。

2）惯导平台：模拟一个导航坐标系，把加速度计的测量轴稳定在导航坐标系上，并用模拟的方法给载体的姿态和方位信息。为了减少作用在平台上的各种干扰力矩，平台一般采用陀螺仪作为敏感元件的稳定回路。为了使平台能跟踪导航坐标系在惯性空间的转动，平台还需要从加速度计到计算机再到陀螺仪，并通过稳定回路而形成的跟踪回路。

3）导航计算机：完成导航计算和平台跟踪回路中指令角速度信号的计算。

4）控制显示器：给定初始参数及系统需要的其他参数，并显示各种导航信息。

4. 特点

（1）优点

从式（1）和式（2）可以得出，只要用加速度计测出加速度，那运动载体在任何时刻的速度和相对出发点的距离就可以实时计算出来。这种完全依靠机载设备自主地完成导航任务，与外界不发生任何光、电联系。因此，它具有隐蔽性好、工作不受气象条件的限制（可全天候、全时间地工作于空中、地球表面乃至水下）、导航信息连续性好而且噪声低、数据更新率高、短期精度和稳定性好等优点，从而成为航空、航天和航海领域中的一种广泛使用的主要导航方法。

（2）缺点

由于导航信息经过积分而产生，定位误差随时间而增大，长期精度差；每次使用之前需要较长的初始对准时间；设备的价格较昂贵；不能给出时间信息。

5. 分类

从结构上来说，惯性导航系统可分为平台式和捷联式。

（1）平台式惯性导航系统（Gimbaled Inertial Navigation System，GINS）

平台式惯性导航系统将陀螺仪和加速度等惯性元件通过万向支架角运动隔离系统与运动载物固联的惯性导航系统，工作原理如图 2 所示。

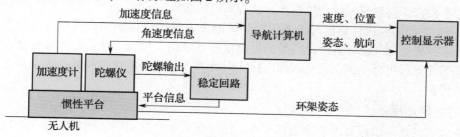

图 2　平台式惯性导航系统工作原理

由图 2 可知，平台式惯性导航系统由三轴陀螺稳定平台（包含陀螺仪）、加速度计、稳定回路、导航计算机、控制显示器等部分组成。核心部分是有一个实际的陀螺稳定平台，平台上的三个实体轴，重现了所要求的东、北、天地理坐标系三个轴向，它为加速度计提供了精确的安装基准，保证了三个加速度计测得的值正好是导航计算时所需的三个加速度分量。这个平台完全隔离了无人机机动运动，保证了加速度计的良好工作环境。平台上的陀螺仪作为平台轴相对基准面偏角的角度（角速度）信号传感器，将其检测信号送至伺服放大器，经电机带动平台轴重新返回基准面。其优点是因为直接模拟导航坐标系，所以计算比较简单；因为能隔离载体的角运动，所以系统精度高。缺点是结构复杂、体积大和制作成本高。平台

学习情境 01
学习情境 02
学习情境 03
学习情境 04
学习情境 05
学习情境 06

式惯性导航系统又分为半解析式、几何式和解析式。

1）半解析式：又称当地水平惯导系统，系统有一个三轴稳定平台，台面始终平行当地水平面，方向指地理北（或其他方位）。

2）几何式：该系统有两个平台，一个装有陀螺仪，相对惯性空间稳定，另一个装有加速度计，跟踪地理坐标系。

3）解析式：陀螺和加速度计装于同一平台，平台相对惯性空间稳定。

（2）捷联式惯性导航系统（Strap-down Inertial Navigation System，SINS）

捷联式惯性导航系统无稳定平台，加速度计和陀螺仪与载体直接相连。载体转动时，加速度计和陀螺仪的敏感轴指向也跟随转动；陀螺仪测量载体角运动，计算载体姿态角，从而确定加速度计敏感轴指向；再通过坐标变换，将加速度计输出的信号变换到导航坐标系上，进行导航计算，如图3所示。由于其具有结构简单、体积小、重量轻、成本低、可靠性高、功能强、精度高以及使用灵活等优点，使得SINS已经成为当今惯性导航系统发展的主流。由于惯性元件直接装在载体上，环境恶劣，对元件要求较高；另外，坐标变换中计算量大。

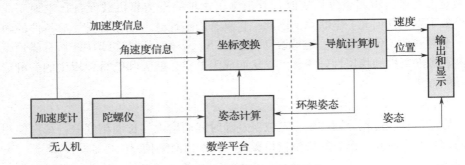

图3　捷联式惯性导航系统工作原理

（3）捷联式与平台式两个主要的区别

1）无惯性平台，陀螺仪和加速度计直接安装在无人机上，使系统体积小、重量轻、成本低、维护方便。但陀螺仪和加速度计直接承受无人机的振动、冲击和角运动，因而会产生附加的动态误差。这对陀螺仪和加速度计就有更高的要求。

2）坐标变换需要用计算机对加速度计测得的无人机的载体坐标系的加速度信号变换到导航坐标系，再进行导航计算得出需要的导航参数（航向、地速、航行距离和地理位置等）。这种系统需要进行坐标变换，而且必须进行实时计算，因而要求计算机具有很高的运算速度和较大的容量。

6. 导航用坐标系

在捷联式惯性导航系统中涉及坐标变换，在导航系统中常用到坐标系如下：

1）地球坐标系（简称e系）。原点为地球中心，z轴指向地球极轴，x轴通过零子午线。

2）载体坐际系（简称b系）。原点为载体重心，y轴指向载体纵轴方向，z轴指向载体竖轴方向。

3）平台坐标系（简称p系）。平台式惯导系统中平台指向的坐标系，它与平台固连。如果平台无误差，指向正确，则这样的平台坐标系称为理想平台坐标系。

4）导航坐标系（简称n系）。惯性系统在求解导航参数时所采用的坐标系。通常，它与系统所在的位置有关，对平台式惯导系统来说，理想的平台坐标系就是导航坐标系。例如，指北系统的平台理想坐标系为地理坐标系，也是指北系统的导航坐标系；捷联式惯导系统导航参数并不在载体坐标系内求解，它必须将加速度计信号分解到某求解导航参数较为方便的坐标系内，再进行导航计算，这个坐标系就是导航坐标系。

2．工作页

学校名称		任课教师	
班级		学生姓名	
学习领域	学习领域：无人机组装调试		
学习情境	学习情境4：无人机通信导航系统组装	学习时间	30min
工作任务	F：惯性导航系统	学习地点	理实一体化教室

惯性导航系统

1. 惯导系统通常由_____、_____、_____等组成。惯性测量组件包括加速度计和陀螺仪惯性元件，三个陀螺仪用来测量无人机的_____，三个加速度计用来测量无人机的_____。控制显示器实时显示_____。请解释惯性导航系统的定义。

2. 请书写惯性导航系统的基本原理。

3. 请书写惯性导航系统的四部分结构及其作用。

4. 请书写惯性导航系统的特点。

5. 请书写平台式惯性导航系统的定义及特点。

6. 请书写捷联式惯导系统的定义与特点。

7. 请书写导航用坐标系。

学习情境01
学习情境02
学习情境03
学习情境04
学习情境05
学习情境06

4.3.7 组合导航系统

信息页

学习领域	学习领域：无人机组装调试		
学习情境	学习情境4：无人机通信导航系统组装	学习时间	30min
工作任务	G：组合导航系统	学习地点	理实一体化教室

组合导航系统

组合导航系统是指两种或两种以上不同的导航设备以适当的方式组合在一起，利用其性能上的互补特性，以获得比单一导航系统更高的导航性能。

1. GPS/INS

组合结构

GPS/INS 组合的三种功能结构分别是非耦合方式、松耦合方式和紧耦合方式，如图 1 所示。由图 1a 可见，GPS 用户设备和 INS 两系统独立工作，功能互不耦合，数据单向流动，没有反馈，组合导航数据是由外部组合处理器产生的。外部处理器可以像一个选择开关那样简单，也可以用多工作模式卡尔曼滤波器来实现。非耦合方式具有如下四个特点：

1）尽管可把全部的硬设备装在一个实体的组合单元内，但 GPS 和 INS 在功能上却仍然是独立的。

2）在 INS 和 GPS 均可用时，这是最易实现、最快捷和最经济的组合方式。

3）由于有系统的冗余度，对故障有一定的承受能力。

4）采用简单选择算法实现的处理器，能在航路导航中提供不低于惯导给出的精度。

与非耦合方式不同，松耦合方式中组合处理器与 GPS 及 INS 设备之间存在着三个反馈，依次是系统导航对 GPS 用户设备的反馈、对 GPS 跟踪环路的惯性辅助及至 INS 的误差状态反馈，如图 1 b 所示。

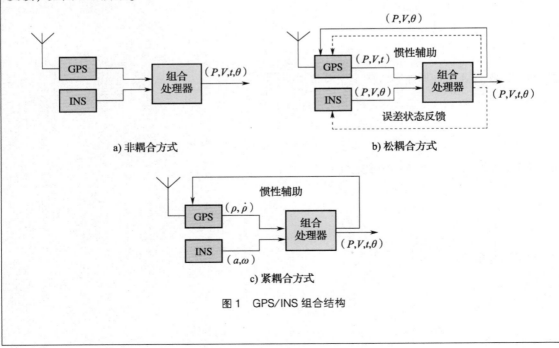

图 1 GPS/INS 组合结构

松耦合方式有选择算法和滤波算法两种基本的组合算法。在采用选择算法的情况下，只要 GPS 用户设备指示的解在其可接受的精度范围内，就选取 GPS 指示的 PVT 作为系统的导航解。当要求的输出速率高于 GPS 用户设备所能提供的速率时，可在相继 GPS 两次数据更新之间以 INS 的数据进行内插。在 GPS 信号中断期间，INS 解自 GPS 最近一次有效解起进行外推。

它采用的是利用上一时刻的估计以及实时得到的测量进行实时估计的卡尔曼滤波算法。由于该算法能以线性递推的方式来估计组合导航的状态，所以便于计算机实现。

状态参数通常不能直接测得，但能从有关的可测的量值中推算出来。这些测量值可以在一串离散时间点连续得到，也可以时序取得，而滤波器则是对测量的统计特性进行综合。最常用的修正算法是线性滤波器，在这种滤波器中，修正的状态是当前的测量值和先前状态值的线性加权和。位置和速度是滤波器中常选的状态参数，通常称之为全值滤波状态参数。对于全值位置和速度状态而言，传播方程也就是无人机的运动方程。为了使全值滤波器传播方程能较好地反映实际情况，还应加上加速度状态参数。例如，GPS 指示的位置和速度是观测量，它们要通过全值状态的组合滤波器进行处理。在极端情况下，组合滤波器可能仅仅给出 GPS 接收机的位置数据，并将它当作组合后的位置。这种简化的情形就是上面提到的选择方式。在这种方式下，状态传播方程和任何其他可用的观测量都不予以考虑。对简化的情形，GPS 用户设备位置的权值等于 1，传播状态的权值等于 0。通常把测量的权值称作滤波器增益。

2. 多传感器组合导航系统

多传感器组合导航系统是指传感器数目多于两个的组合导航系统，GPS/INS/Loran – C、GPS/GLONASS/INS、GPS/JTIDS/INS 等都是实用的例子。在不少应用场合传感器数目可能大于等于 4 个，例如 GPS/INS/DNS/Loran – C 和 GPS/INS/JTIDS/TAN/SAR 等。这里 SAR 是合成孔径雷达，TAN 是地形辅助导航，JTIDS 是联合战术信息分发系统。

与一般的双传感器组合系统相比，多传感器组合导航系统的状态变量和观测量的总数要多得多，以致传统的集中化卡尔曼滤波器因存在两大难题而不再适用。第一是计算负担过重，假想所有传感器测量数据总数为 m、状态变量为 n，则滤波器一个周期的计算量将与 $n^3 + mn^2$ 成正比，多传感器的使用必然会带来滤波器状态和测量的双重增加，故使计算量大大增加，这在有一个或若干个传感器需进行高速处理时，问题就显得尤为严重。第二是容错能力差，因为任一个传感器上未被检测出的错误会被传播到全部导航状态和传感器偏差估计中去。为减少在一个滤波器中过大的计算量，有人曾提出两级级联的滤波结构，但在某些应用场合会出现精度变差或稳定性问题。

20 世纪 80 年代出现的分块估计、两级联的分散式卡尔曼滤波结构，是卡尔曼滤波技术的一大进展，它恰好能满足多传感器组合导航系统的要求。图 2 是联合滤波结构的方框图。

外部传感器 GPS、DNS、Loran – C 及公共系统（INS）分别在四个局部滤波器输出局部最优的估计结果。主滤波器依次处理和综合所有的局部输出，给出全局最优的状态估计。作为公共系统的 INS 为每个局部滤波器及主滤波器提供共享信息，每个外部传感器与 INS 组合的局部滤波器事实上与传统意义上的卡尔曼滤波器没有多大的区别。联合滤波器结构有多种工作模式，而每种工作模式各有其独特的性能特点，所以，可以根据用户对估计精度、实时处理能力、故障检测与隔离以及容错水平的实际要求，确定其适宜的工作模式。

学习情境 01
学习情境 02
学习情境 03
学习情境 04
学习情境 05
学习情境 06

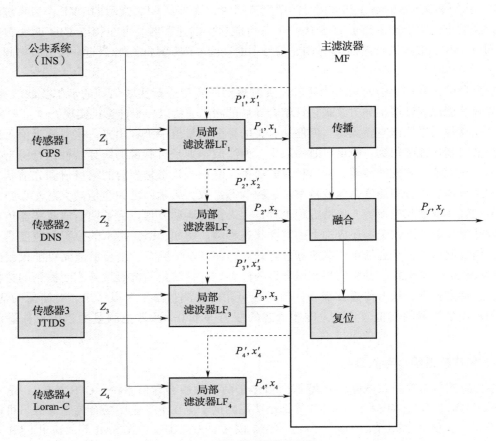

图2　联合滤波结构方框图

　　由于分块估计、两级级联联合滤波结构的实现是以平行滤波技术和信息共享原理为基础的，这种联合滤波器具有潜在的实时性好、容错性强和精度高的优点。此外，因为它有多种工作模式，故适变性强，可适于各种应用场合。实际上，可把联合滤波结构分成两大类：一类是最优滤波器，其主滤波器进行估计后需向局部滤波器反馈；另一类是次优滤波器，它没有从主滤波器向局部滤波器的反馈。前者能以较高的更新速率获得很高的导航精度；而后者的容错性能特别优异，也就是说，当某一局部传感器发生故障时，系统就立即剔除它所给出的数据而不影响其余传感器间的组合，一旦该传感器恢复正常，它又能参与组合中去。

　　目前，促进多传感器组合系统开发研究的直接原因是 GPS 在美国国防部的控制之下，这使世界各国的各类用户，尤其是军事用户，在使用 GPS 或 GPS/INS 组合系统时心存疑虑。多传感器组合导航系统的出现，将会摆脱过分依赖于 GPS 的弊端。在未来高科技的战争中，由于自主性、快速反应和集成协同作战的迫切要求，以及经常会采用凭借地形掩蔽，实施出其不意、低空突防的军事行动，必然会采用多传感器组合导航系统。因此，未来多传感器组合导航系统很可能由 GPS、INS、TAN、SAR 和 JTIDS 构成。于是，几乎所有军用飞机都将装备这种类型的多传感器组合系统。

学习情境 01

学习情境 02

学习情境 03

学习情境 04

学习情境 05

学习情境 06

4.4　任务计划

课程思政点睛

1）任务计划环节是在理实一体化学习之后，为培养学生先谋后动的思维意识与习惯而进行的训练，学生通过小组合作完成工作计划的制订。

2）利用规范性、标准性非常高的计划表格，引导学生养成严谨、认真、负责任的职业态度和精益求精、考虑全面的工匠精神。

3）通过对规范、环保、安全方面的强调和要求，培养学生的环境保护意识、安全意识及大局观。

教学实施指导

1）教师指导学生独立学习4.4.1 多旋翼无人机通信导航系统组装流程（信息页），要求学生划出关键信息。

2）学生分组讨论，合作完成4.4.2 无人机通信导航系统组装工作计划，完成配件清单、设备工具清单与工作计划。

3）教师选出一个组来介绍讲解海报内容，教师进行评价。教师强调修改工作计划时注意：标准、规范、安全、环保、时间及成本控制意识的训练。

4.4.1　多旋翼无人机通信导航系统组装流程（信息页）

多旋翼无人机（F450）通信导航系统组装流程

1. 通信导航系统组装的主要配件清单

（1）遥控器

NAZA 最少需要 4 通道遥控器，要想更好发挥 NAZA 功能，需要加多几个通道用于设置飞行模式、自动调 PID 等，但建议选择 6 通道的遥控器，才能最大限度发挥 NAZA 功能。我们选择的是 HT-6A 遥控器。

新手建议选择常用的美国手（左手油门），主要看自己习惯。NAZA 的输入端通过数据线（杜邦线）与接收机的通道输出端连接，每个通道需要一条数据线，NAZA 有 8 个输入接口，共需要 8 条数据线（图1）。

（2）充电器

图1　遥控器（美国手）及接收机

充电器为常见的多功能平衡智能充电器，它能以平衡方式为 2-6S 锂电池充电，也可以给汽车蓄电池、镍镉电池、镍氢电池充电。

2. 通信导航系统组装

（1）遥控器接收机的线路连接

1）请根据实际情况选择所使用的接收机类型，并检查连线是否正确（图2）。

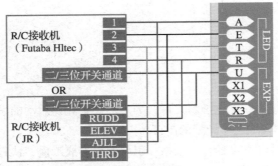

普通接收机连线图（示例）

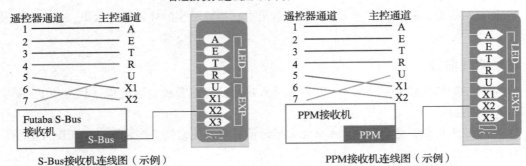

S-Bus接收机连线图（示例）　　　　　PPM接收机连线图（示例）

图 2　不同类型遥控器接收机连线

2）HT－6A 遥控器属于 PPM 接收机，按照图 3 连线顺序进行杜邦线的连接。

（2）接收机的安装固定

在接收机底部粘贴一块海绵双面胶。按图 4 中所示的位置将接收机粘贴在下中心板上，为了保证其安装可靠性，再用扎带将其捆绑在下中心板上。

图 3　接收机与主控器连接　　　　　图 4　接收机的安装固定

（3）接收机天线的安装

1）一般情况下接收机的天线比较长，安装时不要折断或者将其缩进去，否则将缩短可控制的范围，接收机的天线应尽可能地远离金属物，在飞行之前请执行飞行范围检测。

2）尽量保证天线笔直，否则将会减小控制范围。

3）无人机上可能会存在影响信号发射的金属部件，在这种情况下，天线应处于无人机的两侧。这样在任何飞行姿态下都能保持拥有最佳的信号状态。

4）天线应该尽可能远离金属导体和碳纤维，至少要有 12mm 的距离，但不能过度弯曲。

5）尽可能保持天线远离电机、电调和其他可能的干扰源。

（4）发射机的天线安装

1）发射机的天线是可调整的，因此要确保飞行过程中天线不要直接对着无人机，否则可能会减弱接收机信号强度。

2）保持天线垂直于发射机的表面，能使接收机收到最佳的接收信号。根据握持发射机的方式调整发射机的天线。

3）在飞行过程中请不要握住天线，这样会削弱发射机的信号。

4.4.2 无人机通信导航系统组装工作计划

1. 完成符合组装要求的配件清单：不限于此列表

名称	品牌	型号	规格要求	数量	备注

注意：零部件要尽量找信誉好、有实力的知名公司购买，以确保售后服务有保障。

2. 完成准备组装工具和辅助设备清单：不限于此列表

名称	品牌	型号	规格要求	数量	备注
电烙铁及烙铁架					
焊锡					
助焊剂					
热缩管					
尖嘴钳					
剥线钳					
热风枪					
螺钉旋具					
数字万用表					
……					

3. 制订通信导航系统组装工作计划：提炼关键词编制

序号	组装步骤及内容	设备工具	技术标准规范	安全环保等注意事项	组装质量保证或检测	组装结论
预估时间				成本预算		

4.5 任务决策

课程思政点睛

任务决策环节是在任务计划的基础上，对任务计划进行修改确认，或者是对多种计划方案进行优中选优。指导学生吸收采纳教师或其他人的建议，能够对自己的学习知识体系进行重新梳理，不断地接受他人的合理化意见或建议，是虚心、进取心的表现，同时也是尊重他人、客观公正对待自己的人生态度。在任务实施之前对自己的计划进行确认与调整，是严谨、认真、负责态度的体现，也有助于精益求精的工匠精神养成。

教学实施指导

1）教师指导学生个人独立按照任务决策的关键要素完成无人机通信导航系统组装任务决策表。

2）教师选出一个学生代表和自己进行任务决策，其他学生观察，并进行口头评价、补充、改进。

3）学生修改并提交自己的任务决策方案表格，教师对每个学生制定的任务决策方案进行确认。学生获得教师对自己所做决策方案的确认信息后才有资格进行任务实施。

无人机通信导航系统组装任务决策

请依据无人机通信导航系统组装任务决策表，站在企业的角度，和师傅沟通工作任务计划方案实施的可能性。决策内容包括：选择的配件清单，使用的工具和辅助设备清单，组装工作步骤的正确性、规范性和合理性，组装过程的安全性、环保性等注意事项，组装质量的把控或检测内容，工作任务的时间控制和成本控制等，并记录决策结果与师傅的建议。

无人机通信导航系统组装任务决策表

决策类型	决策方案
与师傅决策	请站在企业的角度，和师傅沟通工作任务计划方案实施的可能性（包括：选择的配件清单，使用的工具和辅助设备清单，组装工作步骤的正确性、规范性和合理性，组装过程的安全性、环保性等注意事项，组装质量的把控或检测内容，工作任务的时间控制和成本控制等，并记录决策结果与师傅的建议）
意见或建议	

4.6 任务实施

课程思政点睛

1）任务实施是学生最喜欢的操作环节，在此抓住时机对学生进行严谨、规范、标准操作训练。

2）要求学生必须按照前期经过决策的任务计划执行，养成先谋后动的工作意识，深入思考后才可以操作，严禁冒失和鲁莽行事。

3）在操作过程中要求学生在一个团队内必须通力合作，分工明确，提高工作效率，以此训练学生未来步入社会工作的团队合作能力和时间把控能力。

4）若在操作中万一有违规操作或者是失误、错误出现，要求学生必须如实告知，不但不会被批评，反而会因诚信而得分。

教学实施指导

1）学生观察教师的示范动作，或观看 4.6.1 无人机通信导航系统组装操作视频（1. 对码；2. 遥控器设置；3. 测试电机）中的示范动作（操作内容：从准备配件、物料、工具、设备开始，进行无人机通信导航系统组装操作）。

2）学生分为 4 组，分工操作。每组每次安排 2 名学生操作，所有学生轮流，每个学生都要完成一次操作。当 2 名学生进行操作时，另外安排 2 名学生分别对其进行评价，填写 4.6.2 无人机通信导航系统组装任务实施评价表，1 名学生拍视频，1~2 名学生监督质量并记录，1~2 名学生查阅组装手册改进计划。

4.6.1 无人机通信导航系统组装操作视频

1. 对码   2. 遥控器设置   3. 测试电机

4.6.2 无人机通信导航系统组装任务实施评价

学生小组合作完成无人机通信导航系统组装任务实施评价表。任务实施阶段的评价由演练经理与企业成员讨论进行，最好达成一致意见。若不能达成一致意见，由演练经理执行。若企业成员不同意演练经理的评价，则由总投资人仲裁。

无人机通信导航系统组装任务实施评价表

被评人：

一级指标	二级指标	配分	评价	评价指标
1. 按照工艺流程组装无人机通信导航系统	正确选择工具设备	5		专业能力
	规范使用工具设备	5		规范性
	查阅组装工艺流程	5		信息获取
	正确顺序组装	5		专业能力
	操作中遵守技术规范和标准	5		规范性
	操作中遵守设备及人身安全防护	5		安全性
	操作中遵守环保要求	5		环保性
	操作过程保证组装质量	5		责任心
	检测线路连接情况及螺丝连接情况	5		专业能力
	检测记录完整准确	5		记录
	走路轻快稳，手脚利落，注重工作效率	5		工作规范
2. 任务实施中的自我管理	完成任务的时间控制把握	5		时间管理
	对任务计划及时调整与改进	5		自我改进
	面对突发问题处理时自信与抗挫折	5		情绪管理

评价人：

4.7 任务检查

课程思政点睛

任务检查环节包含三个层次的内容：

首先是复盘检查，对任务实施过程和任务实施结果进行检查，确保实施质量。教师严格要求学生对照标准和规范进行检查，养成学生严谨规范、认真负责的职业态度和职业精神，高标准、严要求、精益求精的工匠精神。

其次是对场地、工位、设备、环境等进行5S管理，养成规范、卫生、环保意识。

最后是对任务计划的调整改进，依据实施过程和结果，对前期做的工作计划进行优化，目的是训练学生自我改进、自我优化的自我管理能力，以此实现学生不断地进步提高。

学习情境 01
学习情境 02
学习情境 03
学习情境 04
学习情境 05
学习情境 06

教学实施指导

1）教师提供无人机通信导航系统组装任务检查单。要求学生分组，小组合作完成任务检查及 5S，在无人机通信导航系统组装任务检查单上标注。教师要求学生小组成员对工作过程和工作计划进行监督和评估，记录优缺点及改进建议，并口头表达。教师要重点引导学生对队友的支持性意见的表达，并训练学生接纳他人建议。

2）学生小组合作修改完善工作计划，修改方式是在原有工作计划上用另一种颜色的笔进行真实、全面的复盘改进、标注。

无人机通信导航系统组装任务检查及 5S

请依据任务检查单，小组合作进行必要的最终任务检查和 5S，并根据任务实施过程和任务实施结果的实际情况，优化、调整、完善、改进工作计划。

1）请进行必要的最终任务检查：

无人机通信导航系统组装任务检查单

检查项目	检查内容	问题记录	处理意见
检查任务实施过程			
检查质量标准			
检查任务结果			

2）请进行必要的 5S：

5S 场地（　　　）

5S 设备工具（　　　）

5S 工位（　　　）

3）请根据任务实施过程和任务实施结果的实际情况，优化、调整、完善、改进工作计划（以另一种颜色的笔在任务计划上标注作答）。

4.8　任务交付

课程思政点睛

1）任务交付与任务接受呼应，特别适合对学生进行社会主义核心价值观中友善、和谐价值的训练。

2）如何做到和伙伴友善合作，如何做到站在公司立场为公司的利益和效率着想，如何站在客户角度为客户着想等。

3）在指导学生进行通信导航系统组装任务交付话术训练时全面体现友善、和谐的价值。

教学实施指导

教师指导学生依据 4.8.1 无人机通信导航系统组装任务交付剧本，参考 4.8.2 无人机通信导航系统组装任务交付中英文视频，以角色扮演方式进行任务交付。

4.8.1　无人机通信导航系统组装任务交付剧本（中英文）

学习情境描述

测绘设计研究院因工作需要购置了 30 架 F450 无人机的组件，现委托学院测绘无人机应用专业的项目团队完成组装、调试、试飞与数据采集。为了本项目的高效顺利实施，学院项目团队制订了实施计划，把项目拆分成若干个工作任务（学习情境），会伴随着项目进程陆续给出。

本次工作任务（学习情境）是希望通过各项目组的精诚合作，能够按照 F450 型号无人机组装的规范与标准组装 30 套通信导航系统，并要求在 3 天内组装完成。组装过程注意工作效率、经济效益与安全注意事项。

1. 任务完成，正常交付

组　　长：领导，您好！经过我们团队 3 天的努力，30 架无人机的通信导航系统，我们已经按照 F450 无人机组装的流程与标准规范，全部保质保量地完成了。

Hello, Director! After three days' efforts, we have completed the communication and navigation systems of 30 UAVs in strict accordance with the assembly process and standard specifications of F450 UAVs.

项目负责人：好的，你们辛苦了。已经送到质检组进行检测了吧？

All right. Thank you! Have they been sent to the quality inspection team?

组　　长：是的，已经送检了。质检全部通过！

Yes. All passed the quality inspection!

项目负责人：完美。你们先休息一下，一会儿再布置新的任务给你们。

Perfect. Have a rest. I will assign you a new task later.

组　　长：好嘞，等您。

OK.

2. 任务未完成，异常交付

组　　长：领导，您好！不好意思跟您说，我们团队虽然已经很努力了，但是没有在规定时间内完成 30 架无人机通信导航系统的组装任务。

Hello, Director! I'm sorry to tell you that although our group has tried very hard, we have yet to complete the assembly task on time.

项目负责人：啊?！为什么？到底哪里出了问题？

Ah? ! Why so? What went wrong?

组　　长：真的非常抱歉，主要是我们专业技术水平还不够娴熟，再加上团队合作不够顺畅，导致了工作结果出现问题。

I'm really sorry. Since there is still much to be desired in our professional proficiency and group cooperation, we fail to finish the work on time.

项目负责人：算了。意识到问题的原因就好，下次多注意。那你们自己能解决吗？需不需要其他团队的帮助？

Come on. Just draw the lesson next time. Can you handle it by yourselves? Do you need help from other groups?

组　　长：我们自己能解决，不需要帮助。不过，还需要点时间。

We can handle it by ourselves. We don't need help. But it will take some time.

项目负责人：多久？

How long will it take?

组　　长：两个小时吧。

About two hours.

项目负责人：好吧。再给你们团队两个小时，必须保质保量完成。

All right. Two more hours for you. You must fulfill it.

组　　　长：谢谢您了！我们这就继续开工。您走好！

Thank you very much! We will continue with our work. See you!

4.8.2　无人机通信导航系统组装任务交付视频（中英文）

无人机通信导航系统组装任务交付（中文）　　　无人机通信导航系统组装任务交付（英文）

4.9　反思评价

课程思政点睛

1）反思评价作为学习思维的最高阶段，包含两个层次：复盘反思与评价。

2）复盘反思可以解决完成任务过程中知识碎片化的问题，有利于学生建构知识体系的逻辑思维能力训练，培养学生自主学习和终身学习能力。

3）当学生具备不断地复盘反思习惯的时候，对学生正确看待世界、看待问题、看待自己的正确三观形成会有很大的帮助，有利于学生形成科学的、正确的、正能量的世界观、人生观和价值观。

4）评价过程包括自评、他评和集体评价。自评可以培养学生自我评价、自我改进的自我管理能力。他评可以训练学生客观、公正、公平、诚信与公理心。

教学实施指导

1）学生安静、独立地参考所有的信息页和工作页，重点借鉴学习4.9.1无人机通信导航系统组装任务总结，在笔记本上制作"无人机通信导航系统组装"的理论知识点、技能操作点的思维导图。

2）小组合作制作思维导图海报，讲解展示。

3）完成4.9.2无人机通信导航系统组装任务综合职业能力评价表的自评、他评与经理评价。

4.9.1　无人机通信导航系统组装任务总结

知识点总结

1. 通信链路系统

1）数据链传输系统负责完成对无人机系统遥控、遥测、跟踪定位和传感器传输。

2）数据链路包括数传和图传。

3）数传就是数字传输，图传就是图像传输。

4）无人机通信链路是一个多模式的智能通信系统，能够感知其工作区域的电磁环境特征，并根据环境特征和通信要求，实时动态的调整通信系统工作参数，达到可靠通信或节省通信资源的目的。

5）无人机数据链按照传输方向可以分为：上行数据链、下行数据链和双向数据链。

6）上行链路主要完成地面站到无人机遥控指令的发送和接受，包括舵机控制指令、数据

学习情境 01
学习情境 02
学习情境 03
学习情境 04
学习情境 05
学习情境 06

注入指令、机载数据终端（ADT）控制指令，将地面指令传送给无人机，实现对无人机的遥控，主要用72M、433M、2.4G。

7）遥控器只能向无人机发送信息，不能接收信息，为上行数据链。

8）下行链路就是所谓的图传链路，主要完成无人机到地面站的遥测数据以及红外或电视图像的发送和接收，将任务载荷收集到的数据传送给地面，主要传输的数据类型包含状态数据、传感器数据、定位数据，并根据定位信息的传输利用上下行链路进行测距，实现地面控制人员对任务的实时了解，主要用1.2G、2.4G、5.8G。

9）图传或OSD只能传输信息到监视屏，不能接收信息，为下行数据链。

10）数传链路既可以向下传输无人机飞行状态信息，也可以接收信息，称为双向数据链。

11）无人机数据链根据数据链传输对象不同，可分为机间链路和空地链路。

12）机间链路指的是空中各无人机之间的通信链路，空地链路指的是各无人机与地面指挥控制站之间的通信链路。

2. 遥控装置

1）无人机通信导航系统由机载设备和地面设备组成。

2）机载设备也称机载数据终端，包括机载天线、遥控接收机、遥测发射机、视频发射机和终端处理机等。

3）地面设备包括由天线、遥控发射机、遥测接收机、视频接收机和终端处理机构成的测控站数据终端，以及操纵和监测设备。

4）遥控系统能向无人机传输行动指令，主要由地面站和遥控装置组成。

5）遥控装置由遥控器和接收机组成，是整个飞行系统的无线控制终端。

6）接收机装在无人机上，一端与飞控系统连接，另一端通过通信链路与发射机连接，无人机驾驶员通过遥感或拨钮发出指令。

7）遥控器与接收机之间通过无线电波进行通信，向无人机传输行动指令。

8）常用的无线电频率为72MHz和2.4GHz，目前常用2.4GHz无线通信。

9）遥控系统有单通道、两通道直至十通道，具体使用几通道，由无人机的种类及用途而定。

10）遥控器由驾驶员操纵，通过它可以对无人机等电气设备进行远距离控制，从而控制飞机起降和飞行。

3. 地面站

1）无人机地面站也称控制站、遥控站或任务规划与控制站。

2）无人机地面站系统的主要功能通常包括指挥调度、任务规划、操作控制、显示记录等功能。

3）任务规划主要是指在飞行过程中无人机的飞行航迹受到任务规划的影响；控制是指在飞行过程中对整个无人机系统的各个系统进行控制，按照操作者的要求执行相应的动作。

4）控制站系统应具有以下几个典型的功能：①飞行器的姿态控制；②有效载荷数据的显示和有效载荷的控制；③任务规划、飞行器位置监控及航线的地图显示；④导航和目标定位；⑤与其他子系统的通信链路。

5）地面控制站主要需要两大硬件：一是可以安装软件的计算机、手机等载体；二是地面电台，可以通过电台向无人机发射控制信号。

4. 天线

1）无人机天线按辐射方向分为定向天线和全向天线。

2）按天线外形可分为鞭状天线、板状天线、蘑菇头天线、八木天线和抛物面天线等。

3）全向天线在360°范围内都有均匀的场强分布。其一般应用于通信距离近但覆盖范围广的场合。

4）定向天线在水平方向图上表现为一定角度范围的辐射，其应用场合是通信距离远，覆盖范围小且目标密度大。

5）鞭状天线是无人机最常用的天线，是全向天线。

6）八木天线是定向传输天线。

7）抛物面天线的效率是最高的，但方向性也是最强的，最常见是用在固定点对点的微波通信。

8）板状天线是定向天线，其辐射最强区是平板所朝向的方向，其他方向逐渐减弱。

9）蘑菇头天线的特性和平板天线的特性刚好是相反的，不存在指向性。

10）天线的性能指标有增益、低仰角性能、抗干扰性能等。

5. 全球定位导航系统

1）全球定位系统（GPS）是一种基于卫星的、长距离的、全球性的导航系统。

2）GPS 是一种全天候的无线电导航系统，全球定位系统由空间部分、地面测控部分和用户设备三部分组成

3）全球定位系统 GPS 特点是：①定位精度高，速度快；②全球全天候定位；③测站间不需要通视；④提供全球统一的三维地心坐标（地球坐标系）；⑤操作简便。

4）GLONASS 与 GPS 主要有如下三方面不同：①卫星发射频率不同；②坐标系不同；③时间标准不同。

5）Galileo 卫星导航系统的主要特点有如下三方面：①民用为主；②精度高；③功能强大，服务多。

6）中国北斗卫星导航系统（BeiDou Navigation Satellite System，BDS）是中国自行研制，为全球用户提供全天候、全天时、高精度的定位、导航和授时服务的全球卫星导航系统。

7）BDS 由空间段、地面段和用户段三部分组成。

8）BDS 根据系统建设总体规划，分三阶段进行建设：试验阶段、亚太地区卫星导航系统建设阶段、全球星导航系统建设阶段。

9）BDS 具有以下三方面特点：①空间段采用三种轨道卫星组成的混合星座，与其他卫星导航系统相比高轨卫星更多，抗遮挡能力强，尤其低纬度地区性能特点更为明显；②提供多个频点的导航信号，能够通过多频信号组合使用等方式提高服务精度；③创新融合了导航与通信能力，具有实时导航、快速定位、精确授时、位置报告和短报文通信服务五大功能。

6. 惯性导航系统

1）惯性导航系统简写为 INS，是一种不依赖于外部信息，只依据运动载体本身的惯性测量（加速度）来完成导航任务的技术，也称为自主式导航系统。

2）惯性测量组件包括加速度计和陀螺仪惯性元件，三个陀螺仪用来测量飞机的沿三轴的转动运动，三个加速度计用来测量飞机的平动运动的加速度。控制显示器实时显示导航参数。

3）惯性导航系统的基本工作原理是以牛顿力学定律为基础，测量运动载体的加速度后，经过一次积分可以得到运动速度，经过二次积分得到运动距离，从而给出运动载体的瞬时速度和位置参数。

7. 组合导航系统

组合导航系统是指两种或两种以上不同的导航设备以适当的方式组合在一起，利用其性能上的互补特性，以获得比单一导航系统更高的导航性能。

技能点总结

1) 接收机的安装。

2) 接收机与飞控系统接线。

3) 遥控器电池安装。

4) 接收机天线的安装。

5) 发射机的天线安装。

6) 摄像头的安装。

7) 图传发射机的安装。

8) 线路的链接。

9) 用电安全与电焊的安装使用。

10) 万用表测量连接质量。

4.9.2 无人机通信导航系统组装任务综合职业能力评价

请依据无人机通信导航系统组装任务综合职业能力评价表，客观真实完成自评、他评与经理评价。

无人机通信导航系统组装任务综合职业能力评价表

学习情境	学习情境4：无人机通信导航系统组装			
班级		姓名	成绩	
评价项目	评价内容	自评	他评	经理评价
知识点	无人机通信链路系统的功能			
	无人机通信链路系统的要求			
	无人机通信链路系统的分类			
	无人机通信链路系统的组成与工作原理			
	无人机通信链路系统的关键技术与发展方向			
	遥控装置的通道数与遥控距离			
	遥控器参数设置			
	地面站的功能与组成			
	地面站的硬件类型及要求			
	地面站的特点、关键技术与发展趋势			
	天线的分类与特点			
	各种类型的天线特点			
	GPS 的组成、特点、分类与原理			
	格洛纳斯卫星导航系统的特点			
	伽利略卫星导航系统特点			
	中国北斗卫星导航系统（BDS）特点功能			
	惯性导航系统的功用、结构、原理与特点			
	平台式惯性导航系统特点			
	捷联式惯性导航系统特点			
	导航用坐标系			

评价项目	评价内容	自评	他评	经理评价
技能点	安装接收机			
	接收机与飞控系统连线			
	遥控器电池安装			
	遥控器参数设置			
	接收机天线安装			
	发射机天线安装			
能力点	阅读标注关键词并归纳的能力			
	能够带领一个小组工作的能力			
	利用工作页索引完成理论知识学习的能力			
	做事能够坚持到底（耐力）的能力			
	反思评价自己/他人工作的能力			
	举一反三学习迁移的能力			
	能够个人独立面对问题或解决问题的能力			
	集中精力倾听的能力			
	安静下来独立阅读的能力			
	与他人讨论能协商能合作的能力			
	正确表达自己想法的能力			
	安全意识和安全操作的能力			
	环保意识和环保处理的能力			
	5S 意识和规范性			
	对自己的工作认真负责的能力			
	委婉友善提出意见或建议能力			
	在负责任的前提下支持队友的能力			

4.10 巩固拓展

课程思政点睛

巩固拓展环节是充分利用学生的课余时间布置高质量的作业，对课上所学及完成的任务进行温故知新，同时训练学生举一反三、迁移新任务的解决问题能力。任务选择注意课程内容的延续性及拓展性，稍微增加难度，在小组主持作业的情况下，既要对学生克服困难独立完成任务的职业素养进行训练，也要对学生团队合作、高效率高质量完成任务的能力和素养进行训练。

教学实施指导

1）完成信息化系统中的所有理论测试题，全部满分通过。

2）完成信息化系统中关于十步教学的每一步测评表后进行提交。

3）请小组合作完善"无人机通信导航系统组装工作计划"，制作展示 PPT 提交到系统准备下次课展示。

4）以小组为单位完成演练月 5 财务结算表和成绩统计。

5）以小组为单位熟练无人机通信导航系统组装的操作。

新任务迁移：其他型号无人机通信导航系统组装

教师布置新的客户任务：其他型号无人机通信导航系统组装。要求学生小组合作制订工作计划。学生明确拓展任务：其他型号无人机通信导航系统组装。利用信息化手段查阅检索信息，做好完成拓展任务的计划（分工与时间安排），小组合作制订工作计划，下次课前用 PPT 展示和评价。

Studying Situation
05

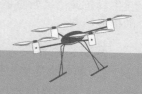

学习情境 5
无人机任务载荷系统组装

5.0 教学准备

知识目标
- 任务载荷系统的作用与组成。
- 云台的作用与分类。
- 云台与计算机的连接方式。
- 云台的调参软件说明。
- 云台的固件升级。
- 其他载荷系统的介绍。
- 任务载荷系统安装的注意事项。
- 无人机任务载荷系统组装的标准及规范。

技能目标
- 云台与无人机的安装。
- 云台线路的连接。
- 控制器通道的配置。
- 运动照相机的安装。
- 云台的调参软件应用与参数设计。

素养目标
- 能够提炼总结简单的事实文本。
- 能够在两人对话中有效沟通并交换信息。
- 能够把自己的观点表达清楚。
- 能够在团队中承担自己的角色功能。
- 能够在团队中有积极合作意识。
- 能够在制订计划时尽可能考虑全面。
- 能够控制自己情绪,跟伙伴友好合作。
- 能够认真倾听并及时记录。
- 能够进行简单的图文展示。
- 能够以 ERP 沙盘演练的形式创建测绘企业。
- 能够把企业经营理念与人文情怀贯穿专业知识学习之中。
- 能够具有创新、创业精神和意识。

5.1 任务接受

课程思政点睛

任务接受环节特别适合对学生进行社会主义核心价值观中的友善、和谐价值的训练。如何做到和伙伴友善合作,如何做到站在公司立场为公司的利益和效率着想,如何做到站在客户角度为客户着想等,在指导学生进行任务载荷系统组装任务接受的话术训练时,教师要及时、适时地对学生进行引导训练,全面体现友善、和谐的价值。

任务接受环节涉及第 6 个演练月的企业经营，在布置演练月 6 财务核算任务时，严格要求学生具备诚信经营意识，做到严谨、规范、一丝不苟，同时还要有独特的创新意识和不屈不挠的创业精神。

教学实施指导

1）教师指导学生依据 5.1.1 无人机任务载荷系统组装任务接受剧本（中英文），学习过程参考 5.1.2 任务接受中英文视频（中英文），采取角色扮演的方法完成任务接受。

2）角色扮演之后明确了工作任务，完成 5.1.3 无人机任务载荷系统组装任务工单。

5.1.1 无人机任务载荷系统组装任务接受剧本（中英文）

学习情境描述

测绘设计研究院因工作需要购置了 30 架 F450 无人机的组件，现委托学院测绘无人机应用专业的项目团队完成组装、调试、试飞与数据采集。为了本项目的高效顺利实施，学院项目团队制订了实施计划，把项目拆分成若干个工作任务（学习情境），会伴随着项目进程陆续给出。

本次工作任务（学习情境）是希望通过各项目组的精诚合作，能够按照 F450 型号无人机组装的规范与标准组装 30 套任务载荷系统，重点是云台的组装，并要求在 3 天内组装完成。组装过程注意工作效率、经济效益与安全注意事项。

项目负责人： 组长，你好！你们团队上次的通信导航系统组装任务完成得非常好。这次任务是组装 30 套任务载荷系统，重点是云台的组装，还希望你们继续保持。

Hello, group leader! Your group has done an excellent job in assembling the last communication and navigation systems. Next, it is to assemble 30 task load systems, and the pan heads assembly is particularly important. Keep going like before.

组　　长： 明白了，这次任务是组装 30 套 F450 无人机的任务载荷系统，重点是云台和图传的组装。不过，组装这 30 套任务载荷系统组装有什么特殊的具体要求吗？

I see. This mission is to assemble task load systems for 30 F450 UAVs, and the assembly of pan heads and picture transmission units are particularly important. But are there any specific requirements for assembling the 30 task load systems?

项目负责人： 没有什么特殊要求，你们还是按照 F450 无人机组装流程与标准，规范组装保证质量就行了。

Nothing special. All you need to do is follow the F450 UAV assembly process and standard, and ensure no compromise on quality.

组　　长： 好，没问题！规范和标准我们一定严格要求。

No problem! We will strictly follow the specifications and standards.

项目负责人： 另外，在组装过程中依然要嘱咐组员，任务载荷系统依据任务情况不同，这次重点是云台和图传的组装，注意谨慎安全操作，千万别磕磕碰碰或掉落、损坏零部件。谁损坏，谁赔偿。尽量节约成本。

In addition, in the assembly process, please remind your fellow group members that they must be careful to avoid bumping, losing or damaging any part or component since the assembly of the pan heads and picture transmission units is the central part of the task. Whoever causes damage must compensate. We should try to save costs.

组　　长： 好的！您放心，我会嘱咐团队成员小心安全操作。这 30 套任务载荷系统给我们多长时间完成？

学习情境 01
学习情境 02
学习情境 03
学习情境 04
学习情境 05
学习情境 06

All right! Don't worry. I will tell the group members to be careful. How much time we are allowed to finish the job?

项目负责人：3 天内必须保质保量完成。完成后，上交质检组检验。

It must be perfectly accomplished within 3 days. Then the systems shall be submitted to the quality inspection team.

组　　长：明白了。您放心！还有要嘱咐的吗？

I see. Don't worry about it! Anything more?

项目负责人：没有了。那就拜托了。有问题随时联系。

No more. Just go ahead. Please feel free to contact me if you have any questions.

组　　长：好的！您慢走！再联系。

OK. See you! Keep in touch.

5.1.2　无人机任务载荷系统组装任务接受视频（中英文）

无人机任务载荷系统组装任务接受（中文）　　　　无人机任务载荷系统组装任务接受（英文）

5.1.3　无人机任务载荷系统组装任务工单

项目名称	无人机组装调试		
项目单位			
项目负责人		联系电话	
项目地址			
项目时间			
任务名称	无人机任务载荷系统组装		

工作任务描述：

　　测绘设计研究院因工作需要购置了 30 架 F450 无人机的组件，现委托学院测绘无人机应用专业的项目团队完成组装、调试、试飞与数据采集。为了本项目的高效顺利实施，学院项目团队制订了实施计划，把项目拆分成若干个工作任务，会伴随着项目进程陆续给出。

　　本次工作任务是希望通过各项目组的精诚合作，能够按照 F450 型号无人机组装的规范与标准组装 30 套任务载荷系统，重点是云台的组装，并要求在 3 天内组装完成。组装过程注意工作效率、经济效益与安全注意事项。

检查零部件及工具耗材等情况记录：

组装结论：

组装人：	组长：
质检员签字：	项目负责人签字：
成本核算：	完成时间：

255

5.2 任务分析

课程思政点睛

任务分析环节以大疆 F450 无人机任务载荷系统组装视频为切入点，在此教师可以以大疆影视拍摄《流浪地球》电影为例，也可以以冬奥会开幕式为例，以航拍技术发展与中国影视发展相结合，对中国科技与技术结合进步为话题，激发学生的自豪感与爱国热情。

同时，以一个操作视频对学生启发引导分析任务本身，有助于学生深入思考自己完成任务需要的知识点、技能点与素养点。教师要抓住机会及时训练学生在视频中提取专注、严谨、规范、标准、安全、精益求精的工匠精神。

教学实施指导

教师指导学生利用卡片法完成任务分析。

1）学生首先个人独立观看无人机任务载荷系统组装视频，在笔记本上独立认真书写：要完成客户委托任务都需要哪些关键信息。

2）学生小组合作讨论出本组的关于完成客户委托任务关键点，并写在彩色卡片上，贴在白板上展示。

3）教师指定小组，逐条讲解展示，其他小组学生领会理解，补充改进。

无人机任务载荷系统组装视频

大疆F450无人机
任务载荷系统组装

5.3 理实一体化学习

课程思政点睛

1）借助无人机任务载荷系统的组装学习，以珠峰测绘为例，对学生进行吃苦耐劳的劳动精神教育和精益求精的工匠精神培养。

2）以无人机应急救灾任务为例，培养学生的公民意识和公德心。

3）以无人机巡检任务为例，培养学生的安全意识和大局观。

4）以无人机古文物保护任务为例，培养学生对优秀文化传统和非物质文化遗产保护意识，树立文化自信。

5）以无人机植保任务为例，鼓励学生具有创新创业意识和精神，做好服务三农的准备。

6）通过学习站法的学习指导，培养了学生独立、民主、公平、友善、诚信、合作、和谐、敬业等价值观。

教学实施指导

教师提供给学生为完成本任务（无人机任务载荷系统组装）必要的学习资料（4个模块），要求并指导学生利用学习站法完成理实一体化学习。学生按照教师的要求，认真完成4个模块的企业内部培训，力争自己解决问题。为后续完成客户任务（无人机任务载荷系统组装）进行企业运营，积累专业知识、技能与素养。

学习站法学习

1）学生分为4组。每组学生按照教师的要求进入自己的学习站，个人独立学习相应的 5.3.1 ~ 5.3.4 信息页，并完成各自对应的 5.3.1 ~ 5.3.4 工作页。同一个学习站的学生小组合作讨论，对学习结果（即工作页的结果）进行更正、改进、完善，达成共识。学生按照教师指定的轮站顺序轮换学习站学习，直至完成 5.3.1 ~ 5.3.4 所有信息页与工作页的学习。

2）学生以竞争方式获得展示学习结果的机会，使用实物投影仪进行展示讲解，本小组的同学补充完善，力求不给其他小组机会。而其他小组的同学进行倾听、补充、改进、完善，都会获得相应的奖励。

3）个人独立完成理论测试：无人机任务载荷系统。

5.3.1 任务载荷

1. 信息页

学习领域	学习领域：无人机组装调试		
学习情境	学习情境5：无人机任务载荷系统组装	学习时间	30min
工作任务	A：任务载荷	学习地点	理实一体化教室

任务载荷

无人机飞行平台主要实现飞行能力，工作能力基本是通过任务载荷获得的（图1）。例如，军用无人机就需要搭载侦察和打击设备，遥感无人机搭载带可见光、红外、雷达等遥感设备，植保无人机要搭载农药喷洒设备等。最常见的无人机任务设备是光学照相机，在航拍领域有广泛的应用，高性能的照相机也能满足行业应用需求。无人机任务设备也可以被当作独立系统看待，不作为无人机系统的一部分。

图1 任务载荷

辅助设备（图2）不是无人机的一部分，但对无人机系统的运行有重要支持作用，可根据无人机系统的工作需求配置。这里试举几例：用于维修、保养、检测无人机的基础工具，用于运输无人机系统的车辆，用于充电的充电器或燃料加注设备，用于保存动力电池的电池防爆箱，用于保护驾驶员的防晒、防雨、防虫等劳保物资，用于防止螺旋桨割伤的桨保护架，用于调查飞行环境的风速仪、望远镜等设备。

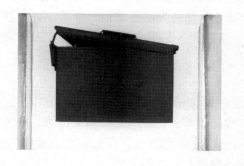

图2 辅助设备

1. 基本概念

任务载荷是指那些装备到无人机上为完成某种任务的设备的总称，包括执行电子战、侦察和武器运输等任务所需的设备。无人机的任务载荷的快速发展极大地扩展了无人机的应用领域。无人机根据其功能和类型的不同，其上装备的任务载荷也不同。

2. 常用的任务载荷

近几年来，随着科技发展、技术外溢、产业链完备、成本下降和军民融合，军用无人机应用正逐步向多种民用行业发展，如农业、石油、电力、检灾、林业、气象、国土资源、警用、海洋水利、测绘、城市规划、物流等，形成"无人机＋"且市场规模迅速扩张。"无人机＋"是指无人机与不同行业的完美融合，实现提高工作效率、避免生产事故、节约成本等目标。无人机与不同行业的融合，决定了无人机可以搭载不同的任务载荷。

学习情境01
学习情境02
学习情境03
学习情境04
学习情境05
学习情境06

军用无人机的任务载荷主要包括：光电/红外传感器、合成孔径雷达、激光雷达等。民用无人机任务载荷主要包括：倾斜摄影照相机（图3）、光学照相机、红外线热像仪，以及空中喊话器、空中探照灯、气体检测仪等。

图3　倾斜摄影照相机

这些任务设备在各行各业具体应用情况如下：

1）农业方面：农业植保、农作物数据监测。

2）林业方面：森林防火、森林灾害防治、保护区野生动物监测。

3）电力石油方面：电力巡线、石油管道巡检。

4）抗震救灾方面：灾情监测、应急指挥、地震调查。

5）气象方面：空气监测。

6）国土资源方面：矿产资源勘探、国土资源开采。

7）测绘方面：测绘、航空摄影测量。

8）水利方面：海洋环境监测、水资源开发、生态环境保护监测、洪涝灾害监测、干旱缺水监测、水环境污染监测、河床河道监测、内陆湖泊及水库监测和农田灌溉监测等。

9）警用方面：交通巡逻、边境巡视。

10）城市规划：城市规划、市政管理。

任务设备目前最多的就是云台，云台作为照相机或摄像机的增稳设备。

3. 典型任务载荷

（1）航拍

航拍即航空拍摄或者航空摄影，是指在空中拍摄的镜头画面（图4）。航拍无人机的诞生，彻底改变了航拍方式，电影、电视、大型晚会、体育赛事的直播，快手、抖音等App视频的录制，环境监察人员执法取证，都离不开航拍无人机的应用。挂载设备主要是可见光吊舱。

（2）航测

航测现在也叫摄影测量与遥感。无人机航测可广泛应用于国家重大工程建设、灾害应急与处理、国土监察、资源开发、新农村和小城镇建设等方面，尤其在基础测绘、土地资源调查监测、土地利用动态监测、数字城市建设和应急救灾测绘数据获取等方面具有广阔前景。主要挂载的载荷有正摄像机、倾斜摄影照相机、激光、雷达等（图5）。

图4　航拍

图5　航测

（3）农林植保

农林植保是指利用无人机对农作物或森林植被进行药物或肥料喷洒，以达到保护作物不受病虫侵害的目的。主要挂载的载荷是药箱和喷杆（图5）。

图5　农林植保

（4）环境监测

环境监测目前应用主要有两方面：河道监测和大气环境监测。河道监测是沿河道飞行绘制河道及周围环境的图像，和航空测绘有一定的交叉；大气环境监测是挂载空气监测载荷，升空到指定高度，监测该位置的大气环境（图6）。

图6　环境监测

（5）电力巡线

电力行业主要应用是电力巡线，其中包含巡线、巡塔、巡太阳能板，应用的吊舱有可见光吊舱、可见光高倍吊舱、红外吊舱（图7）。

图7　电力巡线

学习情境 01
学习情境 02
学习情境 03
学习情境 04
学习情境 05
学习情境 06

2. 工作页

学校名称		任课教师	
班级		学生姓名	
学习领域	学习领域：无人机组装调试		
学习情境	学习情境5：无人机任务载荷系统组装	学习时间	30min
工作任务	A：任务载荷	学习地点	理实一体化教室

任务载荷

1. 请完成下列判断题：
   - (1) 无人机飞行平台主要实现飞行能力，工作能力基本是通过任务载荷获得的。（　　）
   - (2) 最常见的无人机任务设备是光学照相机，在航拍领域有广泛的应用。（　　）
   - (3) 无人机任务设备作为无人机系统的一部分，也可以被当作独立系统看待。（　　）
   - (4) 任务载荷是指那些装备到无人机上为完成某种任务的设备的总称。（　　）
   - (5) 无人机虽然其功能和类型不同，但其上装备的任务载荷大体相同。（　　）
   - (6) 任务设备目前最多的就是云台，云台作为照相机或摄像机的增稳设备。（　　）
   - (7) 航测即航空拍摄或者航空摄影，是指在空中拍摄的镜头画面。（　　）
   - (8) 航拍现在也叫摄影测量与遥感。（　　）
   - (9) 大气环境监测是沿河道飞行绘制河道及周围环境的图像。（　　）
   - (10) 河道监测是挂载空气监测载荷，升空到指定高度，监测该位置的大气环境。（　　）

2. 请完成下列单选题：
   - (1) 以下（　　）不是军用无人机的任务载荷。
     - A. 光电/红外传感器　　B. 合成孔径雷达　　C. 气体检测仪　　D. 激光雷达
   - (2) 以下（　　）不是民用无人机的任务载荷。
     - A. 倾斜摄影照相机　　B. 激光雷达　　C. 空中探照灯　　D. 气体检测仪
   - (3) （　　）即航空拍摄或者航空摄影，是指在空中拍摄的镜头画面。
     - A. 航拍　　B. 航测　　C. 农林植保　　D. 环境监测
   - (4) （　　）现在也叫摄影测量与遥感。
     - A. 航测　　B. 农林植保　　C. 环境监测　　D. 电力巡线
   - (5) （　　）目前应用主要包括河道监测和大气环境监测。
     - A. 环境监测　　B. 河道监测　　C. 大气环境监测　　D. 电力巡线
   - (6) （　　）是沿河道飞行绘制河道及周围环境的图像，和航空测绘有一定的交叉。
     - A. 环境监测　　B. 河道监测　　C. 大气环境监测　　D. 电力巡线
   - (7) （　　）是挂载空气监测载荷，升空到指定高度，监测该位置的大气环境。
     - A. 环境监测　　B. 河道监测　　C. 大气环境监测　　D. 电力巡线
   - (8) （　　）包含巡线、巡塔、巡太阳能板。
     - A. 航测　　B. 农林植保　　C. 环境监测　　D. 电力巡线

3. 请提炼关键词，回答军用无人机与民用无人机的主要任务载荷。

4. 请书写任务载荷在各行各业的具体应用情况。

5. 请书写典型应用及挂载的任务载荷。

5.3.2 照相机

1. 信息页

学习领域	学习领域：无人机组装调试		
学习情境	学习情境5：无人机任务载荷系统组装	学习时间	30min
工作任务	B：照相机	学习地点	理实一体化教室

照相机

搭载不同任务载荷的无人机在各行各业的应用越来越广泛，目前无人机应用最广泛、最成熟的是航空拍摄。显而易见，航拍搭载的任务设备是"照相机"，我们将各种拍摄仪器统称为照相机。针对搭载于无人机的照相机，在性能、技术方面的具体的要求如下：

1）由于无人机载重能力有限，要求照相机体积小、重量轻。

2）无人机在低空中飞行，易受风向、风力的影响，要求照相机防抖动能力强。

3）将拍摄图像实时传输到地面控制站，要求无线图传系统稳定可靠。

1. 分类

1）根据照相机输出信号形式不同，照相机可分为模拟照相机和数字照相机。

模拟照相机的输出信号为标准的模拟量视频信号，需要配专用的图像采集卡将模拟信号转化为数字信号，以便运用计算机对视频信号进行后期处理及应用。其主要优点是通用性强、成本低，缺点是分辨率较低、采集速度慢、图像质量差。这种照相机在早期机器视觉系统中应用广泛，但目前应用越来越少。

数字照相机的输出信号为数字信号，在照相机内部安装了集成的 A/D 转换电路，直接将模拟量图像信号转化为数字信号，可直接在计算机或电视屏幕上显示，具有图像传输抗干扰能力强、分辨率高、精度高、清晰度高等优点。目前无人机搭载的照相机均为数字照相机，满足航拍摄影的各项要求。

2）根据光源波长不同，照相机可分为可见光照相机和红外线照相机。

太阳辐射出的光谱根据波长不同可分为三部分：紫外线（波长 < 380nm）、可见光（380nm≤波长≤780nm）、红外线（波长 > 780nm），如图1所示。

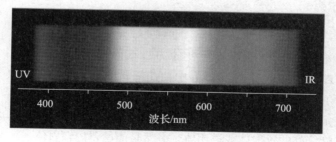

图1　光谱范围示意图

可见光照相机拍摄的影像可以充分地反映整个场景的细节信息，但可见光传输易受环境影响，在迷雾、雨雪、尘埃天气时穿透力差，探测距离受一定限制。红外线照相机是利用热辐射，将超过人眼观测的红外波段信息转换成可见信息。红外线照相机可以识别热目标，探测距离远，但是图像对比度差，细节信息不丰富。

2. 可见光照相机

（1）成像原理

无人机任务搭载的是数码照相机，其成像是利用电子传感器把光学影像转换为电子数据，进行存储或无线传输。采用数码照相机满足了任务载荷质量小的要求。根据电子传感器工作原理的不同可分为两种，一种是光感应式的电荷耦合器件（CCD），另外一种是互补金属氧化物半导体（CMOS）。CCD的优势在于成像质量好，但其制作工艺复杂，成本较高。在相同分辨率的情况下，CMOS价格相对较低，但图像质量也相应变差。

（2）技术参数

在使用可见光照相机进行拍照时，画幅和焦段主要影响照片的效果。分辨率、帧数、码率三个因素直接影响视频的画质。

画幅是指照相机最核心的部件感光元件的面积，感光元件的作用是将光信号转化为电信号，其面积会直接影响成像的质量。画幅大小是判断画质的最根本的标准，画幅越大，成像质量相对越高。但是增大画幅就会增大照相机的重量，对于无人机来说，也就意味着更大的载重，所以除了大型飞行平台可以随意搭载更大画幅的专业照相机以外，消费级无人机照相机主要以4/3画幅以下的一体式云台照相机为主。

焦段是直接影响了无人机照相机的视角大小。由于无人机载重问题，一般照相机采用定焦镜头，无法改变焦段，所以焦段选择尤为重要。对于视角开阔的天空来说，广视角的短焦镜头虽然更好，但是会带来图像畸变的问题，影响画面质感。现阶段航拍照相机选择兼顾广视角和畸变小的20~35mm焦段的镜头，FOV一般在63°~94°。当小于此范围时，视角会过于狭小，超过此范围时拍摄画面就会略有畸变。

录制参数，包括分辨率、帧数和码率，这些是影响录像画质最直接的参数。分辨率决定了输出画面的大小，现常见视频是1080P，但在录制时要求分辨率达4K。所以照相机是否支持4K对于航拍而言十分重要。帧数是1s可拍摄的画面的数量。常见的视频一般在24帧至30帧之间。当拍摄特殊场景如展示流畅动作或慢动作时则需要帧数在60帧以上的照相机。码率决定了每秒采集的数据量。显而易见，采集的数据越多画面越精细，当然生成的文件就越大。当分辨率和帧数一样时，码率决定了画面的优劣。

3. 红外线照相机

（1）红外线

红外线是一种电磁波，根据其波长可分为近红外（0.78~3.0μm）、中红外（3.0~20μm）、远红外（20~100μm）。在自然界中，任何温度高于绝对零度（-273.15℃）的物体（人体、冰雪等）都在不停地发射红外线，即红外线普遍存在于自然界。根据红外线的三个定律：基尔霍夫定律、斯蒂芬-玻尔兹曼定律、维恩位移定律，可以知道物体温度越高，红外线能量越多；性能好的反射体或透明体，必然是能量差的辐射体。

（2）红外线照相机分类

物体既可以反射也可以辐射红外线，所以将红外照相机分为主动式和被动式。主动式红外线照相机是通过主动照明，在全黑条件下工作，利用不同物体对红外辐射的不同反射特性成像。被动式红外照相机是利用物体自然辐射的红外线进行成像。

1）红外夜视仪。红外夜视仪属于主动式红外照相机。其自带红外光源，是根据被成像物理对红外光源的不同反射率，以红外变像管作为光电成像器件的红外成像系统。红外夜视仪成像清晰、对比度高、不易受环境光源的影响，但因其自带红外光源，易被红外探测器捕捉到，易暴露自身，不利于军事应用。红外夜视仪主要由光学系统、红外变像管、红外探照灯、高压电源四部分组成。

2）红外热像仪。红外热像仪是被动式红外照相机。红外辐射普遍存在与自然界，收集并探测这些辐射能，就可以形成与景物分布相对应热成像，显示出景物特征。红外热像仪一般由光学系统部分、红外探测与制冷系统、电子信号处理系统、显示系统四大系统组成。其中核心器件是红外探测器。所有的高于绝对零度的物体都会辐射，但温度越高的，辐射越多，为了拍摄温度较低的景物，可以采用主动红外照相机。

4. 其他常用照相机

（1）多光谱照相机

多光谱照相机是在可见光的基础上向红外光和紫外光两个方向扩展，并通过各种滤片或分光器与多种感光胶片的组合，使其同时分别接受同一目标在不同窄光谱带上所辐射或反射的信息，即可得到目标的几张不同光谱带的照片。

（2）合成孔径雷达（SAR）

合成孔径雷达主要应用于军事领域，用于侦察战术目标并对其进行定位和识别。由于雷达发射的电磁波作用距离远且穿透力强，所以其优点是在天气、烟雾、树林和夜间等恶劣环境下，侦察能力突出。SAR 在民用领域的应用主要是资源勘探、大地测量、灾情监测等方面。合成孔径雷达主要由雷达单元、天线、图像处理器、运动敏感装置等组成，如图2 所示。其中由雷达单元发射雷达脉冲信号，天线辐射至要探测的地面区域并接受目标位的回波信号，由图像处理器对回波信号进行幅度和相位的适当加权，实时形成高分辨率的雷达图像，并通过数据线路实时传回地面。

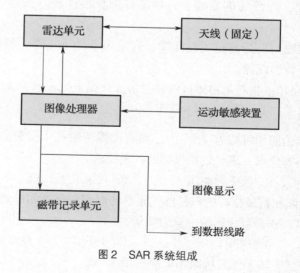

图2　SAR 系统组成

2. 工作页

学校名称		任课教师	
班级		学生姓名	
学习领域	学习领域：无人机组装调试		
学习情境	学习情境 5：无人机任务载荷系统组装	学习时间	30min
工作任务	B：照相机	学习地点	理实一体化教室

照相机

1. 完成下列判断题：

(1) 可见光照相机具有图像传输抗干扰能力强、分辨率高、精度高、清晰度高等优点。

  (　　)

(2) 画幅大小是判断画质的最根本的标准，画幅越大，成像质量相对越高，故画幅越大越好。

  (　　)

(3) 焦段直接影响了无人机照相机的视角大小，对于视角开阔的天空来说，广视角的短焦镜头画面质感很好。

  (　　)

(4) 现阶段航拍照相机选择兼顾广视角和畸变小的 20～35mm 焦段的镜头，FOV 一般在 63°～94°之间。当大于此范围时，视角会过于狭小，超过此范围时拍摄画面就会略有畸变。

  (　　)

(5) 录制参数，包括分辨率、帧数和码率，这些是影响录像画质最直接的参数。(　　)

(6) 分辨率决定了输出画面的大小，现常见视频是 1080P，但在录制时要求分辨率达 4K。

  (　　)

(7) 码率决定了每秒采集的数据量。显而易见，采集的数据越多画面越精细，当然生成的文件越大。当分辨率和帧数一样时，码率决定了画面的优劣。(　　)

(8) 物体温度越高，红外线能量越多；性能好的反射体或透明体，必然是能量差的辐射体。

  (　　)

(9) 被动式红外线照相机是通过主动照明，在全黑条件下工作，利用不同物体对红外辐射的不同反射特性成像。

  (　　)

(10) 主动式红外照相机是利用物体自然辐射的红外线进行成像。(　　)

2. 请完成下列单选题：

(1) 现无人机搭载的照相机均为 (　　)，具有图像传输抗干扰能力强、分辨率高、精度高、清晰度高等优点，满足航拍摄影的各项要求。

 A. 模拟照相机 B. 数字照相机   C. 可见光照相机   D. 红外线照相机

(2) (　　) 是指照相机最核心的部件感光元件的面积，感光元件的作用是将光信号转化为电信号，其面积会直接影响成像的质量。

 A. 画幅   B. 焦段   C. 分辨率   D. 帧数

(3) (　　) 是直接影响了无人机照相机的视角大小。

 A. 画幅   B. 焦段   C. 分辨率   D. 帧数

(4) (　　) 决定了输出画面的大小。

 A. 画幅   B. 焦段   C. 分辨率   D. 帧数

（5）（　　）是1秒可拍摄的画面的数量。

  A. 画幅   B. 焦段   C. 分辨率   D. 帧数

（6）（　　）决定了每秒采集的数据量，采集的数据越多画面越精细，当然生成的文件越大。

  A. 画幅   B. 焦段   C. 分辨率   D. 码率

（7）（　　）属于主动式红外照相机，其自带红外光源，是根据被成像物理对红外光源的不同反射率以红外变像管作为光电成像器件的红外成像系统。

  A. 红外夜视仪 B. 红外热像仪 C. 多光谱照相机 D. 合成孔径雷达

（8）（　　）是被动式红外照相机，收集并探测辐射能，形成与景物分布相对应热成像，显示出景物特征。

  A. 红外夜视仪 B. 红外热像仪 C. 多光谱照相机 D. 合成孔径雷达

（9）（　　）是在可见光的基础上向红外光和紫外光两个方向扩展，并通过各种滤片或分光器与多种感光胶片的组合，使其同时分别接受同一目标在不同窄光谱带上所辐射或反射的信息，即可得到目标的几张不同光谱带的照片。

  A. 红外夜视仪 B. 红外热像仪 C. 多光谱照相机 D. 合成孔径雷达

（10）（　　）主要应用于军事领域，用于侦察战术目标并对其进行定位和识别。

  A. 红外夜视仪 B. 红外热像仪 C. 多光谱照相机 D. 合成孔径雷达

3. 请提炼关键词，书写搭载于无人机的照相机在性能、技术方面的具体要求。

4. 制作照相机分类的思维导图。

学习情境 01

学习情境 02

学习情境 03

学习情境 04

学习情境 05

学习情境 06

5.3.3　云台

1. 信息页

学习领域	学习领域：无人机组装调试		
学习情境	学习情境5：无人机任务载荷系统组装	学习时间	30min
工作任务	C：云台	学习地点	理实一体化教室

云台

1. 分类

云台可分为固定云台和电动云台两种。固定云台如图1a所示，一般用于拍摄范围不大的情况。固定云台可根据需求调整设备的水平、俯仰角度，确定最佳拍摄姿态锁定调整机构即可。电动云台如图1b所示，适用于大范围进行扫描拍摄的情况。一般在云台旋转轴上装有电机，可通过手动或远程控制云台旋转或者通过程序控制其按照一定的运动规律自动旋转，从而得到全方位的拍摄。

根据云台的旋转轴数可分为二轴云台和三轴云台。二轴云台只具有空间两个转动自由度，可以对目标进行跟踪，并提供目标视线角的二维信息，但是缺少空间三维转动自由度，存在跟踪盲区。三轴云台能够弥补二轴云台的这个缺陷，消除盲区。

a）固定云台　　　b）电动云台

图1　云台

2. 结构与工作原理

稳定云台是机载照相机的载体，用来隔离无人机姿态的变化以及机体振动、风阻力矩等扰动，保证无人机机载照相机的视轴稳定。无人机机载照相机能否正常拍摄出高质量的低空遥感影像，关键是照相机的视轴相对地面保持稳定。

因此，在照相机拍摄的过程中，要求无人机始终保持水平、匀速飞行，并且还要保持无人机姿态稳定。当无人机匀速、稳定地飞行时，机载照相机视轴能够均匀地扫描地面，从而能够获得高质量、无失真的低空遥感图像。实际中，空中的风速、气流以及风向的变化都会引起无人机的姿态发生变化，而且当无人机体积越小、重量越轻时，这种影响就越为严重。无人机姿态变化的直接影响是照相机光轴抖动，从而导致获得的图像发生畸变。由于无人机载荷和功耗的限制，在满足云台功能的基础上，要求云台重量轻、体积小、结构简单、易装配。

云台系统主要由主控制器、姿态反馈元件、执行机构、机械框架（分为二轴和三轴）四部分组成，如图2所示。在云台系统的机械框架中，要安装一定的减振机构，通过柔性结构

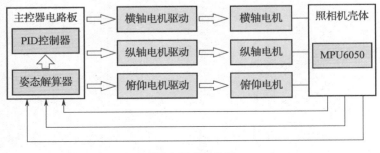

图2　云台的控制

吸收来自无人机运动过程中产生的振动。减振机构一般姿态反馈元件为安装在照相机壳体内的惯性传感器 MPU6050，用来感知并实时捕捉照相机壳体在运动过程中的偏移角度，在旋转轴方向的角度偏移和振动情况，并把相应的角度和加速度信号传递给主控制器，通过主控制器的姿态解算器模块和 PID 控制器处理模块，将反馈信息传递给执行机构电机驱动器，再由电机驱动器输出 PWM 信号至直流无刷电机调整旋转轴的位移及角度，以实现稳定图像的目的。

目前安装在无人机上的云台多为高精度三轴增稳云台，包括内框轴、中框轴、外框轴（图3）。每一个转动轴搭载一个电机。操作者可以操控俯仰角度（ −90° ~ +30°）和朝向角度（ −320° ~ +320°）

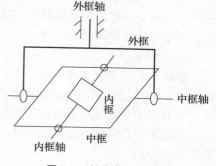

图3 三轴稳定云台结构图

3. 材料选择

目前无人机云台常用材料的物理特性参数见表1，可分为三种，第一种是以不锈钢和铝合金为代表的金属材质，这类云台安全性能高、刚性好，但是重量较大；第二种是以碳纤维板和碳纤维管为主，这类云台质量轻，但是刚性不足稳定性差；第三种是使用光敏树脂材料以 3D 打印技术制造的云台，光敏树脂原本为液态，在 3D 打印过程中在紫外线的作用下迅速聚合固化，固化后的树脂材料具有良好的物理特性，质量轻、韧度强、耐高温和腐蚀，这类云台制作简单、精度高，但是同样具有刚性不足的缺点。

表1 云台常用材料物理特性参数

材料	密度/（g/cm³）	弹性模量/MPa	泊松比
碳钢	7.8	200×10^3	0.28
铸铁	7.2	150×10^3	0.25
合金铜	8.9	210×10^3	0.3
铝合金	2.7	69×10^3	0.3
碳纤维	1.62	110×10^3	0.31
光敏树脂	1.2	2400	0.41

在选择云台材料时，要考虑三个问题：一是考虑云台的工作环境，在一定风速、加速度下工作，且在高温和低温环境下受影响小；二是针对小型无人机，考虑云台尺寸和质量都要小；三是考虑经济性，根据不同部分受力强度不同，选择不同的材料。

在三轴云台结构中，云台正常工作情况下应力最集中的部件是航向框架和横滚框架，所以该部分一般选择机械强度大、重量轻的材料，综合考虑选择铝合金作为航向、横滚框架的最佳材料。固定照相机的相机框和俯仰轴机械强度要求低，但要求韧性好、质量轻，可选 3D 打印用光敏树脂作为材料。云台减振机构承载了云台全部的重量，要求云台有较好的机械强度和抗拉强度，常选用质量轻、轻度大的碳纤维作为减振机构材料。无人机机载照相机的成像质量在很大程度上受到无人机飞行姿态变化的制约，要使机载照相机视轴的稳定，就必须为照相机提供一个具有空间稳定性的惯性平台。稳定云台由于能够隔离机体的扰动，因此逐渐成为高精度航空测量系统的重要组成部分。同时，为了使照相机视轴能够灵活地在指定的航道角度上切换，稳定云台还可以按照给定指令进行转动。因此，从伺服控制的角度来看，机载照相机稳定云台，其实质是视轴稳定与目标跟踪系统。目标跟踪是在视轴稳定的基础之上进行的，控制视轴指向目标位置，高精度的视轴稳定和目标跟踪性能要通过先进的控制算法的精心设计来实现。

学习情境 01
学习情境 02
学习情境 03
学习情境 04
学习情境 05
学习情境 06

4. 云台的无线传输

操控者通过遥控器与接收机两部分完成了人机之间的无线传输。遥控器是地面端用于发射遥控指令，接收机通过串口与云台的控制器相连，用于接受指令并将指令传输到云台控制器。以下是主要的相关参数。

（1）通信频率

常用的无线电频率为 72MHz 和 2.4GHz，早期主要使用 72MHz，遥控器上可见长长的遥控天线。目前遥控频率多选择 2.4GHz，属于微波频率，其优点是频率高、同频概率小、功耗低、反应迅速、控制精度好等。

（2）调制方式

遥控信号等调制方式一般分为 PCM 和 PPM 两种编码方式。PCM 编码是指脉冲信号的编码方式，PPM 是高频电路的调制方式。在无人机信号之间的传输 PCM 编码相对于 PPM 编码更有优势，因为它具有良好的传输特性，较强的可编程性，抗干扰性能强。这样可在节约成本的前提下进行各种性能优化设计，而采用 PPM 编码的遥控设备相对简单且成本低，但是容易受外界影响。

（3）通道数

一般来说，遥控器的一个通道对应一个独立的动作，一般有六通道、十通道等，因多旋翼无人机自身的运动动作有俯仰、横滚、升降和偏航四个，加上云台运动动作三个（俯仰、横滚和航向），所以遥控器一般选择七通道以上的。

云台系统的常见工作模式分为四种：跟随模式、FPV 模式、自由模式、复位模式，见表 2。在不同的工作模式下，驾驶员可操控不同运动方向。

表 2　云台系统的四种工作模式

跟随模式	云台水平转动方向随飞行器移动，而云台横滚方向不可控，飞手可远程控制云台俯仰角度
FPV 模式	云台横滚方向的运动自动跟随飞行器横滚方向的运动而改变，以获得第一人称视角的飞行体验
自由模式	云台水平转动方向与飞行器机头航线运动相对独立，而云台横滚方向不可控，飞手可以远程控制俯仰角度
复位模式	云台水平方向由当前方位回中至飞行器机头方位，两者角度最终保持一致，云台的俯仰角在回中过程中保持不变

5. 云台的发展

增稳云台的发展大致经历了三个阶段：纯机械云台、半自动云台以及全自动云台。增稳云台的设计涉及控制理论、电机控制技术、传感器技术等多门学科。增稳云台最先应用在军事领域尤其是大型无人机上，用来进行监视以及侦察等任务，随后配合用于作战的无人机，又出现了瞄准跟踪等功能。因此，军用无人机上的云台一般代表着最先进的云台技术。随着科学技术的不断发展，目前各国对高技术含量的无人机都进行了自主研制，例如美国的 RQ-4a"全球鹰"、RQ-170"哨兵"等，这些无人机都配备了云台系统来稳定视角，从而准确地判断目标位置并实现稳定控制。

20 世纪 80 年代初，国内才开始着手对机载陀螺稳定云台的研究。1985 年，哈尔滨工业大学研制出我国第一台数字控制单轴云台 DPCT-II，该云台是通过计算机进行控制的。随着我国经济与科技实力的不断发展，飞行器在普通民众中的广泛应用，这刺激了民用飞行器的迅猛发展，小型固定翼和多旋翼无人机逐渐出现在人们的视野中，航拍逐渐发展为一个热点。Parrot 公司推出的 eXom 四轴飞行器，推动了航拍的快速发展。深圳大疆创新科技有限公司作为后起之秀，为航拍的技术发展和推广做出了巨大贡献，手持云台也得到了发展。

2. 工作页

学校名称		任课教师	
班级		学生姓名	
学习领域	学习领域：无人机组装调试		
学习情境	学习情境5：无人机任务载荷系统组装	学习时间	30min
工作任务	C：云台	学习地点	理实一体化教室

云台

1. 请完成下列判断题：

（1）电动云台一般用于拍摄范围不大的情况，根据需求调整设备的水平、俯仰角度，确定最佳拍摄姿态锁定调整机构。（　　）

（2）固定云台适用于大范围进行扫描拍摄的情况，可通过手动或远程控制云台旋转或者通过程序控制其按照一定的运动规律自动旋转，从而得到全方位的拍摄。（　　）

（3）三轴云台具有空间两个转动自由度，可以对目标进行跟踪，并提供目标视线角的二维信息，但是缺少空间三维转动自由度，存在跟踪盲区。（　　）

（4）稳定云台是机载照相机的载体，用来隔离无人机姿态的变化以及机体振动、风阻力矩等扰动，保证无人机机载照相机的视轴稳定。（　　）

（5）空中的风速、气流以及风向的变化都会引起无人机的姿态发生变化，而且当无人机体积越大、重量越重时，这种影响就越为严重。（　　）

（6）云台系统主要由主控制器、姿态反馈元件、执行机构、机械框架（分为二轴和三轴）四部分组成。（　　）

（7）以不锈钢和铝合金为代表的金属材质，这类云台安全性能高、刚性好，但是重量较大。（　　）

（8）以碳纤维板和碳纤维管为主，这类云台质量轻，但是刚性不足稳定性差。（　　）

（9）使用光敏树脂材料以3D打印技术制造的云台具有良好的物理特性，质量轻、韧度强、耐高温和腐蚀，这类云台制作简单、精度高，但是同样具有刚性不足的缺点。（　　）

（10）在无人机信号之间的传输PPM编码相对于PCM编码更有优势，因为它具有良好的传输特性，较强的可编程性，抗干扰性能强。（　　）

2. 请完成下列单选题：

（1）（　　）适用于大范围进行扫描拍摄的情况可通过手动或远程控制云台旋转或者通过程序控制其按照一定的运动规律自动旋转，从而得到全方位的拍摄。

　　A. 固定云台　　　　B. 电动云台　　　　C. 二轴云台　　　　D. 三轴云台

（2）（　　）安全性能高、刚性好，但重量较大。

　　A. 不锈钢和铝合金的金属材质　　　　B. 碳纤维板和碳纤维管材料

　　C. 光敏树脂材料　　　　D. 塑料材质

（3）（　　）质量轻，但刚性不足，稳定性差。

　　A. 不锈钢和铝合金的金属材质　　　　B. 碳纤维板和碳纤维管材料

　　C. 光敏树脂材料　　　　D. 塑料材质

（4）（　　）具有良好的物理特性，质量轻、韧度强、耐高温和腐蚀，这类云台制作简单、精度高，但刚性不足。

　　A. 不锈钢和铝合金的金属材质　　　　B. 碳纤维板和碳纤维管材料

　　C. 光敏树脂材料　　　　D. 塑料材质

（5）（　　　）是高频电路的调制方式。
　　　A. PCM　　　　　　　B. PPM　　　　　　　C. APM　　　　　　　D. PWM

（6）（　　　）是指脉冲信号的编码方式。
　　　A. PCM　　　　　　　B. PPM　　　　　　　C. APM　　　　　　　D. PWM

（7）（　　　）跟随模式是指云台水平转动方向随飞行器移动，而云台横滚方向不可控，飞手可远程控制云台俯仰角度。
　　　A. 跟随模式　　　　　B. FPV 模式　　　　　C. 自由模式　　　　　D. 复位模式

（8）（　　　）FPV 模式是指云台横滚方向的运动自动跟随飞行器横滚方向的运动而改变，以获得第一人称视角的飞行体验。
　　　A. 跟随模式　　　　　B. FPV 模式　　　　　C. 自由模式　　　　　D. 复位模式

（9）（　　　）自由模式是指云台水平转动方向与飞行器机头航线运动相对独立，而云台横滚方向不可控，驾驶员可以远程控制俯仰角度。
　　　A. 跟随模式　　　　　B. FPV 模式　　　　　C. 自由模式　　　　　D. 复位模式

（10）（　　　）复位模式是指云台水平方向由当前方位回中至飞行器机头方位，两者角度最终保持一致，云台的俯仰角在回中过程中保持不变。
　　　A. 跟随模式　　　　　B. FPV 模式　　　　　C. 自由模式　　　　　D. 复位模式

3. 请书写无人机云台的功用、要求、结构组成与工作原理。

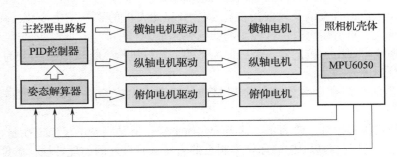

4. 请制作表格整理无人机云台的材料特点，并书写选择云台材料时的原则。

云台材料	优点	缺点

5. 请书写云台各部分结构选择的材料。

5.3.4 图传

1. 信息页

学习领域	学习领域：无人机组装调试		
学习情境	学习情境5：无人机任务载荷系统组装	学习时间	30min
工作任务	D：图传	学习地点	理实一体化教室

图传

  无线图像传输系统简称无线图传，是用作无线图像传输和视频实时传输的设备。无人机图像传输系统就是将天空中处于飞行状态的无人机所拍摄的画面实时、稳定地发射给地面无线图传遥控接收设备，使操控人员能够身临其境地获得无人机远距离飞行时照相机所拍摄的画面。现有的图传主要有模拟和数字两种。图像传输的实时性、稳定性是关键。

1. 结构组成

  整个无人机图传系统由机载图传信号发送器和地面图传信号接收系统组成，机载图传信号发送器由图像采集设备、图像处理模块和无线信号传输模块组成；与之相对应，地面图传信号接收系统应由无线信号接收模块、图像处理模块以及图像显示设备组成，如图1所示。

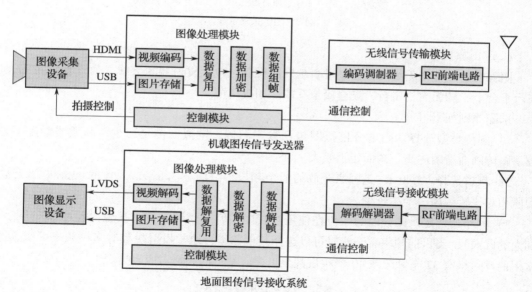

图1　无人机图传系统结构组成

  无人机上搭载的图像采集设备采集到图像视频，经过数字编码压缩处理后传送给机载图传信号发送器，将其编码调制后通过通讯数据链下传给地面图传信号接收系统进行解调解码，并通过 HDMI、USB、AV 等数字接口连接到显示设备上进行视频图像的播放，实现对现场画面的实时监控。

  图传系统组成部分主要由图像采集端、图像发射端、图像接收端和图像显示端组成，如图2所示为图像采集、发射、地面接收及显示流程。

271

图 2　图传

（1）图像采集端

图像采集端是指在无人机端用来采集图像的设备，如摄像头、运动照相机和单反照相机等，如图 3 所示。

a）摄像头　　　　b）运动照相机　　　　c）单反照相机

图 3　图像采集设备

（2）图像发射端

图像发射端是指无线图像传输设备的发射设备，包括发射器和天线，通常安装在无人机飞行平台上，随无人机飞行，配合摄像头或照相机使用。

选配原则如下：

1）图传类型选择。图传分模拟图传和数字图传，模拟图传延迟少、画质清晰度一般，数字图传画面清晰度高、画面延迟较大。

2）频道选择。5.8GHz 是国家开放的业余频段，目前在 5.8GHz 工作的设备很少，这个频段相对比较纯净，干扰较少。

3）频率的选定。同频段的图传在使用过程中很容易受到干扰，甚至出现串频（显示了别人的画面），当目前频率有干扰时可以选择其他频率，通常发射机都有多种频率可供选择。常用的发射机有 32 个频道或 40 个频道甚至更多。常见的频道对应表见表 1。

表 1　发射机常见频道对应表

频道序号		CH1	CH2	CH3	CH4	CH5	CH6	CH7	CH8
接收频率（FR）/MHz	FR1（A）	5865	5845	5825	5805	5785	5765	5745	5725
	FR2（A）	5733	5752	5771	5790	5809	5828	5847	5866
	FR3（A）	5705	5685	5665	5645	5885	5905	5925	5945
	FR4（A）	5740	5760	5780	5880	5820	5840	5860	5880

4）功率大小。发射端功率从由几十毫瓦到几百毫瓦，功率大的能达到瓦级，有些发射机为满足更多要求，采用功率可调的形式。通常功率越大传输距离越远，信号越稳定，但同

学习情境 01

学习情境 02

学习情境 03

学习情境 04

学习情境 05

学习情境 06

时发热也更大，耗电量也更大。小功率的发射机发热少，使用导热金属片散热，甚至无散热；大功率发射机使用导热金属加散热风扇散热，如图4所示。

（3）图像接收端

图像接收端是指无线图像传输设备在地面的接收器，包括接收机和天线两部分，通常直接和显示器连接。一款常用的 RC832 接收机如图5所示。

a）小功率发射机　　b）大功率发射机

图4　发射机

图5　RC832 接收机

选用原则如下：

1）接收端和发射端如果不是成套购买的，需要根据发射要求类型购买，如模拟发射机配模拟接收机。

2）接收机通常都带有多个频率可以搜索，常用的接收机有 8 个频道，传输信号类型一样的情况下只要频率一样就可以接收到图像信号，见表2。

表2　接收机常见频道对应表

频道序号		CH1	CH2	CH3	CH4	CH5	CH6	CH7	CH8
接收频率/MHz		5705	5685	5665	5645	5885	5905	5925	5945
引脚电平	CH1	0	1	0	1	0	1	0	1
	CH2	0	0	1	1	0	0	1	1
	CH3	0	0	0	0	1	1	1	1

3）有些显示屏带接收机的，可以直接使用。

（4）图像显示端

图像显示端是指在地面的显示器，和接收机配套使用，通常包括三脚架、显示屏和电池等。根据传输信号类型选择显示屏类型，如模拟信号和和数字信号。

选用原则如下：

1）根据使用习惯选用 FPV 显示屏，如图6a 所示，或选用视频眼镜，如图6b 所示。

a）FPV 显示屏　　b）视频眼镜

图6　图像显示端

2）根据是否带接收机来选择是否含接收机的显示屏，如果是带接收机的显示屏，还要选择天线类型。

3）根据信号类型选择模拟信号显示屏（如莲花头接口、雪花屏）、数字信号屏（如带HDMI接口）。

2. 主要技术

（1）信道

通信系统中传输的通道，好比是高架桥。信道的作用是把携有信息的信号从它的输入端传递到输出端，因此，它最重要的特征参数是信息传递能力。在典型情况下，信道的信息通过能力与信道的通过频带宽度、信道的工作时间、信道的噪声功率有关：频带越宽，工作时间越长，信号与噪声功率比越大，则信道的通过能力越强，承载信息的能力越强。

（2）信源

信源是产生各类信息的实体，好比是载满水泥的大货车。信源是信息的来源，是产生消息或者消息序列的源泉。信息是抽象的，而消息是具体的。消息不是信息本身，但消息包含和携带着信息。编码确保信息在传递过程中无损坏，好比是快递与打包，为了传输过程中有无损坏。在通信理论中，编码是对原始信息符号按一定的数学规则所进行的变换，使用编码的目的是要使信息能够在保证一定质量的条件下尽可能迅速地传输至信宿。信息编码必须标准、系统化，是用不同的代码与各种信息中的基本单位组成部分建立一一对应关系的过程。

（3）扩频

扩频是一种信息处理改善传输性能的技术，隐蔽性高、抗干扰能力强。这种技术的目的和作用是在传输信息之前，先对所传信号进行频谱的扩宽处理，以便利用宽频谱获得较强的抗干扰能力、较高的传输速率，同时由于在相同频带上利用不同码型可以承载不同用户的信息，因此扩频也提高了频带的复用率。

（4）调制

调制将各种数字基带信号转换成适于信道传输的数字调制信号（已调信号或频带信号）。调制就是用基带信号去控制载波信号的某个或几个参量的变化，将信息荷载在其上形成已调信号传输，好比是新的交通工具，减少传递步骤，提高传递效率。

（5）视频压缩技术

在无人机图传任务中，要实现实时视频通信，除了需要比其他数据通信更高的带宽外，还需要对视频信号进行较大的压缩。视频进行压缩的主要原因如下：

1）原始数据太大导致保存和传输受限制。首先先计算传输原始视频信号所需要的带宽，如果原始图像为4:2:0的YUV格式数据（该格式为原始数据最小格式），每幅画面的大小为：$704 \times 576 \times 1.5 \times 8bit = 4.86Mbit$，也就是说每一帧为4.86Mbit。如果想看流畅的视频画面，大概每秒需要传输25帧，也即需要$4.64 \times 25 = 121.5Mbit$的带宽。图像分辨率为CIF（$352 \times 288$）格式的也需要$116/4 = 30Mbit$的带宽。这只是分辨率为标清的情况所需要的带宽，那么更高分辨率时所需要的带宽更高。当前网络带宽显然无法达到该需求。

2）视音频中有很多信息的冗余。随着科技的进步和时代的发展，视频压缩标准也在逐步更迭换新，常见音频视频编码分为两个系列MPEG系列和H.26X系列。目前在无人机图传系统中主要采用标准 H. 264。H. 264 是由 ITU－T 的视频编码专家组（VCEG）和 ISO/IEC 运动图像专家组（MPEG）联合制定的新一代的视频压缩标准。ITU－T 是一个代表国际电信联盟协调制定电信标准的部门。ISO（国际标准化组织）是一个全球性的非政府组织。IEC 是指国际电工委员会，负责制定所有电子、电气和相关技术的标准。H. 264 是 ITU－T 所使用的名称，而 ISO/IEC 将其命名为 MPEG－4 Part 10/AVC，因为它代表的是 MPEG－4 系列标准中的一个新标准。MPEG－4 系列标准包括了 MPEG－4 Part 2 等标准，MPEG－4 Part 2 是一个应用于基于 IP 的视频编码器和网络摄像机的标准。

（6）传输频段

无线图传主要有 1.2GHz、2.4GHz 以及 5.8GHz 这三个频段，由于 Wi－Fi（802.11ac 以外）、蓝牙、无线鼠标都集中在 2.4GHz 频段区域工作，所以该频段相对拥挤；1.2GHz 频段在世界上大多数地方属于管制频段，不为民用设备所用；5.8GHz 频段这一频段目前相对干扰较少。因此，民用无人机无线图传大多在 2.4GHz 频段以及 5.8GHz 频段工作。众多数据表明，5.8GHz 频段无线数据传输性能要优于 2.4GHz。但实际上，无线电的频率越高，波长会越短，虽拥有更强的穿透力，但实际的绕射能力越差。换句话说，在其他客观因素相同的条件下，5.8GHz 频段图传技术在空间上的物理阻挡传输能力比不上 2.4GHz 频段。

（7）信道编码技术

数字信号在传输中往往由于各种原因，使得在传送的数据流中产生误码，从而使接收端产生图像跳跃、不连续、出现马赛克等现象。所以通过信道编码这一环节，对数码流进行相应的处理，使系统具有一定的纠错能力和抗干扰能力，可极大地避免码流传送中误码的发生。误码的处理技术有纠错、交织、线性内插等。提高数据传输效率，降低误码率是信道编码的任务。信道编码的本质是增加通信的可靠性，但信道编码会使有用的信息数据传输减少，信道编码的过程是在源数据码流中加插一些码元，从而达到在接收端进行判错和纠错的目的。

（8）调制解调技术

编码正交频分复用（Coded Orthogonal Frequency Division Multiplexing，COFDM）是目前世界最先进和最具发展潜力的调制技术。无人机图传系统中目前常用的解调方式是 COFDM，它最大的优点就在于支持突破视距限制的应用。绕射能力和穿透障碍物是 COFDM 的技术核心，可以对噪声和信号干扰有着很好的免疫力。

COFDM 无线视频传输设备具有以下优点：

1）超视距技术，绕射能力强。

2）抗电磁干扰强。

3）数据传输快。

3. 未来发展

高质量的图传系统在行业无人机的应用中扮演着极为重要的角色，是不可或缺的。目前，在人们追求高清、稳定、快速的时代里，无人机图传系统的发展趋势是高分辨率、高帧率和更远距离的实时传输。对无人机图传系统的发展提出更高的要求，包括高传输速率、大容量、实时性好、抗多径和抗干扰等。

学习情境 01
学习情境 02
学习情境 03
学习情境 04
学习情境 05
学习情境 06

2．工作页

学校名称		任课教师	
班级		学生姓名	
学习领域	学习领域：无人机组装调试		
学习情境	学习情境 5：无人机任务载荷系统组装	学习时间	30min
工作任务	D：图传	学习地点	理实一体化教室

图传

1. 请完成下列判断题：

(1) 无线图像传输系统，简称无线图传，是用作无线图像传输和视频实时传输的设备。（　　）

(2) 无人机图像传输系统就是将天空中处于飞行状态的无人机所拍摄的画面实时、稳定地发射给地面无线图传遥控接收设备，使操控人员能够身临其境地获得无人机远距离飞行时照相机所拍摄的画面。（　　）

(3) 图像传输的实时性、快速性是关键。（　　）

(4) 整个无人机图传系统由机载图传信号发送器和机载图传信号接收系统组成。（　　）

(5) 图传分模拟图传和数字图传，模拟图传延迟少、画质清晰度一般，数字图传画面清晰度高、画面延迟较大。（　　）

(6) 发射端功率为满足更多要求，采用功率可调的形式。通常功率越大传输距离越远，但信号越不稳定。（　　）

(7) 信道的信息通过能力与信道的通过频带宽度、信道的工作时间、信道的噪声功率有关。（　　）

(8) 频带越宽，工作时间越短，信号与噪声功率比越小，则信道的通过能力越强，承载信息的能力越强。（　　）

(9) 信息是具体的，而消息是抽象的。（　　）

(10) 调制就是用基带信号去控制载波信号的某个或几个参量的变化，将信息荷载在其上形成已调信号传输，减少传递步骤，提高传递效率。（　　）

2. 请完成下列单选题：

(1) （　　）由图像采集设备、图像处理模块和无线信号传输模块组成。

    A. 图传系统　　　　　　　　　　　　B. 机载图传信号发送器

    C. 地面图传信号接收系统　　　　　　D. 机载图传信号接收器

(2) （　　）应由无线信号接收模块、图像处理模块以及图像显示设备组成。

    A. 图传系统　　　　　　　　　　　　B. 机载图传信号发送器

    C. 地面图传信号接收系统　　　　　　D. 机载图传信号接收器

(3) （　　）是指在无人机端用来采集图像的设备，如摄像头、运动照相机和单反照相机等。

    A. 图像采集端　　　　　　　　　　　B. 图像发射端

    C. 图像接收端　　　　　　　　　　　D. 图像显示端

（4）（　　）是指无线图像传输设备的发射设备，包括发射器和天线。

  A. 图像采集端 B. 图像发射端 C. 图像接收端 D. 图像显示端

（5）（　　）是指无线图像传输设备在地面的接收器，包括接收机和天线两部分，通常直接和显示器连接。

  A. 图像采集端 B. 图像发射端 C. 图像接收端 D. 图像显示端

（6）（　　）是指在地面的显示器，和接收机配套使用，通常包括三角架、显示屏和电池等。

  A. 图像采集端 B. 图像发射端 C. 图像接收端 D. 图像显示端

（7）（　　）是把携有信息的信号从它的输入端传递到输出端，它最重要的特征参数是信息传递能力。

  A. 信道 B. 扩频 C. 信源 D. 调制

（8）（　　）是信息的来源，是产生消息或者消息序列的源泉。

  A. 信道 B. 扩频 C. 信源 D. 调制

（9）（　　）是一种信息处理改善传输性能的技术，隐蔽性高、抗干扰能力强。

  A. 信道 B. 扩频 C. 信源 D. 调制

（10）（　　）将各种数字基带信号转换成适于信道传输的数字调制信号（已调信号或频带信号）。

  A. 信道 B. 扩频 C. 信源 D. 调制

3. 请书写无人机图传系统的结构组成。

4. 请书写图像发射机的选配原则。

5. 请书写图像接收端的选用原则。

6. 请书写图像显示端的选用原则。

7. 请书写图传的主要技术，并解释其作用及工作特点。

理论测试：无人机任务载荷系统

学校名称		任课教师	
班级		学生姓名	
学习领域	学习领域：无人机组装调试		
学习情境	学习情境5：无人机任务载荷系统组装	学习时间	120min
测试任务	无人机任务载荷系统	测试时间	20min

1. 单选题：（每题1分，共35分）

(1) 最常见的无人机任务设备是（　　），也就是常说的照相机，在航拍领域有广泛的应用，高性能的照相机也能满足的行业应用需求。

    A. 光学照相机　　　　B. 激光雷达　　　　C. 空中探照灯　　　　D. 气体检测仪

(2) 以下（　　）不是军用无人机的任务载荷。

    A. 光电/红外传感器　B. 合成孔径雷达　　C. 气体检测仪　　　　D. 激光雷达

(3) 以下（　　）不是民用无人机的任务载荷。

    A. 倾斜摄影照相机　　B. 激光雷达　　　　C. 空中探照灯　　　　D. 气体检测仪

(4) （　　）即航空拍摄或者航空摄影，是指在空中拍摄的镜头画面。

    A. 航拍　　　　　　　B. 航测　　　　　　C. 农林植保　　　　　D. 环境监测

(5) （　　）现在也叫摄影测量与遥感。

    A. 航测　　　　　　　B. 农林植保　　　　C. 环境监测　　　　　D. 电力巡线

(6) （　　）是指利用无人机对农作物或森林植被进行药物或肥料喷洒，以达到保护作物不受病虫侵害的目的。

    A. 航测　　　　　　　B. 农林植保　　　　C. 环境监测　　　　　D. 电力巡线

(7) （　　）目前应用主要包括河道监测和大气环境监测。

    A. 环境监测　　　　　B. 河道监测　　　　C. 大气环境监测　　　D. 电力巡线

(8) （　　）是沿河道飞行绘制河道及周围环境的图像，和航空测绘有一定的交叉。

    A. 环境监测　　　　　B. 河道监测　　　　C. 大气环境监测　　　D. 电力巡线

(9) （　　）是挂载空气监测载荷，升空到指定高度，监测该位置的大气环境。

    A. 环境监测　　　　　B. 河道监测　　　　C. 大气环境监测　　　D. 电力巡线

(10) （　　）包含巡线、巡塔、巡太阳能板。

    A. 航测　　　　　　　B. 农林植保　　　　C. 环境监测　　　　　D. 电力巡线

(11) 现无人机搭载的照相机均为（　　），具有图像传输抗干扰能力强、分辨率高、精度高、清晰度高等优点，满足航拍摄影的各项要求。

    A. 模拟照相机　　　　B. 数字照相机　　　C. 可见光照相机　　　D. 红外线照相机

(12) （　　）是指照相机最核心的部件感光元件的面积，感光元件的作用是将光信号转化为电信号，其面积会直接影响成像的质量。

    A. 画幅　　　　　　　B. 焦段　　　　　　C. 分辨率　　　　　　D. 帧数

(13) （　　）是直接影响了无人机照相机的视角大小。

    A. 画幅　　　　　　　B. 焦段　　　　　　C. 分辨率　　　　　　D. 帧数

(14) （　　）决定了输出画面的大小。

    A. 画幅　　　　　　　B. 焦段　　　　　　C. 分辨率　　　　　　D. 帧数

(15) （　　）是1秒可拍摄的画面的数量。

    A. 画幅　　　　　　　B. 焦段　　　　　　C. 分辨率　　　　　　D. 帧数

(16) ( )决定了每秒采集的数据量,采集的数据越多画面越精细,当然生成的文件越大。

    A. 画幅   B. 焦段   C. 分辨率   D. 码率

(17) ( )属于主动式红外照相机,其自带红外光源,是根据被成像物理对红外光源的不同反射率以红外变像管作为光电成像器件的红外成像系统。

    A. 红外夜视仪   B. 红外热像仪   C. 多光谱相机   D. 合成孔径雷达

(18) ( )是被动式红外照相机,收集并探测辐射能,形成与景物分布相对应热成像,显示出景物特征。

    A. 红外夜视仪   B. 红外热像仪   C. 多光谱照相机   D. 合成孔径雷达

(19) ( )是在可见光的基础上向红外光和紫外光两个方向扩展,并通过各种滤片或分光器与多种感光胶片的组合,使其同时分别接受同一目标在不同窄光谱带上所辐射或反射的信息,即可得到目标的几张不同光谱带的照片。

    A. 红外夜视仪   B. 红外热像仪

    C. 多光谱照相机   D. 合成孔径雷达

(20) ( )主要应用于军事领域,用于侦察战术目标并对其进行定位和识别。

    A. 红外夜视仪   B. 红外热像仪

    C. 多光谱照相机   D. 合成孔径雷达

(21) ( )适用于大范围进行扫描拍摄的情况可通过手动或远程控制云台旋转或者通过程序控制其按照一定的运动规律自动旋转,从而得到全方位的拍摄。

    A. 固定云台   B. 电动云台   C. 二轴云台   D. 三轴云台

(22) ( )安全性能高、刚性好,但重量较大。

    A. 不锈钢和铝合金的金属材质   B. 碳纤维板和碳纤维管材料

    C. 光敏树脂材料   D. 塑料材质

(23) ( )质量轻,但刚性不足,稳定性差。

    A. 不锈钢和铝合金的金属材质   B. 碳纤维板和碳纤维管材料

    C. 光敏树脂材料   D. 塑料材质

(24) ( )具有良好的物理特性,质量轻、韧度强、耐高温和腐蚀,这类云台制作简单、精度高,但刚性不足。

    A. 不锈钢和铝合金的金属材质   B. 碳纤维板和碳纤维管材料

    C. 光敏树脂材料   D. 塑料材质

(25) ( )是高频电路的调制方式。

    A. PCM   B. PPM   C. APM   D. PWM

(26) ( )是指脉冲信号的编码方式。

    A. PCM   B. PPM   C. APM   D. PWM

(27) ( )跟随模式是指云台水平转动方向随飞行器移动,而云台横滚方向不可控,飞手可远程控制云台俯仰角度。

    A. 跟随模式   B. FPV 模式   C. 自由模式   D. 复位模式

(28) ( )FPV 模式是指云台横滚方向的运动自动跟随飞行器横滚方向的运动而改变,以获得第一人称视角的飞行体验。

    A. 跟随模式   B. FPV 模式   C. 自由模式   D. 复位模式

(29) ( )自由模式是指云台水平转动方向与飞行器机头航线运动相对独立,而云台横滚方向不可控,飞手可以远程控制俯仰角度。

    A. 跟随模式   B. FPV 模式   C. 自由模式   D. 复位模式

（30）（　　）复位模式是指云台水平方向由当前方位回中至飞行器机头方位，两者角度最终保持一致，云台的俯仰角在回中过程中保持不变。

　　A. 跟随模式　　　　B. FPV 模式　　　　C. 自由模式　　　　D. 复位模式

（31）（　　）由图像采集设备、图像处理模块和无线信号传输模块组成。

　　A. 图传系统　　　　　　　　　　B. 机载图传信号发送器

　　C. 地面图传信号接收系统　　　　D. 机载图传信号接收

（32）（　　）应由无线信号接收模块、图像处理模块以及图像显示设备组成。

　　A. 图传系统　　　　　　　　　　B. 机载图传信号发送器

　　C. 地面图传信号接收系统　　　　D. 机载图传信号接收器

（33）（　　）是指在无人机端用来采集图像的设备，如：摄像头、运动照相机和单反照相机等。

　　A. 图像采集端　　B. 图像发射端　　C. 图像接收端　　D. 图像显示端

（34）（　　）是指无线图像传输设备的发射设备，包括发射器和天线。

　　A. 图像采集端　　B. 图像发射端　　C. 图像接收端　　D. 图像显示端

（35）（　　）是指无线图像传输设备在地面的接收器，包括接收机和天线两部分，通常直接和显示器连接。

　　A. 图像采集端　　B. 图像发射端　　C. 图像接收端　　D. 图像显示端

2. 请完成下列判断题：（每题 1 分，共 40 分）

（1）无人机飞行平台主要实现飞行能力，工作能力基本是通过任务载荷获得的。（　　）

（2）最常见的无人机任务设备是光学照相机，在航拍领域有广泛的应用。（　　）

（3）无人机任务设备作为无人机系统的一部分也可以被当作独立系统看待。（　　）

（4）任务载荷是指那些装备到无人机上为完成某种任务的设备的总称。（　　）

（5）无人机虽然其功能和类型不同，但其上装备的任务载荷大体相同。（　　）

（6）任务设备目前最多的就是云台，云台作为照相机或摄像机的增稳设备。（　　）

（7）航测即航空拍摄或者航空摄影，是指在空中拍摄的镜头画面。（　　）

（8）航拍现在也叫摄影测量与遥感。（　　）

（9）大气环境监测是沿河道飞行绘制河道及周围环境的图像，和航空测绘有一定的交叉。（　　）

（10）河道监测是挂载空气监测载荷，升空到指定高度，监测该位置的大气环境。（　　）

（11）可见光照相机具有图像传输抗干扰能力强、分辨率高、精度高、清晰度高等优点。（　　）

（12）画幅大小是判断画质的最根本的标准，画幅越大，成像质量相对越高，故画幅越大越好。（　　）

（13）焦段直接影响了无人机照相机的视角大小，对于视角开阔的天空来说，广视角的短焦镜头画面质感很好。（　　）

（14）现阶段航拍照相机选择兼顾广视角和畸变小的 20~35mm 焦段的镜头，FOV 一般在 63°~94°。当大于此范围时，视角会过于狭小，超过此范围时拍摄画面就会略有畸变。（　　）

（15）录制参数，包括分辨率、帧数和码率，这些是影响录像画质最直接的参数。（　　）

（16）分辨率决定了输出画面的大小，现常见视频是 1080P，但在录制时要求分辨率达 4K。（　　）

（17）码率决定了每秒采集的数据量。显而易见，采集的数据越多画面越精细，当然生成的文件越大。当分辨率和帧数一样时，码率决定了画面的优劣。（　　）

（18）物体温度越高，红外线能量越多；性能好的反射体或透明体，必然是能量差的辐射体。（　　）

（19）被动式红外线照相机是通过主动照明，在全黑条件下工作，利用不同物体对红外辐射的不同反射特性成像。（　　）

（20）主动式红外照相机是利用物体自然辐射的红外线进行成像。（　　）

（21）电动云台一般用于拍摄范围不大的情况，根据需求调整设备的水平、俯仰角度，确定最佳拍摄姿态锁定调整机构。（　　）

（22）固定云台适用于大范围进行扫描拍摄的情况，可通过手动或远程控制云台旋转或者通过程序控制其按照一定的运动规律自动旋转，从而得到全方位的拍摄。（　　）

（23）三轴云台具有空间两个转动自由度，可以对目标进行跟踪，并提供目标视线角的二维信息，但是缺少空间三维转动自由度，存在跟踪盲区。（　　）

（24）稳定云台是机载照相机的载体，用来隔离无人机姿态的变化以及机体振动、风阻力矩等扰动，保证无人机机载照相机的视轴稳定。（　　）

（25）空中的风速、气流以及风向的变化都会引起无人机的姿态发生变化，而且当无人机体积越大、重量越重时，这种影响就越为严重。（　　）

（26）云台系统主要由主控制器、姿态反馈元件、执行机构、机械框架（分为二轴和三轴）四部分组成。（　　）

（27）以不锈钢和铝合金为代表的金属材质，这类云台安全性能高、刚性好，但是重量较大。（　　）

（28）以碳纤维板和碳纤维管为主，这类云台质量轻，但是刚性不足稳定性差。（　　）

（29）使用光敏树脂材料以 3D 打印技术制造的云台具有良好的物理特性，质量轻、韧度强、耐高温和腐蚀，这类云台制作简单、精度高，但是同样具有刚性不足的缺点。（　　）

（30）在无人机信号之间的传输 PPM 编码相对于 PCM 编码更有优势，因为它具有良好的传输特性，较强的可编程性，抗干扰性能强。（　　）

（31）无线图像传输系统，简称无线图传，是用作无线图像传输和视频实时传输的设备。（　　）

（32）无人机图像传输系统就是将天空中处于飞行状态的无人机所拍摄的画面实时、稳定地发射给地面无线图传遥控接收设备，使操控人员能够身临其境地获得无人机远距离飞行时照相机所拍摄的画面。（　　）

（33）图像传输的实时性、快速性是关键。（　　）

（34）整个无人机图传系统由机载图传信号发送器和机载图传信号接收系统组成。（　　）

（35）图传分模拟图传和数字图传，模拟图传延迟少、画质清晰度一般，数字图传画面清晰度高、画面延迟较大。（　　）

（36）发射端功率为满足更多要求，采用功率可调的形式。通常功率越大传输距离越远，但信号越不稳定。（　　）

（37）信道的信息通过能力与信道的通过频带宽度、信道的工作时间、信道的噪声功率有关。（　　）

（38）频带越宽，工作时间越短，信号与噪声功率比越小，则信道的通过能力越强，承载信息的能力越强。（　　）

（39）信息是具体的，而消息是抽象的。（　　）

（40）调制就是用基带信号去控制载波信号的某个或几个参量的变化，将信息荷载在其上形成已调信号传输，减少传递步骤，提高传递效率。（　　）

学习情境 01
学习情境 02
学习情境 03
学习情境 04
学习情境 05
学习情境 06

5.4 任务计划

课程思政点睛

1）任务计划环节是在理实一体化学习之后，为培养学生先谋后动的思维意识与习惯而进行的训练，学生通过小组合作完成工作计划的制订。

2）利用规范性、标准性非常高的计划表格引导学生养成严谨、认真、负责任的职业态度和精益求精、考虑全面的工匠精神。

3）通过对规范、环保、安全方面的强调和要求，培养学生的环境保护意识、安全意识及大局观。

教学实施指导

1）教师指导学生独立学习5.4.1多旋翼无人机任务载荷系统组装流程（信息页），要求学生划出关键信息。

2）学生分组讨论，合作完成5.4.2无人机任务载荷系统组装工作计划，完成配件清单、设备工具清单与工作计划。

3）教师选出一个组来介绍讲解海报内容，教师进行评价。教师强调修改工作计划时注意：标准、规范、安全、环保、时间及成本控制意识的训练。

5.4.1 多旋翼无人机任务载荷系统组装流程（信息页）

多旋翼无人机（F450）云台组装流程

1. 图传的组装

一般分硬件组装和线路连接两大部分。

（1）硬件的组装

1）摄像头的安装，穿越机的摄像头一般安装在前方或上方，注意做好保护措施，保护摄像头。

2）图传发射机安装，通常用双面海绵胶粘在任务载荷系统内部，将天线引出至外部。

（2）线路的连接

根据无人机安装布局将电线裁剪好长度并制作好接头（如摄像头和图传发射机电压一致，可并用电源），图传和摄像头品牌多种多样，但接线原理基本一致，根据电路图将线路接好即可（图1）。

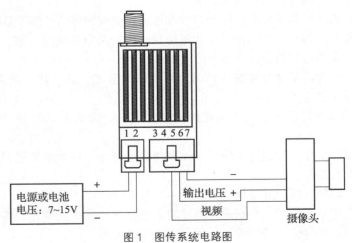

图1 图传系统电路图

（3）注意事项

1）确认图传电压和摄像头电压分别是多少伏，如果都在同样的范围，则可以共用电源，如果图传电压12V，摄像头电压是5V，此时要注意单独给摄像头供5V电源，可考虑从分电板接电。

2）要注意发射机的安装最佳位置，避免产生干扰，多旋翼无人机要注意尽量让图传、GPS、遥控接收机这三种分开装，图传天线尽量靠机身尾部。

3）如果图传发射机是双天线的，尽量让两天线垂直，扩大发射方向。

4）穿越机上的图传要注意保护好，尽量安装在机身内部，避免炸坏。

5）图传的线为插头连接时，要注意是否有松动。如有松动，要采取紧固措施，可以打热熔胶固定。

2. 云台的组装

云台一般由云台挂载部分、控制部分和执行部分等三个部分组成，如图2所示。

1）挂载部分是指云台和无人机的连接板，通常用碳纤维板或玻纤板通过减振球连接。

2）控制部分是指通过陀螺仪等传感器检测姿态后控制云台进行姿态补偿的控制板，一般分为两轴控制版和三轴控制版。

3）执行部分是指控制板控制的直流无刷电机、伺服舵机或步进电机，两轴云台有两个电机或舵机，三轴云台有三个电机或舵机。

图2　云台的组成

由于云台结构比较简单通常都是成套购买，所以安装工作主要是云台和无人机之间的安装。通常的安装方法有螺纹连接、挂载板连接等。

（1）安装步骤

1）云台与无人机的安装。

2）云台线路的连接，根据电路图依次连接云台电源线、信号线和控制线。某品牌云台电路，如图3、图4所示。

3）遥控器通道的配制。

4）运动照相机的安装。

5）通电试机。

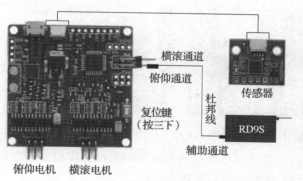

图3　云台控制板的连接图

（2）安装注意事项

1）看清云台电源电压、正负极，切勿接错。

2）传感器通常在照相机座底部，注意传感器信号线不要缠绕，保护好线路。

3）通电前务必装好照相机，在带有负载的情况下通电。

4）调整照相机安装位置，要尽量使照相机在自然状态下保持平衡。

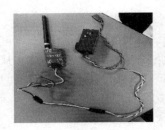 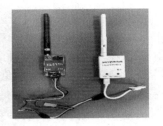

图4 云台信号线连接

（3）调参软件使用说明

电动云台通常分有免调试版和调试版，不同品牌的云台调试界面不一样，下面以某品牌云台的调试软件为例进行介绍。

1）调参软件介绍。调参软件的云台主控调参界面，如图5a所示，云台电机驱动调参界面并设置开关打开，如图5b所示。

 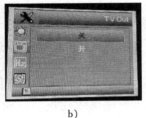

a)   b)

图5 云台主控调参界面

2）云台主控调参界面说明。将附件连接至云台主控调参接口，并连接手机，双击打开文件，运行调参软件。

①打开端口。点击端口选择的下拉列表框，选择对应的端口号，然后点击"打开端口"按钮。成功打开端口后，再给云台通电，电压应保证云台正常工作。

②云台主控模块连接状态。等待云台主控模块初始化成功后（图6），软件界面状态提示栏显示，表明云台主控模块已经成功连接。这时用手拨动云台任意轴，软件中三维模型显示界面即会显示当前摄像设备的姿态角度。为了方便用户配置参数，云台主控模块连接成功后会自动设置为"电机停止"模式。

图6 云台模块与手机连接

③传感器模块安装方式。在软件的"传感器模块安装方向"中选择对应的安装方式，然后观察照相机模型是否能够正确反映云台上的摄像设备的真实运动。

④接收机类型。将接收机连接至对应接口。选择对应的接收机类型，当接收机类型改变时，软件会弹出提示消息，请根据提示文字先点击按钮，然后将云台重新通电，使接收机类型生效。

⑤角度限制。用户可以根据需要对云台的滚转和俯仰的转动角度进行限制。滚转角度限制的范围为 -45°~45°，俯仰角度限制的范围为 -135°~90°。

注意：当云台的角度超过角度限制范围后，云台将自动关闭电机输出以保护云台和摄像设备，调试时建议先设置小的角度范围以保证安全。

⑥电机反向。电机方向选择根据电机的转向进行选择。

⑦初始俯仰角度。初始俯仰角度为"摇杆速率"模式下云台上电后的初始角度。

⑧电机开关模式。电机开关模式用于调试云台参数时关闭电机输出信号/开启电机输出信号，以保护云台和摄像设备。

"电机停止"模式：关闭电机信号。

"电机启动"模式：输出电机信号，并且开启姿态感应反馈，此时云台有增稳效果。

5.4.2 无人机任务载荷系统组装工作计划

1. 完成符合组装要求的配件清单：不限于此列表

名称	品牌	型号	规格要求	数量	备注

注意：零部件要尽量找信誉好、有实力的知名公司购买，以确保售后服务有保障。

2. 完成准备组装工具和辅助设备清单：不限于此列表

名称	品牌	型号	规格要求	数量	备注

学习情境 01
学习情境 02
学习情境 03
学习情境 04
学习情境 05
学习情境 06

3. 制订任务载荷系统组装工作计划：提炼关键词编制

序号	组装步骤及内容	设备工具	技术标准规范	安全环保等注意事项	组装质量保证或检测	组装结论
预估时间				成本预算		

5.5 任务决策

课程思政点睛

任务决策环节是在任务计划的基础上，对任务计划进行修改确认，或者是对多种计划方案进行优中选优。指导学生吸收采纳教师或其他人的建议，能够对自己的学习知识体系进行重新梳理，不断地接受他人的合理化意见或建议，是虚心、进取心的表现，同时也是尊重他人、客观公正对待自己的人生态度。在任务实施之前对自己的计划进行确认与调整，是严谨、认真、负责态度的体现，也有助于精益求精的工匠精神养成。

教学实施指导

1）教师指导学生个人独立按照任务决策的关键要素完成无人机任务载荷系统组装任务决策表。

2）教师选出一个学生代表和自己进行任务决策，其他学生观察，并进行口头评价、补充、改进。

3）学生修改并提交自己的任务决策方案表格，教师对每个学生制定的任务决策方案进行确认。学生获得教师对自己所做决策方案的确认信息后才有资格进行任务实施。

无人机任务载荷系统组装任务决策

请依据无人机任务载荷系统组装任务决策表，站在企业的角度，和师傅沟通工作任务计划方案实施的可能性。决策内容包括：选择的配件清单，使用的工具和辅助设备清单，组装工作步骤的正确性、规范性和合理性，组装过程的安全性、环保性等注意事项，组装质量的把控或检测内容，工作任务的时间控制和成本控制等，并记录决策结果与师傅的建议。

学习情境 01
学习情境 02
学习情境 03
学习情境 04
学习情境 05
学习情境 06

无人机任务载荷系统组装任务决策表

决策类型	决策方案
与师傅决策	请站在企业的角度，和师傅沟通工作任务计划方案实施的可能性（包括：选择的配件清单，使用的工具和辅助设备清单，组装工作步骤的正确性、规范性和合理性，组装过程的安全性、环保性等注意事项，组装质量的把控或检测内容，工作任务的时间控制和成本控制等，并记录决策结果与师傅的建议）
意见或建议	

5.6 任务实施

课程思政点睛

1）任务实施是学生最喜欢的操作环节，在此抓住时机对学生进行严谨、规范、标准操作训练。

2）要求学生必须按照前期经过决策的任务计划执行，养成先谋后动的工作意识，深入思考后才可以操作，严禁冒失和鲁莽行事。

3）在操作过程中要求学生在一个团队内必须通力合作，分工明确，提高工作效率，以此训练学生未来步入社会工作的团队合作能力和时间把控能力。

4）若在操作中万一有违规操作或者是失误、错误出现，要求学生必须如实告知，不但不会被批评，反而会因诚信而得分。

教学实施指导

1）学生观察教师的示范动作，或观看 5.6.1 无人机任务载荷系统组装操作视频（1. 拆上板安螺钉；2. 安装云台；3. 照相机安装在云台上；4. 组装配置照相机）中的示范动作（操作内容：从准备配件、物料、工具、设备开始，进行无人机任务载荷系统组装操作）。

2）学生分为 4 组，分工操作。每组每次安排 2 名学生操作，所有学生轮流，每个学生都要完成一次操作。当 2 名学生进行操作时，另外安排 2 名学生分别对其进行评价，填写 5.6.2 无人机任务载荷系统组装任务实施评价表，1 名学生拍视频，1~2 名学生监督质量并记录，1~2 名学生查阅组装手册改进计划。

5.6.1 无人机任务载荷系统组装操作视频

1. 拆上板安螺钉　　　　2. 安装云台　　　　3. 照相机安装在云台上　　　　4. 组装配置照相机

5.6.2 无人机任务载荷系统组装任务实施评价

　　学生小组合作完成无人机任务载荷系统组装任务实施评价表。任务实施阶段的评价由演练经理与企业成员讨论进行，最好达成一致意见。若不能达成一致意见，由演练经理执行。若企业成员不同意演练经理的评价，则由总投资人仲裁。

无人机任务载荷系统组装任务实施评价表

被评人：

一级指标	二级指标	配分	评价	评价指标
1. 按照工艺流程组装无人机任务载荷系统	正确选择工具设备	5		专业能力
	规范使用工具设备	5		规范性
	查阅组装工艺流程	5		信息获取
	正确顺序组装	5		专业能力
	操作中遵守技术规范和标准	5		规范性
	操作中遵守设备及人身安全防护	5		安全性
	操作中遵守环保要求	5		环保性
	操作过程保证组装质量	5		责任心
	检测线路连接情况及螺丝连接情况	5		专业能力
	检测记录完整准确	5		记录
	走路轻快稳，手脚利落，注重工作效率	5		工作规范
2. 任务实施中的自我管理	完成任务的时间控制把握	5		时间管理
	对任务计划及时调整与改进	5		自我改进
	面对突发问题处理时自信与抗挫折	5		情绪管理

评价人：

5.7　任务检查

课程思政点睛

　　任务检查环节包含三个层次的内容：

　　首先是复盘检查，对任务实施过程和任务实施结果进行检查，确保实施质量。教师严格要学生对照标准和规范进行检查，养成学生严谨规范、认真负责的职业态度和职业精神，高标准、严要求、精益求精的工匠精神。

　　其次是对场地、工位、设备、环境等进行5S管理，养成规范、卫生、环保意识。

　　最后是对任务计划的调整改进，依据实施过程和结果，对前期做的工作计划进行优化，目的是训练学生自我改进、自我优化的自我管理能力，以此实现学生不断地进步提高。

教学实施指导

　　1）教师提供无人机任务载荷系统组装任务检查单。要求学生分组，小组合作完成任务检查及5S，在无人机任务载荷系统组装任务检查单上标注。教师要求学生小组成员对工作过程和工作计划进行监督和评估，记录优缺点及改进建议，并口头表达。教师要重点引导学生对队友的支持性意见的表达，并训练学生接纳他人建议。

　　2）学生小组合作修改完善工作计划，修改方式是在原有工作计划上用另一种颜色的笔进行真实、全面的复盘改进、标注。

学习情境 01

学习情境 02

学习情境 03

学习情境 04

学习情境 05

学习情境 06

无人机任务载荷系统组装任务检查及5S

请依据无人机任务载荷系统组装任务检查单，小组合作进行必要的最终任务检查和5S，并根据任务实施过程和任务实施结果的实际情况，优化、调整、完善、改进工作计划。

1）请进行必要的最终任务检查：

无人机任务载荷系统组装任务检查单

检查项目	检查内容	问题记录	处理意见
检查任务实施过程			
检查质量标准			
检查任务结果			

2）请进行必要的5S：

5S 场地 （　　　）

5S 设备工具 （　　　）

5S 工位 （　　　）

3）请根据任务实施过程和任务实施结果的实际情况，优化、调整、完善、改进工作计划（以另一种颜色的笔在任务计划上标注作答）。

5.8　任务交付

课程思政点睛

1）任务交付与任务接受呼应，特别适合对学生进行社会主义核心价值观中友善、和谐价值的训练。

2）如何做到和伙伴友善合作，如何做到站在公司立场为公司的利益和效率着想，如何站在客户角度为客户着想等。

3）在指导学生进行任务载荷系统组装任务交付话术训练时全面体现友善、和谐的价值。

教学实施指导

教师指导学生依据5.8.1无人机任务载荷系统组装任务交付剧本（中英文），参考5.8.2无人机任务载荷系统组装任务交付视频（中英文），以角色扮演方式进行任务交付。

5.8.1　无人机任务载荷系统组装任务交付剧本（中英文）

学习情境描述

测绘设计研究院因工作需要购置了30架F450无人机的组件，现委托学院测绘无人机应用专业的项目团队完成组装、调试、试飞与数据采集。为了本项目的高效顺利实施，学院项目团队制订了实施计划，把项目拆分成若干个工作任务（学习情境），会伴随着项目进程陆续给出。

本次工作任务（学习情境）是希望通过各项目组的精诚合作，能够按照F450型号无人机组装的规范与标准组装30套任务载荷系统，重点是云台和图传的组装，并要求在3天内组装完成。组装过程注意工作效率、经济效益与安全注意事项。

1. 任务完成，正常交付

组　　　长：领导，您好！经过我们团队3天的努力，30架无人机的任务载荷系统，我们已经按照F450无人机组装的流程与标准规范，全部保质保量地完成了。

Hello, Director! After three days' efforts, we have completed the load systems of 30 UAVs in strict accordance with the F450 UAV assembly process and standard specifications.

项目负责人：好的，你们辛苦了。已经送到质检组进行检测了吧？

All right. Thank you! Have they been sent to the quality inspection team?

组　　长：是的，已经送检了。质检全部通过！

Yes. All passed the quality inspection!

项目负责人：完美。你们先休息一下，一会儿再布置新的任务给你们。

Perfect. Have a rest. I will assign you a new task later.

组　　长：好嘞，等您。

OK.

2. 任务未完成，异常交付

组　　长：领导，您好！不好意思跟您说，我们团队虽然已经很努力了，但是没有在规定时间内完成 30 架无人机任务载荷系统的组装任务。

Hello, Director! I'm sorry to tell you that although our group has tried very hard, we have yet to complete the assembly task on time.

项目负责人：啊?! 为什么？到底哪里出了问题？

Ah? ! Why so? What went wrong?

组　　长：真的非常抱歉，主要是我们专业技术水平还不够娴熟，再加上团队合作不够顺畅，导致了工作结果出现问题。

I'm really sorry. Since there is still much to be desired in our professional proficiency and group cooperation, we fail to finish the work on time.

项目负责人：算了。意识到问题的原因就好，下次多注意。那你们自己能解决吗？需不需要其他团队的帮助？

Come on. Just draw the lesson next time. Can you handle it by yourselves? Do you need help from other groups?

组　　长：我们自己能解决，不需要帮助。不过，还需要点时间。

We can handle it by ourselves. We don't need help. But it will take some time.

项目负责人：多久？

How long will it take?

组　　长：两个小时吧。

About two hours.

项目负责人：好吧。再给你们团队两个小时，必须保质保量完成。

All right. Two more hours for you. You must fulfill it.

组　　长：谢谢您了！我们这就继续开工。您走好！

Thank you very much! We will continue with our work. See you!

5.8.2　无人机任务载荷系统组装任务交付视频（中英文）

无人机任务载荷系统组装任务交付（中文）　　无人机任务载荷系统组装任务交付（英文）

5.9 反思评价

课程思政点睛

1）反思评价作为学习思维的最高阶段，包含两个层次：复盘反思与评价。

2）复盘反思可以解决完成任务过程中知识碎片化的问题，有利于学生建构知识体系的逻辑思维能力训练，培养学生自主学习和终身学习能力。

3）当学生具备不断地复盘反思习惯的时候，对学生正确看待世界、看待问题、看待自己的正确三观形成会有很大的帮助，有利于学生形成科学的、正确的、正能量的世界观、人生观和价值观。

4）评价过程包括自评、他评和集体评价。自评可以培养学生自我评价、自我改进的自我管理能力。他评可以训练学生客观、公正、公平、诚信与公理心。

教学实施指导

1）学生安静、独立参考所有的信息页和工作页，重点借鉴学习 5.9.1 无人机任务载荷系统组装任务总结，在笔记本上制作"无人机任务载荷系统架组装"的理论知识点、技能操作点的思维导图。

2）小组合作制作思维导图海报，讲解展示。

3）完成 5.9.2 无人机任务载荷系统组装任务综合职业能力评价表的自评、他评与经理评价。

5.9.1 无人机任务载荷系统组装任务总结

知识点总结

1. 任务载荷

1）无人机飞行平台主要实现飞行能力，工作能力基本是通过任务载荷获得的。

2）任务载荷是指那些装备到无人机上为完成某种任务的设备的总称，包括执行电子战、侦察和武器运输等任务所需的设备。

3）军用无人机的任务载荷主要有：光电/红外传感器、合成孔径雷达、激光雷达。

4）民用无人机任务载荷主要有：倾斜摄影照相机、光学照相机、红外线热像仪、空中喊话器、空中探照灯、气体检测仪。

5）航拍即航空拍摄或者航空摄影，是指在空中拍摄的镜头画面，挂载设备主要是可见光吊舱。

6）航测现在也叫摄影测量与遥感，主要挂载的载荷有正摄像机、倾斜摄影照相机、激光、雷达等。

7）农林植保是指利用无人机对农作物或森林植被进行药物或肥料喷洒，以达到保护作物不受病虫侵害的目的，主要挂载的载荷是药箱和喷杆。

8）河道监测是沿河道飞行绘制河道及周围环境的图像，和航空测绘有一定的交叉；大气环境监测是挂载空气监测载荷，升空到指定高度，监测该位置的大气环境。

9）电力行业主要应用是电力巡线，其中包含巡线、巡塔、巡太阳能板，应用的吊舱有可见光吊舱、可见光高倍吊舱、红外吊舱。

2. 照相机

1）针对搭载于无人机的相机，在性能、技术方面的具体的要求如下：①由于无人机载重能力有限，要求照相机体积小、重量轻；②无人机在低空中飞行，易受风向、风力的影响，要求照相机防抖动能力强；③将拍摄图像实时传输到地面控制站，要求无线图传系统稳定可靠。

2）根据照相机输出信号形式不同，照相机可分为模拟照相机和数字照相机。

3）模拟照相机的输出信号为标准的模拟量视频信号，需要配专用的图像采集卡将模拟信号转化为数字信号，以便运用计算机对视频信号进行后期处理及应用。

4）数字照相机的输出信号为数字信号，在照相机内部安装了集成的 A/D 转换电路，直接将模拟量图像信号转化为数字信号，可直接在电脑或电视屏幕上显示。

5）根据光源波长不同，照相机可分为可见光照相机和红外线照相机。

6）画幅和焦段主要影响照片的效果；分辨率、帧数、码率三个因素直接影响视频的画质。

7）画幅是指照相机最核心的部件感光元件的面积，感光元件的作用是将光信号转化为电信号，其面积会直接影响成像的质量。画幅大小是判断画质的最根本的标准，画幅越大，成像质量相对越高。

8）焦段是直接影响了无人机照相机的视角大小。由于无人机载重问题，一般照相机采用定焦镜头，焦段选择尤为重要。

9）主动式红外线照相机是通过主动照明，在全黑条件下工作，利用不同物体对红外辐射的不同反射特性成像。被动式红外照相机是利用物体自然辐射的红外线进行成像。

3．云台

1）云台可分为固定云台和电动云台两种。

2）固定云台一般用于拍摄范围不大的情况，可根据需求调整设备的水平、俯仰角度，确定最佳拍摄姿态锁定调整机构即可。

3）电动云台适用于大范围进行扫描拍摄的情况。

4）根据云台的旋转轴数可分为二轴云台和三轴云台。

5）二轴云台缺少空间三维转动自由度，存在跟踪盲区。

6）云台系统主要由主控制器、姿态反馈元件、执行机构、机械框架（分为二轴和三轴）四部分组成。

4．图传

1）无线图像传输系统简称无线图传，是用作无线图像传输和视频实时传输的设备。

2）现有的图传主要有模拟和数字两种。图像传输的实时性、稳定性是关键。

3）无人机图传系统由机载图传信号发送器和地面图传信号接收系统组成。

4）机载图传信号发送器由图像采集设备、图像处理模块和无线信号传输模块组成。

5）地面图传信号接收系统应由无线信号接收模块、图像处理模块以及图像显示设备组成。

6）图传系统组成部分主要由图像采集端、发射端、接收端和显示端组成，为图像采集、发射、地面接收及显示流程。

技能点总结

1）云台与无人机的安装。

2）云台线路的连接。

3）控制器通道的配置。

4）运动照相机的安装。

5）云台的调参软件应用与参数设计。

5.9.2　无人机任务载荷系统组装任务综合职业能力评价

请依据无人机任务载荷系统组装任务综合职业能力评价表，客观真实完成自评、他评与经理评价。

学习情境	学习情境5：无人机任务载荷系统组装			
班级		姓名		成绩
评价项目	评价内容	自评	他评	经理评价
知识点	无人机任务载荷的概念			
	无人机常用的任务载荷			
	无人机典型的任务载荷			
	照相机的功用与分类			
	可见光照相机和红外线照相机			
	云台的功用、分类与发展			
	云台的结构与工作原理			
	云台的材料及无线传输			
	图传的结构组成			
	图传的主要技术与发展			
技能点	云台、图传与无人机的安装			
	云台、图传线路的连接			
	控制器通道的配置			
	运动照相机的安装			
	云台、图传的调参软件应用与参数设计			
能力点	阅读标注关键词并归纳的能力			
	能够带领一个小组工作的能力			
	利用工作页索引完成理论知识学习的能力			
	做事能够坚持到底（耐力）的能力			
	反思评价自己/他人工作的能力			
	举一反三学习迁移的能力			
	能够个人独立面对问题或解决问题的能力			
	集中精力倾听的能力			
	安静下来独立阅读的能力			
	与他人讨论能协商能合作的能力			
	正确表达自己想法的能力			
	安全意识和安全操作的能力			
	环保意识和环保处理的能力			
	5S意识和规范性			
	对自己的工作认真负责的能力			
	委婉友善提出意见或建议能力			
	在负责任的前提下支持队友的能力			

学习情境 01
学习情境 02
学习情境 03
学习情境 04
学习情境 05
学习情境 06

5.10 巩固拓展

课程思政点睛

巩固拓展环节是充分利用学生的课余时间布置高质量的作业，对课上所学及完成的任务进行温故知新，同时训练学生举一反三、迁移新任务的解决问题能力。任务选择注意课程内容的延续性及拓展性，稍微增加难度，在小组主持作业的情况下，既要对学生克服困难独立完成任务的职业素养进行训练，也要对学生团队合作、高效率高质量完成任务的能力和素养进行训练。

教学实施指导

1）完成信息化系统中的所有理论测试题，全部满分通过。

2）完成信息化系统中关于十步教学的每一步测评表后进行提交。

3）请小组合作完善"任务载荷系统组装工作计划"，制作展示 PPT 提交到系统准备下次课展示。

4）以小组为单位完成演练月 6 财务结算表和成绩统计。

5）以小组为单位熟练无人机任务载荷系统组装的操作。

新任务迁移：其他型号无人机任务载荷系统组装

教师布置新的客户任务：其他型号无人机任务载荷系统组装。要求学生小组合作制订工作计划。学生明确拓展任务：其他型号无人机任务载荷系统组装。利用信息化手段查阅检索信息，做好完成拓展任务的计划（分工与时间安排），小组合作制订工作计划，下次课前用 PPT 展示和评价。

学习情境6
无人机调试试飞

6.0 教学准备

知识目标
- 飞控调试的介绍。
- 飞控不良反应说明。
- 飞控驱动的安装。
- 调试软件的安装。
- 飞控调试软件固件烧写。
- 飞控设计。
- 无人机姿态查看。
- 端口设置、接收机设置。
- PID 调参、飞行模式、寻机模式。
- 电机电调校准。
- 调试试飞的要求与注意事项。
- 调试试飞的标准及规范。

技能目标
- 多旋翼无人机的无桨调试（线路测试、遥控器及接收机测试、飞控调试、电机转向调试）。
- 有桨调试试飞（安装螺旋桨、限制飞行器、飞行测试、检查飞行是否正常）。
- 试飞报告书写。

素养目标
- 能够提炼总结简单的事实文本。
- 能够在两人对话中有效沟通并交换信息。
- 能够把自己的观点表达清楚。
- 能够在团队中承担自己的角色功能。
- 能够在团队中有积极合作意识。
- 能够在制订计划时尽可能考虑全面。
- 能够控制自己情绪，跟伙伴友好合作。
- 能够认真倾听并及时记录。
- 能够进行简单的图文展示。
- 能够以 ERP 沙盘演练的形式创建测绘企业。
- 能够把企业经营理念与人文情怀贯穿专业知识学习之中。
- 能够具有创新、创业精神和意识。

6.1 任务接受

课程思政点睛

任务接受环节特别适合对学生进行社会主义核心价值观中的友善、和谐价值的训练。如何做到和伙伴友善合作，如何做到站在公司立场为公司的利益和效率着想，如何做到站在客户角度为客户着想等，在指导学生进行调试试飞任务接受的话术训练时，教师要及时、适时地对学生进行引导训练，全面体现友善、和谐的价值。

任务接受环节涉及第 7 个演练月的企业经营，在布置演练月 7 财务核算任务时，严格要求学生具备诚信经营意识，做到严谨、规范、一丝不苟，同时还要有独特的创新意识和不屈不挠的创业精神。

教学实施指导

1）教师指导学生依据 6.1.1 无人机调试试飞任务接受剧本（中英文），学习过程参考 6.1.2 任务接受视频（中英文），采取角色扮演的方法完成任务接受。

2）角色扮演之后明确了工作任务，完成 6.1.3 无人机调试试飞任务工单。

6.1.1　无人机调试试飞任务接受剧本（中英文）

学习情境描述

测绘设计研究院因工作需要购置了 30 架 F450 无人机的组件，现委托学院测绘无人机应用专业的项目团队完成组装、调试、试飞与数据采集。为了本项目的高效顺利实施，学院项目团队制订了实施计划，把项目拆分成若干个工作任务（学习情境），会伴随着项目进程陆续给出。

本次工作任务是希望通过各项目组的精诚合作，能够按照 F450 型号无人机调试试飞的规范与标准进行调试与试飞数据采集，并要求在 3 天内调试完成。调试过程注意工作效率、经济效益与安全注意事项。

项目负责人： 组长，你好！你们团队关于 F450 无人机整体组装任务完成得非常好。这次任务是把组装好的 30 架 F450 无人机进行调试与试飞数据采集，还希望你们继续保持优良工作作风。

Hello, group leader! Your group has done a very good job in the overall assembly of the F450 UAVs. Next, it is to debug and collect data of the just assembled 30 F450 UAVs. Keep going like before.

组　　长： 领导，您好！明白了，这次任务是把组装好的 30 架 F450 无人机进行调试与试飞数据采集。不过，调试与试飞这 30 架无人机有什么特殊的具体要求吗？

I see. This mission is to debug and collect test-flying data of the assembled 30 F450 UAVs. But are there any specific requirements for the job?

项目负责人： 没有什么特殊要求，你们还是按照 F450 无人机调试与试飞的流程与标准，规范调试保证质量就行了。

Nothing special. All you need to do is follow the F450 UAV debugging and test-flying process and standard, and ensure no compromise on quality.

组　　长： 好，没问题！规范和标准我们一定严格要求。

No problem! We will strictly follow the specifications and standards.

项目负责人： 另外，在调试过程中要嘱咐组员，因为调试步骤烦琐，每种机型有具体要求，注意谨慎安全操作，千万别磕磕碰碰或掉落、损坏零部件。谁损坏，谁赔偿。尽量节约成本。

In addition, in the debugging process please remind your fellow group members that they must be careful to avoid bumping, losing or damaging any part or component since the debugging involves cumbersome procedures and specific requirements differ for different types of UAVs. Whoever causes damage must compensate. We should try to save costs.

组　　长： 好的！您放心，我会嘱咐团队成员小心安全操作。这 30 架无人机的调试与试飞给我们多长时间完成？

All right! Don't worry. I will tell the group members to be careful. How much time we are allowed to finish the job?

项目负责人：3 天内必须保质保量完成。完成后，上交质检组检验。

It must be perfectly accomplished within 3 days. Then your work shall be subject to inspection by the quality inspection team.

组　　长：明白了。您放心！还有要嘱咐的吗？

I see. Don't worry about it! Anything more?

项目负责人：没有了。那就拜托了。有问题随时联系。

No more. Just go head. Please feel free to contact me if you have any questions.

组　　长：好的！您慢走！再联系。

OK. See you! Keep in touch.

6.1.2　无人机调试试飞任务接受视频（中英文）

无人机调试试飞任务接受（中文）　　　　无人机调试试飞任务接受（英文）

6.1.3　无人机调试试飞任务工单

项目名称	无人机组装调试		
项目单位			
项目负责人		联系电话	
项目地址			
项目时间			
任务名称	无人机调试试飞		

工作任务描述：
　　测绘设计研究院因工作需要购置了 30 架 F450 无人机的组件，现委托学院测绘无人机应用专业的项目团队完成组装、调试、试飞与数据采集。为了本项目的高效顺利实施，学院项目团队制订了实施计划，把项目拆分成若干个工作任务，会伴随着项目进程陆续给出。
　　本次工作任务是希望通过各项目组的精诚合作，能够按照 F450 型号无人机调试试飞的规范与标准进行调试与试飞数据采集，并要求在 3 天内组装完成。组装过程注意工作效率、经济效益与安全注意事项。

检查零部件及工具耗材等情况记录：

调试结论：

组装人：		组长：	
质检员签字：		项目负责人签字：	
成本核算：		完成时间：	

6.2　任务分析

课程思政点睛

　　任务分析环节以大疆 F450 无人机调试试飞视频为切入点，在此教师可以以为什么要进行空域限制为话题，引导学生对主权意识及保密意识的自觉形成，从而引出调试的条件限制进行充分讨论。

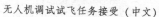

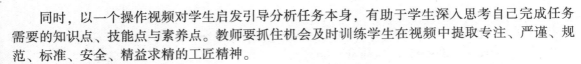

同时，以一个操作视频对学生启发引导分析任务本身，有助于学生深入思考自己完成任务需要的知识点、技能点与素养点。教师要抓住机会及时训练学生在视频中提取专注、严谨、规范、标准、安全、精益求精的工匠精神。

教学实施指导

教师指导学生利用卡片法完成任务分析。

1）学生首先个人独立观看无人机调试试飞视频，在笔记本上独立认真书写：要完成客户委托任务都需要哪些关键信息。

2）学生小组合作讨论出本组的关于完成客户委托任务关键点，并写在彩色卡片上，贴在白板上展示。

3）教师指定小组，逐条讲解展示，其他小组学生领会理解，补充改进。

无人机调试试飞视频

大疆F450无人机
调试试飞

6.3 理实一体化学习

课程思政点睛

1）借助无人机调试试飞的学习，以合法正规空域为话题切入，引导学生对黑飞及非法飞行的认识，利用专业知识能够识别，并有义务进行举报和制止，培养保密意识及用实际行动维护主权。

2）通过工作站法的学习指导，培养了学生独立、民主、公平、友善、诚信、合作、和谐、敬业等价值观。

教学实施指导

教师提供给学生为完成本任务（无人机调试试飞）必要的学习资料（6个模块），要求并指导学生利用工作站法、旋转木马法及单一工作站法完成理实一体化学习。学生按照教师的要求，认真完成6个模块的企业内部培训，力争自己解决问题。为后续完成客户任务（无人机调试试飞）进行企业运营，积累专业知识、技能与素养。

旋转木马法学习

1）教师指导学生独立学习6.3.1信息页，完成工作页6.3.1。

2）教师指导学生按照旋转木马进行两两之间讲解展示。

工作站法学习

1）学生分为4组。每组学生按照教师的要求进入自己的学习站，个人独立学习相应的6.3.2～6.3.5信息页，并完成各自对应的6.3.2～6.3.5工作页上的理论部分。同一个工作站的学生小组合作讨论，对理论学习结果进行更正、改进、完善，达成共识。

2）学生小组合作按照工作页上的指示，完成实际操作部分。

3）学生按照教师指定的轮站顺序轮换工作站学习，直至完成6.3.2～6.3.5所有信息页与工作页的学习。

4）学生以竞争方式获得展示学习结果的机会，使用实物投影仪进行展示讲解，本小组的同学补充完善，力求不给其他小组机会。而其他小组的同学进行倾听、补充、改进、完善，都会获得相应的奖励。

单一工作站法学习

1）学生安静、独立地阅读6.3.6信息页，划出关键词，完成6.3.6工作页的理论部分。在小组内合作讨论，对6.3.6工作页理论内容达成共识，形成小组内统一答案。

2）学生小组合作完成6.3.6工作页上的实际操作内容。

3）教师指定小组用实物投影仪展示结果，其他小组质疑、补充，改进完善。

6.3.1 调试步骤

1. 信息页

学习领域	学习领域：无人机组装调试		
学习情境	学习情境6：无人机调试试飞	学习时间	30min
工作任务	A：调试步骤	学习地点	理实一体化教室

学习情境 01
学习情境 02
学习情境 03
学习情境 04
学习情境 05
学习情境 06

调试步骤

无人机调试主要是软件部分的调试，包括飞行控制器调试、遥控器和接收机调试、动力系统调试等。其中，飞行控制器调试包括飞控固件的烧写、各种传感器校准和飞行控制器相关参数的设置等；遥控器和接收机调试包括对码操作、遥控模式设置、通道配置、接收机模式选择、模型选择和机型选择、舵机行程量设置、中立微调和微调步阶量设置、舵机相位设置、舵量显示操作、教练功能设置和可编混控设置等；动力系统调试主要是电调调参等内容。

1. 无桨调试

为了避免在调试时产生危险，应先将不需要安装桨叶就能调试的内容调试完，再进行必须安装桨叶才能完成的调试内容。无桨调试主要包括以下内容：

1）连接所有电路，接通电源，进行首次通电测试，检查飞行控制器、电调、电机、舵机、接收机、数据传输、图像传输和摄像头等设备是否正常通电，检查有无出现短路或断路现象。

2）检查遥控器，进行对频及相关设置，确认遥控器发出的各个通道信号能准确地被接收机接收到并能传送给飞控。

3）将飞控连接到计算机，用调试软件（地面站）对飞控进行调试，如烧写固件、设置接收机模式、遥控器校准、电调校准、加速度计校准、陀螺仪校准、设置飞行保护措施、设置飞行模式、通道设置和解锁方式等。

4）接通电源，推动油门，检查电机的转向是否正确，如果不正确，则通过调换电机任意两根电源线来更换转向。

确认以上内容都调试完毕并能通过遥控器解锁无人机，操作遥控器各个通道，观察无人机是否有相应的反应。固定翼无人机还可通过人为改变飞机姿态的方式查看舵面变化情况，如果不正确，则应检查舵机型号及安装是否相反。此时即完成了无人机的无桨调试。

2. 有桨调试

无人机的首次飞行往往会出现各种意外。有桨调试时，无人机上已经装好螺旋桨，并会产生高速旋转，为确保操作人员和设备的安全，在飞行前要进行一系列的检查。

（1）多旋翼

1）根据电机转向，正确安装螺旋桨。

2）限制无人机。将无人机放在安全防护网内试飞，或通过捆绑的方式限制无人机。无人机第一次试飞可能会出现各种意外情况，通过防护网或捆绑可以有效保护人员和设备的安全。

3）飞行测试。通过飞行状态检验无人机是否正常，具体包括：

①先打开遥控器电源，再接通无人机电源，根据之前调试所设定的解锁方式进行解锁，解锁后油门保持最低、能使螺旋桨旋转的位置。

②起飞检查。在推动油门时不要触摸其他摇杆。当无人机开始离地时，观察无人机的飞行趋势，然后操控遥控器以相反的方向使无人机能平稳地飞起来。如果一起飞就大幅度偏航或翻倒，立刻将油门拉到最低，将无人机上锁，再关掉无人机电源检查问题所在，通常是线路问题或遥控器通道反相问题。

③基本功能检查。当无人机飞起来后，依次缓慢操作其他摇杆（副翼、偏航、升降和飞行模式等），观察遥控器各通道正反相是否正确、各通道是否对应无人机的动作，检验飞行模

式是否正确并能正常切换。

④飞行性能检查。检查起飞和降落是否平稳、四个基本动作（前进、左右、上下、旋转）角度是否正常、动作是否平稳、动作是否有振动，摇杆回中后观察无人机回中的响应情况是否及时。此类问题大部分通过地面站调试和 PID 参数调试解决。各种飞控地面站不相同，调试方法也不相同，但基本思路一致。

（2）固定翼

固定翼的飞行速度相对较快，测试时既不能像旋翼机一样被限制在特定的安全区域内，也没有条件效仿有人机的方式，搭建风洞实验室模拟飞行器周围气体的流动情况。因此，为了确保安全，在固定翼的有桨调试时一定要注意无人机机械结构、电路与控制系统、任务载荷与弹射系统三个方面的检查。固定翼无人机调试前检查项目见表1。

表1 固定翼无人机调试前检查项目

飞机机械结构	电路与控制系统	任务载荷与弹射系统
机身是否损伤	供电电池电压检查	摄像机电池电量及存储确认
机翼是否损伤	地面电台与天线安装	镜头焦距、光圈与快门速度
机翼的安装与紧固、线缆连接	地面站可靠性检查	摄像机试拍确认
空速管的安装固定及管路连接	地面站飞行参数设置	机载电台设备是否正常
尾翼是否损伤	航线文件检查、上传、复查	摄像机是否开机
尾翼的安装与紧固、线缆连接	驾驶仪工作状况、GPS 定位、电台连通	按风向确认起飞方向
舵面、舵机、摇臂、连杆、舵角的安装和紧固	空速与姿态传感状况	镜头盖摘下、摄像机待机
电机的紧固	发射机电压及飞行器档案确认	
螺旋桨有无伤痕及紧固	RC 控制、航机动作	
电调固定及电路连接	地面站上的系统状态检查确认	
起落架的完整性及安装	电机工作及振动	
回收伞的叠放及伞绳位置	开关全开、舱门封闭	
伞舱舵机		
无人机重心		

1）遥控器校准。主要是微调零点校准和油门行程校准。

2）螺旋桨平衡调试。在安装螺旋桨之前，必须对桨叶进行静平衡和动平衡的调试检查，目的是减小振动。螺旋桨静平衡是指螺旋桨重心与轴线重合时的平衡状态；螺旋桨动平衡是指螺旋桨重心与其惯性中心重合时的平衡状态。桨叶出现不平衡的情况时，可以通过给质量轻的桨叶贴透明胶带，或用砂纸打磨偏重的螺旋桨平面（非边缘）来实现平衡。

3）安装螺旋桨。对于不同的电机和桨叶，其安装方法有所不同，要按说明书的要求安装桨叶。

4）系留试飞。第一次调试飞行时，为防止出现四旋翼无人机到处乱飞的现象，需要用一根绳子系住四旋翼无人机，限定其飞行范围。

5）测试飞行。具体包括：

①接通电源、连接遥控器：在确认一切正常后，就可以接通电源，然后打开遥控器开关，等待遥控器与遥控接收机连接。

②解锁飞控板：解锁后，油门要保持最低。

③缓慢推动飞控板油门，不要移动其他摇杆，注意观察四旋翼无人机的起飞状态。

④检查飞行方向控制情况：测试油门控制无误后，即可开始测试遥控器在其他通道的使用情况。

2．工作页

学校名称		任课教师	
班级		学生姓名	
学习领域	学习领域：无人机组装调试		
学习情境	学习情境6：无人机调试试飞	学习时间	30min
工作任务	A：调试步骤	学习地点	理实一体化教室

调试步骤

1. 请写出无人机调试的主要内容。

2. 请写出飞行控制器调试的主要内容。

3. 请写出遥控器和接收机调试的主要内容。

4. 请写出动力系统调试的主要内容。

5. 请写出多旋翼无人机无桨调试的步骤及主要内容。

6. 请写出多旋翼无人机有桨调试的步骤及主要内容。

学习情境01

学习情境02

学习情境03

学习情境04

学习情境05

学习情境06

6.3.2 无桨调试

1. 信息页

学习领域	学习领域：无人机组装调试		
学习情境	学习情境6：无人机调试试飞	学习时间	30min
工作任务	B：无桨调试	学习地点	理实一体化教室

无桨调试

1. 连接线路检查调试

1）飞控板与电调连接线路：检查飞控板针脚上的 3 个标记是否与电调线的颜色对应。除了线序，还要区分电调的顺序，检查电调连接的电机是否连接到对应的飞控板的电调针脚上。

2）飞控板与遥控接收机连接线路：遥控接收机不需要额外电源，其电源由飞控板提供，要检查遥控接收机的通道。遥控接收机的通道是 6 通道，应检查其对应方式是否正确。确认所有连接线路准确无误后，在通电之前，先测试工作电压，检查插头方向，然后接通电源（连接电池）进行首次通电测试，检查飞控板、电调和电机是否可以正常通电。

2. 遥控器检查调试

遥控器检查的内容主要是通电后是否可以接通、发出信号。不同产品的遥控器与遥控接收机的匹配操作是不同的，这里以天地飞 WFT06X – A 遥控器为例进行介绍。

（1）遥控器对码

1）接通电源后，按住遥控接收机（型号为 WFR6S 2.4GHz）上的 SET 键，直至 STATUS（状态）进入慢闪状态。

2）按住遥控器上的 SET 键（按住 SET 键不松手，将电源开关拨至开机处）开机，然后松开 SET 键。

3）再次按下 SET 键，进入对码功能。这时，遥控器上橙色灯 STATUS（状态）常亮。

4）长按 SET 键，至橙色灯慢闪，进入对码状态。

5）等待对码成功。对码成功时遥控器绿灯常亮，遥控接收机指示灯熄灭。对码成功后切断四旋翼无人机和遥控器的电源。

（2）检查电机工作是否正常

1）遥控器和遥控接收机对码成功后，接通四旋翼无人机电源，再打开遥控器电源，等待遥控器与遥控接收机连接。切记不可推动遥控器摇杆。

2）遥控器与遥控接收机连接成功后，开始解锁飞控板（解锁后，推动飞控板油门即可使电机转动）。遥控器有日本手和美国手之分，两者解锁方式不同，解锁后飞控板上的灯会常亮。

3）检验电机旋转方向。经过以上两步后可以推动飞控板油门，推到一定程度时电机开始转动。油门推得越大，电机转速越高。判断电机旋转方向的方法：准备一张纸条（宽 1 ~ 2cm、长 5 ~ 8cm），拿住这张纸条的一端，使纸条另一端接触转动的电机，通过查看纸条弯向哪一端来判断电机的转动方向。如果电机方向选择得不正确，可以切断电源，然后交换电机的任意两根线即可。

4）遥控器中点校准：将飞控板 PITCH 电位计逆时针方向旋转到底，遥控器上的微调全部回零，打开发射机电源，接通 KK 飞控板电源，则 KK 飞控板上的 LED 灯会闪烁数下。稍等 2s，又闪动一下，将 KK 飞控板断电，PITCH 电位计调回默认位置。

5）校准油门行程：将 YAW 电位计逆时针方向旋转到底，遥控器油门调到最大（遥控器不能断电）。接通飞控板电源，在 LED 灯快速闪烁几下、电机发出"嘀嘀"两声后，快速把

学习情境 01
学习情境 02
学习情境 03
学习情境 04
学习情境 05
学习情境 06

油门拉到最低，电调发出数下短音，然后发出一声长音，校准完成。此时推动油门，4 台电机会同时起动。然后断开飞控板电源和遥控器电源，YAW 电位计调回默认位置。在逐个给电调加电校正油门行程的情况下，有可能会出现其中某台或多台电机起动微调级别时发生起动不一致的情况，需要重新校准油门行程，直到所有电机能够同步起动和停止。

6）遥控器油门微调：向下按油门微调按钮（微调值不宜过大，否则电机无法提供足够的动力），然后接通飞控板电源，打开遥控器开关，等待遥控器与遥控接收机连接。

遥控器与遥控接收机连接成功后，将油门置于最低，再缓慢推动油门，电机就会慢慢开始转动。调整完毕后需要将飞控板再次锁定。

3. 飞控调试

以 Pixhawk 飞控板的调试为例，进行飞控调试步骤的具体介绍。

（1）驱动和调参软件的安装

Pixhawk 飞控地面站（调参软件）Mission Planner（简称 MP）安装，预先需要安装微软的 Net Framework 4.0 组件，如果计算机已经安装则不需要重新安装。然后安装 Mission Planner，安装过程汇总会同时安装 Pixhawk 的 USB 驱动，安装过程较为简单，根据向导按步骤安装即可。

（2）烧写固件

1）通过 USB Micro 数据传输线连接飞控和计算机。

2）打开 Mission Planner 地面站软件，保持软件连接状态（图1）。

图1

3）点击"初始设置"下的"安装固件"（图2）。

4）点击界面中的"加载自定义固件"（图3）。

图2

图3

5）选择相应的出厂固件，确定写入（图4）。

6）烧写进度条，完成后，下面会提示"Upload Done"。

7）固件烧写完成后，会有如图5提示，待飞控音乐停止后，点击 OK。

图4

图5

8）点击 MP 软件右上角连接（选择对应 COM 端口，波特率 115200，需要安装 PX4 驱动，若连接失败，检查 COM 口选择是否正确，或者重新插拔 USB 接口）（图6）。

图 6

（3）写入参数

1）连接成功后，进入配置调试，点击"全部参数表"（图7）。

2）点击加载参数，选择飞控出厂参数，点击"写入参数"（图8）。

图 7

图 8

（4）校准飞行器

1）参数写入完成后，打开设置向导、选择机架类型。

①点击菜单栏上方的"初始设置"。

②点击左边的"向导"，看到如图9所示界面。

③选择第一个"X"形布局，然后点击下一步。

2）校准加速度计传感器。

①将飞行器水平放置，然后点击图10界面中的"开始"。

图 9

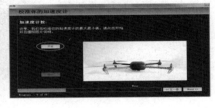

图 10

②将飞行器正面朝上，水平放置，并点击"继续"（图11）。

③将飞行器左侧朝下，并点击"继续"（图12）。

图 11

图 12

④将飞行器右侧朝下，并点击"继续"（图13）。
⑤将飞行器机头朝下，并点击"继续"（图14）。

图 13

图 14

⑥将飞行器机头朝上，并点击"继续"（图15）。
⑦将飞行器正面朝下，并点击"继续"（图16）。

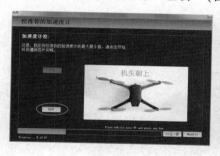
图 15

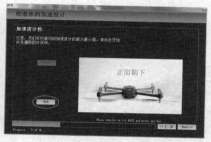
图 16

⑧提示加速度计传感器校准成功，点击下一步（图17）。
3）校准磁罗盘传感器。
①弹出磁罗盘校准界面（图18）。

图 17

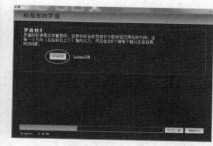
图 18

②弹出如下提示，依次让每个轴平行于引力方向，并绕所有轴做圆周运动（图19）。
③将界面下方的"使用自动确认"设为不选中，然后根据图20右上角操作提示旋转飞控。

图 19

图 20

学习情境 01
学习情境 02
学习情境 03
学习情境 04
学习情境 05
学习情境 06

④在旋转过程中，如果还有白色的点，说明这些方向还没有校准成功，重复旋转。当这些白色点全部消失，即可点击图 21 右下角的"Done"按钮。下图为旋转完成界面。

4）其他硬件配置。

①电池监测模块设置（图 22）。

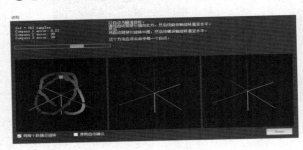

图 21

图 22

②超声波测距传感器设置（图 23）。

5）遥控器校准。

①点击"继续"进入遥控器校准（图 24）。

图 23

图 24

②点击"校准遥控"（图 25）。

③点击 OK（图 26）。

④点击 OK（图 27）。

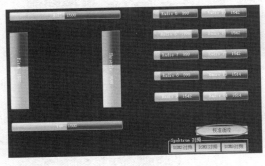

图 25

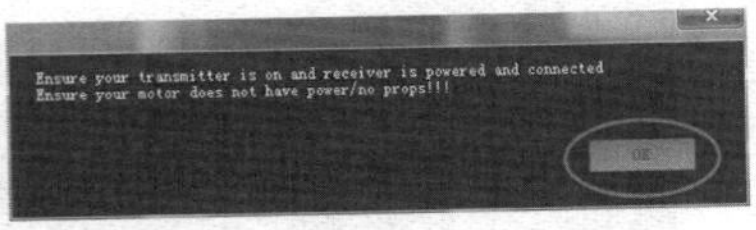

图 26

图 27

⑤摇杆、开关、电位器机械行程校准。

a）上下左右、来回扳动两个摇杆到所有极限位置。

b）扳动遥控器上的所有开关（SwA，SwB）到所有可能位置。

c）转动遥控器顶部的两个电位器旋钮到极限位置。

d）以上动作可以重复执行，完成后点击"Click when Done"（图28）。

e）弹出确认校准完成界面，点击 OK（图29）。

f）弹出数值确认界面，点击 OK（图30）。

图 28

图 29

图 30

6）飞行模式设置。

①将遥控器上的"姿态选择""返航选择"开关扳动到不同位置。

②在推荐的飞行模式设置中，点击"保存模式"，进入下一步（图31）。

7）检查结果。当完成上述操作后，会出现相应提示，则说明整个过程操作正确。点击"Next"，进入下一步（图32）。

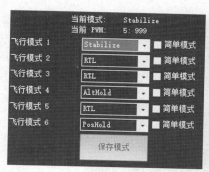

图 31

图 32

8）其他设置。

①故障保护设置，直接点击"Next"（图33）。

②检查事项，点击"Finish"（图34）。

图 33

图 34

学习情境 01
学习情境 02
学习情境 03
学习情境 04
学习情境 05
学习情境 06

9）电调校准。

①点开地面站软件的"配置/调试"菜单下的"全部参数表"（图35）。

②在右边的 Search 栏中输入"ESC"（图36）。

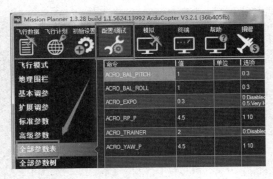

图35

图36

③将 ESC 项的值，改成1，并点击"写入参数"（图37）。

命令	值	单位	选项	描述	
BATT_AMP_PERVOLT	18.0018	Amps/Volt		Number of amps that a 1V reading on the current sensor corresponds to. On the APM2 or Pixhawk using the 3DR Power brick this should be set to 17. For the Pixhawk with the 3DR 4in1 ESC this should be 17.	加载
					保存
BATT_VOLT_MULT	10.10101			Used to convert the voltage of the voltage sensing pin (BATT_VOLT_PIN) to the actual battery's voltage (pin_voltage * VOLT_MULT). For the 3DR Power brick on APM2 or Pixhawk, this should be set to 10.1. For the Pixhawk with the 3DR 4in1 ESC this should be 12.02. For the PX4 using the PX4IO power supply this should be set to 1.	写入参数
					刷新参数
					比较参数
ESC	1		0:Normal Start-up 1:Start-up in ESC Calibration mode if throttle high 2:Start-up in ESC Calibration mode regardless of throttle	控制ArduCopter是否会在下一个重启时进入电调校准。不要手动调整该参数。	查找
					所有单位都会以原始

图37

④点击右上角的"断开连接"。

⑤拔下飞控和计算机连接的 USB Micro 数据传输线。

⑥卸掉飞行器上的螺旋桨（安全第一）。

⑦插上无人机电池，但不要打开电源。

⑧将遥控器电源打开，并将油门摇杆推到最大，保持这个位置。

⑨飞行范围设置，直接点击"Next"（图38）。

图38

⑩听到"123 － － － － －哔 － － －哔 － － －哔"（中间的减号多少表示间隔时长）。

⑪将油门拉倒最低，并保持，听到"哔－哔－哔"，最后"哔——"（持续的一声响）。

此时，油门校准完成，慢慢推油门摇杆，电机转速提高，油门摇杆拉到最低，电机停止转动，说明电调校准成功，断开电源即可。

2. 工作页

学校名称		任课教师	
班级		学生姓名	
学习领域	学习领域：无人机组装调试		
学习情境	学习情境6：无人机调试试飞	学习时间	30min
工作任务	B：无桨调试	学习地点	理实一体化教室

无桨调试

1. 连接线路检查调试

（1）飞控板与电调连接线路：检查飞控板针脚上的 3 个标记是否与电调线的_____。注意_____，还要区分_____的顺序。

检查电调连接的电机是否连接到对应的飞控板的_____上。

（2）飞控板与遥控接收机连接线路：检查遥控接收机的 6 通道其_____是否正确。确认所有连接线路准确无误后，在通电之前，先测试_____，检查_____方向。接通电源_____进行首次_____，检查_____、_____和_____是否可以正常通电。

2. 遥控器检查调试

遥控器检查的内容主要是通电后是否可以_____、_____。不同产品的遥控器与遥控接收机的匹配操作是不同的，这里以天地飞 WFT06X–A 遥控器为例进行介绍。

（1）_____对码

1）接通电源后，按住遥控接收机（型号为 WFR6S 2.4GHz）上的_____键，直至_____（状态）进入_____状态。

2）按住遥控器上的 SET 键（按住 SET 键不松手，将电源开关拨动至_____处）开机，然后松开____键。

3）再次按下_____键，进入_____功能。这时，遥控器上橙色灯 STATUS（状态）_____。

4）长按 SET 键，至橙色灯_____，进入_____状态。

5）等待对码成功。对码成功时遥控器_____常亮，遥控接收机指示灯_____。对码成功后切断四旋翼无人机和遥控器的_____。

（2）检查_____工作是否正常

1）遥控器和遥控接收机_____成功后，接通_____电源，再打开_____电源，等待遥控器与遥控接收机_____。切记不可推动_____。

2）遥控器与遥控接收机_____成功后，开始解锁_____（解锁后，推动_____即可使电机转动）。遥控器有日本手和美国手之分，两者解锁方式不同，解锁后飞控板上的灯会常亮。

3）检验电机_____方向。经过以上两步后可以推动_____，推到一定程度时_____开始转动。油门推得越大，电机转速越_____。

判断电机旋转方向的方法：准备一张纸条（宽 1～2cm、长 5～8cm），拿住这张纸条的一端，使纸条另一端接触转动的电机，通过查看_____来判断电机的转动方向。如果电机方向选择得不正确，可以切断_____，然后交换电机的任意两根线即可。

学习情境 0
学习情境 02
学习情境 03
学习情境 04
学习情境 05
学习情境 06

4）遥控器_____校准：将飞控板 PITCH 电位计_____方向旋转到底，遥控器上的微调全部_____，打开_____，接通 KK 飞控板_____，则 KK 飞控板上的_____会闪烁数下。稍等_____，又闪动一下，将 KK 飞控板_____，PITCH 电位计调回_____。

5）校准_____：将 YAW 电位计_____方向旋转到底，遥控器油门调到_____（遥控器不能断电）。接通_____电源，在 LED 灯_____几下、电机发出_____后，快速把油门拉到_____，电调发出数下_____，然后发出一声_____，校准完成。此时推动_____，4 台电机会_____。然后断开飞控板电源和遥控器_____，YAW 电位计调回_____。在逐个给_____加电校正_____的情况下，有可能会出现其中某台或多台电机起动微调级别时发生起动_____的情况，需要重新校准_____，直到所有电机能够同步_____。

6）遥控器_____微调：向____按油门微调按钮（微调值不宜过大，否则电机无法提供足够的动力），然后接通_____，打开_____，等待遥控器与遥控接收机_____。

遥控器与遥控接收机连接成功后，将油门置于_____，再缓慢推动_____，电机就会慢慢开始转动。调整完毕后需要将飞控板再次_____。

3. 飞控调试

请按照下列步骤完成实际操作，以小组为单位，整理调试步骤与图片，制作电子文档汇报。

（1）驱动和调参软件的安装

（2）烧写固件

1）通过 USB Micro 数据传输线连接飞控和计算机。

2）打开 Mission Planner 地面站软件，保持软件连接状态。

3）点击"初始设置"下的"安装固件"。

4）点击界面中的"加载自定义固件"。

5）选择相应的出厂固件，确定写入。

6）烧写进度条，完成后，下面会提示"Upload Done"。

7）固件烧写完成后，会有如下图提示，待飞控音乐停止后，点击 OK。

8）点击 MP 软件右上角连接（选择对应 COM 端口，波特率 115200，需要安装 PX4 驱动，若连接失败，检查 COM 口选择是否正确，或者重新插拔 USB 接口）。

（3）写入参数

1）连接成功后，进入配置调试，点击全部参数表。

2）点击加载参数，选择飞控出厂参数，点击写入参数。

（4）校准飞行器

1）参数写入完成后，打开设置向导、选择机架类型。

2）校准加速度计传感器。

3）校准磁罗盘传感器。

4）其他硬件配置。

5）遥控器校准。

6）飞行模式设置。

7）检查结果。

8）其他设置。

9）电调校准。

6.3.3 飞行控制系统调试

1. 信息页

学习领域	学习领域：无人机组装调试		
学习情境	学习情境6：无人机调试试飞	学习时间	30min
工作任务	C：飞行控制系统调试	学习地点	理实一体化教室

飞行控制系统调试

多旋翼飞行控制系统是整个飞行系统的核心，其安装和调试至关重要。目前普遍常用的 DJI 多旋翼飞行控制系统有 Naza – M、WooKong – M 和 A2。其中，Naza – M 主要适用于普通用户和 DIY 用户，推荐安装在小型的多旋翼飞行器上；WooKong – M 和 A2 主要适用于专业用户，适合安装在相对较大的多旋翼飞行器上。

1. 飞行控制器与调试软件

国外以开源飞行控制器为主，常见的有 APM、PIX、MWC、MicroCopter、Pixhawk、OpenPilot、rossbowMNAV + Stargate、PX4、Paparazzi、MWC、AutoQuad、KK、Paparazzi 等；闭源的有 Piccolo、MK、Unav 3500、Procerus Kestrel、MicroPilot 等。

国内的飞控以闭源居多，所谓的商品飞控指的就是闭源飞控。国内目前有大疆科技、零度智控、亿航科技等规模较大的飞控研发公司，主流型号有 AP101、NP100、WKM、A3、A2、PILOT UP（包括 UP-PF、UP30、UP40、UP 50、UPX）、IFLY40、QQ、FF、EAGLE N6 等。部分飞行控制器调试软件见表1。

表1　部分飞行控制器调试软件

飞行控制器	调试软件
APM、Pixhawk	Mission Planner
F3、F4 飞控	CleanFlight，BetaFlight
NAZA	Zadig
MWC	Arduino
CC3D	OpenPilot GCS

2. PID 调参

PID 控制是一个在工业控制应用中常见的反馈回路控制算法，由比例单元 P（Proportional）、积分单元 I（Integral）和微分单元 D（Derivative）组成。PID 控制的基础是比例控制；积分控制可以消除稳态误差，但可能会增加超调；微分控制可以加快大惯性系统响应速度以及减弱超调趋势。

（1）PID 调试步骤

最佳过渡过程曲线如图1所示，有以下口诀：

参数整定找最佳，从小到大顺序查。先是比例后积分，最后再把微分加。

曲线振荡很频繁，比例度盘要调大。曲线漂浮绕大弯，比例度盘往小调。

曲线偏离回复慢，积分时间往下降。曲线波动周期长，积分时间再加长。

曲线振荡频率快，先把微分降下来。动差大来波动慢，微分时间应加长。

理想曲线两个波，前高后低 4:1。一看二调多分析，调节质量不会低。

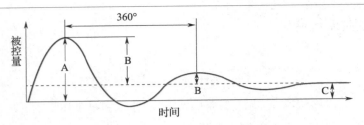

图1 最佳过渡过程曲线

总结如下：

1）P 产生响应速度，P 过小响应慢，过大会产生振荡，P 是 I 和 D 的基础。

2）I 消除偏差、提高精度（在有系统误差和外力作用时），同时增加了响应速度。

3）D 抑制过冲和振荡，同时减慢了响应速度。

（2）自动调参

自动调参是让飞控系统自动配置 PID 参数。下面以 APM 自动调参的功能为例介绍自动调参方法。

1）PID 自动调参需用一个通道 7 或通道 8 的 2 段开关，先检查下通道 7 或通道 8 是否正常。打开遥控器开关，进入基础菜单，选择"辅助通道"命令，这里选择的是某 2 段开关作为通道 7 开关。

2）接好 APM 的 USB 线，打开 Mission Planner 软件，单击 CONNCET。

3）选择主菜单"初始设"→"必要硬件"→"遥控器校准"命令。拨动通道 7 开关，查看 Radio 7 的最高值是否大于 1800。如果不足，则要检查遥控器的通道开关是否设置错误或单击"校准遥控"按钮，重新把所有通道校正一遍。测试时候要记住通道 7 开关设置到哪里是最大值，这里是把二段开关放到最下面的时候是最大值，如图 2 所示。

4）选择主菜单"配置／调试"→"扩展调参"命令，把通道 7 选项改为 AutoTune，再单击"写入参数"按钮，如图 3 所示。

图2 查看自动调参开关通道

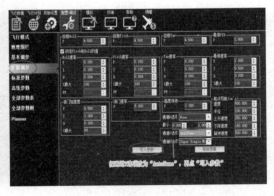

图3 设置 AutoTune 通道

5）自动调参前的准备工作。

①确定飞行器飞行是正常的，是在一台稳定的飞行器上自动调参。

② APM 的飞行模式要有一个是定高模式，即保证在定高状态下飞行是正常的，能保持基本的稳定。

③打开自动调参的日志，以方便调参后对结果进行检查。选择主菜单"配置／调试"的"标准参数"命令，搜索"Log bitmask"，一定要选中"IMU"复选框，再单击"写入参数"按钮，如图 4 所示。

④飞行器的悬臂刚性要好，不易发生变形，太软的悬臂自动调参失败概率较大。

⑤自动调参需要 5 ~ 7min，自动调参时电池要充满电，满足 10min 左右的飞行时间。

⑥记住自动调参前的数值，如自稳 Roll 中的 P、自稳 Pitch 中的 P、Roll 速率和 Pitch 速率的 PID，方便调参后对比，如图 5 所示。

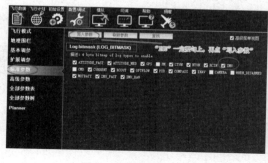

图 4　自动调参前准备

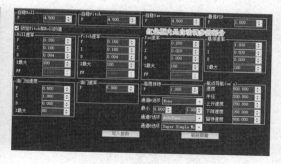

图 5　自动调参前的项目

⑦找一个开阔的地方进行自动调参，为了让数据更加真实，最好选择有微风的天气，风太大会吹着飞行器自行运动。

⑧自动调参前，再次检查螺旋桨、电机、电池等所有设备是否安装稳固，跟调参无关的数传、LED 灯等不要开启。

6）开始自动调参。

①把自动调参的第 7 通道开关置在低位上，切换到自稳飞行模式，按正常步骤对 APM 解锁，加油门起飞后，在 5 ~ 10m 的高度切换到定高飞行模式。

②把自动调参的第 7 通道开关置在高位上，开始 APM 自动调参。飞行器会向左右前后方向摇摆。如果飞机飘得太远，可以用遥控器控制杆让它飞近点；回来时飞行器采用最初设置的 PID 参数，松开遥控器控制杆，自动调参会继续进行。如果中途要终止自动调参，将通道 7 开关置到低位。

③整个自动调参过程需要 5 ~ 7min，待飞行器稳定下来不再左右摇摆时，表示自动调参完成。拉低遥控器油门杆使飞行器降落后，立即对 APM 进行上锁（油门杆最低方向最左位置），自动调参后的数据就自动保存。如果不想保存这次的自动调参数据，将通道 7 开关置于最低位再立即上锁。

④保存自动调参数据后，把通道 7 开关置于最低位，解锁后用自稳飞行模式起飞，查看调整后的效果。

⑤对比自动调参后的数据，如图 6 所示。

7）选择主菜单"配置／调试"→"扩展调参"命令，把通道 7 选项改为 Do Nothing，再单击"写入参数"按钮。

8）自动调参的建议。

①选择自动调参的场地要够大，在自动调参时飞行器飞远了拉回来后，就自动终止了调参。

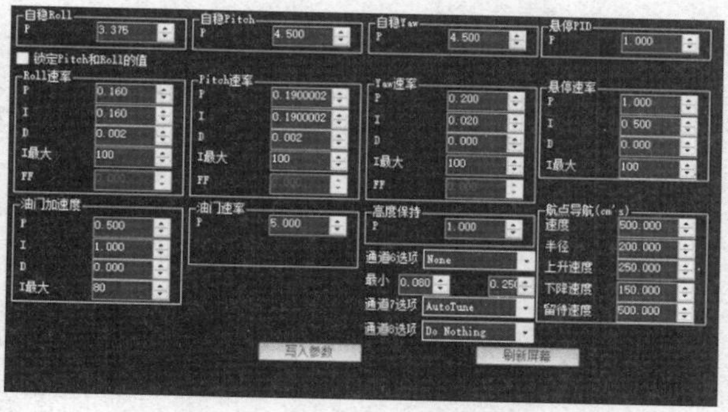

图 6　对比自动调参后的数据

②自动调参时，如果发生炸机，要立即把自动调参开关打到低位，否则即便将油门拉到最低，电机还在转动。

③如果把自动调参开关打到高位后，飞行器没反应，则可以将其打到低位后再打一次高位。

④要选择人少时进行，自动调参有一定的失控风险。

3. Pixhawk 飞行控制器和 Mission Planner 地面站安装调试

Pixhawk 是著名飞控厂商 3DR 推出的新一代独立、开源、高效的飞行控制器，如图 7 所示，它不仅提供了丰富的外设模块和可靠的飞行体验，还可在其基础上进行二次开发。因其具有通用性，本节以 Pixhawk 为例讲解飞控和地面站安装调试过程。

（1）Pixhawk 飞控硬件配置

处理器：主处理器为 32 位处理器（主频为 168MHz）；备用处理器为独立供电 32 位故障保护处理器。

主要传感器包括：

1）双 3 轴加速计。

2）磁力计（确认外部影响和罗盘指向）。

3）双陀螺仪（测量旋转速度）。

4）气压计（测高）。

5）内置罗盘。

（2）接口定义

Pixhawk 接口定义如图 8 ~ 图 10 所示。

图 7　Pixhawk

图 8　Pixhawk 正面接口

1—Spektrum DSM 接收机专用接口　2—遥测：屏幕显示 OSD（TELEM2）　3—遥测：数传（TELEM1）
4—USB　5—SPI 总线（串行外设接口）　6—电源模块（提供供电检测模块）　7—安全开关　8—蜂鸣器
9—串口　10—GPS 模块　11—CAN 总线　12—I²C 分路器或接指南针（罗盘）模块
13—模数转换器（ADC）6.6V　14—模数转换器（ADC）3.3V　15—LED 指示灯

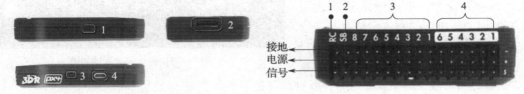

图 9　Pixhawk 两侧与底部接口
1—输入/输出重置按钮　2—SD 插卡槽
3—飞行管理重置按钮　4—Micro-USB 接口

图 10　Pixhawk 顶部接口
1—接收机输入　2—S. BUS 输出
3—主输出　4—辅助输出

（3）基本飞行概念

1）机头指向和方向。以固定翼无人机与四轴飞行器为例，图 11 所示为无人机的载体坐标系。载体重心是坐标原点，载体前进方向为 x 轴正向，载体水平姿态时垂直向下为 z 轴正向，载体飞行方向指向右为 y 轴正向（x，y 和 z 轴满足右手定则）。

2）多轴飞行器的飞行姿态角。具体包括：

①Roll（横滚角）：以飞行前进方向为轴的左右角度变化，如图 12a 所示。

②Pitch（倾斜角）：以飞行前进方向为轴的高低角度变化（抬头、低头），如图 12b 所示。

③Yaw（航向角）：飞行器机头指向角度的改变，如图 12c 所示。

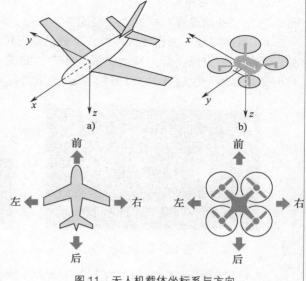

图 11 无人机载体坐标系与方向

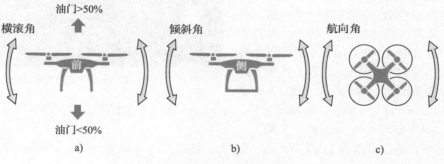

图 12 无人机飞行姿态角

（4）安装飞控驱动与地面站软件

安装 Pixhawk 驱动程序：右击"计算机"图标，在弹出的对话框中选择"设备管理器"选项，单击"端口"列表，出现 PX4 FMU（COM9）端口，如图 13 所示。

安装地面站软件（Mission Planner，MP）本机安装版本为 v1.3.37。地图加载方法：选择"飞行计划"命令，在主界面右侧的地图下拉列表框中选择"必应混合地图"选项。

（5）连接飞控与地面站软件

拔掉飞控上所有设备，只留蜂鸣器。使用 USB 线连接飞控和计算机的 USB 接口。进入飞行数据页面，在右上角串口号选择列表中的 PX4 FMU 串口号，本机是 COM9，波特率为115200，注意不要单击右侧的"自动连接"按钮，如图 14 所示。

图 13 Pixhawk 驱动程序安装端口

图 14 连接飞控与地面站软件端口选择

学习情境 01
学习情境 02
学习情境 03
学习情境 04
学习情境 05
学习情境 06

（6）升级飞控固件

选择"初始设置"中的"安装固件"命令，如图15所示。

1）直接安装。选择飞机种类，下载最新固件，弹出是否继续的对话框，单击"是"按钮，等待安装完成，会出现短暂的音乐声，如图16所示。声音停止后单击"确定"按钮。此时如果是第一次刷 AC3.2 固件，则会提示需要进行罗盘重新校准。

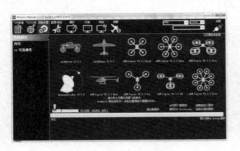

图15　安装固件

图16　下载最新固件

进入"飞行数据"页面，右上角选择 PX4 所在的 COM 端口（本机为 COM9）和 115200（波特率），单击右上角"连接"按钮即可连上飞控，获取飞控数据。

2）安装下载的固件。通过单击地面站安装固件页面中的"下载固件"按钮，打开官方下载服务器，如图17所示。选择固件 Firmware 中的 APM Copter（多旋翼和传统直升机固件），如图18所示。其中，固件版本的含义如下：PX4 对应飞控，heli 表

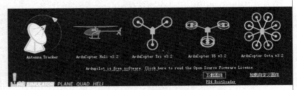

图17　安装下载的固件方法

示直升机，hexa 表示 6 轴，octa 表示 8 轴，octa-quad 表示 4 个机壁，上下两层供 8 台发动机的 8 轴，quad 表示 4 轴，tri 表示 3 轴。

单击 PX4 - quad/ 选项进入下载页面（图19）：选择 v2. px4 版本，右击，将链接另存到本机。

Index of /Copter/stable

Name	Last modified	Size	Description
Parent Directory			
PX4-heli-hil/	2015-02-11 13:49	-	
PX4-heli/	2016-02-25 22:37	-	
PX4-hexa/	2016-02-25 10:13	-	
PX4-octa-quad/	2016-02-25 10:22	-	
PX4-octa/	2016-02-25 10:20	-	
PX4-quad-hil/	2015-02-11 13:49	-	
PX4-quad/	2016-02-25 14:27	-	
PX4-tri/	2016-02-25 10:26	-	
PX4-y6/	2016-02-25 10:28	-	

图18　固件版本图

Name	Last modified	Size	Description
Parent Directory			
ArduCopter-v1.px4	2016-02-24 14:27	573K	
ArduCopter-v2.px4	2016-02-24 14:27	643K	
ArduCopter-v4.px4	2016-02-25 09:41	611K	
git-version.txt	2016-02-24 14:27	190	

图19　下载固件

如果要加载自定义固件，在地面站进入"初始设置"页面，选择"加载自定义固件"命令弹出对话框，选择刚下载的固件文件，单击"确定"按钮即可。地面站切换到"飞行数据"页面，设置好端口与波特率后，单击右上角"连接"按钮即可看到飞控数据（高度、角度等）传回地面站并显示出来。此时，主 LED 灯黄灯闪烁，LED 灯红蓝闪烁表示自检。

（7）校准

将 GPS 的两路输出（6pin 和 4pin）接上飞控对应的 GPS 口（6pin）和 I2C 口（4pin 罗盘），准备校准。打开地面站，USB 连接飞控，设置 COM 端口号和波特率，单击"连接"按钮，连接成功后进入"初始设置"页面，选择"必要硬件"命令，可以看到"机架类型""加速度计校准""罗盘""遥控器校准""飞行模式""失控保护"选项。下面将逐一校准这些选项。

1）机架类型。选择"X"形，默认设置不动，如图 20 所示。

2）加速度计校准。单击"必要硬件"命令中的"加速度计校准"选项，进入校准界面，按提示放置飞控，每一步完成后单击绿色的 Click When Done 按钮。

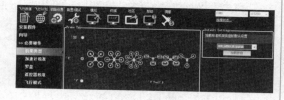

图 20　调试试飞选择

提示如下：

①Place vehicle level and press any key：水平放置，然后单击按钮。

②Place vehicle on its LEFT side and press any key：以箭头所指方向的左侧（无 USB 接口的一侧）为底，立起来放置，然后单击按钮。

③Place vehicle on its RIGHT side and press any key：以箭头所指方向的右侧（有 USB 接口的一侧）为底，立起来放置，然后单击按钮。

④Place vehicle nose DOWN and press any key：以箭头所指方向指向地面，立起来放置，然后单击按钮。

⑤Place vehicle nose UP and press any key：以箭头所指方向指向天空，立起来放置，然后单击按钮。

⑥校准成功后提示完成。如果安装最新地面站后界面为中文，按提示完成校准操作即可，如图 21 所示。

图 21　加速度计校准

3）罗盘（指南针）校准。用捆扎带或皮筋将 GPS 天线与飞控固定好，如图 22 所示，确保二者正表面上箭头方向指向一致。注意一定要固定好，在后续的旋转过程中二者不能发生偏移。罗盘校准一般在装机前后各进行一次。安装时 GPS 和飞控无特殊位置关系，美观方便即可。单击"必要硬件"中的"指南针（Compass）"选项，进行手动校准，指南针 1 和 2 使用默认设置，如图 23 所示。

单击"现场校准"按钮，弹出对话框提示：将飞控绕所有轴做圆周运动，单击 OK 按钮。用手拿着飞控和 GPS 固联体做各个方向的圆周旋转，让飞控采集修正数据，此时地面站显示如图 24 所示。不断旋转飞控指向，数据采集自动结束后弹出偏移量提示，因为 GPS 中有指南针，飞控中也有指南针，因此弹出两个偏移量提示，如图 25 所示，单击 OK 按钮即可。

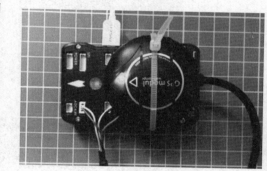

图 22　GPS 天线与飞控固定

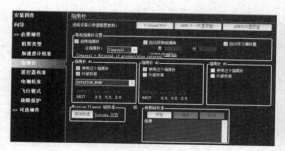

图 23　罗盘校准方法

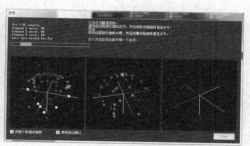

图 24　现场校准

学习情境 01
学习情境 02
学习情境 03
学习情境 04
学习情境 05
学习情境 06

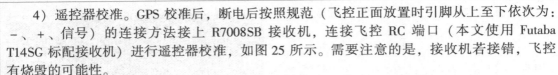

4）遥控器校准。GPS 校准后，断电后按照规范（飞控正面放置时引脚从上至下依次为：−、+、信号）的连接方法接上 R7008SB 接收机，连接飞控 RC 端口（本文使用 Futaba T14SG 标配接收机）进行遥控器校准，如图 25 所示。需要注意的是，接收机若接错，飞控有烧毁的可能性。

①方向校准。打开遥控器，打开地面站，连接飞控，进入"遥控器校准"页面，如图 26 所示。需要注意的是，遥控器左右摇杆控制四个柱面，只有升降舵为反向。

a）油门：推到顶 / 降到底——正向为正确。

b）方向：左摇杆打到最左 / 左摇杆打到最右——正向为正确。

c）横滚：右摇杆打到最左侧 / 右摇杆打到最右侧——正向为正确。

d）升降：右摇杆推到顶 / 右摇杆打到底——反向为正确。

如果方向不正确，则需要在遥控器设置中将该通道设置为反向。

图 25　接收机连接飞控 RC 端口

图 26　遥控器校准页面

②行程校准。所有摇杆均在 1094～1934 值之间变化，满足要求。

单击"校准"按钮，将遥控器左右摇杆重复打到最值，即左右摇杆在最大值上不停转圈，得到校准数据，如图 27 所示。操作完成后，弹出完成提示对话框，单击 OK 按钮后将弹出校准数据，如图 28 所示。

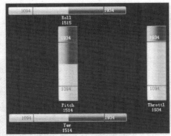
图 27　遥控器行程校准

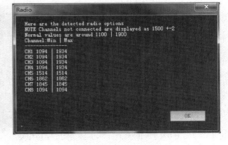
图 28　遥控器校准数据

5）飞行模式与故障保护。飞行模式设置非常重要，使用的飞控不一样会有不同的设置步骤，请参阅产品说明书。

Pixhawk 有六个飞行模式可选，因此在飞控上选择一个 2 档开关和一个 3 档开关进行关联设置，组合得到六个不同档位，当 2 档开关处于第 1 档位时，3 档开关的 1/2/3 档，分别对应模式 1/3/5；当 2 档开关处于第 2 档位时，3 档开关的 1/2/3 档，分别对应模式 2/4/6。

根据自己需要设置飞行模式，以下是与 NAZA M v2 飞控的控制模式的类比：

①Pixhawk 定点模式 Loiter = NAZA GPS 姿态模式（GPS 定高、定点）用于飞行。

②Pixhawk 定高模式 AltHold = NAZA 姿态模式（高度稳定，位置不定，有风险）。

③Pixhawk 自稳模式 Stabilize：用于起飞和降落。图 29 所示为初步设置的六个不同的模式，其中模式 6 建议要设置为 RTL，即"返航"模式。

图 29　飞行模式

（8）连接 3DR 数传

1）安装 USB 转串口驱动。安装串口转 USB 的驱动程序 CP210x_VCP_windows.exe（自行下载或使用购买店家提供的）。驱动装好后，将天线接上数传，使用任意一台数传，用 Micro USB 接上数传和计算机，在设备管理器中如图 30 所示。

2）连接数传与地面站。连接一台数传，保持数传与计算机的连接，打开地面站。如果只想对数传参数进行操作、修改，此时不要单击右上角的"连接"按钮。

选择"初始设置"→"可选硬件"→"3DR 数传"命令，如图 31 所示。

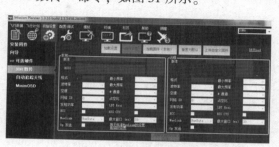

图 30　数传端口

图 31　数传连接

设置端口号与波特率，端口为 5.1 中识别的 USB 转串口的端口（本机为 COM3），波特率为 57600，如图 32 所示。

单击"加载设置"按钮，地面站连接飞控，获取设置参数，如图 33 所示。

图 32　设置端口号与波特率

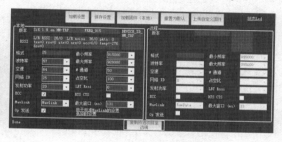

图 33　获取设置参数

需要注意的是，此时由于计算机只加载了一个数传，如果修改参数则另外一台（远端）参数将不会被修改，因此修改后两台数传会连不上。也就是说，当只连接一台数传时，不要修改参数，以免出现问题。

连接两台数传如果需要修改数传参数，必须同时连接两台数传，修改完一台的参数，通过"复制所选项至远端"按钮将修改的参数复制到另一台数传，否则会出错。

使用另一根 Micro USB 线，将另一台数传连接上计算机，如图 34 所示。连接好后，再次单击"加载设置"按钮，等待连接后远程数传的参数出现，且与本地数传参数一致。如果要改本地参数，修改后单击"保存设置"按钮，一定要单击"复制所选项至远端"按钮，将两台数传参数同步一致，如图 35 所示。

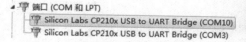

图 34　两台数传的端口

图 35　两台数传参数同步

学习情境 01
学习情境 02
学习情境 03
学习情境 04
学习情境 05
学习情境 06

2. 工作页

学校名称		任课教师	
班级		学生姓名	
学习领域	学习领域：无人机组装调试		
学习情境	学习情境6：无人机调试试飞	学习时间	30min
工作任务	C：飞行控制系统调试	学习地点	理实一体化教室

飞行控制系统调试

多旋翼飞行控制系统是整个飞行系统的_____，其安装和调试至关重要。目前普遍常用的 DJI 多旋翼飞行控制系统有：_____、WooKong－M 和 A2。其中，Naza－M 主要适用于_____和 DIY 用户，推荐安装在_____的多旋翼飞行器上；WooKong－M 和 A2 主要适用于_____，适合安装在相对_____的多旋翼飞行器上。

1. 飞行控制器与调试软件

主要飞行控制器和调试软件见信息页中的表1。

2. PID 调参（请按照下列步骤完成实际操作，以小组为单位，整理调试步骤与图片，制作电子文档汇报）

PID 控制是一个在工业控制应用中常见的反馈回路控制算法。由_____P（Proportional）、_____ I（Integral）和_____ D（Derivative）组成。PID 控制的基础是_____；积分控制可以消除_____，但可能会_____；微分控制可以_____以及减弱_____。

自动调参

自动调参是让飞控系统_____。下面以 APM 自动调参的功能为例介绍自动调参方法。

1）PID 自动调参需用一个通道 7 或通道 8 的 2 段开关，先检查下通道 7 或通道 8 是否正常。打开遥控器开关，进入基础菜单，选择"辅助通道"命令，这里选择的是某 2 段开关作为通道 7 开关。

2）接好 APM 的 USB 线，打开 Mission Planner 软件，单击 CONNCET。

3）选择主菜单"初始设"→"必要硬件"→"遥控器校准"命令。拨动通道 7 开关，查看 Radio 7 的最高值是否大于 1800。如果不足，则要检查遥控器的通道开关是否设置错误或单击"校准遥控"按钮，重新把所有通道校正一遍。测试时候要记住通道 7 开关设置到哪里是最大值，这里是把二段开关放到最下面的时候是最大值。

4）选择主菜单"配置／调试"→"扩展调参"命令，把通道 7 选项改为 AutoTune，再单击"写入参数"按钮。

5）自动调参前的准备工作。

①确定飞行器飞行是正常的，是在一台稳定的飞行器上自动调参。

② APM 的飞行模式要有一个是定高模式，即保证在定高状态下飞行是正常的，能保持基本的稳定。

③打开自动调参的日志，以方便调参后对结果进行检查。选择主菜单"配置／调试"的"标准参数"命令，搜索"Log bitmask"，一定要选中"IMU"复选框，再单击"写入参数"按钮。

④飞行器的悬臂刚性要好，不易发生变形，太软的悬臂自动调参失败概率较大。

⑤自动调参需要 5~7min，自动调参时电池要充满电，满足 10min 左右的飞行时间。

⑥记住自动调参前的数值，如自稳 Roll 中的 P、自稳 Pitch 中的 P、Roll 速率和 Pitch 速率的 PID，方便调参后对比。

⑦找一个开阔的地方进行自动调参，为了让数据更加真实，最好选择有微风的天气，风太大会吹着飞行器跑。

⑧自动调参前，再次检查螺旋桨、电机、电池等所有设备是否安装稳固，跟调参无关的数传、LED 灯等不要开启。

6）开始自动调参。

①把自动调参的第 7 通道开关置在低位上，切换到自稳飞行模式，按正常步骤对 APM 解锁，加油门起飞后，在 5~10m 的高度切换到定高飞行模式。

②把自动调参的第 7 通道开关置在高位上，开始 APM 自动调参。飞行器会向左右前后方向摇摆。如果飞机飘得太远，可以用遥控器控制杆让它飞近点；回来时飞行器采用最初设置的 PID 参数，松开遥控器控制杆，自动调参会继续进行。如果中途要终止自动调参，将通道 7 开关置到低位。

③整个自动调参过程需要 5~7min，待飞行器稳定下来不再左右摇摆时，表示自动调参完成。拉低遥控器油门杆让飞行器降落后，立即对 APM 进行上锁（油门杆最低方向最左位置），自动调参后的数据就自动保存。如果不想保存这次的自动调参数据，将通道 7 开关置于最低位再立即上锁。

④保存自动调参数据后，把通道 7 开关置于最低位，解锁后用自稳飞行模式起飞，查看调整后的效果。

⑤对比自动调参后的数据。

7）选择主菜单"配置／调试"→"扩展调参"命令，把通道 7 选项改为 Do Nothing，再单击"写入参数"按钮。

3. 安装飞控驱动与地面站软件（完成实际操作，以小组为单位，整理调试步骤与图片，制作电子文档汇报）

安装 Pixhawk 驱动程序：右击"计算机"图标，在弹出的对话框中选择"设备管理器"选项，单击"端口"列表，出现 PX4 FMV（COM9）端口。

安装地面站软件（Mission Planner，MP）本机安装版本为 v1.3.37。地图加载方法：选择"飞行计划"命令，在主界面右侧的地图下拉列表框中选择"必应混合地图"选项。

4. 连接飞控与地面站软件（完成实际操作，以小组为单位，整理调试步骤与图片，制作电子文档汇报）

拔掉飞控上所有设备，只留蜂鸣器。使用 USB 线连接飞控和计算机的 USB 接口。进入飞行数据页面，在右上角串口号选择列表中的 PX4 FMU 串口号，本机是 COM9，波特率为 115200。注意不要单击右侧的"自动连接"按钮。

5. 升级飞控固件（完成实际操作，以小组为单位，整理调试步骤与图片，制作电子文档汇报）

选择"初始设置"中的"安装固件"命令。

（1）直接安装

选择飞机种类，下载最新固件，弹出是否继续的对话框，单击"是"按钮，等待安装完成，会出现短暂的音乐声。声音停止后单击"确定"按钮。此时如果是第一次刷 AC3.2 固件，则会提示需要进行罗盘重新校准。

进入"飞行数据"页面，右上角选择 PX4 所在的 COM 端口（本机为 COM9）和 115200（波特率），单击右上角"连接"按钮即可连上飞控，获取飞控数据。

学习情境 01
学习情境 02
学习情境 03
学习情境 04
学习情境 05
学习情境 06

（2）安装下载的固件

通过单击地面站安装固件页面中的"下载固件"按钮，打开官方下载服务器。选择固件 Firmware 中的 APM Copter（多旋翼和传统直升机固件）。其中，固件版本的含义如下：PX4 对应飞控，heli 表示直升机，hexa 表示 6 轴，octa 表示 8 轴，octa – quad 表示 4 个机壁，上下两层供 8 台发动机的 8 轴，quad 表示 4 轴，tri 表示 3 轴。

单击 PX4 – quad/ 选项进入下载页面：选择 v2. px4 版本，右击，将链接另存到本机。

如果要加载自定义固件，在地面站进入"初始设置"页面，选择"加载自定义固件"命令弹出对话框，选择刚下载的固件文件，单击"确定"按钮即可。地面站切换到"飞行数据"页面，设置好端口与波特率后，单击右上角"连接"按钮即可看到飞控数据（高度、角度等）传回地面站并显示出来。此时，主 LED 灯黄灯闪烁，LED 灯红蓝闪烁表示自检。

6. 校准（完成实际操作，以小组为单位，整理调试步骤与图片，制作电子文档汇报）

将 GPS 的两路输出（6pin 和 4pin）接上飞控对应的 GPS 口（6pin）和 I2C 口（4pin 罗盘），准备校准。打开地面站，USB 连接飞控，设置 COM 端口号和波特率，单击"连接"按钮，连接成功后进入"初始设置"页面，选择"必要硬件"命令，可以看到"机架类型""加速度计校准""罗盘""遥控器校准""飞行模式""失控保护"选项，下面将逐一校准上述选项。

1）机架类型。选择"X"形，默认设置不动。

2）加速度计校准。单击"必要硬件"命令中的"加速度计校准"选项，进入校准界面，按提示放置飞控，每一步完成后单击绿色的 Click When Done 按钮。

提示如下：

①Place vehicle level and press any key：水平放置，然后单击按钮。

②Place vehicle on its LEFT side and press any key：以箭头所指方向的左侧（无 USB 接口的一侧）为底，立起来放置，然后单击按钮。

③Place vehicle on its RIGHT side and press any key：以箭头所指方向的右侧（有 USB 接口的一侧）为底，立起来放置，然后单击按钮。

④Place vehicle nose DOWN and press any key：以箭头所指方向指向地面，立起来放置，然后单击按钮。

⑤Place vehicle nose UP and press any key：以箭头所指方向指向天空，立起来放置，然后单击按钮。

⑥校准成功后提示完成。如果安装最新地面站后界面为中文，按提示完成校准操作即可。

3）罗盘（指南针）校准。用捆扎带或皮筋将 GPS 天线与飞控固定好，确保二者正表面上箭头方向指向一致。注意一定要固定好，在后续的旋转过程中二者不能发生偏移。罗盘校准一般在装机前后各进行一次。安装时 GPS 和飞控无特殊位置关系，美观方便即可。单击"必要硬件"中的"指南针（Compass）"选项，进行手动校准，指南针 1 和 2 使用默认设置。

单击"现场校准"按钮，弹出对话框提示：将飞控绕所有轴做圆周运动，单击 OK 按钮。用手拿着飞控和 GPS 固联体做各个方向的圆周旋转，让飞控采集修正数据。不断旋转飞控指向，数据采集自动结束后弹出偏移量提示，因为 GPS 中有指南针，飞控中也有指南针，因此弹出两个偏移量提示，单击 OK 按钮即可。

4）遥控器校准。GPS 校准后，断电后按照规范（飞控正面放置时引脚从上至下依次为：－、＋、信号）的连接方法接上 R7008SB 接收机，连接飞控 RC 端口（本文使用 Futaba T14SG 标配接收机）进行遥控器校准。需要注意的是，接收机若接错，飞控有烧毁的可能性。

①方向校准。打开遥控器，打开地面站，连接飞控，进入"遥控器校准"页面。需要注意的是，遥控器左右摇杆控制四个柱面，只有升降舵为反向。

a）油门：推到顶／降到底——正向为正确。

b）方向：左摇杆打到最左／左摇杆打到最右——正向为正确。

c）横滚：右摇杆打到最左侧／右摇杆打到最右侧——正向为正确。

d）升降：右摇杆推到顶／右摇杆打到底——反向为正确。

如果方向不正确，则需要在遥控器设置中将该通道设置为反向。

②行程校准。所有摇杆均在 1094~1934 值之间变化，满足要求。

单击"校准"按钮，将遥控器左右摇杆重复打到最值，即左右摇杆在最大值上不停转圈，得到校准数据。操作完成后，弹出完成提示对话框，单击 OK 按钮后将弹出校准数据。

5）飞行模式与故障保护。飞行模式设置非常重要，使用的飞控不一样会有不同的设置步骤，请参阅产品说明书。

Pixhawk 有六个飞行模式可选，因此在飞控上选择一个 2 档开关和一个 3 档开关进行关联设置，组合得到六个不同档位，当 2 档开关处于第 1 档位时，3 档开关的 1/2/3 档，分别对应模式 1/3/5；当 2 档开关处于第 2 档位时，3 档开关的 1/2/3 档，分别对应模式 2/4/6。

根据自己需要设置飞行模式，以下是与 NAZA M v2 飞控的控制模式的类比：

①Pixhawk 定点模式 Loiter = NAZA GPS 姿态模式（GPS 定高、定点）用于飞行。

②Pixhawk 定高模式 AltHold = NAZA 姿态模式（高度稳定，位置不定，有风险）。

③Pixhawk 自稳模式 Stabilize：用于起飞和降落。

7. 连接 3DR 数传（完成实际操作，以小组为单位，整理调试步骤与图片，制作电子文档汇报）

1）安装 USB 转串口驱动。安装串口转 USB 的驱动程序 CP210x_ VCP_ windows. exe（自行下载或使用购买店家提供的）。驱动装好后，将天线接上数传，使用任意一台数传，用 Micro USB 接上数传和计算机。

2）连接数传与地面站。连接一台数传，保持数传与计算机的连接，打开地面站。如果只想对数传参数进行操作、修改，此时不要单击右上角的"连接"按钮。

选择"初始设置"→"可选硬件"→"3DR 数传"命令。

设置端口号与波特率，端口为 5.1 中识别的 USB 转串口的端口（本机为 COM3），波特率为 57600。

单击"加载设置"按钮，地面站连接飞控，获取设置参数。

需要注意的是，此时由于计算机只加载了一个数传，如果修改参数则另外一台（远端）参数将不会被修改，因此修改后两台数传会连不上。也就是说，当只连接一台数传时，不要修改参数，以免出现问题。

连接两台数传如果需要修改数传参数，必须同时连接两台数传，修改完一台的参数，通过"复制所选项至远端"按钮将修改的参数复制到另一台数传，否则会出错。

使用另一根 Micro USB 线将另一台数传连接上计算机。连接好后，再次单击"加载设置"按钮，等待连接后远程数传的参数出现，且与本地数传参数一致。如果要改本地参数，修改后单击"保存设置"按钮，一定要单击"复制所选项至远端"按钮，将两台数传参数同步一致。

6.3.4 遥控器与遥控接收机调试

1. 信息页

学习领域	学习领域：无人机组装调试		
学习情境	学习情境6：无人机调试试飞	学习时间	30min
工作任务	D：遥控器与遥控接收机调试	学习地点	理实一体化教室

遥控器与遥控接收机调试

1. 遥控器的选择

不同品牌的遥控器功能上大体相似，在选择遥控器时，一般考虑使用的频率，受摇杆电位器寿命限制，使用率不高的情况下一般建议中档遥控器，如天地飞（图1）、乐迪、富斯；长期使用可以选择高档遥控器，如美国地平线（Spektrum）DX9、FUTABA（图2）等。

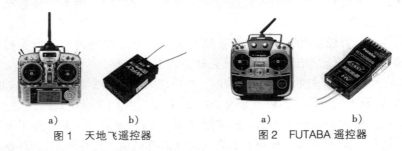

图1　天地飞遥控器　　　　　图2　FUTABA遥控器

无人机遥控器四个通道对应的控制量分别为：

1）A：副翼（Aileron）。

2）E：升降（Elevator）。

3）T：油门通道（Throttle）。

4）R：方向舵（Rudder）。

在选择无人机遥控器的时候，要特别注意美国手与日本手的区别，如图3所示。

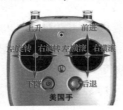 

图3　美国手与日本手

2. 频段的选择

遥控器使用的频段通常为2.4GHz，我国工业和信息化部在2015年3月发出通知，规划840.5～845MHz、1430～1444MHz和2408～2440MHz频段用于无人驾驶航空器系统。

1）840.5～845MHz频段可用于无人驾驶航空器系统的上行遥控链路。其中，841～845MHz也可采用时分方式用于无人驾驶航空器系统的上行遥控和下行遥测链路。

2）1430～1444MHz频段可用于无人驾驶航空器系统下行遥测与信息传输链路，其中，1430～1438MHz频段用于警用无人驾驶航空器和直升机视频传输，其他无人驾驶航空器使用1438～1444MHz频段。

3）2408～2440MHz频段可作为无人驾驶航空器系统上行遥控、下行遥测与信息传输链路的备份频段。相关无线电台站在该频段工作时不得对其他合法无线电业务造成影响，也不能寻求无线电干扰保护。

3. 接收机模式的选择

PWM、PPM、S. BUS、DSM2 接收机模式的选择是每个无人机从业者都曾遇到的问题。PWM、PPM（又称 CPPM）、S. BUS、DSM2 都是接收机与其他设备通信的协议，注意不要和遥控器和接收机之间的协议混淆。

遥控器和接收机之间会采用某种协议来互相沟通，这些协议往往各个厂牌各自有一套且互不兼容。但接收机输出的信号是有通行标准的，这里讨论的就是接收机输出的信号。

（1）PWM

PWM 是 Pulse Width Modulation 的缩写，意思是脉宽调制，在航模中主要用于舵机的控制。这是一种古老而通用的工业信号，是最常见的控制信号。该信号主要原理是通过周期性跳变的高低电平组成方波，来进行连续数据的输出，如图 4 所示。而航模常用的 PWM 信号，其实只使用了它的一部分功能，就是只用到高电平的宽度来进行信号的通信，而固定了周期，并且忽略了占空比参数。

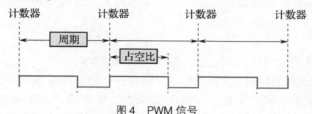

图 4 PWM 信号

PWM 由于传输过程全部使用满电压传输，非 0 即 1，很像数字信号，所以其拥有了数字信号的抗干扰能力。脉宽的调节是连续的，使得它能够传输模拟信号。PWM 信号的发生和采集都非常简单，现在的数字电路则使用计数的方法产生和采集 PWM 信号。信号值与电压无关，这在电压不恒定的条件下非常有用，如电池电压会随消耗而降低，AC/DC 都会存在纹波等，这些因素不会干扰信号的传输。PWM 因为处理简单，在航模圈至今仍然广泛用于驱动舵机和固定翼无人机的电调等。其相对于 PPM 等协议最大的不同在于，它的每条物理连线里只传输 1 路信号。换句话说，需要传输几个通道，就需要几组物理连线。

（2）PPM（CPPM）

PPM 的全称是 Pulse Position Modulation，信号如图 5 所示。因为 PWM 每路只能传输一路信号，在分别直接驱动不同设备的时候（如固定翼无人机，每路各自驱动不同的舵机和电调）没有问题。但在一些场合，我们并不需要直接驱动设备，而是需要先集中获取接收机的多个通道的值，再做其他用途，如将两个遥控器之间连接起来的教练模式，要将接收机的信号传输给飞控时，每个通道一组物理连线的方式就显得非常烦琐和没有必要。

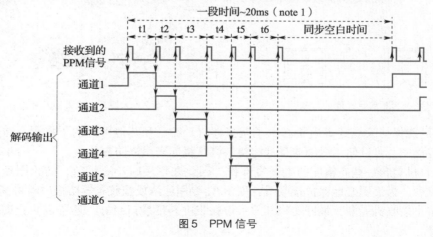

图 5 PPM 信号

学习情境 01
学习情境 02
学习情境 03
学习情境 04
学习情境 05
学习情境 06

（3）S. BUS（S – BUS/SBUS）

S. BUS 全称是 Serial Bus。S. BUS 是一个串行通信协议，最早由日本厂商 FUTABA 引入，随后 FrSky 的很多接收机也开始支持，S. BUS 是全数字化接口总线，数字化是指该协议使用现有数字通信接口作为通信的硬件协议，使用专用的软件协议，这使得该设备非常适合在单片机系统中使用，也就是适合与飞控连接。总线是指它可以连接多个设备，这些设备通过一个 Hub 与这个总线相连，得到各自的控制信息。S. BUS 使用 RS232C 串口的硬件协议作为自己的硬件运行基础，使用 TTL 电平，即 3.3V；使用负逻辑，即低电平为"1"，高电平为"0"；波特率为 100000（100k）。注意：它不兼容波特率 115200。

（4）DSM2（DSMX）

DSM 是 Digital Spread Spectrum Modulation 的缩写。DMS 协议一共有三代：DSM、DSM2、DSMX。国内最常见的是 DSM2，JR 的遥控器和 Spectrum 的遥控器都支持。该协议也是一种串行协议，但是比 S. BUS 更加通用，使用标准串口定义，所以市面上兼容接收机更加便宜，兼容的设备也更多。

（5）选用方法

1）如果配置的是不加飞控的固定翼，那么就选择 PWM。

2）如果需要配置无线教练机或无线模拟器，那么一个支持 PPM 输出的接收机可以省去连线。

3）如果追求极限的穿越机表现，那也许能感受到 S. BUS 的低延迟带来的优势。当涉足功能丰富的正经航拍机，除了控制飞机还要控制云台等一系列其他附加设备时，S. BUS 的多通道会带来很大便利。

具体的切换方法不同品牌的接收机各不相同，请参阅说明书。

4. 接收机的调试

（1）接收机天线安装

1）尽量保证天线笔直，否则会减小有效控制范围。

2）两根天线应保持 90°角（图 6）。

3）大型的无人机可能会存在影响信号发射的金属部件，在这种情况下，天线应处于模型的两侧。这样在任何飞行姿态下都能保持拥有最佳的信号状态。

4）天线应该尽可能远离金属导体和碳纤维，至少要有 12mm 的距离，但不能过度弯曲，如图 7 所示。

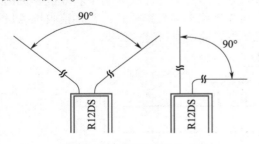

图 6　两根天线之间的角度

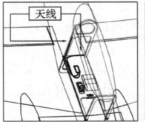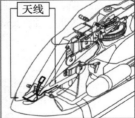

图 7　大型无人机天线安装

5）尽可能保持天线远离电机、电子调速器（ESC）和其他可能的干扰源。在实际安装接收机的过程中，可以使用海绵或是泡沫材料将其绕起来用以防振。

6）接收机包含一些高精度的电子零部件，因此在使用时小心轻放，防止剧烈振动或处于高温环境中，为了更好地保护接收机，用 R/C 专用泡沫或橡胶布等防振材料将其缠绕。

为了防止接收机受潮，最好是将其放到塑料袋中并把袋口封好，还可以防止燃料以及残渣进入机身。

（2）对码

每个发射机都有独立的 ID 编码。开始使用设备前，接收机必须与发射机对码。对码完成后，ID 编码则储存在接收机内，且不需要再次对码，除非接收机再次与其他发射机配套使用。当购买新的接收机，必须要重新对码，否则接收机将无法正常使用。对码时将发射机和接收机放在一起，两者距离在 1m 以内。具体步骤因不同品牌有所不同，请参阅产品说明书。

1）天地飞、FUTABA 的操作步骤一般如下：

①接收机通电。注意电源正负极是否正确和电压是否在安全工作范围。

②接收机长按 SET 键 3～4s，状态灯为橙色灯慢闪，进入对码状态。

③遥控器开机，检查工作模式应为 PCMS（PPM 模式不能对码）。

④遥控器进入对码菜单：通过 MENU →高级设置→对码→确定→接收机灯灭→对码成功

2）乐迪的操作步骤如下：

①将发射机和接收机放在一起，两者距离在 1m 以内。

②打开发射机电源开关，R12DS 接收机将寻找与之最近的遥控器进行对码。这是 R12DS 接收机的特色之一。

③按下接收机侧面的（ID SET）开关 1s 以上，LED 灯闪烁，指示开始对码。

④确认舵机可以根据发射机来操作。

5. 模型的选择与机型选择

模型选择是指一个遥控器配对多个飞行器的接收机，但同一时间只允许控制一个飞行器（安全考虑），也就是一个接收机。为了方便操作，不用每次更换无人机时，都重新将接收机对码，所以需要将每个接收机保存为一种模型，当需要控制其他接收机时只需在模型里面进行选择即可。

机型选择是指每一个模式里面的机型，如固定翼、多旋翼、直升机等。

操作步骤一般如下：

1）设置：按住 MENU 键开机，进入"系统设置"模式，选择"机型参数选择"和"机型设置"选项，分别选择所有模型参数组中的一组参数和机型类型。

2）保存：选择方向键，确定选项后，按提示关机，直接保存。

6. 中立微调

因各种原因会导致飞机的飞行出现偏差，因此必须进行中立微调，对舵机的中立位置进行精细的调整。调整范围为 −120 ～ +120（步阶），默认设置为 0，即没有中立微调。

建议用户在开始设置中立微调之前，确保舵机行程的范围将会限制在单一的方向。

建议操作程序如下：

1）测量并记录预期舵面的位置。

2）将微调步阶量和中立微调都设置为 0。

3）将舵机臂和连杆连接起来，使舵面的中立位置尽可能准确。

4）在中立微调中选用较小的调整量调至精准位置。

7. 油门怠速（只适用于固定翼机）

在下列情况下降低发动机的转速：停在跑道上（起飞待命状态），失速滚转和着陆。普通的转速设置为：稍高的速度易于起动，可降低飞行中灭车的风险以保证安全飞行。

控制开关可设置在任何开关位置，一些模型使用者偶然地将油门怠速和油门关闭设置在一个三档开关上，这种情况下发动机则不可能在普通模式下起动。油门怠速的默认设置为开关的中间档位和下档位，即使油门关闭设在开关的下档位时也可正常使用。将开关拨至上位则为普通飞行／起飞模式，中间为慢速飞行／着陆，下侧可关闭发动机。如果将油门怠速或油门关闭设置在教练功能开关，那么当使用教练功能时会出现油门失控或学生机无法操控的危险。

2. 工作页

学校名称		任课教师	
班级		学生姓名	
学习领域	学习领域：无人机组装调试		
学习情境	学习情境6：无人机调试试飞	学习时间	30min
工作任务	D：遥控器与遥控接收机调试	学习地点	理实一体化教室

遥控器与遥控接收机调试

1. 遥控器的选择

不同品牌的遥控器功能上大体相似，在选择遥控器时，一般考虑使用的_____，受_____器寿命限制，使用率不高的情况下一般建议_____遥控器，如天地飞、乐迪、富斯；长期使用可以选择_____遥控器，如美国地平线（Spektrum）DX9、FUTABA 等。

无人机遥控器四个通道对应的控制量分别为：

1) A：_____（Aileron）。

2) E：_____（Elevator）。

3) T：_____（Throttle）。

4) R：_____（Rudder）。

在选择无人机遥控器的时候，要特别注意_____的区别。

2. 频段的选择

遥控器使用的频段通常为_____，我国工业和信息化部在 2015 年 3 月发出通知，规划 840.5～845MHz、1430～1444MHz 和 2408～2440MHz 频段用于_____系统。

1) 840.5～845MHz 频段可用于无人驾驶航空器系统的_____。

2) 1430～1444MHz 频段可用于无人驾驶航空器系统_____与_____。

3) 2408～2440MHz 频段可作为无人驾驶航空器系统_____、_____与_____的备份频段。

3. 接收机模式的选择

1) 如果配置的是不加飞控的固定翼，那么就选择_____。

2) 如果需要配置无线教练机或无线模拟器，那么一个支持_____输出的接收机可以省去连线。

3) 如果追求极限的穿越机表现，那也许能感受到_____的低延迟带来的优势。当涉足功能丰富的正经航拍机，除了控制飞机，还要控制云台等一系列其他附加设备时，S. BUS 的多通道会带来很大便利。

4. 接收机的调试（请按照下列步骤完成实际操作，以小组为单位，整理调试步骤与图片，制作电子文档汇报）

(1) 接收机天线安装

1) 尽量保证天线笔直，否则会减小有效控制范围。

2）两根天线应保持 90°角。

3）大型的无人机可能会存在影响信号发射的金属部件，在这种情况下，天线应处于模型的两侧。这样在任何飞行姿态下都能保持拥有最佳的信号状态。

4）天线应该尽可能远离金属导体和碳纤维，至少要有 12mm 的距离，但不能过度弯曲，如图 7 所示。

5）尽可能保持天线远离电机、电子调速器（ESC）和其他可能的干扰源。在实际安装接收机的过程中，可以使用海绵或是泡沫材料将其绕起来用以防振。

6）接收机包含一些高精度的电子零部件，因此在使用时小心轻放，防止剧烈振动或处于高温环境中，为了更好地保护接收机，用 R/C 专用泡沫或橡胶布等防振材料将其缠绕。

（2）对码

1）天地飞、FUTABA 的操作步骤一般如下：

①接收机通电。注意电源正负极是否正确和电压是否在安全工作范围。

②接收机长按 SET 键 3～4s，状态灯为橙色灯慢闪，进入对码状态。

③遥控器开机，检查工作模式应为 PCMS（PPM 模式不能对码）。

④遥控器进入对码菜单：通过 MENU →高级设置→对码→确定→接收机灯灭→对码成功

2）乐迪的操作步骤如下：

①将发射机和接收机放在一起，两者距离在 1m 以内。

②打开发射机电源开关，R12DS 接收机将寻找与之最近的遥控器进行对码。这是 R12DS 接收机的特色之一。

③按下接收机侧面的（ID SET）开关 1s 以上，LED 灯闪烁，指示开始对码。

④确认舵机可以根据发射机来操作。

5. 模型的选择与机型选择（请按照下列步骤完成实际操作，以小组为单位，整理调试步骤与图片，制作电子文档汇报）

操作步骤一般如下：

1）设置：按住 MENU 键开机，进入"系统设置"模式，选择"机型参数选择"和"机型设置"选项，分别选择所有模型参数组中的一组参数和机型类型。

2）保存：选择方向键，确定选项后，按提示关机，直接保存。

6. 中立微调（请按照下列步骤完成实际操作，以小组为单位，整理调试步骤与图片，制作电子文档汇报）

建议操作程序如下：

1）测量并记录预期舵面的位置。

2）将微调步阶量和中立微调都设置为 0。

3）将舵机臂和连杆连接起来，使舵面的中立位置尽可能准确。

4）在中立微调中选用较小的调整量调至精准位置。

学习情境 01
学习情境 02
学习情境 03
学习情境 04
学习情境 05
学习情境 06

6.3.5 动力系统调试

1. 信息页

学习领域	学习领域：无人机组装调试		
学习情境	学习情境6：无人机调试试飞	学习时间	30min
工作任务	E：动力系统调试	学习地点	理实一体化教室

动力系统调试

1. 连接方式

连接方式如图1所示。

1）接收机：所用接收机必须是已经和遥控器对好频率。

2）接收机供电：5V（UBEC处）接入到任意一个通道。注意通道的接口定义：PWM信号线、VCC_5V电源、GND搭铁线。

3）电池：注意电源正负极。

4）电调：信号线接到油门三通道，电源线接到电池或者电机的正负极。注意识别信号线定义：PWM信号线、VCC_5V、GND。

5）电机：注意三相线的接法，改变其中任意两根，可以改变电机转向。

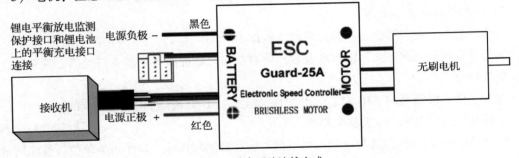

图1　动力系统连接方式

2. 电调起动

在使用全新的无刷电子调速器之前，仔细检查各个连接是否正确、可靠（此时请勿连接电池）。经检查一切正常后，按以下顺序起动无刷电子调速器。

1）将遥控器油门摇杆推至最低位置，接通遥控器电源。

2）将电池组接上无刷电子调速器，调速器开始自检，约2s后电机发出"哔——"（长鸣音表示自检正常）。然后电动机奏乐，表示一切准备就绪，等待推动油门起动电机。

①若无任何反应，请检查电池是否完好，电池连线是否可靠。

②若上电后2s电机发出"哔-哔-"的鸣音，5s后又发出特殊提示音，表示电调进入编程设定模式，这说明遥控器未设置好，油门通道反向，请参考遥控器说明书正确设置油门通道的正／反向。

③若上电后电机发出"哔-哔-、哔-哔-、哔-哔-"鸣音（间隔1s），表示电池组电压过低或过高，请检查电池组电压。

3）正常情况下，电机奏乐后，电机会发出鸣音依次报出各个选项的设定值，可以在此过程中的任意时刻推动油门起动电机，而不必等鸣音结束。

4）为了让电调适应遥控器油门行程，在首次使用本电调或更换其他遥控器使用时，均应重新设定油门行程，以获得最佳的油门线性。

3. 保护功能

1）起动保护。当推油门起动后，如果在 2s 内未能正常起动电机，电调将会关闭电机，油门需再次置于最低点后，才可以重新起动。出现这种情况的原因可能有电调和电机连线接触不良或有一条断开、螺旋桨被其他物体阻挡、减速齿轮卡死等。

2）温度保护。当电调工作温度超过 110℃时，电调会降低输出功率进行保护，但不会将输出功率全部关闭，最多只降到全功率的 40%，以保证电机仍有动力，避免摔机。温度下降后，电调会逐渐恢复最大动力。

3）油门信号丢失保护。当检测到油门遥控信号丢失 1s 后，电调开始降低输出功率，如果信号始终无法恢复，则一直降到零输出（降功率过程为 2s）。如果在降功率的过程中油门遥控信号重新恢复，则立即恢复油门控制。这样做的好处是：在油门信号瞬间丢失的情况下（小于 1s），电调并不会进行断电保护；如果遥控信号确实长时间丢失，则进行保护，但不是立即关闭输出，而是有一个逐步降低输出功率的过程，给操控者留有一定的时间救机，兼顾安全性和实用性。

4）过负荷保护。当负载突然变得很大时，电调会切断动力或自动重新起动。出现负载急剧增大的原因通常是螺旋桨打到其他物体而堵死。

4. 故障处理

电调常见故障及诊断方法见表1。

表1　电调常见故障及诊断方法

故障现象	可能原因	解决方法
上电后电机无法起动，无任何声音	电源接头接触不良	重新插好接头或更换接头
上电后电机无法起动，发出"哔－哔－、哔－哔－、哔－哔－"警示音（每两声之间的间隔时间为 1s）	电池组电压不正常	检查电池组电压
上电后电机无法起动，发出"哔－、哔－、哔－"警示音（每声之间的间隔时间为 2s）	接收机油门通道无油门信号输出	检查发射机和接收机的配合是否正常，油门控制通道接线是否插紧
上电后电机无法起动，发出"哔、哔、哔、哔、哔"急促单音	油门未归零或油门行程设置过小	将油门摇杆置于最低位置　重新设置油门行程
上电后电机无法起动，发出"哔－哔－"提示音，然后发出特殊提示音	油门通道正/反向错误	参考遥控器说明书，调整油门通道的正/反向设置
电机反转	电调输出线和电机线的线序错误	将三根输出线中的任意两根对调
电机转动中途停转	油门信号丢失保护	检查遥控器和接收机的配合是否正常，检查油门通道接线是否接触良好
	电池电压不足，进入低压保护状态	重新给电池充满电
	接线接触不良	检查电池组插头是否正常、电调输出线和电机线连接是否稳固可靠
随机性的重新起动和工作状态失常	使用环境中具有极强烈的电磁干扰	电调的正常功能会受到强烈电磁波的干扰，出现这种情况时请参照说明书的指示，尝试重新上电起动来恢复正常的工作状态；当故障反复出现时，说明使用环境中的电磁波干扰过于强烈，请在其他场所使用该产品

2．工作页

学校名称		任课教师	
班级		学生姓名	
学习领域	学习领域：无人机组装调试		
学习情境	学习情境6：无人机调试试飞	学习时间	30min
工作任务	E：动力系统调试	学习地点	理实一体化教室

动力系统调试

1. 动力系统接线（请按照下列步骤完成实际操作，以小组为单位，整理调试步骤与图片，制作电子文档汇报）

1）接收机：所用接收机必须是已经和遥控器对好_____。

2）接收机供电：5V（UBEC 处）接入到任意一个通道：PWM _____、VCC_____、GND _____。

3）电池：注意电源_____。

4）电调：信号线接到_____，电源线接到_____或者发电机的正负极。

5）电机：注意三相线的接法，改变其中任意两根，可以改变电机_____。

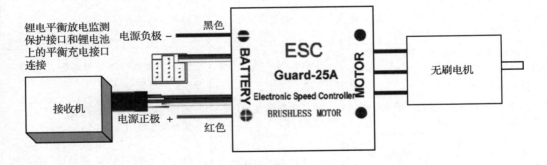

2. 电调起动（请按照下列步骤完成实际操作，以小组为单位，整理调试步骤与图片，制作电子文档汇报）

在使用全新的无刷电子调速器之前，仔细检查各个连接是否正确、可靠（此时请勿连接电池）。经检查一切正常后，按以下顺序起动无刷电子调速器。

1）将遥控器油门摇杆推至最低位置，接通遥控器电源。

2）将电池组接上无刷电子调速器，调速器开始自检，约 2s 后电机发出"哔——"（长鸣音表示自检正常）。然后电动机奏乐，表示一切准备就绪，等待推动油门起动电机。

①若无任何反应，请检查电池是否完好，电池连线是否可靠。

②若上电后 2s 电机发出"哔 – 哔 –"的鸣音，5s 后又发出特殊提示音，表示电调进入编程设定模式，这说明遥控器未设置好，油门通道反向，请参考遥控器说明书正确设置油门通道的正／反向。

332

③若上电后电机发出"哔－哔－、哔－哔－、哔－哔－"鸣音（间隔 1s），表示电池组电压过低或过高，请检查电池组电压。

3）正常情况下，电机奏乐后，电机会发出鸣音依次报出各个选项的设定值，可以在此过程中的任意时刻推动油门起动电机，而不必等鸣音结束。

4）为了让电调适应遥控器油门行程，在首次使用本电调或更换其他遥控器使用时，均应重新设定油门行程，以获得最佳的油门线性。

3. 保护功能

（1）起动保护

当推油门起动后，如果在_____未能正常起动电机，电调将会关闭_____，油门需再次置于_____后，才可以重新起动。

出现这种情况的原因可能有电调和电动机连线_____或有一条断开、_____被其他物体阻挡、_____卡死等。

（2）温度保护

当电调工作温度超过_____时，电调会降低输出功率进行保护，但不会将输出功率全部关闭，最多只降到全功率的_____，以保证电机仍有动力，避免摔机。温度下降后，电调会逐渐恢复_____。

（3）油门信号丢失保护

当检测到油门遥控信号丢失_____后，电调开始_____，如果信号始终无法恢复，则一直降到零输出（降功率过程为 2s）。如果在降功率的过程中油门遥控信号重新恢复，则立即恢复_____。

这样做的好处是：在油门信号瞬间丢失的情况下（小于 1s），电调并不会进行断电保护；如果遥控信号确实长时间丢失，则进行保护，但不是立即关闭输出，而是有一个逐步降低输出功率的过程，给操控者留有一定的时间救机，兼顾_____。

（4）过负荷保护

当负载突然变得很大时，电调会_____或_____。出现负载急剧增大的原因通常是螺旋桨打到其他物体而堵死。

4. 故障处理（请按照下列步骤完成实际操作，以小组为单位，整理故障现象及处理步骤与图片，制作电子文档汇报）

电调常见故障及诊断方法可参见信息页中的表 1。

6.3.6　无人机试飞

信息页

学习领域	学习领域：无人机组装调试		
学习情境	学习情境6：无人机调试试飞	学习时间	30min
工作任务	F：无人机试飞	学习地点	理实一体化教室

无人机试飞

在调试过程中或完成后需要实飞测试，应当注意以下方面：

1）遥控器上务必设置"油门锁"。养成无人机上电时，确认油门是被锁住的好习惯。无人机跑道就位，临起飞时，再打开油门锁。无人机一落地立即把油门锁住，防止走动过程中误触碰油门摇杆，导致电机转动伤人。

2）给无人机上电前，认真确认当前无人机与遥控器所选无人机相对应。

3）遥控器没有办法设置油门锁的，给无人机上电时，不要把遥控器挂在胸前或立着放在地上，防止误碰油门摇杆。

4）起飞前最好先试试各个舵面方向反应是否正确，新手不要飞带病（机身不正、舵机乱响等）的无人机。

5）给无人机上电时，确认电池电量是充足的，而不是刚刚用过的。

6）使用桨保护器的，要经常检查绑扎螺旋桨的皮筋是否老化，尤其是放置了一段时间没飞的无人机。

7）手拿无人机时，手握无人机的位置必须避开桨叶转动可以打到的地方。

8）拿到刚刚降落的无人机，即便是锁了油门锁，第一件事也是要立即断开电池与电调的连接。

9）没有起落架的尾推类无人机（飞翼等）尽量用高 KV 值的电机和小桨，采用正确的姿势把无人机抛出，防止打到手（越小的飞翼，越容易打到手）。

10）新手在任何情况下，飞任何机型，都不要试图用手接住正在降落的无人机。

6.4　任务计划

课程思政点睛

1）任务计划环节是在理实一体化学习之后，为培养学生先谋后动的思维意识与习惯而进行的训练，学生通过小组合作完成工作计划的制订。

2）利用规范性、标准性非常高的计划表格引导学生养成严谨、认真、负责任的职业态度和精益求精、考虑全面的工匠精神。

3）通过对规范、环保、安全方面的强调和要求，培养学生的环境保护意识、安全意识及大局观。

教学实施指导

1）教师指导学生独立学习6.4.1多旋翼无人机调试流程（信息页），要求学生划出关键信息。

2）学生分组讨论，合作完成6.4.2无人机调试试飞工作计划，完成配件清单、设备工具清单与工作计划。

3）教师选出一个组来介绍讲解海报内容，教师进行评价。教师强调修改工作计划时注意：标准、规范、安全、环保、时间及成本控制意识的训练。

6.4.1 多旋翼无人机调试试飞流程（信息页）

多旋翼无人机调试试飞流程

1. 调参软件使用说明

通常分有免调试版和调试版，不同品牌调试界面不一致，下面以某品牌的调试软件为例进行介绍。

1）调参软件介绍。在大疆官网（https：//www.dji.com/cn/naza-m-lite/download）下载 NAZA-M Lite 调参软件 v1.00（已停止更新），同时也需要下载 DJI WIN 驱动程序，两个均需要安装在计算机上。如图 1 所示。

图 1　NAZA-M Lite 调参软件

2）调参软件使用说明。因 NAZA-M Lite 是大疆早期的产品，调试时请仔细阅读 NAZA-M Lite 使用手册 v2.00。

注意： 该调参软件仅支持 Windows XP 或更高版本系统（32 位/64 位）。若使用 Win10 及以上版本操作系统的计算机时，需要将计算机系统的时间修改到 2015 年左右的时间才能使用该调参软件。

2. 调参

1）打开遥控器，接通飞控系统电源。

2）使用 Micro-USB 连接线连接飞控系统和计算机（图 2）。

3）打开调参软件（图 3）。

图 2　飞控连接到计算机上

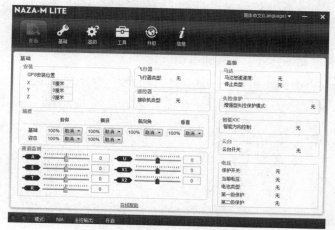

图 3　调参软件界面

学习情境 01

学习情境 02

学习情境 03

学习情境 04

学习情境 05

学习情境 06

注意:

- 打开调参软件之前,先给主控上电,然后使用 USB 线将主控器连接到计算机上 (接入 Internet)。
- 在第一次使用调参软件时需要先注册。
- 每次打开调参软件时,其都会自动检测最新软件版本,如果版本不是最新的,会自动显示提示框。
- 在使用调参软件时切勿断开主控和计算机的连线。

4) 软件版本信息。通过信息检查调参软件版本信息。序列号是一个处理产品功能激活的 32 位授权代码,在产品出厂前已经填入了该授权代码。购买了某些付费升级产品附件后,被要求填入新的序列号。填写序列号然后点击写入按钮。如果填写无效的序列号超过 30 次,产品将被锁定 (图4)。

5) 根据 NAZA-M Lite 使用手册,逐一更改和查看参数配置。

6) 进行遥控器连接和配准 (图5)。

图4　通过信息检查调参软件版本信息　　　　图5　遥控器连接和配准

7) 进行飞控和接收机的连接,并连接天线 (图6)。

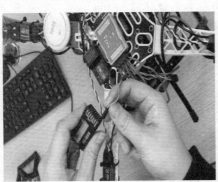 

图6　飞控和接收机的连接

8) 进行接收机和电调的连接,并接通电源 (图7)。

 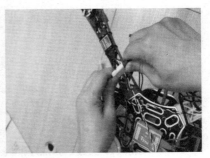

图7　接收机和电调的连接

9）使用遥控器检测电机的转向，逆时针为正确（图8）。

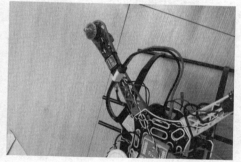

图8　使用遥控器检测电机的转向

10）进行电调、接收机与飞控的连接，并接通电源（接收机为一直闪烁状态）（图9）。

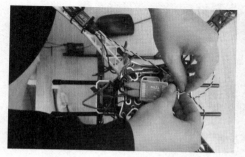

图9　电调、接收机与飞控的连接

11）对遥控器进行长按左键并上推上键，此时接收机显示一直长亮，配准连接成功（图10）。

图10　遥控器与接收机对频连接

12）选择适当的模型和通道，进行简单的认识和设置遥控器（图11）。

图11　遥控器通道设置

学习情境 01
学习情境 02
学习情境 03
学习情境 04
学习情境 05
学习情境 06

13）开始插对码线，接线插 1 并进行连接电池通电（图 12）。

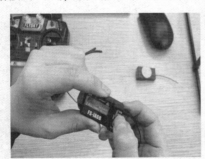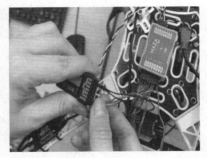

图 12　对码线连接

14）此时显示接收机灯连续闪烁，即刻进行遥控器对码。若遥控器显示如图所示即对码成功，即调试完成（图 13）。

图 13　遥控器与接收机对频连接

6.4.2　无人机调试试飞工作计划

制订无人机调试试飞工作计划：提炼关键词编制

序号	组装步骤及内容	设备工具	技术标准规范	安全环保等注意事项	组装质量保证或检测	组装结论
预估时间			成本预算			

6.5　任务决策

课程思政点睛

　　任务决策环节是在任务计划的基础上，对任务计划进行修改确认，或者是对多种计划方案进行优中选优。指导学生吸收采纳教师或其他人的建议，能够对自己的学习知识体系进行重新梳理，不断地接受他人的合理化意见或建议，是虚心、进取心的表现，同时也是尊重他人、客观公正对待自己的人生态度。在任务实施之前对自己的计划进行确认与调整，是严谨、认真、负责态度的体现，也有助于精益求精的工匠精神养成。

教学实施指导

1）教师指导学生个人独立按照任务决策的关键要素完成无人机调试试飞任务决策。

2）教师选出一个学生代表和自己进行任务决策，其他学生观察，并进行口头评价、补充、改进。

3）学生修改并提交自己的任务决策方案表格，教师对每个学生制定的任务决策方案进行确认。学生获得教师对自己所做决策方案的确认信息后才有资格进行任务实施。

无人机调试试飞任务决策

请依据无人机调试试飞任务决策表，站在企业的角度，和师傅沟通工作任务计划方案实施的可能性。决策内容包括：选择的配件清单，使用的工具和辅助设备清单，调试步骤的正确性、规范性和合理性，调试过程的安全性、环保性等注意事项，调试质量的把控或检测内容，工作任务的时间控制和成本控制等，并记录决策结果与师傅的建议。

无人机调试任务决策表

决策类型	决策方案
与师傅决策	请站在企业的角度，和师傅沟通工作任务计划方案实施的可能性（包括：选择的配件清单，使用的工具和辅助设备清单，调试步骤的正确性、规范性和合理性，调试过程的安全性、环保性等注意事项，调试质量的把控或检测内容，工作任务的时间控制和成本控制等，并记录决策结果与师傅的建议）
意见或建议	

6.6 任务实施

课程思政点睛

1）任务实施是学生最喜欢的操作环节，在此抓住时机对学生进行严谨、规范、标准操作训练。

2）要求学生必须按照前期经过决策的任务计划执行，养成先谋后动的工作意识，深入思考后才可以操作，严禁冒失和鲁莽行事。

3）在操作过程中要求学生在一个团队内必须通力合作，分工明确，提高工作效率，以此训练学生未来步入社会工作的团队合作能力和时间把控能力。

4）若在操作中万一有违规操作或者是失误、错误出现，要求学生必须如实告知，不但不会被批评，反而会因诚信而得分。

教学实施指导

1）学生观察教师的示范动作，或观看 6.6.1 无人机调试试飞操作视频（1. 打驱动；2. 具体调参过程）中的示范动作（操作内容：从准备配件、工具、设备开始，进行无人机

学习情境 01
学习情境 02
学习情境 03
学习情境 04
学习情境 05
学习情境 06

调试操作）。

　　2）学生分为4组，分工操作。每组每次安排2名学生操作，所有学生轮流，每个学生都要完成一次操作。当2名学生进行操作时，另外安排2名学生分别对其进行评价，填写6.6.2无人机调试试飞任务实施评价表，1名学生拍视频，1~2名学生监督质量并记录，1~2名学生查阅组装手册改进计划。

6.6.1　无人机调试试飞操作视频

1. 打驱动

2. 具体调参过程

6.6.2　无人机调试试飞任务实施评价

　　学生小组合作完成6.6.2无人机调试试飞任务实施评价。任务实施阶段的评价由演练经理与企业成员讨论进行，最好达成一致意见。若不能达成一致意见，由演练经理执行。若企业成员不同意演练经理的评价，则由总投资人仲裁。

无人机调试试飞任务实施评价表

被评人：

一级指标	二级指标	配分	评价	评价指标
1. 按照工艺流程组装无人机调试试飞	正确选择工具设备	5		专业能力
	规范使用工具设备	5		规范性
	查阅组装工艺流程	5		信息获取
	正确顺序组装	5		专业能力
	操作中遵守技术规范和标准	5		规范性
	操作中遵守设备及人身安全防护	5		安全性
	操作中遵守环保要求	5		环保性
	操作过程保证组装质量	5		责任心
	检测线路连接情况及螺钉连接情况	5		专业能力
	检测记录完整准确	5		记录
	走路轻快稳，手脚利落，注重工作效率	5		工作规范
2. 任务实施中的自我管理	完成任务的时间控制把握	5		时间管理
	对任务计划及时调整与改进	5		自我改进
	面对突发问题处理时自信与抗挫折	5		情绪管理

评价人：

6.7　任务检查

课程思政点睛

任务检查环节包含三个层次的内容：

首先是复盘检查，对任务实施过程和任务实施结果进行检查，确保实施质量。教师严格要

学习情境 01
学习情境 02
学习情境 03
学习情境 04
学习情境 05
学习情境 06

学生对照标准和规范进行检查，养成学生严谨规范、认真负责的职业态度和职业精神，高标准、严要求、精益求精的工匠精神。

其次是对场地、工位、设备、环境等进行5S管理，养成规范、卫生、环保意识。

最后是对任务计划的调整改进，依据实施过程和结果，对前期做的工作计划进行优化，目的是训练学生自我改进、自我优化的自我管理能力，以此实现学生不断地进步提高。

教学实施指导

1）教师提供无人机调试试飞任务检查单。要求学生分组，小组合作完成任务检查及5S，在无人机调试试飞任务检查单上标注。教师要求学生小组成员对工作过程和工作计划进行监督和评估，记录优缺点及改进建议，并口头表达。教师要重点引导学生对队友的支持性意见的表达，并训练学生接纳他人建议。

2）学生小组合作修改完善工作计划，修改方式是在原有工作计划上用另一种颜色的笔进行真实、全面的复盘改进、标注。

无人机调试试飞任务检查及5S

请依据任务检查单，小组合作进行必要的最终任务检查和5S，并根据任务实施过程和任务实施结果的实际情况，优化、调整、完善、改进工作计划。

1）请进行必要的最终任务检查：

无人机调试试飞任务检查单

检查项目	检查内容	问题记录	处理意见
检查任务实施过程			
检查质量标准			
检查任务结果			

2）请进行必要的5S：

5S 场地（   ）

5S 设备工具（   ）

5S 工位（   ）

3）请根据任务实施过程和任务实施结果的实际情况，优化、调整、完善、改进工作计划（以另一种颜色的笔在任务计划上标注作答）。

6.8 任务交付

课程思政点睛

1）任务交付与任务接受呼应，特别适合对学生进行社会主义核心价值观中友善、和谐价值的训练。

2）如何做到和伙伴友善合作，如何做到站在公司立场为公司的利益和效率着想，如何站在客户角度为客户着想等。

3）在指导学生进行调试试飞任务交付话术训练时全面体现友善、和谐的价值。

教学实施指导

教师指导学生依据6.8.1无人机调试任务交付剧本（中英文），参考6.8.2无人机调试试飞任务交付视频（中英文），以角色扮演方式进行任务交付。

6.8.1 无人机调试试飞任务交付剧本（中英文）

学习情境描述

测绘设计研究院因工作需要购置了 30 架 F450 无人机的组件，现委托学院测绘无人机应用专业的项目团队完成组装、调试、试飞与数据采集。为了本项目的高效顺利实施，学院项目团队制订了实施计划，把项目拆分成若干个工作任务（学习情境），会伴随着项目进程陆续给出。

本次工作任务是希望通过各项目组的精诚合作，能够按照 F450 型号无人机调试试飞的规范与标准进行调试与试飞数据采集，并要求在 3 天内调试完成。调试过程注意工作效率、经济效益与安全注意事项。

1. 任务完成，正常交付

组　　长：领导，您好！经过我们团队 3 天的努力，30 架无人机的调试与试飞数据采集，我们已经按照 F450 无人机调试的流程与标准规范，全部保质保量地完成了。

Hello, Director! After three days' efforts, we have completed the debugging and test – flying data collection of 30 UAVs in strict accordance with the F450 UAV debugging process and standard specifications.

项目负责人：好的，你们辛苦了。已经送到质检组进行检测了吧？

All right. Thank you! Have they been sent to the quality inspection team?

组　　长：是的，已经送检了。质检全部通过！

Yes. All passed the quality inspection!

项目负责人：完美。你们先休息一下，一会儿再布置新的任务给你们。

Perfect. Have a rest. I will assign you a new task later.

组　　长：好嘞，等您。

OK.

2. 任务未完成，异常交付

组　　长：领导，您好！不好意思跟您说，我们团队虽然已经很努力了，但是没有在规定时间内完成 30 架无人机的调试与试飞数据采集任务。

Hello, Director! I'm sorry to tell you that although our group has tried very hard, we have yet to complete the debugging and test – flying data collection on time.

项目负责人：啊?! 为什么？到底哪里出了问题？

Ah? ! Why so? What went wrong?

组　　长：真的非常抱歉，主要是我们专业技术水平还不够娴熟，再加上团队合作不够顺畅，导致了工作结果出现问题。

I'm really sorry. Since there is still much to be desired in our professional proficiency and group cooperation, we fail to finish the work on time.

项目负责人：算了。意识到问题的原因就好，下次多注意。那你们自己能解决吗？需不需要其他团队的帮助？

Come on. Just draw the lesson next time. Can you handle it by yourselves? Do you need help from other groups?

组　　长：我们自己能解决，不需要帮助。不过，还需要点时间。

We can handle it by ourselves. We don't need help. But it will take some time.

項目负责人：多久？
　　　　　How long will it take?

组　　　长：两个小时吧。
　　　　　About two hours.

项目负责人：好吧。再给你们团队两个小时，必须保质保量完成。
　　　　　All right. Two more hours for you. You must fulfill it.

组　　　长：谢谢您了！我们这就继续开工。您走好！
　　　　　Thank you very much! We will continue with our work. See you!

6.8.2　无人机调试试飞任务交付视频（中英文）

无人机调试试飞任务交付（中文）　　　　　无人机调试试飞任务交付（英文）

6.9　反思评价

课程思政点睛

1）反思评价作为学习思维的最高阶段，包含两个层次：复盘反思与评价。

2）复盘反思可以解决完成任务过程中知识碎片化的问题，有利于学生建构知识体系的逻辑思维能力训练，培养学生自主学习和终身学习能力。

3）当学生具备不断地复盘反思习惯的时候，对学生正确看待世界、看待问题、看待自己的正确三观形成会有很大的帮助，有利于学生形成科学的、正确的、正能量的世界观、人生观和价值观。

4）评价过程包括自评、他评和集体评价。自评可以培养学生自我评价、自我改进的自我管理能力。他评可以训练学生客观、公正、公平、诚信与公理心。

教学实施指导

1）学生安静、独立参考所有的信息页和工作页，重点借鉴学习6.9.1无人机调试试飞任务总结，在笔记本上制作"无人机调试试飞"的理论知识点、技能操作点的思维导图。

2）小组合作制作思维导图海报，讲解展示。

3）完成6.9.2无人机调试试飞任务综合职业能力评价表的自评、他评与经理评价。

6.9.1　无人机调试试飞任务总结

知识点总结

1. 调试步骤

1）无人机调试主要是软件部分的调试，包括飞行控制器调试、遥控器和接收机调试、动力系统调试等。

2）飞行控制器调试包括飞控固件的烧写、各种传感器校准和飞行控制器相关参数的设置等。

3）遥控器和接收机调试包括对码操作、遥控模式设置、通道配置、接收机模式选择、模型

学习情境 01
学习情境 02
学习情境 03
学习情境 04
学习情境 05
学习情境 06

选择和机型选择、舵机行程量设置、中立微调和微调步阶量设置、舵机相位设置，舵量显示操作、教练功能设置和可编混控设置等。

4）动力系统调试主要是电调调参等内容。

2．无桨调试

1）飞控板与电调连接线路：检查飞控板针脚上的 3 个标记是否与电调线的颜色对应，区分电调的顺序，检查电调连接的电机是否连接到对应的飞控板的电调针脚上。

2）飞控板与遥控接收机连接线路：检查遥控接收机的通道，确认所有连接线路准确无误后，在通电之前，先测试工作电压，检查插头方向，然后接通电源（连接电池）进行首次通电测试，检查飞控板、电调和电机是否可以正常通电。

3）遥控器检查的内容主要是通电后是否可以接通、发出信号。

3．飞行控制系统调试

1）多旋翼飞行控制系统是整个飞行系统的核心，其安装和调试至关重要。

2）国外以开源飞行控制器为主，国内的飞控以闭源居多，所谓的商品飞控指的是闭源飞控。

3）PID 控制是一个在工业控制应用中常见的反馈回路控制算法，由比例单元 P（Proportional）、积分单元 I（Integral）和微分单元 D（Derivative）组成。

4）PID 控制的基础是比例控制；积分控制可以消除稳态误差，但可能会增加超调；微分控制可以加快大惯性系统响应速度以及减弱超调趋势。

5）自动调参是让飞控系统自动配置 PID 参数。

4．遥控器与遥控接收机调试

1）选择遥控器时，一般考虑使用的频率，受摇杆电位器寿命限制，使用率不高的情况下一般建议中档遥控器，长期使用可以选择高档遥控器。

2）无人机遥控器四个通道对应的控制量分别为 A：副翼（Aileron）、E：升降（Elevator）、T：油门通道（Throttle）、R：方向舵（Rudder）。

3）在选择无人机遥控器的时候，要特别注意美国手与日本手的区别。

4）遥控器使用的频段通常为 2.4GHz。

5）PWM 是 Pulse Width Modulation 的缩写，意思是脉宽调制，主要用于舵机的控制。

5．动力系统调试

1）接收机：所用接收机必须是已经和遥控器对好频率。

2）接收机供电：5V（UBEC 处）接入到任意一个通道。注意通道的接口定义：PWM 信号线、VCC_5V 电源、GND 搭铁线。

3）电池：注意电源正负极。

4）电调：信号线接到油门三通道，电源线接到电池或者电机的正负极。注意识别信号线定义：PWM 信号线、VCC_5V、GND。

5）电机：注意三相线的接法，改变其中任意两根，可以改变电机转向。

技能点总结

1）多旋翼无人机的无桨调试（线路测试、遥控器及接收机测试、飞控调试、电机转向调试）。

2）有桨调试试飞（安装螺旋桨、限制飞行器、飞行测试、检查飞行是否正常）。

3）试飞报告书写。

6.9.2　无人机调试试飞任务综合职业能力评价

请依据 6.9.1 无人机调试试飞任务综合职业能力评价表，客观真实完成自评、他评与经理评价。

无人机调试试飞任务综合职业能力评价表

学习情境	学习情境6：无人机调试试飞				
班级		姓名		成绩	
评价项目	评价内容	自评	他评	经理评价	
知识点	无人机无桨调试步骤及内容				
	无人机有桨调试步骤及内容				
	无人机飞行控制系统调试内容及步骤				
	无人机遥控器调试内容及步骤				
	无人机动力系统调试内容及步骤				
	无人机试飞要求与注意事项				
技能点	无人机无桨调试				
	无人机有桨调试				
	无人机飞控系统调试				
	无人机动力系统调试				
	无人机遥控器调试				
	无人机试飞				
能力点	阅读标注关键词并归纳的能力				
	能够带领一个小组工作的能力				
	利用工作页索引完成理论知识学习的能力				
	做事能够坚持到底（耐力）的能力				
	反思评价自己/他人工作的能力				
	举一反三学习迁移的能力				
	能够个人独立面对问题或解决问题的能力				
	集中精力倾听的能力				
	安静下来独立阅读的能力				
	与他人讨论能协商能合作的能力				
	正确表达自己想法的能力				
	安全意识和安全操作的能力				
	环保意识和环保处理的能力				
	5S意识和规范性				
	对自己的工作认真负责的能力				
	委婉友善提出意见或建议能力				
	在负责任的前提下支持队友的能力				

学习情境 01
学习情境 02
学习情境 03
学习情境 04
学习情境 05
学习情境 06

6.10 巩固拓展

课程思政点睛

巩固拓展环节是充分利用学生的课余时间布置高质量的作业，对课上所学及完成的任务进行温故知新，同时训练学生举一反三、迁移新任务的解决问题能力。任务选择注意课程内容的延续性及拓展性，稍微增加难度，在小组主持作业的情况下，既要对学生克服困难独立完成任务的职业素养进行训练，也要对学生团队合作、高效率高质量完成任务的能力和素养进行训练。

教学实施指导

1）完成信息化系统中的所有理论测试题，全部满分通过。

2）完成信息化系统中关于十步教学的每一步测评表后进行提交。

3）请小组合作完善"无人机调试试飞工作计划"，制作展示 PPT 提交到系统准备下次课展示。

4）以小组为单位完成演练月 7 财务结算表和成绩统计。

5）以小组为单位熟练无人机调试试飞的操作。

新任务迁移：其他型号无人机调试试飞

教师布置新的客户任务：其他型号无人机调试试飞。要求学生小组合作制订工作计划。学生明确拓展任务：其他型号无人机调试试飞。利用信息化手段查阅检索信息，做好完成拓展任务的计划（分工与时间安排），小组合作制订工作计划，下次课前用 PPT 展示和评价。